普通高等教育应用型本科精品创新教材

GONGKE DAXUE HUAXUE

工科大学化学

李强林　肖秀婵　任亚琦　主编

秦淼　李玺　阳丽　副主编

胡常伟　主审

化学工业出版社

·北京·

内容简介

　　《工科大学化学》吸取了多年来的化学教学实践经验，针对材料、环境、机械、电子、计算机、汽车、建筑、智能制造、生物、食品等理工科四年制本科生对化学知识的需求，整合了无机化学、分析化学、物理化学以及生产与生活化学的相关知识编写而成。本书保证了化学基本概念、原理的完整性、连贯性及针对性等各方面的统一，同时，以解决生产生活中实践问题为导向介绍原理和方法，以材料、机械、电子、环境、食品专业领域的工程案例为依托介绍化学理论在各领域的应用和作用，以化学知识点为载体融入人生小哲理等课程思政内容，深入浅出地介绍了近现代化学基本知识。同时本书在相关知识点旁配有二维码，读者可扫码观看视频或阅读相关资料。全书主要包括物质结构与性质、化学热力学基础、化学反应动力学、溶液中的平衡与滴定分析法、化学与生产生活等内容。

　　《工科大学化学》可作为应用型高等学校非化学化工类专业的通识教材，也可供化学相关专业的工作者参考使用。

图书在版编目（CIP）数据

工科大学化学/李强林，肖秀婵，任亚琦主编. —北京：
化学工业出版社，2021.2
　ISBN 978-7-122-37966-5

　Ⅰ.①工…　Ⅱ.①李…②肖…③任…　Ⅲ.①化学-高等
学校-教材　Ⅳ.①O6

　中国版本图书馆 CIP 数据核字（2020）第 221777 号

责任编辑：马泽林　杜进祥　　　　　　　　　　　文字编辑：王文莉
责任校对：宋　玮　　　　　　　　　　　　　　　装帧设计：韩　飞

出版发行：化学工业出版社（北京市东城区青年湖南街 13 号　邮政编码 100011）
印　　装：三河市延风印装有限公司
787mm×1092mm　1/16　印张 19½　彩插 1　字数 472 千字　2021 年 3 月北京第 1 版第 1 次印刷

购书咨询：010-64518888　　　　　　售后服务：010-64518899
网　　址：http://www.cip.com.cn
凡购买本书，如有缺损质量问题，本社销售中心负责调换。

定　　价：56.00 元

工 科 大 学 化 学　　　　　　　　　　　　　前 言

　　"工科大学化学"是非化学化工类工科专业本科学生的一门必修通识基础课程，主要介绍现代化学的基本概念、原理、方法和技术，以及化学在生产生活中的应用等知识，同时以化学知识为载体的思政教育也贯穿其中。本书针对我国高等教育改革和发展的全新历史阶段，将教学模式、教学内容、教学方法的改革都体现在教材中。本书力求以学生为中心、以生产生活问题为教学案例、以人生小哲理为思政特色，结合微视频、数字化等现代信息手段（目录中带★处章节有微课，可扫码观看），努力创造的学习条件，营造高效的学习氛围。

　　为适应学科交叉融合背景下对复合型、应用型工科人才的需求，一方面基于学生掌握必备的专业知识；另一方面有助于扩大学生的知识面，编写了这本《工科大学化学》教材。本书坚持"以本为本、四个回归"的基本原则，针对应用型工科专业对化学的基本概念、基本原理、基本方法和技术的需求，对原有的大学化学、无机化学、分析化学和物理化学的相关知识进行整合与重组，以物质结构、价键理论、化学热力学、化学动力学、电化学、配位化学、元素化学、四大平衡和四大滴定为基础构建了新的工科专业基础化学教学体系；同时，本书紧密结合生产与生活实际，编写了材料与化学、能源与化学、环境与化学、食品与化学、日用品化学、危险化学品、人体元素化学等章节。通过本教材的学习力求让学生通过阅读和自学可以清晰地了解近现代化学知识体系，以及化学在人们生产生活中的作用和地位。

　　本书在编写过程中非常注重内容的基础性、完整性、连贯性、先进性及针对性等各方面的统一。在知识内容组织上，力求概念阐述准确严密，内容安排深入浅出、循序渐进，并注意各章内容的相互依托与交叉，便于教师教学和学生自学。本书始终贯穿案例教学，应用问题导向和人生小哲理，讨论化学在相关学科专业中的应用，培养德智体美劳全面发展的高素质人才。

　　本书由李强林、肖秀婵、任亚琦任主编，秦淼、李玺、阳丽任副主编。李强林编写第1、2、3、8、10、16章，肖秀婵编写第6、7、11、17章，任亚琦编写第9、13章，李玺编写第12、14、15章，秦淼编写第4、5、17章，阳丽编写第8、11章。此外，邱诚、任燕玲、景江、曾星等也参与本书的编写工作。

　　本书在编写中参考了国内外出版的一些文献、教材和著作，从中受到许多启发和教益，在此向这些作者表示诚挚的感谢。本书得到四川大学胡常伟教授的审校，在此表示感谢。

　　由于笔者水平有限，书中难免存在不足和疏漏之处，恳请读者和专家批评指正，深表感谢。

编者

2020 年 6 月

第 9 章　电化学与氧化还原滴定法　　136

第16章　危险化学品　　253

第17章　人体元素化学　　263

附录   274

参考文献   295

第1章
绪 论

1871年的一天，法国一家染料作坊里有位新工人，打不开装有一种黄色染料——苦味酸（三硝基苯酚）的铁桶，于是他用榔头狠狠地砸铁桶，结果发生了一场悲剧，苦味酸铁桶剧烈爆炸，许多人当场被炸死。但也是此次爆炸给作坊主一个启发：苦味酸可以用于炸药。其后，苦味酸开始被大量应用于军事炸药。从1771年苦味酸可人工合成，1849年开始被用作染丝的染料，它在染坊里平平安安地使用了三十多年后，才发现了它最重要的用途——制造炸药。化学产生奇迹，化学改变世界。什么是化学？化学研究的对象和内容是什么？人类什么时候开始有化学这门学科的？这些就是绪论要学习的内容。

1.1 什么是化学

化学是在原子、分子和超分子的层次上研究物质组成、性质、结构与变化规律的自然科学，也是创造新物质的科学。化学是人类用以认识和改造物质世界的主要方法和手段之一，是一门历史悠久而又富有活力的学科，其发展程度是社会文明的重要标志。

1.2 化学研究的对象

化学中存在着化学变化和物理变化两种变化形式。它的研究对象是原子、分子和超分子（图1-1）的化学变化和物理变化。化学性质是物质在化学变化中表现出来的性质，如物质

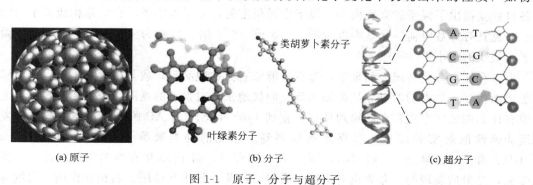

(a) 原子   (b) 分子   (c) 超分子

图 1-1 原子、分子与超分子

的酸性、碱性、氧化性、还原性、热稳定性及其他特性。从开始用火的原始社会，到使用各种人造物质的现代社会，人类都在享用化学研究的成果。从烧火做饭到火箭上天，人们一刻也离不开化学变化。

1.3　亚原子粒子

亚原子粒子（subatomic particles）也叫基本粒子，泛指比原子小的物质单元，包括电子（electron）、中子（neutron）、质子（proton）、光子以及在宇宙射线和高能原子核实验中发现的一系列粒子，见图 1-2。已经发现的基本粒子有 30 余种，连同共振态共有 300 余种。每一种基本粒子都有确定的质量、电荷、自旋、平均寿命等，见表 1-1。它们多数是不稳定的，在经历一定平均寿命后转化为其他基本粒子。

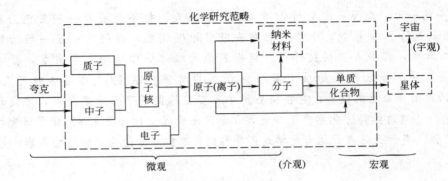

图 1-2　物质的结构层次

表 1-1　与化学相关的某些亚原子粒子的性质

名称	符号	质量/u	名称	符号	质量/u	备注
电子	e^-	5.486×10^{-4}	α 粒子	α	4.0026	氦核的质量
质子	p	1.0073	β 粒子	β	5.486×10^{-4}	高速 e^-，质量随速度变化
中子	n	1.0087	γ 粒子	γ	0	频率极高的光
正电子	e^+	5.486×10^{-4}				

注：1u 等于 C12 原子质量的 1/12。

夸克（quark）是一种参与强相互作用的基本粒子，也是构成物质的基本单元。夸克互相结合，形成一种复合粒子，叫强子。1964 年，美国物理学家默里·盖尔曼和乔治·茨威格各自独立提出了强子的夸克模型。强子中最稳定的是质子和中子，它们是构成原子核的单元。夸克具有分数电荷，是基本电量的 +2/3 或 −1/3 倍，自旋为 1/2。其空间尺度是微观粒子中最小的，小于 10^{-19} m。

由于存在"夸克禁闭"的现象，夸克不能够直接被观测到，或是被分离出来，只能够在强子里面找到，故人们对夸克的探知大都是间接地来自对强子的观测。夸克模型在建立之初并没有什么能证实夸克存在的物理证据，直到 1968 年美国 SLAC 国家加速器实验室开发出深度非弹性散射实验以后，夸克才被观测到。夸克的种类被称为"味"，分为上（u）、下（d）、奇（s）、粲（c）、底（b）、顶（t）六味夸克，而 1995 年在费米实验室被观测到的顶夸克，是最后发现的。夸克也有电荷、质量、色荷、强相互作用、弱相互作用、自旋等性质，见表 1-2。

表 1-2 夸克的种类和性质

名称	上夸克	下夸克	奇夸克	粲夸克	底夸克	顶夸克
符号	u	d	s	c	b	t
电荷	+2/3	−1/3	−1/3	+2/3	−1/3	+2/3
发现	1974				1977	1995
质量	均为质子的 1/100 或 1/200					质子的 200 倍

小哲理

夸克——物质可以无限分割，大事可以化小。

1.4 化学的分支

化学在发展过程中，依照所研究的分子类别和研究手段、目的、任务的不同，可派生出不同层次的分支。在 20 世纪 20 年代以前，化学分为无机化学、有机化学、物理化学和分析化学四个经典分支。20 年代以后，由于世界经济和科技的高速发展、化学键的电子理论和量子力学的诞生、电子技术和计算机技术的兴起，化学研究在理论上和实验技术上都获得了新的手段，导致这门学科从 30 年代以后飞跃发展，出现了崭新的面貌。化学学科一般分为无机化学、有机化学、分析化学、物理化学、高分子化学、环境化学、材料化学、生命化学和核化学与放射化学等 9 大类，共 77 个分支学科，如图 1-3。

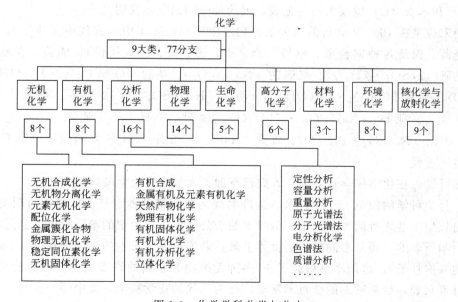

图 1-3 化学学科分类与分支

1.5　化学发展简史

1.5.1　无机化学及其发展简史

无机化学就是研究无机物质的组成、性质、结构和变化规律的科学。无机物质包括所有化学元素和它们的化合物，碳的大部分化合物除外。较简单的含碳化合物，如 CO_2、CO、CS_2、碳酸盐等仍属无机物质外，其余含碳化合物属有机物质。

过去认为无机物质即无生命的物质，如岩石、土壤、矿物、水等；而有机物质则是由有生命的动物和植物产生，如蛋白质、油脂、淀粉、纤维素、尿素等。1828 年德国化学家维勒从无机物氰酸铵制得尿素，从而破除了有机物只能由生命力产生的"生命力论"，明确了这两类物质都是由化学力结合而成的。现在这两类物质是按上述组分和性质不同划分的。

(1) 古代无机化学知识和工艺　原始人类就能利用自然界无机物的性质而加以应用。至少在公元前 6000 年，中国原始人就知道烧黏土制陶器，并逐渐发展为彩陶、白陶、釉陶和瓷器。公元前 5000 年左右，人类发现天然铜性质坚韧，用作器具不易破损。古人又用铜矿石如孔雀石（碱式碳酸铜）与燃炽的木炭接触而被分解为氧化铜，继而被还原为金属铜，经过反复试验，终于掌握以木炭还原铜矿石的炼铜技术。以后又陆续掌握炼锡、炼锌、炼镍等技术。再后又有青铜（铜锡合金）、黄铜（铜锌合金）、镍白铜（铜镍合金）、砷白铜（铜砷合金）等冶铸工艺的发展。铁的熔点高，因此它的冶炼发展比铜晚，中国在春秋战国时代掌握了从铁矿冶铁和由铁炼钢的技术，公元前 2 世纪中国发现铁能与铜化合物溶液反应产生铜，这个反应后来成为湿法冶铜的方法之一。

化合物方面，在公元前 1600 年的殷商时代即知食盐（$NaCl$）是调味品，苦盐（$MgCl_2$）的味苦。公元前 5 世纪已有琉璃（硅酸盐）器皿。公元 7 世纪，中国即有焰硝（KNO_3）、硫黄（S）和木炭（C）做成火药的记载，火药是中国的重要发明之一。

明朝宋应星在 1637 年刊行的《天工开物》中详细记述了中国古代手工业技术，其中有陶器、瓷器、铜及各种铜合金、钢铁、金、银、锡、铅、锌（倭铅）、硫黄、食盐、焰硝、石灰、皂矾（$FeSO_4 \cdot 7H_2O$）、红矾钠（$Na_2Cr_2O_7$）、胡粉〔$(PbCO_3)_2 \cdot Pb(OH)_2$〕、黄丹（$PbO$）、铜绿〔$CuCO_3 \cdot Cu(OH)_2$〕、明矾〔$KAl(SO_4)_2 \cdot 12H_2O$〕、枯矾〔无水明矾 $KAl(SO_4)_2$〕、硼砂（$Na_2B_4O_7 \cdot 10H_2O$）、卤砂（NH_4Cl）、砒霜（As_2O_3）、朱砂（HgS）、芒硝（$Na_2SO_4 \cdot 10H_2O$）、雄黄（As_4S_4）、雌黄（As_2S_3）、轻粉（Hg_2Cl_2）等无机物的生产过程。

由此可见，在化学科学建立前，人类已掌握了大量无机化学的知识和技术。

(2) 化学科学的前驱——金丹术　金丹术就是企图将丹砂（HgS）之类药剂变成黄金，并炼制出长生不老之丹的方术。中国金丹术始于公元前二三世纪的秦汉时代。公元 142 年金丹家魏伯阳所著的《周易参同契》是世界上最古老的论述金丹术的书，约在公元 360 年还有葛洪著的《抱朴子》，这两本书记载了 60 多种无机物和它们的许多变化。约在公元 8 世纪，欧洲金丹术兴起，后来欧洲的金丹术逐渐演化为近代的化学科学，而中国的金丹术则未能进一步发展。

 小哲理

炼丹术与化学科学的建立——即使赢在起跑线上，若缺乏后劲，也未必能赢在最后。

金丹家关于无机物变化的知识主要从实验中得来。他们设计制造了加热炉、反应室、蒸馏器、研磨器等实验用具。金丹家所追求的目的虽属荒诞，但所使用的操作方法和积累的感性知识，却成为化学科学的前驱。

（3）近代无机化学的建立　最初化学所研究的多为无机物，所以近代无机化学的建立就是近代化学的创始。建立近代化学贡献最大的化学家有三人，即英国的波义耳、法国的拉瓦锡和英国的道尔顿。

英国化学家罗伯特·波义耳，在物理方面发现气体体积与压力的关系，从而创立波义耳定律。在化学方面，他进行过很多实验，如磷、氢的制备，金属在酸中的溶解以及硫、氢等的燃烧。在他所著的《怀疑派化学家》一书中，强调化学家不应以炼丹制药为目的，而应以研究物质本身的组成、性质和变化的本质为职责，而且研究要以实验为唯一途径。他从实验结果阐述了元素（单质）和化合物的区别，提出元素（单质）是一种不能分出其他物质的物质。这些新概念和新观点，把化学这门科学的研究引上了正确的路线，对建立近代化学做出了卓越的贡献。

法国化学家拉瓦锡采用天平作为研究物质变化的重要工具，进行了硫、磷的燃烧，锡、汞等金属在空气中加热而变化的定量实验，确立了物质的燃烧是氧化作用的正确概念，推翻了盛行达百年之久的燃素说。拉瓦锡在大量定量实验的基础上，于1774年提出质量守恒定律，即在化学变化中，物质的质量不变。1789年在他所著的《化学概要》中，提出第一个化学元素分类表和新的化学命名法，并运用正确的定量观点，叙述当时的化学知识，从而奠定了近代化学的基础，因此，拉瓦锡被后世尊称为"现代化学之父"。由于拉瓦锡的提倡，天平开始普遍应用于化合物组成和变化的研究。

1799年法国化学家普鲁斯特提出定比定律，即每个化合物各组分元素的质量皆有一定比例。结合质量守恒定律，1803年英国化学家、物理学家约翰·道尔顿提出原子学说，宣布一切元素都是由不能再分割、不能毁灭的称为原子的微粒所组成。同一元素的原子的性质皆相同，不同元素的原子的性质则不同。他还从这个学说引申出倍比定律，即如果两种元素化合成几种不同的化合物，则在这些化合物中，与一定质量的甲元素化合的乙元素的质量必互成简单的整数比。这个推论得到定量实验结果的充分验证。原子学说建立后，化学这门科学开始宣告成立。

1.5.2　有机化学及其发展简史

（1）早期萌芽时期　有机化学（organic chemistry）这一名词于1806年首次由瑞典化学家贝采里乌斯（Jöns Jakob Berzelius，"有机化学之父"）提出。当时是作为"无机化学"的对立物而命名的。由于科学条件限制，有机化学研究的对象只能是从天然动植物有机体中提取的有机物。因而许多化学家都认为，有机化合物是在生物体内由于存在所谓"生命力"，

才能产生的，而不能在实验室里由无机化合物合成。

1824 年，德国化学家弗里德里希·维勒经水解氰 [$(CN)_2$] 制得草酸（HOOC—COOH）；1828 年他无意中加热氰酸铵（NH_4CNO）制得尿素 [$CO(NH_2)_2$]。氰和氰酸铵都是无机化合物，而草酸和尿素都是有机化合物。维勒的实验结果给予"生命力"学说第一次冲击。此后，乙酸等有机化合物相继由碳、氢等元素合成，"生命力"学说才逐渐被人们抛弃。但"有机化学"这一名词沿用至今。

小哲理

"生命力"学说的破灭——敢于创新，不轻信权威。

从 19 世纪初到 1858 年提出价键概念之前是有机化学的萌芽时期。在这个时期，已经分离出许多有机化合物，制备了一些衍生物，并对它们作了定性描述，也认识了一些有机化合物的性质。

法国化学家拉瓦锡发现，有机化合物燃烧后，产生二氧化碳和水。他的研究工作为有机化合物元素定量分析奠定了基础。1830 年德国化学家李比希发展了碳、氢分析法，1833 年法国化学家杜马建立了氮的分析法。这些有机定量分析法的建立使化学家能够求得一个化合物的实验式。

小哲理

有机化合物的组成理论发展——科学真理不是一蹴而就的。

但是，当时在解决有机化合物分子中各原子是如何排列和结合的问题上，遇到了很大的困难。早期，用"二元说"来解决有机物的结构问题。"二元说"认为一个化合物的分子可分为带正电荷的基团和带负电荷的基团，二者靠静电力结合在一起。但这个学说本身有很大的矛盾。

之后，"类型说"由法国化学家热拉尔建立。此说否认"二元说"，而认为有机化合物是由一些可以发生取代的母体化合物衍生的，因而可以按这些母体化合物来分类。"类型说"把众多有机化合物按不同类型分类，根据它们的类型不仅可以解释化合物的一些性质，而且能够预言一些新化合物。但"类型说"未能回答有机化合物的结构问题。这个问题成为困扰人们多年的谜团。

（2）经典有机化学时期   从 1858 年价键学说的建立，到 1916 年价键的电子理论的引入，经过 50 多年才解开了有机化合物结构这个不解的谜团，这一时期是经典有机化学时期。

1858 年，德国化学家凯库勒和英国化学家库珀等提出价键的概念，并第一次用短划"—"表示"键"。他们认为有机化合物分子是由其组成的原子通过"键"结合而成的。由于在所有已知的化合物中，一个氢原子只能与另一个其他元素的原子结合，氢就被选作"价键"的单位。一种元素的价数就是能够与这种元素的一个原子结合的氢原子的个数。凯库勒还提出，在一个分子中碳原子之间可以互相结合这一重要概念。

1848年巴斯德分离得到两种酒石酸结晶，一种半面晶向左，一种半面晶向右。前者能使平面偏振光向左旋转，后者则使之向右旋转，角度相同。在对乳酸的研究中也遇到类似现象。为此，1874年法国化学家勒贝尔和荷兰化学家范托夫都提出了一个新的概念：同分异构体，圆满地解释了这种异构现象。他们认为：分子是个三维实体，碳的四个价键在空间是对称的，分别指向一个正四面体的四个顶点，碳原子则位于正四面体的中心。当碳原子与四个不同的原子或基团连接时，就产生一对异构体，它们互为实物和镜像，像左手和右手的手性关系，这一对化合物互为旋光异构体或对映异构体。这种现象称为对映异构现象。这两个互成实物与镜像，对映但不能完全重合的分子称为手性分子。勒贝尔和范托夫的学说，是有机化学中立体化学的基础。

1900年第一个自由基——三苯甲基自由基被发现，这是个长寿命的自由基。而不稳定自由基的存在也于1929年得到了证实。在这个时期，有机化合物在结构测定以及反应和分类方面都取得了很大进展。但价键只是化学家从实践经验中得出的一种概念，价键的本质尚未解决。

（3）现代有机化学时期 在物理学家汤姆逊发现电子，并阐明原子结构的基础上，美国物理化学家路易斯等于1916年提出价键的电子理论。他们认为：各原子外层电子的相互作用是使各原子结合在一起的原因。相互作用的外层电子如从一个原子转移到另一个原子，则形成离子键；两个原子如果共用外层电子，则形成共价键。通过电子的转移或共用，使相互作用的原子的外层电子都获得惰性气体的电子构型。这样，价键的图像表示法中用来表示价键的短线"—"，实际上是两个原子的一对共用电子对。

1927年以后，海特勒和伦敦等用量子力学，处理氢分子结构问题，建立了价键理论，为化学键提出了一个数学模型。后来马利肯用分子轨道理论来处理分子结构，其结果与价键的电子理论大体一致，由于计算简便，解决了许多当时不能回答的问题。

1.5.3 分析化学及其发展简史

17世纪，英国波义耳提出在一定温度下气体体积与压力成反比的定律（1660年），发表《怀疑派化学家》，批判点金术的"元素"观，提出元素定义，把化学确立为科学，并将当时的定性试验归纳为一个系统，开始了化学分析。

皮埃尔·布格和约翰·海因里希·朗伯分别在1729年和1760年阐明了物质对光的吸收程度和吸收介质厚度之间的关系；1852年奥古斯特·比尔（August Beer）又提出光的吸收程度和吸光物质浓度也具有类似关系，两者结合起来就得到有关光吸收的基本定律——布格-朗伯-比尔定律，简称朗伯-比尔定律。后来发展为比色分析法。1782—1787年，开始根据化学组成编定化学名词，并开始用初步的化学方程式来说明化学反应的过程和定量之间的关系。1789年，《化学的元素》出版，对元素进行分类，分为气、酸、金、土4大类，并将"热"和"光"列在无机界23种元素之中。

1854年，德国化学家罗伯特·威廉·本生研究了氢加氯形成氯化氢的光化反应，发现氯化氢的生成正比于光强与曝光的时间，被吸收的光正比于化学变化的光的吸收定律，并注意到光化学的诱导效应，提出碘量分析法。后于1859年，本生和基尔霍夫提出每一个化学元素都具有特征光谱线，为元素发射光谱分析奠定基础，并用以研究太阳的化学成分，证实太阳上有许多地球上常见的元素，说明天体、地球在化学组成上的同一性。

1861 年 2 月，本生和基尔霍夫向柏林科学院提出报告：发现新的化学元素——铷。

1876 年，威特提出染色物质的生色基团理论，指出不饱和原子团是生色基，而有些基团如羟基则是辅色基。

1887 年，德国勒夏忒列首次应用热分析法。

1891 年，德国化学家和物理学能斯特提出物质的各组分在平衡的两液相中的分配定律。

1906 年，茨维特用色层分析法研究叶绿素的化学结构，从而知道镁存在于叶绿素中，而铁也以同样形式存在于血红素中。

科技史与化学史证明，人类有科学就有化学，化学从分析化学开始。《定性分析导论》和 1862 年的《分析化学滴定法专论》的出版，标志着分析化学从一门技术逐渐发展为一门科学。

小哲理

　　有机物的结构理论演化——科学真理的发展：假设，验证，否定，再假设，再验证，再否定，如此螺旋式上升，最后才能得到真理。

1.5.4　物理化学及其发展简史

1752 年，"物理化学"这个概念被俄国科学家罗蒙索诺夫在圣彼得堡大学的一堂课程（a course in true physical chemistry）上首次提出。

物理化学作为一门学科的正式形成是从 1877 年德国化学家奥斯特瓦尔德和荷兰化学家范托夫创刊的《物理化学杂志》开始的。从这一时期到 20 世纪初，物理化学以化学热力学的蓬勃发展为其特征。1906 年，化学热力学的全部基础已经具备。劳厄和布拉格对 X 射线晶体结构分析的创造性研究，为经典的晶体学的发展奠定了基础。阿伦尼乌斯关于化学反应活化能的概念以及博登施坦和能斯特关于链反应的概念，对后来化学动力学的发展都做出了重要贡献。

20 世纪 20 年代至 40 年代是结构化学领先发展的时期。这时的物理化学已深入到微观的原子和分子世界，改变了对分子内部结构茫然无知的状况。

1926 年量子化学的兴起，不但在物理学中掀起了高潮，对物理化学的研究也给以很大的冲击。尤其是在 1927 年，海特勒和伦敦对氢分子问题的量子力学处理，为 1916 年路易斯提出的共享电子对的共价键概念提供了理论基础，能够发现反应过程中出现的过渡态中间产物，使反应机理不再只是从反应速率方程凭猜测而得出结论。这些检测手段对化学动力学的发展也有很大的推动作用。先进的仪器设备和检测手段也大大缩短了测定结构的时间，使结晶化学在测定复杂的生物大分子晶体结构方面有了重大突破，青霉素、维生素 B_{12}、蛋白质、胰岛素的结构测定和脱氧核糖核酸的螺旋体构型的测定都获得了成功。电子能谱的出现更使结构化学研究能够从物体的体相转到表面相，对于固体表面和催化剂而言，这是一个得力的新的研究方法。

20世纪60年代，有了激光器和不断改进的激光技术。大容量高速电子计算机的出现，以及微弱信号检测手段的发明孕育着物理化学中新的生长点的诞生。

20世纪70年代以来，分子反应动力学、激光化学和表面结构化学代表着物理化学的前沿阵地。研究对象从一般键合分子扩展到准键合分子、范德瓦耳斯分子、原子簇、分子簇和非化学计量化合物。在实验中通过控制化学反应的温度和压力等条件，进而对反应物分子的内部量子态、能量和空间取向实行控制。

在理论研究方面，快速大型电子计算机加速了量子化学在定量计算方面的发展。对于许多化学体系来说，薛定谔方程已不再是可望而不可即的了。福井谦一提出的前线轨道理论以及伍德沃德和霍夫曼提出的分子轨道对称守恒原理的建立是量子化学的重要发展。

习题

一、选择题

1. 下列不属于化学研究范畴的是（　　）。
   A. 冶金　　　　　B. 石油化工　　　　C. 高分子材料的改性　　　D. 电磁感应原理

2. 下列不属于化学现象的是（　　）。
   A. 燃烧发光发热　B. 金属生锈　　　　C. 神经与信息传导　　　　D. 高分子材料老化

3. 下列哪些微粒不属于微观粒子（　　）。
   A. 分子　　　　　B. 花粉　　　　　　C. DNA　　　　　　　　　D. 光子

4. 下列不属于夸克性质的是（　　）。
   A. 质量　　　　　B. 电荷　　　　　　C. 频率　　　　　　　　　D. 自旋

5. 下列不属于分析化学分支的学科的是（　　）。
   A. 色谱分析　　　B. 光谱分析　　　　C. 电化学分析　　　　　　D. 有机分析化学

6. 下列不属于古代化学研究的物质的是（　　）。
   A. 青铜器制造　　B. 电解制铝　　　　C. 雄黄消毒　　　　　　　D. 实验调味

7. 最早人工合成的有机物是（　　）。
   A. 草酸　　　　　B. 尿素　　　　　　C. 雄黄　　　　　　　　　D. 酒石酸

8. 下列属于分析化学发展中的重要成果的是（　　）。
   A. 定比定律　　　B. 朗伯-比尔定律　　C. 质量守恒定律　　　　　D. 元素周期律

二、简答题

1. 无机化学的发展分为哪几个时期，各个时期有什么代表性成果？
2. 有机化学的发展分为哪几个时期，各个时期的代表性成果是什么？

第2章

原子结构与元素周期表

原子是什么样子的？它的结构如何？是谁发现了原子的结构？原子结构与元素周期表有什么关系？通过本章学习就可以解决这些疑惑。

2.1 原子结构

2.1.1 波粒二象性★

微课

（1）经典物理学概念面临的窘境 卢瑟福根据 α 粒子散射实验（图 2-1），创立了关于原子结构的"太阳-行星模型"（图 2-2），其要点是：所有原子都有一个核，即原子核（nucleus）；核的体积只占整个原子体积极小的一部分；原子的正电荷和绝大部分质量集中在核上；电子像行星绕着太阳那样绕核运动。

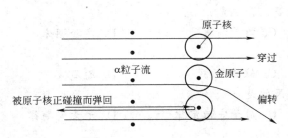

图 2-1 α 粒子散射实验

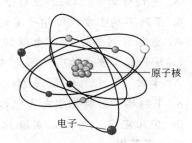

图 2-2 卢瑟福的太阳-行星模型

在对粒子散射实验结果的解释上，太阳-行星模型的成功是显而易见的，至少要点中的前三点是正确的。问题出在"电子像行星绕着太阳那样绕核运动"，尽管卢瑟福正确地认识到核外电子必须处于运动状态，但将电子与核的关系比作行星与太阳的关系，却令人生疑。根据当时的物理学概念，带电微粒在力场中运动时总要产生电磁辐射并逐渐失去能量，运动着的电子轨道会越来越小，最终将与原子核相撞并导致原子毁灭。然而，由于原子毁灭至今从未发生，这将经典物理学概念推到前所未有的尴尬境地。

（2）波的微粒性 电磁波是通过空间传播的能量，可见光是电磁波的一种（图 2-3）。电磁波在有些情况下表现出连续波的性质，另一些情况下则更像单个微粒的集合体，后一种性质称作波的微粒性。

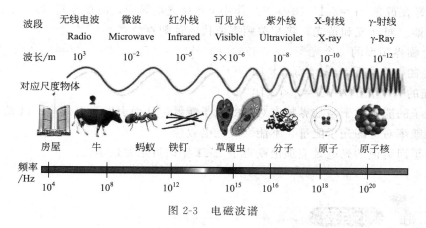

图 2-3　电磁波谱

1900 年，普朗克提出了表达光的能量（E）与频率（ν）关系的方程，即著名的普朗克方程：$E = h\nu$，式中的 h 叫普朗克常量（Planck constant），$h = 6.626 \times 10^{-34}$ J·s。

普朗克认为，物体只能按 $h\nu$ 的整数倍（例如 1、2、3 等）一份一份地吸收或释放出光能，而不可能是 0.5、1.6、2.3 等任何非整数倍，这就是所谓的能量量子化概念。普朗克提出的是当时物理学界一种全新的概念，但它只涉及光作用于物体时能量的传递过程（即吸收或释放能量）。

（3）光电效应的解释　光电效应是物理学中一个重要而神奇的现象。在高于某特定频率的电磁波（该频率称为极限频率）照射下，某些物质内部的电子吸收能量后逸出而形成电流，即光生电。光电现象由德国物理学家赫兹于 1887 年发现，直到 1905 年才被爱因斯坦成功解释。

小哲理

光电效应——只有能量足够高的人，才能让别人发光发热。

在光电效应中，将一束光线照射在某些金属上会在电路中产生一定的电流。可以推断是光将金属中的电子击出，使得它们流动。然而，对于某些材料，即使一束微弱的蓝光也能产生电流，但是无论多么强的红光都无法在其中引出电流。根据波动理论，光强对应于它所携带的能量，因而强光一定能提供更强的能量将电子击出。然而事实与预期的恰巧相反。爱因斯坦对光电效应提出了光子概念，解决了光的波动理论所无法解释的实验现象。

爱因斯坦将光电效应解释为量子化效应：金属被光子击出电子，每一个光子都带有一份能量 E，这份能量对应于光的频率 ν：$E = h\nu$，这里 h 是普朗克常量。光束的颜色取决于光子的频率（即光子的能量），而光强则取决于光子的数量。由于量子化效应，每个电子只能整份地接受光子的能量，因此，只有高于某一金属的临界频率的光子才能将该金属的自由电子击出产生电流。科学家们在研究光电效应的过程中，对光子的量子性质有了更加深入的了解，这对波粒二象性概念的提出有重大影响。

钾的临界频率 $\nu = 5.0 \times 10^{14}\,\text{s}^{-1}$，通过计算具有这种频率的一个光子的能量，可以解释为什么金属钾在黄光（$\nu = 5.1 \times 10^{14}\,\text{s}^{-1}$）作用下产生光电效应，而在红光（$\nu = 4.6 \times 10^{14}\,\text{s}^{-1}$）作用下却不能。对红光和黄光，将相关频率值代入普朗克公式：

E（具有临界频率的一个光子）$= 6.626 \times 10^{-34}\,\text{J} \cdot \text{s} \times 5.0 \times 10^{14}\,\text{s}^{-1} = 3.3 \times 10^{-19}\,\text{J}$

E（黄光的一个光子）$= h\nu = 3.4 \times 10^{-19}\,\text{J}$

E（红光的一个光子）$= h\nu = 3.0 \times 10^{-19}\,\text{J}$

黄光光子的能量大于与临界频率对应的光子能量，从而引发光电效应；红光光子的能量小于与临界频率对应的光子能量，不能引发光电效应。

爱因斯坦因为他的光电效应理论获得了 1921 年诺贝尔物理学奖。

光电效应的解释——成功观：思考问题、解决难题，学会反面思考、大胆假设、积极验证，才能取得成功。

由普朗克的量子论、电子微粒性、爱因斯坦的光子学说的实验，导致了人们对波的深层次认识，产生了以讨论波的微粒性概念为基础的学科——量子力学（quantum mechanics）。

（4）粒子的波动性   过去，科学界过分强调了光的波动性而忽视它的粒子性，光的波粒二象性打破了这种传统；后来，又强调电子的粒子性而忽视了电子的波动性。因此，在光的波粒二象性的启发下，德布罗依（Louis de Broglie）于 1924 年提出一种假想：质量为 m，运动速度为 v 的粒子，相应的波长 $\lambda = h/(mv) = h/p$，式中，h 为普朗克常量，p 为动量。这就是著名的德布罗依关系式。

微粒波动性的直接证据就是光的衍射。微粒波动性的近代证据就是电子的波粒二象性。1927 年，Davissson 和 Germer 应用 Ni 晶体进行电子衍射实验，证实电子具有波动性（图 2-4）。

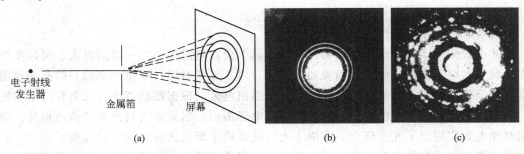

图 2-4   电子衍射实验示意图（a）、电子通过 Al 箔（b）和石墨（c）的衍射图

微观粒子具有波粒二象性，宏观物体是否也具有波粒二象性？让我们选一个微观粒子（电子）和一个很小的宏观物体（10g 的子弹）计算其波长。

微观粒子（电子）：$m = 9.10 \times 10^{-31}\,\text{kg}$，$v = 10^6 \sim 10^7\,\text{m/s}$

由德布罗依公式，波长 $\lambda = h/(mv) = 7.36 \times 10^{-10} \sim 7.36 \times 10^{-9}\,\text{m}$

宏观物体子弹：$m=1.0×10^{-2}\,kg$，$v=1.0×10^3\,m/s$

波长 $λ=h/(mv)=6.6×10^{-35}\,m$

显然，包括宏观物体，如运动着的垒球和枪弹等都可按德布罗依公式计算它们的波长。由于宏观物体的波长极短以致无法测量，所以宏观物体的波长就难以察觉，主要表现为粒子性，服从经典力学的运动规律。只有像电子、原子等质量极小的微粒才具有与 X 射线数量级相近的波长，才符合德布罗依公式，然而，极其短的波长一般条件下不易显现出来。

波粒二象性对化学的重要性在于：玻尔以波的微粒性（即能量量子化概念）为基础建立了他的氢原子模型；薛定谔等则以微粒波动性为基础建立起原子的波动力学模型。

2.1.2　原子结构理论的发展★

微课

原子结构模型经历了五个主要阶段（图 2-5）：1803 年道尔顿的实心球模型；1904 年汤姆逊的枣糕模型；1911 年卢瑟福的行星模型；1913 年玻尔的量子轨道模型；20 世纪初薛定谔等的电子云模型（波动力学模型）。

道尔顿 实心球模型　　汤姆逊 枣糕模型　　卢瑟福 太阳-行星模型　　玻尔 量子轨道模型　　电子云模型

图 2-5　原子结构模型的演变

1803 年，英国自然科学家约翰·道尔顿提出了世界上第一个原子模型——实心球模型：①原子都是不能再分的粒子；②同种元素的原子的各种性质和质量都相同；③原子是微小的实心球体。虽然，经过后人证实，这是一个失败的理论模型，但道尔顿第一次将原子从哲学带入化学研究中，明确了今后化学家们努力的方向，化学真正从古老的炼金术中摆脱出来，道尔顿也因此被后人誉为"近代化学之父"。

英国物理学家约瑟夫·约翰·汤姆逊在 1897 年发现电子，否定了道尔顿的"实心球模型"。1904 年，汤姆逊提出枣糕模型：原子是一个带正电荷的球，电子镶嵌在里面，原子好似一块葡萄干布丁，故又称"枣糕模型"或"葡萄干蛋糕模型"；或是像西瓜子分布在西瓜瓤中，也叫"西瓜模型"。汤姆逊提出：①电子是平均分布在整个原子上的，就如同散布在一个均匀的正电荷的海洋之中，它们的负电荷与那些正电荷相互抵消；②在受到激发时，电子会离开原子，产生阴极射线。汤姆逊模型是第一个存在着亚原子结构的原子模型。

汤姆逊的学生卢瑟福完成的 α-粒子轰击金箔实验（散射实验），否认了枣糕模型的正确性。1911 年卢瑟福以经典电磁学为理论基础，提出行星模型。

 小哲理

原子结构具有核式结构——人也应该树立核心意识。

　　1913 年，丹麦物理学家玻尔提出了量子轨道模型。为了解释氢原子线状光谱这一事实，玻尔在行星模型的基础上提出了核外电子分层排布的原子结构模型。玻尔原子结构模型的基本观点：①定态假设，原子中的电子在具有确定半径的圆周轨道（orbit）上绕原子核运动，不辐射能量；②量子轨道假设，在不同轨道上运动的电子具有不同的能量（E），且能量是量子化的，轨道能量值以 n（1，2，3，…）的增大而升高，n 称为量子数；③跃迁假设，当且仅当电子从一个轨道跃迁到另一个轨道时，才会辐射或吸收能量，能量的大小 $\Delta E = E_2 - E_1$。如果辐射或吸收的能量以光的形式表现并被记录下来，就形成了光谱量子轨道模型。

　　19 世纪 20 年代，以海森堡和薛定谔为代表的科学家们通过数学方法处理原子中电子的波动性而建立了现代原子模型，即电子云模型或称波动力学模型：电子绕核运动形成一个带负电荷的云团。对于具有波粒二象性的微观粒子在一个确定时刻，其空间坐标与动量不能同时准确测定，这是德国物理学家海森堡在 1926 年提出的著名的测不准原理。电子云模型是迄今为止最成功的原子结构模型，该模型不但能够预言氢的发射光谱，还包括玻尔模型无法解释的氢原子谱线，而且也适用于多电子原子，从而更合理地说明了核外电子的排布方式。

　　小哲理

　　原子结构模型的演变——否定之否定才是科学道路。

2.1.3　描述电子运动状态的四个量子数

　　玻尔模型的固定轨道只用一个量子数来描述，而波动力学模型的轨道也由量子数所决定，不同的是，其原子轨道用三个量子数（n、l、m）来描述。

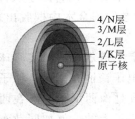

4/N层
3/M层
2/L层
1/K层
原子核

图 2-6　主量子数（电子层）
的结构示意图

　　（1）主量子数　即电子层数，用 n 表示，n 的取值 1，2，3…也可用字母 K，L，M…表示（图 2-6）。n 确定电子出现概率最大处离核的距离。n 主要决定了电子的能量（即原子轨道的能量），而氢原子的电子能量 E 仅由 n 决定，即 $E = -\dfrac{2.179 \times 10^{-18}}{n^2}$ J。

　　（2）角量子数　即电子亚层，与角动量有关，用 l 表示，l 的取值为 0，1，2，3，…，$n-1$（亚层），也可用字母 s，p，d，f…表示（图 2-7）。对于多电子原子，电子的能量（原子轨道的能量）由 n 和 l 共同决定。l 决定了 ψ（轨道函数）的角度函数的形状。

　　（3）磁量子数　与角动量的取向有关，取向是量子化的，用 m 表示，m 可取 0，± 1，± 2，…，$\pm l$ 等值，决定了 ψ 角度函数的空间取向，即电子云的伸展方向，m 值相同的轨道互为等价（简并）轨道（图 2-8）。

　　s 轨道（$l=0$，$m=0$），m 有一种取值，空间有一种取向，一条 s 轨道。

　　p 轨道（$l=1$，$m=+1$，0，-1），m 有三种取值，空间有三种取向，三条等价（简并）轨道。

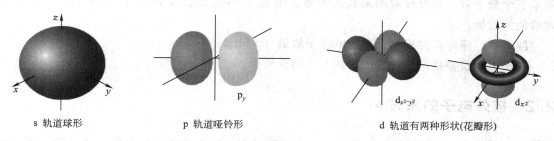

s 轨道球形   p 轨道哑铃形   d 轨道有两种形状(花瓣形)

图 2-7　角量子数（电子亚层）决定的电子云形状

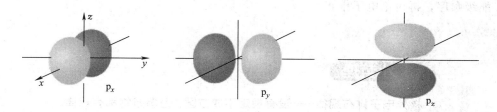

图 2-8　三条等价 p 轨道的空间取向

d 轨道（$l=2$，$m=+2$，$+1$，0，-1，-2），m 有五种取值，空间有五种取向，五条等价（简并）d 轨道（图 2-9）。

图 2-9　五条等价 d 轨道的空间取向

（4）自旋量子数　描述电子绕轴自旋的状态，用 m_s 表示，m_s 取值 $+1/2$ 和 $-1/2$，分别用 ↑ 和 ↓ 表示，自旋运动使电子具有类似于微磁体的行为，有两种可能的自旋方向：顺时针方向（$+1/2$）和逆时针方向（$-1/2$），产生方向相反的磁场，自旋相反的一对电子，磁场相互抵消（图 2-10）。

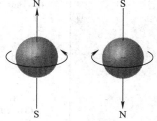

图 2-10　电子的自旋

（5）薛定谔方程和波函数　薛定谔方程与量子数：

$$\frac{\partial^2 \psi}{\partial x^2}+\frac{\partial^2 \psi}{\partial y^2}+\frac{\partial^2 \psi}{\partial z^2}=-\frac{8\pi^2 m}{h^2}(E-V)\psi$$

方程中 ψ 为波函数，是体现微粒波动性的物理量，m 为微粒的质量，E 为原子轨道能量，V 为势能；求解薛定谔方程就是求得波函数 ψ 和能量 E；解得的 ψ 不是具体的数值，而是包括三个常数（n，l，m）和三个变量（r，θ，φ）的函数式 $\psi_{n,l,m}(r,\theta,\varphi)$；数学上可以解得许多个 $\psi_{n,l,m}(r,\theta,\varphi)$，但其物理意义并非都合理；为了得到合理解，三个常数项只能按一定规则取值，很自然地得到前三个量子数。有合理解的函数式叫做波函数（wave functions），它们以 n，l，m 的合理取值为前提。

波函数＝薛定谔方程的合理解＝原子轨道（orbital）

波动力学模型是迄今最为成功的原子结构模型。

2.2　核外电子的排布★

微课

电子在原子核外如何排列？有无规律可言？原子光谱实验表明：基态原子核外电子的排布有严格规律，首先必须遵循能量最低原理。为此，必须先知道各原子轨道的能级顺序，再讨论电子排布。

核外电子排布规律——没有规矩不成方圆，万事万物都有规律。

2.2.1　电子分布和近似能级图

（1）鲍林近似能级图　1939 年，鲍林从大量光谱实验数据出发，通过理论计算得出多电子原子（many-electron atoms）中轨道能量的高低顺序，即所谓的鲍林近似能级图（图 2-11）。

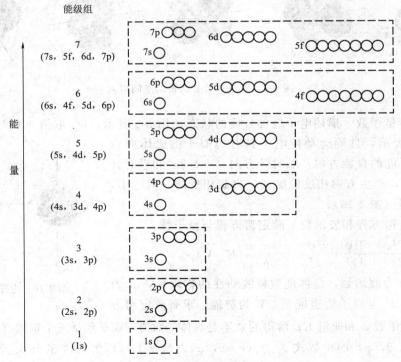

图 2-11　鲍林近似能级图

　　图中一个小圆圈代表一个轨道（同一水平线上的圆圈为等价轨道）；箭头所指则表示轨道能量升高的方向。鲍林能级图只适用于多电子原子，即不适用于氢原子和类氢离子，氢原子和类氢离子不存在能级分裂现象，自然也谈不上能级交错。

小哲理

　　鲍林得出近似能级图——勇于钻研，善于总结，大胆创新，才能取得成就。

　　n 值相同时，轨道能级则由 l 值决定，例：$E(4s)<E(4p)<E(4d)<E(4f)$。这种现象叫能级分裂。l 值相同时，轨道能级只由 n 值决定，例：$E(1s)<E(2s)<E(3s)<E(4s)$。

　　n 和 l 都不同时出现更为复杂的情况，主量子数小的能级可能高于主量子数大的能级，即所谓的能级交错。能级交错现象出现于第四能级组开始的各能级组中，例如第六能级组的 $E(6s)<E(4f)<E(5d)$。

　　鲍林能级图严格意义上只能叫"顺序图"，顺序是指轨道被填充的顺序或电子填入轨道的顺序。换一种说法，填充顺序并不总是能代表原子中电子的实际能级。例如 Mn 原子（$Z=25$），最先的 18 个电子填入 $n=1$ 和 $n=2$ 的 9 条轨道，接下来 2 个电子填入 4s 轨道，最后 5 个电子填入顺序图中能级最高的 3d 轨道。但是，如果由此得"Mn 原子中 3d 电子的能级高于 4s 电子"，那就错了。金属锰与酸反应生成 Mn^{2+}，失去的 2 个电子属于 4s 而非 3d。

　　（2）科顿能级图　氢原子轨道能量只与 n 有关，其他原子轨道均发生能级分裂。各种同名轨道的能量毫无例外地随原子序数增大而下降，为什么？从科顿能级图（图 2-12）可

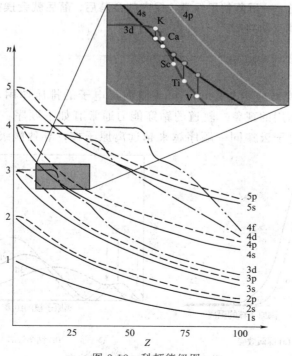

图 2-12　科顿能级图

以看出，从 Sc 开始，第 4 周期元素的 3d 轨道能级低于 4s。这说明，不仅是 Mn 原子，其余 3d 过渡金属被氧化时，4s 轨道都先于 3d 轨道失去电子。鲍林图上反映不出这种情况。

（3）屏蔽效应和钻穿效应

① 屏蔽效应（shielding effect）。什么叫屏蔽作用？由于内层电子和同层其他电子对某一电子的排斥作用而抵消了一部分核电荷对该电子的吸引力，从而引起有效核电荷的降低，削弱了核电荷对该电子的吸引，这种作用称为屏蔽效应。如果将球形屏蔽罩携带的负电荷视为集中于原子核上的点电荷，净效果则相当于核的真实正电荷 Z（原子序数）降至某一数 Z^*（有效核电荷），减少的数值叫屏蔽参数（σ），表达式为：$Z^* = Z - \sigma$（表 2-1）。

表 2-1　第二周期的某些元素的有效核电荷数（Z^*）

核电荷	B	C	N	O	F
Z	5	6	7	8	9
Z^*(2s)	2.58	3.22	3.85	4.49	5.13
Z^*(2p)	2.42	3.14	3.83	4.45	5.10

2s 电子和 2p 电子同属价电子，但感受到的有效核电荷却不同。相比于 2p 电子，2s 电子更能感受到较高的有效核电荷，也就是 2s 电子比 2p 电子受到较小的屏蔽。这是为什么呢？这是因为 2s 电子可以克服内层电子的排斥而钻至离核更近的空间，从而部分克服内层电子的屏蔽，如图 2-13(a)。

小哲理

屏蔽效应——屏蔽就是保守，保守就会落后，落后就会挨打。只有解放思想，才能互助共赢。

② 钻穿效应。钻穿效应指外层电子可克服内层电子的排斥作用，进入原子内层空间，受到核的较强的吸引作用的现象。轨道的钻穿能力通常有如下顺序：$ns > np > nd > nf$，这意味着，亚层轨道的电子云按同一顺序越来越远离原子核，导致能级按 $E(ns) < E(np) <$

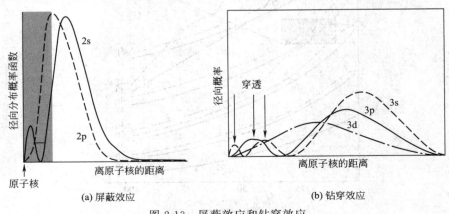

图 2-13　屏蔽效应和钻穿效应

$E(nd) < E(nf)$ 顺序分裂，如果能级分裂的程度很大，就可能导致与邻近电子层中的亚层能级发生交错，如图 2-13(b)。例如，4s 电子云径向分布图上除主峰外还有 3 个离核更近的小峰，其钻穿程度如此之大，以致其能级处于 3d 亚层能级之下，发生了交错。

钻穿效应——人也应该克服困难，不断钻研，要有钻穿精神。

2.2.2 基态原子的核外电子排布

（1）基态原子的电子组态　原子的电子组态（又称电子构型）是一种能反映出该原子中所有电子占据的亚层轨道的表示形式。例如，氩原子（$Z=18$）和钾原子（$Z=19$）的基态电子组态表示分别为，^{18}Ar：$1s^2\,2s^2\,2p^6\,3s^2\,3p^6$（或［Ar］）；^{19}K：$1s^2\,2s^2\,2p^6\,3s^2\,3p^6\,4s^1$（或［Ar］$4s^1$）。

电子排布式可以简化，如可以把 ^{11}Na、^{20}Ca 的电子排布式分别写成［Ne］$3s^1$、［Ar］$4s^2$。其中 Ne、Ar 等惰性气体元素符号加"［ ］"后被称为原子实，其后的符号为价电子构型。

（2）核外电子的排布规则（构造原理）　根据原子光谱实验和量子力学理论，基态原子的核外电子排布服从构造原理（building up principle）。构造原理是指原子建立核外电子层时遵循的规则：最低能量原理（Aufbau principle），泡利不相容原理（Pauli exclusion principle）和洪德规则（Hund's rule）。

① 最低能量原理。电子总是优先占据可供占据的能量最低的轨道，占满能量较低的轨道后才进入能量较高的轨道。根据能级顺序图，电子填入轨道时遵循下列次序：

$$1s\ 2s\ 2p\ 3s\ 3p\ 4s\ 3d\ 4p\ 5s\ 4d\ 5p\ 6s\ 4f\ 5d\ 6p\ 7s\ 5f\ 6d\ 7p$$

铬（$Z=24$）之前的原子严格遵守这一顺序，钒（$Z=23$）之后的原子有时出现例外。

能量最低原理——水往低处流，人往高处走。

② 泡利不相容原理。同一原子中不能存在运动状态完全相同的两个电子，或者说同一原子中不能存在四个量子数完全相同的两个电子。例如，一原子中电子 A 和电子 B 的三个量子数 n、l、m 已相同，m_s 就必须不同（表 2-2）。

表 2-2　同一轨道中两个电子的四个量子数

量子数	n	l	m	m_s
电子 A	2	1	0	$+1/2$
电子 B	2	1	0	$-1/2$

怎样推算出各层（shell）和各亚层（subshell）电子的最大容量？由泡利不相容原理并结合三个轨道量子数之间的关系，能够推知各电子层和电子亚层的最大容量。各层最大容量与主量子数之间的关系为：最大容量＝$2n^2$（表 2-3）。

表 2-3　主量子数和角量子数不同时的轨道数目和可容纳的电子数目

主量子数 n	角量子数 l	轨道数目	每个电子亚层 最多容纳电子数	每个电子层 最多容纳电子数
1	0	1 个 s	2	2
2	0	1 个 s	2	8
	1	3 个 p	6	
3	0	1 个 s	2	18
	1	3 个 p	6	
	2	5 个 d	10	
4	0	1 个 s	2	32
	1	3 个 p	6	
	2	5 个 d	10	
	3	7 个 f	14	

小哲理

泡利不相容原理——世界上没有完全相同的两个人。

③ 洪德规则。电子分布到等价轨道时，总是尽可能地先以相同的自旋状态分占不同等价轨道，即在 n 和 m 相同的轨道上分布电子，将尽可能地分布在 m 值不同的等价轨道上，且自旋相同，例如 Mn 原子 3d 轨道中的 5 个电子按下面列出的方式（a）而不是按方式（b）排布。

洪德规则导致的结果之一是：电子总数为偶数的原子（分子和离子）也可能含有未成对电子。显然，s、p、d 和 f 亚层中未成对电子的最大数目为 1、3、5 和 7，即等于相应的轨道数。未成对电子的存在与否，实际上可通过物质在磁场中的行为确定：含有未成对电子的物质在外磁场中显示顺磁性（paramagnetism），顺磁性是指物体受磁场吸引的性质；不含未成对电子的物质在外磁场中显示反磁性（diamagnetism），反磁性是指物体受磁场排斥的性质。

根据洪德规则，氮原子的电子组态是：[^{7}N]： ↑↓ ↑↓ ↑ ↑ ↑ ，即 $1s^2 \, 2s^2 \, 2p_x^1 \, 2p_y^1 \, 2p_z^1$。

洪德规则——做人如行车，当各行其道、各享其安。

一些重要的例外，它们与亚层轨道半充满、全充满或全空状态相对稳定性更高，表 2-4 中给出几个例子。

表 2-4　几种元素的原子亚层轨道处于半充满、全充满状态稳定性更高

原子	能级顺序	频谱实验顺序
Cr	$[Ar]3d^44s^2$	$[Ar]3d^54s^1$
Mo	$[Kr]4d^45s^2$	$[Kr]4d^55s^1$
Cu	$[Ar]3d^94s^2$	$[Ar]3d^{10}4s^1$
Ag	$[Kr]4d^95s^2$	$[Kr]4d^{10}5s^1$
Au	$[Xe]4f^{14}5d^96s^2$	$[Xe]4f^{14}5d^{10}6s^1$

又如以下元素原子的核外电子排布式。

钾 ^{19}K：$1s^22s^22p^63s^23p^64s^1$；　　钙 ^{20}Ca：$1s^22s^22p^63s^23p^64s^2$；

铁 ^{26}Fe：$1s^22s^22p^63s^23p^63d^64s^2$；　　钴 ^{27}Co：$1s^22s^22p^63s^23p^63d^74s^2$；

锌 ^{30}Zn：$1s^22s^22p^63s^23p^63d^{10}4s^2$；　　溴 ^{35}Br：$1s^22s^22p^63s^23p^63d^{10}4s^24p^5$；

氪 ^{36}Kr：$1s^22s^22p^63s^23p^63d^{10}4s^24p^6$。

应注意的是，大多数元素的原子核外电子排布符合构造原理，有少数元素的基态原子的电子排布对于构造原理有一个电子的偏差，如：K 原子的可能电子排布式与原子结构示意图，按能层能级顺序，应为 $1s^22s^22p^63s^23p^63d^1$，⊕(+19) 2 8 9。但按初中已有化学知识，应为 ⊕(+19) 2 8 8 1，即 $1s^22s^22p^63s^23p^64s^1$。

事实上，在多电子原子中，原子的核外电子并不完全按能层次序排布。

铬 ^{24}Cr：$1s^22s^22p^63s^23p^63d^44s^2$，但实际 ^{24}Cr 排列：$1s^22s^22p^63s^23p^63d^54s^1$；

铜 ^{29}Cu：$1s^22s^22p^63s^23p^63d^94s^2$，但实际 ^{29}Cu 排列：$1s^22s^22p^63s^23p^63d^{10}4s^1$。

这是因为能量相同的原子轨道在全充满（如 p^6 和 d^{10}）、半充满（如 p^3 和 d^5）和全空（如 p^0 和 d^0）状态时，体系的能量较低，原子较稳定。

2.3　元素周期律与元素周期表 ★

微课

元素周期律（periodic law），指元素的性质随着元素的原子序数（核电荷数）的递增呈周期性变化的规律。元素周期律的发现是化学系统化过程中的一个重要里程碑。

　　19 世纪 60 年代化学家已经发现了 60 多种元素，并积累了这些元素的原子量数据，为寻找元素间的内在联系创造必要的条件。俄国著名化学家门捷列夫和德国化学家迈尔等分别根据原子量的大小，将元素进行分类排队，发现元素性质随原子量的递增呈明显的周期变化的规律。1868 年，门捷列夫经过多年的艰苦探索发现了自然界中一个极其重要的规律——元素周期规律。这个规律的发现是继原子-分子论之后，近代化学史上的又一座光彩夺目的里程碑。它所蕴藏的丰富和深刻的内涵，对以后整个化学和自然科学的发展都具有普遍的指导意义。1869 年，门捷列夫提出第一张元素周期表，根据周期律修正了铟、铀、钍、铈等 9 种元素的原子量；他还预言了三种新元素及其特性并暂时取名为类铝、类硼、类硅，这就是 1871 年发现的镓、1880 年发现的钪和 1886 年发现的锗。这些新元素的原子量、密度和物理化学性质都与门捷列夫的预言惊人相符，周期律的正确性由此得到了举世公认。

　　化学元素周期表是根据核电荷数从小至大排序的化学元素列表。周期表中形成元素分区且分有七主族、七副族、Ⅷ族、零族，见图 2-14。由于周期表能够准确地预测各种元素的特性及其之间的关系，因此它在化学及其他科学范畴中被广泛使用，在分析化学行为时是十分有用的框架。

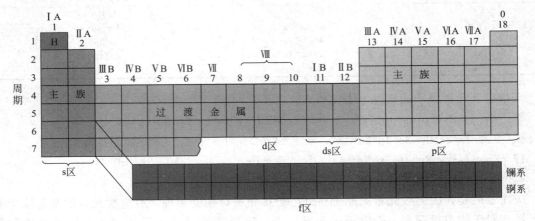

图 2-14　元素周期表的分区

　　元素周期表分为 s、p、d、d_s、f 五个区，每张元素周期表应该都有区分，前两个区比较简单。由表 2-5 可见，s 区元素只有两个主族，碱金属和稀土金属（第一第二主族），最外层电子数为 1 或 2；p 区元素有五个主族，第三到第七主族，最外层电子数为 3 到 7（实际是 $s^2p^{1\sim5}$）。d、ds 区主要是副族元素。d 区有六个副族，第三副族到第八族。电子排布为 $d^{1\sim9}s^{1\sim2}$。第一第二副族为 ds 区，电子排布为 $d^{10}s^{1\sim2}$。f 区是镧系和锕系，电子排布为 $(n-2)f^{1\sim14}(n-1)d^{0\sim1}ns^2$

表 2-5　分区与价电子构型

分区	价电子构型
s 区	$ns^{1\sim2}$
p 区	$ns^2np^{1\sim6}$
d 区	$(n-1)d^{1\sim10}ns^2$
ds 区	$(n-1)d^{10}ns^{1\sim2}$
f 区	$(n-2)f^{1\sim14}(n-1)d^{0\sim1}ns^2$

2.4　原子参数

　　原子参数（atomic parameters）是指用以表达原子特征的参数，如原子半径、电离能、电子亲和能和电负性等，它们影响甚至决定元素的性质，并随原子序数递增呈周期性变化。

2.4.1　原子半径

　　严格地讲，由于电子云没有边界，故原子半径也就无一定数值。但人们总会想办法，迄今所有的原子半径都是在结合状态下测定的（图 2-15）。

　　金属半径（metallic radius，r），金属固体中测定的两个最邻近原子的核间距的一半。

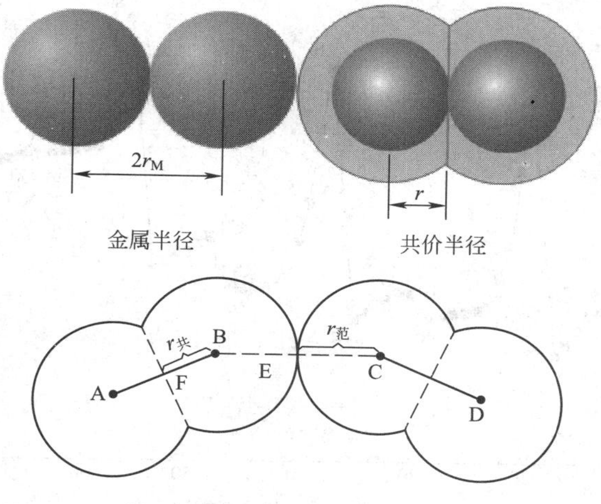

图 2-15 原子半径测定示意图

共价半径（covalent radius），对非金属元素，测定单质分子中两个相邻原子的核间距的一半。

范德瓦耳斯半径或者简称范氏半径，主要针对的是那些单原子分子（惰性气体），也就是相邻两原子间距离的一半，所以范德瓦耳斯半径都比较大，见图 2-16。

元素符号 ← B 82 → 原子半径；共 82 → 共价半径；M^{2+}20 → 离子半径；1Å=100pm

H 32																
Li 123 M^{+}60	Be 89 M^{2+}31										B 82 共 82 M^{3+}20	C 77 共 77 M^{4+}16	N 70 共 75 M^{3+}171 M^{5+}11	O 66 共 73 M^{2+}140 M^{5+}9	F 64 共 71 X^{-}136
Na 154 M^{+}95	Mg 136 M^{2+}65										Al 118 共 118 M^{3+}50	Si 117 共 118 M^{4+}42	P 110 共 110 M^{3+}212 M^{5+}34	S 104 共 102 M^{2+}184 M^{5+}29	Cl 99 共 99 X^{-}181
K 203 M^{+}133	Ca 174 M^{2+}99	Sc 144 M^{3+}81	Ti 132 M^{2+}90 M^{3+}76 M^{4+}68	V 122 M^{2+}88 M^{3+}74	Cr 118 M^{2+}84 M^{3+}69	Mn 117 M^{2+}80 M^{3+}66	Fe 117 M^{2+}76 M^{3+}64	Co 116 M^{2+}74 M^{3+}63	Ni 115 M^{2+}72 M^{3+}62	Cu 117 M^{+}96 M^{2+}72	Zn 125 M^{2+}74	Ga 126 共 126 M^{+}113 M^{3+}62	Ge 122 共 122 M^{4+}53 M^{2+}73	As 121 共 122 M^{3-}222 M^{3+}69 M^{5+}47	Se 117 共 117 M^{2+}198 M^{5+}42	Br 114 共 114 X^{-}195
Rb 216 M^{+}148	Sr 191 M^{2+}113	Y 162	Zr 145 M^{4+}80	Nb 134 M^{5+}70	Mo 130 M^{6+}62	Tc 127	Ru 125 共 125 M^{2+}81	Rh 125 共 125 M^{2+}80	Pd 128 共 128 M^{2+}85	Ag 134 M^{+}126 M^{2+}89	Cd 148 M^{2+}97	In 144 共 144 M^{+}132 M^{3+}81	Sn 140 共 141 M^{4+}71 M^{2+}93	Sb 141 共 143 M^{3-}245 M^{3+}92 M^{5+}62	Te 137 共 135 M^{2+}221 M^{5+}56	I 133 共 133 X^{-}216
Cs 235 M^{+}169	Ba 198 M^{2+}135	La~Lu	Hf 144 M^{4+}79	Ta 134 M^{5+}69	W 130 M^{6+}62	Re 128	Os 126 共 126 M^{2+}88	Ir 127 共 127 M^{2+}92	Pt 13 共 130 M^{2+}124	Au 134 M^{+}137 M^{3+}85	Hg 144 M^{2+}110	Tl 148 共 148 M^{+}140 M^{3+}95	Pb 147 共 154 M^{4+}84 M^{2+}120	Bi 146 共 152 M^{3+}108 M^{5+}74	Po 146	At 145

La 187.7 共 169 M^{3+}106.1	Ce 182.4 共 165 M^{3+}103.4 M^{4+}92	Pz 182.8 共 164 M^{3+}101.3 M^{4+}90	Nd 182.1 共 164 M^{3+}99.5	Rm 181.0 共 163 M^{3+}97.9	Sm 180.2 共 182 M^{2+}111 M^{3+}96.4	Eu 204.2 共 185 M^{2+}109 M^{3+}95.0	Gd 180.2 共 162 M^{3+}93.8	Tb 178.2 共 161 M^{3+}92.3 M^{4+}84	Dy 177.3 共 160 M^{3+}90.8	Ho 176.6 共 158 M^{3+}89.4	Er 175.7 共 158 M^{3+}88.1	Tm 74.6 共 158 M^{2+}94 M^{3+}86.9	Yb 190.4 共 170 M^{2+}93 M^{3+}85.8	Lu 173.4 共 158 M^{3+}84.8

图 2-16 原子（离子）半径周期表

由图 2-17 看出，同一周期原子半径随原子序数的增大自左至右减小。这是由于电子层数不变的情况下，有效核电荷的增大导致核对外层电子的引力增大。

同周期原子半径的变化趋势，相邻元素的减小幅度：主族元素＞过渡元素＞内过渡元素（镧系和锕系的统称）。

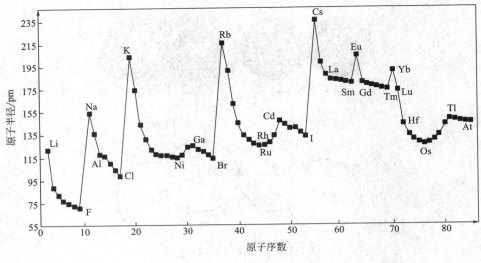

图 2-17 　原子半径变化趋势

第 3 周期前 7 个元素平均半径减小：$[r(Na)-r(Cl)]/6=(191pm-99pm)/6=15.3pm$

第一过渡系 10 个元素平均半径减小：$[r(Sc)-r(Zn)]/9=(164pm-137pm)/9=3.0pm$

镧系 15 个元素平均半径减小：$[r(La)-r(Lu)]/14=(188pm-173pm)/14=1.1pm$

这是由于对主族元素而言，电子逐个填加在最外层，对原来最外层上的电子的屏蔽参数 (σ) 影响小，有效核电荷 (Z^*) 迅速增大。如 Na ($Z=11$) 至 Cl ($Z=17$)，核电荷增加 6，最外层 3s 电子感受到的有效核电荷则增加 4.56 (由 2.51 增加至 7.07)。对过渡元素来说，电子逐个填加在次外层，增加的次外层电子对原来最外层上电子的屏蔽较强，有效核电荷增加较小。而对内过渡元素而言，电子逐个填加在倒数第三层，增加的电子对原来最外层上电子的屏蔽很强，有效核电荷增加甚小。

内过渡元素有镧系收缩效应 (effects of the lanthanide contraction)。镧系 15 个元素所构成的序列中，相邻原子半径和离子半径随原子序数增大而减小的幅度很小，而由于 15 个元素的原子半径逐渐减小的累积而导致从头到尾的原子半径产生一个相当大的降幅的现象。镧系收缩的内部效应：镧系 15 个元素中，相邻元素的原子半径十分接近，用普通的化学方法很难将其分离。镧系收缩的外部效应：该效应使第 5、6 两周期的同族过渡元素 (如 Zr-Hf，Nb-Ta 等) 性质极为相似，往往导致在自然界共生，而且不易分离。

同族元素原子半径自上而下增大：电子层依次增加，有效核电荷的影响退居次要地位，电子层数是决定原子半径的主要因素。

2.4.2 　电离能

电离能 (ionization energy，I) 是一个标准大气压下基态的气态原子失去电子变为气态阳离子 (即电离) 必须克服核电荷对电子的引力而所需要的能量，单位为 kJ/mol。基态气体原子失去最外层一个电子成为气态 +1 价的气态离子所需的最小能量叫第一电离能 (I_1)，再从正离子相继逐个失去 1 个电子所需的最小能量则叫第二、第三电离能 (I_2、I_3)。各级电离能的数值关系为 $I_1<I_2<I_3$，因为从正离子离出电子比从电中性原子离出电子难得多，

而且离子电荷越高越困难。

$$E(g) \Longrightarrow E^+(g) + e^- \qquad\qquad I_1$$
$$E^+(g) \Longrightarrow E^{2+}(g) + e^- \qquad\qquad I_2$$

由图 2-18 看出，同一周期，I_1 从左至右依次增大，与原子半径减小的趋势一致。

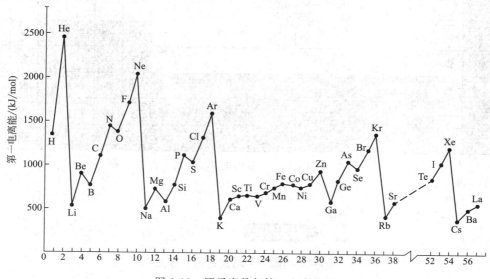

图 2-18　原子序数与第一电离能图

各周期中惰性气体原子都是全充满，其第一电离能的能量最高。第 II A 族元素 Be 和 Mg，第 V A 族元素 N 和 P，第 II B 族元素 Zn、Cd 和 Hg 在电离能曲线上出现的小高峰。这是由于 Be 和 Mg 价电子构型为 $2s^2$ 和 $3s^2$ 全充满；N 和 P 电子构型为 p^3 半充满；Zn、Cd 和 Hg 电子构型为 d^{10} 全充满；他们与相邻原子序数的元素更稳定，故第一电离能更大。

 小哲理

电离能——电离能小，淡薄物质利益，乐于助人，朋友多。

2.4.3　电子亲和能

电子亲和能（electron affinity）是指一个气态原子得到一个电子形成负离子时放出或吸收的能量，常以符号 A 表示。如电离能一样，电子亲和能也有第一、第二……之分。元素第一电子亲和能的正值表示放出能量，负值表示吸收能量，如图 2-19。

$$X(g) + e^- \Longrightarrow X^-(g) \qquad\qquad A_1 = -\Delta_r H_m^{\ominus}$$
$$X^-(g) + e^- \Longrightarrow X^{2-}(g) \qquad\qquad A_2 = -\Delta_r H_m^{\ominus}$$

例如，$O^-(g) + e^- \Longrightarrow O^{2-}(g) \qquad\qquad A_2 = -780kJ/mol$

电子亲和能是气态原子获得一个电子过程中能量变化的一种量度。与电离能相反，电子

亲和能表达原子得电子的难易程度。元素的电子亲和能越大，原子获取电子的能力越强，即非金属性越强。

族\周期	I A	II A	III B	IV B	V B	VI B	VII B	VIII			I B	II B	III A	IV A	V A	VI A	VII A	0
1	1 H 氢 73																	2 He 氦 *
2	3 Li 锂 60	4 Be 铍 *											5 B 硼 27	6 C 碳 122	7 N 氮 *	8 O 氧 141	9 F 氟 328	10 Ne 氖 *
3	11 Na 钠 53	12 Mg 镁 *											13 Al 铝 42	14 Si 硅 134	15 P 磷 72	16 S 硫 200	17 Cl 氯 349	18 Ar 氩 *
4	19 K 钾 48	20 Ca 钙 2	21 Sc 钪 18	22 Ti 钛 8	23 V 钒 51	24 Cr 铬 65	25 Mn 锰 *	26 Fe 铁 15	27 Co 钴 64	28 Ni 镍 112	29 Cu 铜 119	30 Zn 锌 *	31 Ga 镓 41	32 Ge 锗 119	33 As 砷 79	34 Se 硒 195	35 Br 溴 325	36 Kr 氪 *
5	37 Rb 铷 47	38 Sr 锶 5	39 Y 钇 30	40 Zr 锆 41	41 Nb 铌 86	42 Mo 钼 72	43 Tc 锝 *	44 Ru 钌 101	45 Rh 铑 110	46 Pd 钯 54	47 Ag 银 126	48 Cd 镉 *	49 In 铟 39	50 Sn 锡 107	51 Sb 锑 101	52 Te 碲 190	53 I 碘 295	54 Xe 氙 *
6	55 Cs 铯 46	56 Ba 钡 14	57~71 La–Lu 镧系	72 Hf 铪 *	73 Ta 钽 31	74 W 钨 79	75 Re 铼 14	76 Os 锇 106	77 Ir 铱 151	78 Pt 铂 205	79 Au 金 223	80 Hg 汞 *	81 Tl 铊 36	82 Pb 铅 35	83 Bi 铋 91	84 Po 钋 *	85 At 砹 *	86 Rn 氡 *

图例：原子序数 / 元素名称，注*的是人造元素 / 元素符号，红色指放射性元素 / 元素的亲和势　示例：8 O 氧 141

图 2-19　元素的电子亲和能

小哲理

电子亲和能——和蔼可亲，朋友多。

2.4.4　电负性

电负性（electronegativity），是元素的原子在化合物中吸引电子的能力的标度。元素的电负性越大，表示其原子在化合物中吸引电子的能力越强。电负性综合考虑了电离能和电子亲和能，首先由美国科学家鲍林于 1932 年引入电负性的概念，用来表示两个不同原子间形成化学键时吸引电子能力的相对强弱，是元素的原子在分子中吸引共用电子的能力。元素周期表中，右上角元素的电负性较大，氟的电负性最大，左下角元素的电负性较小，Cs（Fr）的电负性最小。鲍林以热化学为基础标度的电负性数据表见图 2-20。电负性大的元素通常

周期																		
1	H 2.20																	He
2	Li 0.98	Be 1.57											B 2.04	C 2.55	N 3.04	O 3.44	F 3.95	Ne
3	Na 0.93	Mg 1.31											Al 1.61	Si 1.90	P 2.19	S 2.58	Cl 3.16	Ar
4	K 0.82	Ca 1.00	Sc 1.36	Ti 1.54	V 1.63	Cr 1.66	Mn 1.55	Fe 1.83	Co 1.88	Ni 1.91	Cu 1.90	Zn 1.65	Ga 1.81	Ge 2.01	As 2.18	Se 2.55	Br 2.96	Kr 3.00
5	Rb 0.82	Sr 0.95	Y 1.22	Zr 1.33	Nb 1.6	Mo 2.16	Tc 1.9	Ru 2.2	Rh 2.28	Pd 2.20	Ag 1.93	Cd 1.69	In 1.78	Sn 1.96	Sb 2.05	Te 2.1	I 2.66	Xe 2.60
6	Cs 0.79	Ba 0.89	*	Hf 1.3	Ta 1.5	W 2.36	Re 1.9	Os 2.2	Ir 2.20	Pt 2.28	Au 2.54	Hg 2.00	Tl 1.62	Pb 1.87	Bi 2.02	Po 2.0	At 2.2	Rn 2.2
7	Fr 0.7	Ra 0.9	**	Rf	Db	Sg	Bh	Hs	Mt	Ds	Rg	Cn	Uut	Fl	Uup	Lv	Uus	Uuo

*	La 1.1	Ce 1.12	Pr 1.13	Nd 1.14	Pm 1.13	Sm 1.17	Eu 1.2	Gd 1.2	Tb 1.1	Dy 1.22	Ho 1.23	Er 1.24	Tm 1.25	Yb 1.1	Lu 1.27
**	Ac 1.1	Th 1.3	Pa 1.5	U 1.38	Np 1.36	Pu 1.28	Am 1.13	Cm 1.28	Bk 1.3	Cf 1.3	Es 1.3	Fm 1.3	Md 1.3	No 1.3	Lr 1.3

图 2-20　鲍林电负性表

是那些电子亲和能大的元素（非金属性强的元素），电负性小的元素通常是那些电离能小的元素（金属性强的元素）。

在化合物中，吸引电子能力相对较强的原子，在该化合物中显示电负性；吸引电子能力相对较弱的原子则显示电正性（electropositive），如图 2-20。例如 ClO_2，Cl 与 O 的电负性分别为 3.16 和 3.44，故 ClO_2 中 O 显电负性，而 Cl 显电正性；又如 CH_4 分子中，C（2.55）显电负性，而 H（2.20）显电正性。

一、选择题

1. 下列叙述中，最符合泡利不相容原理的是（　　）。

A. 需用四个不同的量子数来描述原子中的每一个电子

B. 在原子中，不能有两个电子具有一组相同的量子数

C. 充满一个电子层需要 8 个电子

D. 电子之间存在着斥力

2. 基态原子的核外电子排布的原则不包括（　　）。

A. 能量守恒原理　　　B. 能量最低原则　　　C. 泡利不相容原理　　　D. 洪德规则

3. 基态铬原子（$Z=25$）的电子排布式是（　　）。

A. $1s^2 2s^2 2p^6 3s^2 3p^6 4s^1 4p^5$

B. $1s^2 2s^2 2p^6 3s^2 3p^6 3d^6$

C. $1s^2 2s^2 2p^6 3s^2 3p^6 4s^2 3d^4$

D. $1s^2 2s^2 2p^6 3s^2 3p^6 3d^5 4s^1$

4. 具有相同电子层结构的主族元素的三种微粒 A^{n+}、B^{n-}、C，下列分析正确的是（　　）。

A. 原子序数的关系是 C>B>A

B. 微粒半径的关系是 $B^{n-}>A^{n+}$

C. 原子半径的关系是 A<C<B

D. C 是惰性气体元素的一种原子

5. 下列各原子或离子的电子排布式错误的是（　　）。

A. Ca^{2+}：$1s^2 2s^2 2p^6 3s^2 3p^6$

B. F^-：$1s^2 2s^2 3p^6$

C. S：$1s^2 2s^2 2s^6 3s^2 3p^4$

D. Ar：$1s^2 2s^2 2p^6 3s^2 3p^6$

6. 原子序数为 33 的元素，其原子在 $n=4$，$l=1$ 的轨道中电子数为（　　）。

A. 3　　　　　　B. 4　　　　　　C. 5　　　　　　D. 6

7. 已知 H_2 分子中，两原子核距离为 0.074nm，则 H 原子的实际半径为（　　）。

A. 0.037nm　　　B. 大于 0.037nm　　　C. 小于 0.037nm　　　D. 无法确定

8. 有 X、Y、Z 三种主族元素，若 X 元素的阴离子与 Y、Z 元素的阳离子具有相同的电子层结构，且 Y 元素的阳离子半径大于 Z 元素的阳离子半径，则此三种元素的原子序数大小顺序是（　　）。

A. Y<Z<X　　　　B. X<Y<Z　　　　C. Z<Y<X　　　　D. Y<X<Z

9. 下列说法正确的是（　　）。

A. 镧系收缩效应就是镧系 15 个元素中相邻原子半径和离子半径随原子序数增大而半径减小的幅度很小

B. 由于镧系 15 个元素的原子半径逐渐减小的累积而导致从头到尾的原子半径产生一个相当大的降幅的现象

C. 由于镧系收缩效应：相邻元素的原子半径十分接近，在自然界不易共生易分离

D. 镧系收缩效应使第 5、6 两周期的同族过渡元素（如 Zr-Hf，Nb-Ta 等）性质极为相似，往往导致在自然界共生，而且不易分离

10. ^{24}Cr 原子处于基态时，价电子排布的电子排布式表示成 $3d^5 4s^1$，而不是 $3d^4 4s^2$。下列说法中，正确的是（　　）。

A. 这两种排布方式都符合能量最低原则

B. 这两种排布方式都符合泡利不相容原理

C. 这两种排布方式都符合洪德规则

D. 这个实例说明洪德规则有时候和能量最低原则是矛盾的

11. 具有 $1s^2 2s^2 2p^6 3s^2 3p^1$ 电子结构的原子是（　　）。

A. Mg　　　　　　B. Na　　　　　　C. He　　　　　　D. Al

12. 下列说法中正确的是（　　）。

A. 处于最低能量的原子叫做基态原子

B. $3p^2$ 表示 3p 能级有两个轨道

C. 同一原子中，1s、2s、3s 电子的能量逐渐减小

D. 同一原子中，2p、3p、4p 能级的轨道数依次增多

13. 具有下列电子排布式的原子中，半径最大的是（　　）。

A. $1s^2 2s^2 2p^6 3s^2 3p^1$　　　　　　B. $1s^2 2s^2 2p^5$

C. $1s^2 2s^2 2p^6 3s^2 3p^4$　　　　　　D. $1s^2 2s^2 2p^1$

14. 对于 3p 轨道说法不正确的是（　　）。

A. 有 3 个等价轨道　　　　　　B. 最多可容纳 3 个电子

C. 容纳 3 个电子比 4 个电子稳定　　　　　　D. 有 3 个伸展方向

15. 有关元素周期表的叙述正确的是（　　）。

A. 元素周期表是由苏联化学家门捷列夫初绘

B. 周期表有 18 列就是 18 个族

C. 最初的元素周期表是按原子内质子数由少到多排布的

D. 初排元素周期表时共有元素 92 种

16. 下列叙述中正确的是（　　）。

A. 同周期元素中，ⅦA 族元素的原子半径最大

B. ⅥA 族元素的原子，其半径越大，越容易得到电子

C. 室温时，零族元素的单质都是气体

D. 同一周期中，碱金属元素的第一电离能最小

17. 下列关于同周期元素说法不正确的是（　　）。

A. 同一周期元素的金属性依次增强　　　　　　B. 同一周期元素电负性依次增强

C. 同一周期元素的化合价依次升高　　　　　　D. 同一周期元素的酸性依次增强

18. 关于元素周期律和元素周期表的下列说法中正确的是（　　）。

A. 目前发现的所有元素占据了周期表里全部位置，不可能再有新的元素被发现

B. 元素的性质随着原子序数的增加而呈周期性变化

C. 俄国化学家道尔顿为元素周期表的建立做出了巨大的贡献

D. 同一主族的元素从上到下，金属性呈周期性变化

19. 已知同周期的 X、Y、Z 三种元素的最高价氧化物水化物的酸性由弱到强的顺序是：$HZO_4 > H_2YO_4 > H_3XO_4$，下列判断正确的是（　　）。

A. 阴离子的还原性按 X、Y、Z 的顺序减弱

B. 单质的氧化性按 X、Y、Z 的顺序减弱

C. 原子半径按 X、Y、Z 的顺序增大

D. 气态氢化物稳定性按 X、Y、Z 的顺序减弱

20. 在元素周期表中，自ⅢA族的硼到ⅦA族的砹作一斜线，即为非金属与金属的分界线，依据规律应在这个分界线的附近寻找的是（　　）。

A. 新型催化剂　　　　　　　　　B. 新型农药材料

C. 半导体材料　　　　　　　　　D. 耐腐蚀的合金材料

21. 下列叙述不正确的是（　　）。

A. 发生化学反应时失去电子越多的金属原子，还原能力越强

B. 金属阳离子被还原后，不一定得到该元素的单质

C. 核外电子总数相同的原子，一定是同种元素的原子

D. 能与酸反应的氧化物，一定是碱性氧化物

22. X、Y、Z 是 3 种短周期元素，其中 X、Y 位于同一族，Y、Z 处于同一周期。X 原子的最外层电子数是其电子层数的 3 倍。Z 原子的核外电子数比 Y 原子少 1。下列说法正确的是（　　）。

A. 元素非金属性由弱到强的顺序为 Z＜Y＜X

B. Y 元素最高价氧化物对应水化物的化学式可表示为 H_3YO_4

C. 3 种元素的气态氢化物中，Z 的气态氢化物最稳定

D. 原子半径由大到小的顺序为 Z＞Y＞X

23. 根据所学的电子排布规律及周期表判断，同周期的ⅡA和ⅢA之间的原子序数差不可能是（　　）。

A. 1　　　　　　　B. 11　　　　　　　C. 25　　　　　　　D. 8

24. R 元素的原子，其最外层的 p 能级电子数等于所有的能层 s 能级电子总数，则 R 可能是（　　）。

A. Li　　　　　　　B. Be　　　　　　　C. S　　　　　　　D. Ar

25. 下列各组指定的元素，不能形成 AB_2 型化合物的是（　　）。

A. [He]$2s^2 2p^2$ 和 [He]$2s^2 2p^4$　　　　　　B. [Ne]$3s^2 3p^4$ 和 [He]$2s^2 2p^4$

C. [Ne]$3s^2$ 和 [He]$2s^2 2p^5$　　　　　　D. [Ne]$3s^1$ 和 [Ne]$3s^2 3p^4$

二、填空题

1. 今有 A、B、C、D 四种短周期元素，它们的核电荷数依次增大，A 与 C，B 与 D 分别是同族元素，B、D 两元素的质子数之和是 A、C 质子数之和的两倍，这四种元素中有一种元素的单质溶于 CS_2 溶剂。试确定四种元素分别是 A _____，B _____，C _____，D _____，并分别写出电子排布式。

2. 写出下列元素的原子的核外电子排布式：钾 K _____，钙 Ca _____，铬 Cr _____，铁 Fe _____。

第 3 章

化学键与分子间作用力

化学键（chemical bond）是纯净物分子内或晶体内相邻两个或多个原子（或离子）间强烈的相互作用力的统称。化学键包括离子键、共价键、金属键等。离子键是通过原子间电子转移，形成正负离子，由静电作用形成的。共价键的成因较为复杂，路易斯理论认为，共价键是通过原子间共用一对或多对电子形成的，其他的解释还有价键理论、价层电子互斥理论、分子轨道理论和杂化轨道理论等。金属键是一种改性的共价键，它是由多个原子共用一些自由流动的电子形成的。

3.1 离子键★

微课

带相反电荷离子之间的互相作用叫做离子键（ionic bond），成键的本质是阴阳离子间的静电作用。两个原子间的电负性相差极大时，一般是金属与非金属，可以形成较强的离子键。例如，Cl 和 Na 以离子键结合成 NaCl。电负性大的 Cl（$3s^2 3p^5$）会从电负性小的 Na（$3s^1$）夺走一个电子，使二者均形成八隅体稳定构型，其价电子构型变为 Cl^-（$3s^2 3p^6$），Na^+（$3s^0$）。此时，氯以阴离子 Cl^- 形式存在，钠以阳离子 Na^+ 形式存在，两者再以库仑静电力相互吸引而结合成 NaCl 晶体。而离子键可以延伸，所以并无分子结构。

离子键亦有强弱，其强度可以用晶格能（lattice energy，U）表示。U 越大，离子键强度越强。晶格能就是互相远离的气态正、负离子结合生成 1mol 离子晶体的过程所释放的能量的绝对值。例：NaCl 晶格能

$$U_{(NaCl)} = -\Delta_r H_m^\ominus = +776 kJ \cdot mol^{-1}$$

晶格能影响该离子化合物的熔点、沸点和溶解性等性质（表 3-1）。离子键越强，其熔点越高。离子半径越小或所带电荷越多，阴、阳离子间的作用就越强。例如 Na^+ 的微粒半径比 K^+ 的半径小，则 NaCl 中的离子键较 KCl 中的离子键强，所以 NaCl 的熔点比 KCl 的高。

表 3-1　AB 型离子晶体的几个物理量

AB 型离子晶体	最小核间距 r_o/pm	晶格能 U/(kJ/mol)	熔点 m. p. /℃	莫氏硬度
NaF	231	923	993	3.2
NaCl	282	786	801	2.5
NaBr	298	747	747	>2.5

续表

AB 型离子晶体	最小核间距 r_o/pm	晶格能 U/(kJ/mol)	熔点 m. p. /℃	莫氏硬度
NaI	323	704	661	＞2.5
MgO	210	3791	2852	6.5
CaO	240	3401	2614	4.5
SrO	257	3223	2430	3.5
BaO	256	3054	1918	3.3
KF	271	821	858	
KCl	319	715	770	
KBr	334	682	734	
KI	358	649	680	

 小哲理

　　离子键——相互吸引力越大，结合越紧密、越稳定。增强吸引力，用知识壮大自己，才能找到知己。

3.2 化学键参数与极性 ★

微课

3.2.1 键能

　　键能（bond energy，$B.E.$），在标准状态（298K，10^5Pa）把 1mol 理想气体 AB 拆开，成为理想气态原子 A 和 B 过程的焓变，称为 AB 键的解离能。

$$AB(g) \longrightarrow A(g) + B(g) \qquad B.E. = \Delta_r H_m^{\ominus}(298K)$$

　　键能越高，键强度越大。

3.2.2 键长

　　键长（bond length），即分子内成键两原子核之间的平衡距离。对于由相同的 A 和 B 两个原子组成的化学键：键长越小，键强度越大；形成键的数目越多，键长越小。

　　分子中，成键两原子的电负性相差越大，其键长越小，共价键强度越大，见表 3-2。

表 3-2　常见的共价键的键能与键长关系

共价键	键长/pm	键能/(kJ/mol)	共价键	键长/pm	键能/(kJ/mol)
H—H	74	436	H—F	92	565
H—C	110	414	H—Cl	127	431
H—N	100	389	H—Br	141	364
H—O	97	464	H—I	161	297
H—S	132	368	C—C	154	347

续表

共价键	键长/pm	键能/(kJ/mol)	共价键	键长/pm	键能/(kJ/mol)
C=C	134	611	N≡N	110	946
C≡C	120	837	N—O	136	222
C—N	147	305	N=O	120	590
C=N	128	615	O—O	145	142
C≡N	116	891	O=O	121	498
C—O	143	360	F—F	143	159
C=O	120	736	Cl—Cl	199	243
C—Cl	178	339	Br—Br	228	193
N—N	145	163	I—I	266	151
N=N	123	418			

通过比较发现，H—F，H—Cl，H—Br，H—I 键长依次递增，而键能依次递减；单键、双键、三键的键长依次减小，键能逐渐增加，但双键和三键的键长并非是单键的 2 倍和 3 倍（表 3-3）。因此，在利用键长与键能的一般规律时，更应该在经验规律的基础上，结合不同原子实际的化学环境进行具体分析。

表 3-3　碳碳键的键能、键级和键长对照表

分子	$H_3C—CH_3$	$H_2C=CH_2$	$HC≡CH$
碳碳键键能/(kJ/mol)	376	720	964
键级	1	2	3
键长/pm	154	135	121

影响键长和键能的因素有很多，如原子半径、原子核间距离、孤对电子之间的排斥力、反馈键等，在实际的分子中，由于受共轭效应、空间阻碍效应和相邻基团电负性的影响，同一种化学键键长还有一定差异。在原子晶体中，原子半径越小，键长越短，键能越大。由大量的键长值可以推引出成键原子的原子半径。

3.2.3　键角

键角（bond angle），即分子内有共用原子的两个化学键之间的夹角。键角与键长是决定分子构型的基本参数。键角是共价键方向性的反映，与分子的形状（空间构型）有密切联系，如图 3-1 所示。如 H_2O 中两个 H—O 键之间的夹角是 104.5°，这就决定了水分子的角形结构。一般知道一个三原子分子中键长和键角的数值，就能确定这个分子的空间构型。如 CO_2 分子中 C—O 键长是 116pm，两个 C—O 键的夹角是 180°，CO_2 分子是直线形。对于 4 个原子以上的分子，除知道键长和键角以外，还需知道两面角，方可确定其空间构型。如 CH_4 分子中 4 个 C—H 键等长，每两个 C—H 键间的夹角都是 109°28′，每两个 H—C—H 平面之间的两面角都是 120°，甲烷是正四面体型分子。氨分子中两个 N—H 键间的夹角是 107°18′，N—H 键长是 101.9pm，是三角锥形分子。周期表中氮族元素与卤素（X）或 H 所形成的 AB_3 型化合物均为氨分子状结构，仅键长、键角大小有异。

通常，键角可以用量子力学近似方法来计算，但实际上对复杂分子的键角还是通过光谱、衍射等结构实验测定。

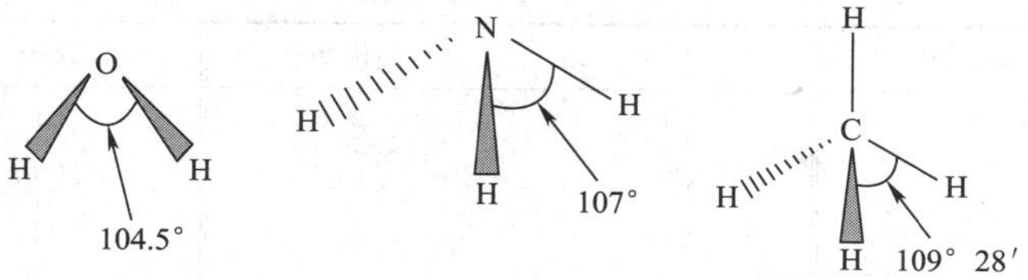

图 3-1　键角

下方标注：
H_2O键角＝104.5°　　NH_3键角＝107°　　CH_4键角＝109°28′

3.2.4　键的极性

键的极性是由成键原子的电负性不同而引起的。当成键原子的电负性相同或相近时，两个原子核的正电荷重心和成键电子对的负电荷重心几乎重合，这样的共价键称为非极性共价键（nonpolar covalent bond）。如 H_2、O_2 分子中的共价键就是非极性共价键。当成键原子的电负性不同时，核间的电子云密集区域偏向电负性较大的原子一端，使之带部分负电荷，而电负性较小的原子一端则带部分正电荷，键的正电荷重心与负电荷重心不重合，这样的共价键称为极性共价键。如 HCl 分子中的 H—Cl 键就是极性共价键。

键的极性大小由成键原子的电子亲和能或电负性的差值决定。差值越大，极性越大；当差值足够大时，电子从一个原子转移到另一个原子，结果就形成了一个阳离子和一个阴离子，形成的键就是离子键，而不是共价键。由于在极性分子中电子的转移不完全，所以原子表现出带有部分电荷。这种部分电荷可用希腊字母 δ 表示。

纯净物质的熔点、沸点和溶解性等性质要受到组成该分子的形状、体积和极性大小的影响。如硫 S_8 元素的同素异形体斜方硫（α-硫）和单斜硫（β-硫）的熔点分别为 112.8℃ 和 119.2℃，主要由分子的形状和体积不同所致。

 小哲理

> 键的极性——人与人之间的非极性少，而极性较多，要学会求同存异。

3.2.5　分子的极性

分子是由原子通过化学键结合而成的。分子的极性与分子中键的极性和分子的空间构型密切相关。

分子的极性大小用"偶极矩"来衡量。偶极矩（$\vec{\mu}$，单位：德拜，D）是矢量，其值为偶极上电荷量 q（coulomb，C）与正、负电荷重心之间的距离 $\vec{d}$（m）之积。即：$\vec{\mu}=q\times\vec{d}$。

1 个电子电荷＝1.60×10^{-19}C，$\vec{d}$ 常为 10^{-12}m，即 pm 级，故 $\vec{\mu}$ 常为 10^{-30}C·m 数量级，1D＝3.334×10^{-30}C·m。

常见的有机分子的偶极矩在 0～3D 范围。表 3-4 列出了部分常见分子的偶极矩。

表 3-4　分子的偶极矩　　　　　　　　　　　　　　　单位：D

分子	偶极矩	分子	偶极矩	分子	偶极矩
H_2	0	CH_4	0	HF	1.75
O_2	0	CCl_4	0	H_2O	1.84
N_2	0	CO_2	0	NH_3	1.46
Cl_2	0	$HC\equiv CH$	0	CH_3Cl	1.94
Br_2	0	BF_3	0	CH_3CH_2OH	1.69

（1）**双原子分子的极性**　在双原子分子中，键的极性就是分子的极性，如图 3-2 所示。

非极性共价键　　　极性共价键

图 3-2　非极性共价键与极性
共价键的电子云分布图

非极性键形成非极性分子。如 H_2、O_2、N_2、Cl_2 等都是非极性分子。极性键形成极性分子，键的极性越强，分子的极性也越强。如卤化氢分子中键的极性和分子的极性均为从 HI 到 HF 逐渐增强。

（2）**多原子分子的极性**　在多原子分子中，若组成分子的化学键都是非极性键，则分子一定是非极性分子。如 P_4、S_8、C_{60} 等都是非极性分子。但 O_3 分子中的键矩不为零（现代价键理论认为，O_3 分子中的中心氧原子采取 sp^2 杂化形成三个 sp^2 杂化轨道，杂化后的中心氧原子利用它的两个未成对电子分别与其他两个氧原子中的一个未成对电子结合，占据两个杂化轨道，形成两个 σ 键，第三个杂化轨道由孤对电子占据，实验测得，O_3 分子中的键角为 116.8°，键长为 127.8pm）。故 O_3 分子呈 V 形结构，电子云不对称，所以 O_3 分子显极性。

含有极性键的多原子分子中，分子的极性由键的极性与分子的空间构型共同决定。

① 结构对称的多原子分子中，虽然每个键都有极性，但由于对称的空间结构，各键矩（矢量）相互抵消，分子的偶极矩等于零，因此，整个分子仍为非极性分子。如 CO_2 分子中的 C—O 键是极性键，但 CO_2 具有直线形的对称结构，分子内两个 C—O 键的键矩大小相等、方向相反，相互抵消，分子的偶极矩等于零，因此，CO_2 是非极性分子 [图 3-3（a）]。在 BCl_3 分子中，由于 BCl_3 具有平面正三角的对称结构，三个键的键矩相互抵消，正、负电荷重心完全重合，所以 BCl_3 是非极性分子 [图 3-3（b）]。同样，在 CH_4 分子为对称的正四面体空间构型中，键的极性相互抵消，分子的偶极矩为零，所以 CH_4 分子也没有极性 [图 3-3（c）]。

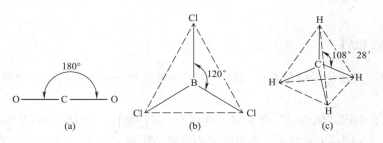

（a）　　　　　　（b）　　　　　　（c）

图 3-3　对称性结构的分子

偶极矩方向：$\delta^+ \rightarrow \delta^-$，如：$\delta^+ H \rightarrow Cl^{\delta^-}$（图 3-4）。

② 非对称性结构的多原子分子。虽然有些分子具有直线形的几何构型，但由于各键的

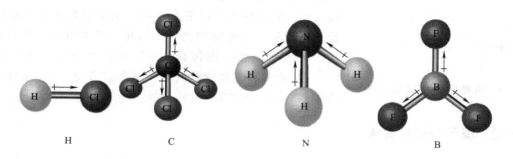

图 3-4　几种常见分子的偶极矩方向

极性不同，键矩不能抵消，分子的偶极矩大于零，故整个分子有极性。如 HCN 分子中的 H—C 键和 C—N 键虽在同一条直线上，但因两者的键矩不等，方向一致，分子的偶极矩等于两键矩的矢量和，所以 HCN 是极性分子。还有，在具有两个相同极性键的多原子分子中，因结构不对称，而整个分子为极性分子。见图 3-5，在 H_2O 分子中，有两个相同的 H—O 键，但两者的键角为 $104°40'$，呈 V 形结构，两键矩不但不能互相抵消，矢量相加后偶极矩反而增大，所以 H_2O 是极性很强的分子。在许多多原

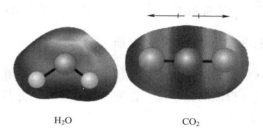

图 3-5　H_2O 和 CO_2 分子的极性与电子云分布图

子分子中，由于键的极性不同，空间构型不对称，其分子的偶极矩大于零，为极性分子，如氨分子。

3.2.6　相似相溶原理

相似相溶原理中的"相似"是指溶质与溶剂在结构上（极性）相似，"相溶"是指溶质与溶剂彼此互溶。相似相溶原理：极性分子的溶质易溶于极性的溶剂，非极性分子的溶质易溶于非极性的溶剂。如氨气极易溶于水，二者均为强极性分子。碘易溶于四氯化碳，二者均为非极性分子，而碘单质不易溶于水，因为非极性分子不易溶于极性溶剂。

相似相溶原理——物以类聚，人以群分，趣味相投，胶漆相投。

3.3　共价键

3.3.1　经典的 Lewis 价键学说

1916 年路易斯提出了共价学说，建立了经典的共价键理论：原子间通过共用电子对形

:C≡O:　　[:C≡N:]⁻　　[:F̈:]⁻

H—Ö:　　H—N̈—H
　　|　　　　|
　　H　　　　H

图 3-6　几种分子的路易斯结构式

成最外层 8 电子的稳定结构（ns^2np^6）（除 H 为 $1s^2$ 外），故又称八隅体理论。该理论适用于绝大多数主族元素的共价化合物和含共价键的离子。同时，理论指出，路易斯结构式的表示方法：用短线"—"表示共价键，用小黑点"·"表示未形成共价键的电子（非键合电子），也可省去这些小黑点。例如图 3-6 所示。

3.3.2　现代价键理论★

微课

　　1927 年，德国物理学家海特勒和菲列兹·伦敦首先把量子力学用于研究 H_2 分子结构，解决了两个氢原子之间化学键的本质问题，使共价键理论从典型的 Lewis 理论发展到今天的现代价键理论（valence bond theory，VB）。1930 年由美国鲍林发展，提出杂化轨道法，更加丰富了现代价键理论，成功地应用于双原子分子和多原子分子的结构。

3.3.3　共价键的本质

　　两原子互相接近时，由于原子轨道重叠，两原子共用自旋相反的电子对，使体系能量降低而形成的化学键，称为共价键，这也是共价键的本质。

小哲理

　　共价键——两个人因为共同爱好、共同目标结成好朋友。

　　海特勒和伦敦用量子力学方法处理 2 个 H 原子形成 H_2 分子过程，得到 H_2 能量随 H—H 核间距变化的图像（图 3-7）。当 H—H 核间距在平衡距离 R_0 处时，引力和斥力相

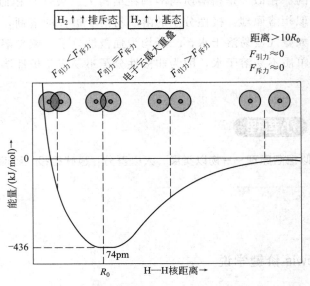

图 3-7　H_2 能量随 H—H 核间距变化的图

等，形成稳定的 H_2 分子；当 H—H 核间距小于 R_0 时，主要是两个氢原子的两个电子自旋方向相同，即两个原子核互相排斥，斥力大于引力，两原子互相排斥；当 H—H 核间距大于 R_0 时，两个氢原子的两个电子自旋方向相反，引力大于斥力，两原子互相吸引，趋向于成键；但是当 H—H 核间距远远大于 R_0（核间距 $d > 10R_0$）时，两个氢原子间的斥力和引力几乎等于 0，无相互作用，此时不能成键。

小哲理

氢分子能力曲线——解决矛盾的最佳方法：寻找双方的平衡点。

3.3.4　现代价键理论的要点

推广海特勒和伦敦处理 H_2 分子方法，可得出价键理论，其要点如下：

① 若两原子轨道互相重叠，两个轨道上各有一个电子，且电子自旋方向相反，则电子配对给出单重态，形成一个共价键。

② 两个电子相互配对后，不能再与第三个电子配对，即共价键具有饱和性。

③ 电子云遵循最大重叠原则，共价键沿着原子轨道重叠最大的方向成键，即共价键具有方向性。原子轨道通常在某个特定方向上重叠才有最大值，只有在此方向上，轨道间才有最大重叠而形成共价键。

小哲理

最大重叠原理——团队或家庭的事业轨道也要满足最大重叠原理。

共价键的形成：A、B 两原子各有一个成单电子，当 A、B 相互接近时，两电子以自旋方向相反的方式结成电子对，即两个电子所在的原子轨道能相互重叠，则体系能量降低，形成共价键。一对电子形成一个共价键，如图 3-8 所示。

形成的共价键越多，体系能量越低，形成的分子越稳定。因此，各原子中的未成对电子尽可能多地形成共价键。

配位键形成条件：一个原子提供孤对电子，而另一原子提供可与孤对电子的轨道相互重叠的空轨道。配位键是形成配位化合物的一种共价键。

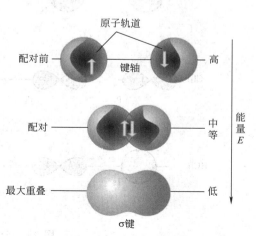

图 3-8　两原子形成 σ 键的过程示意图

3.3.5　共价键的特点

（1）饱和性　因为每个原子的轨道数目和未成对电子数目都是一定的，所以一个原子可以形成的共价键数目也是一定的。共价键的数目由原子中的单电子数决定，包括原有的单电子和激发而生成的单电子。例如：O 有两个单电子，H 有一个单电子，所以结合成的一个水分子，只能形成 2 个共价键；C 最多能与 H 形成 4 个共价键。原子中单电子数决定了共价键的数目。即共价键的饱和性。

n	轨道数	最大成键数
1	1个（1s）	1
2	4个（2s，$2p_x$，$2p_y$，$2p_z$）	4
3	9个（3s，$3p_x$，$3p_y$，$3p_z$，$3d_{z^2}$，$3d_{x^2-y^2}$，$3d_{xy}$，$3d_{xz}$，$3d_{yz}$）	6

受空间因素限制（Cl 原子半径较大，而 P 原子半径不够大，不能同时容纳更多的 Cl 原子），P 与 Cl 形成的共价键数目最多为 5，形成 PCl_5，但 F 原子半径较小，可以形成 SF_6。

　小哲理

　　共价键的饱和性——人的精力、时间、金钱都是有限的，因此我们要最大限度地分配好自己的精力、时间和金钱。

（2）方向性　除 s 轨道（为球形）外，p、d、f 原子轨道在空间只有沿着一定的方向与其他原子轨道重叠，才能产生"最大重叠"。两轨道重叠面积越大，电子在两核间出现的概率密度越大，共价键强度越大，HCl 分子的成键见图 3-9。

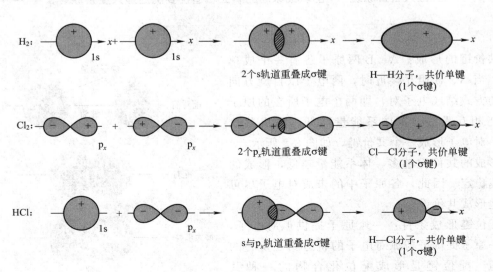

图 3-9　分子形成 σ 键的示意图

3.3.6　共价键的类型

　　成键的两个原子间的连线称为键轴。按成键与键轴之间的关系，共价键的键型主要为 σ 键、π 键和 δ 键三种。

　　（1）σ 键　σ 键就是原子轨道以"头碰头"（head to head）方式成键，轨道重叠部分沿键轴呈圆柱形对称。形成 σ 键的电子叫 σ 电子。σ 键的特点是将成键轨道沿着键轴旋转任意角度，图形及符号均保持不变，即成键轨道对键轴呈圆柱形对称（图 3-9）。

　　（2）π 键　π 键是原子轨道以"肩并肩"（side by side）方式重叠成键。π 键特点：成键轨道围绕键轴旋转 180° 时，图形重合，但符号相反。例如 N_2 的三重键：含 $1\sigma + 2\pi$（图 3-10）。

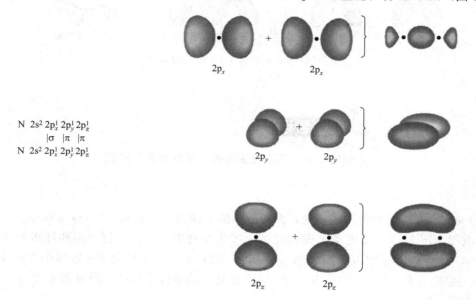

$$N\ 2s^2\ 2p_x^1\ 2p_y^1\ 2p_z^1$$
$$|\sigma\ |\pi\ |\pi$$
$$N\ 2s^2\ 2p_x^1\ 2p_y^1\ 2p_z^1$$

图 3-10　N_2 的三重键的形成示意图

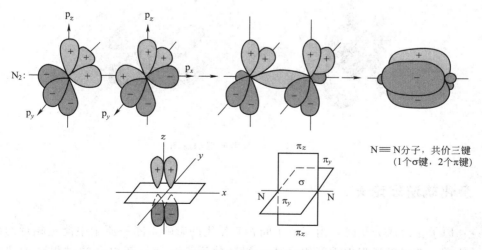

p_z–p_z 轨道重叠与 p_y–p_y 轨道重叠互成 90°

图 3-11　N≡N 的 p-p π 键的成键示意图

π 键通常有 p-p π 键、p-d π 键和 d-d π 键三种形式，其形成过程见图 3-11 和图 3-12。

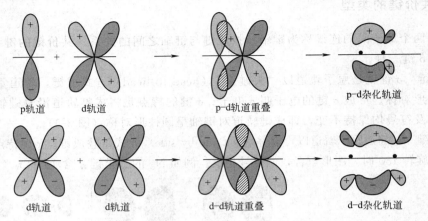

p轨道　　　d轨道　　　　　　　p-d轨道重叠　　　　　　p-d杂化轨道

d轨道　　　d轨道　　　　　　　d-d轨道重叠　　　　　　d-d杂化轨道

图 3-12　p-d π 键和 d-d π 键成键示意图

 **小哲理**

π 键——不求头碰头重叠，但求肩并肩作战。

（3）δ键　δ键是共价键的一种，由两原子的 d 轨道以"面对面"（face to face）四重交叠方式成键（图 3-13）。δ键常出现在有机金属化合物中，尤其是钌、钼和铼所形成的化合物。例如：离子 $[Re_2^{III}Cl_8]^{2-}$ 中 Re—Re 键长 224pm，而金属铼 Re 晶体中 Re—Re 键长 275pm，说明，$[Re_2^{III}Cl_8]^{2-}$ 中 Re—Re 键不是简单的单键或双键。经过测定发现，Re—Re 键为四重键：$1\sigma+2\pi+1\delta$。

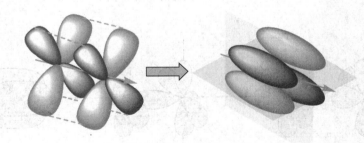

图 3-13　d-dδ键成键示意图

3.4　杂化轨道理论 ★

微课

原子在形成分子时，由于原子间相互作用的影响，同一原子中能量相近的某些原子轨道，在成键过程中重新组合成一组新轨道，这种重新组合的过程称为"杂化"，所形成的新轨道称为杂化轨道。杂化轨道理论（hybrid orbital theory）是鲍林等 1930

年在无实验证据情况下提出的，这一理论在成键能力、分子的空间构型等方面丰富和发展了现代价键理论。

3.4.1 理论要点

① 原子轨道杂化：同一原子的能量相近的原子轨道可以互相叠加，重新组成能量完全相等的杂化轨道（hybrid orbitals）。

② 轨道数目守恒：参与"杂化"的原子轨道数目＝组成的杂化轨道数目。

③ 与原来的原子轨道相比，杂化轨道的空间伸展方向改变，成键能力更强；不同的杂化轨道的空间分布不同，由此决定了分子的空间几何构型不同。

小哲理

杂化轨道理论——目标或意见不同时，最佳方案是：互相让步、求同存异，达成新的目标和意见。让一步海阔天空，退一尺大道通途。

3.4.2 杂化类型

（1）sp 杂化 同一原子内由一个 ns 轨道和一个 np 轨道发生的杂化，称为 sp 杂化（图 3-14）。杂化后组成的轨道称为 sp 杂化轨道，每个 sp 杂化轨道：含 1/2s 成分，1/2p 成分。sp 杂化可以而且只能得到两个 sp 杂化轨道。例如 $BeCl_2$（g）分子的形成：实验测知，气态 $BeCl_2$ 中的 Be 原子就是发生 sp 杂化，它是一个直线形的共价分子。Be 原子位于两个 Cl 原子的中间，键角为 180°，两个 Be—Cl 键的键长和键能都相等。

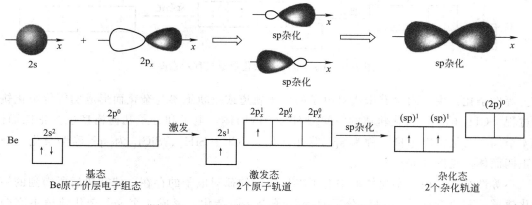

图 3-14 $BeCl_2$ 共价分子 sp 杂化形成示意图

（2）sp^2 杂化 同一原子内由一个 ns 轨道和两个 np 轨道发生的杂化，称为 sp^2 杂化。杂化后组成的轨道称为 sp^2 杂化轨道，每个 sp^2 杂化轨道：含 1/3s 成分，2/3p 成分。例如，气态 BF_3 中的 B 原子就是 sp^2 杂化（图 3-15）：

B：$2s^2 2p^1 \longrightarrow 2s^1 2p_x^1 2p_y^1 2p_z^0 \longrightarrow (sp^2)^1 (sp^2)^1 (sp^2)^1 \quad 2p_z^0$

sp^2 杂化轨道间夹角 120°，呈平面三角形结构。B 原子位于三角形的中心，三个 B—F 键是等同的，键角为 120°。

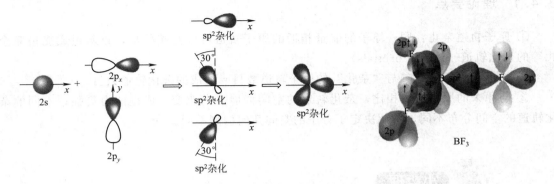

图 3-15 BF$_3$（g）分子的 sp^2 杂化形成示意图

BF$_3$ 中，B—F 键的键能很大（613kJ·mol^{-1}），原因是除了形成 σ 键外，还形成离域大 π 键。

（3）sp^3 杂化 杂化轨道间夹角 109.5°，呈正四面体结构。同一原子内由一个 ns 轨道和三个 np 轨道发生的杂化，称为 sp^3 杂化，杂化后组成的轨道称为 sp^3 杂化轨道。sp^3 杂化只能得到四个 sp^3 杂化轨道，每个 sp^3 杂化轨道：含 1/4s 成分，3/4p 成分，如图 3-16。由图 3-17 看出，CH$_4$ 分子中的碳原子就是发生 sp^3 杂化，它的结构经实验测知为正四面体结构，四个 C—H 键均等同，键角为 109°28′。这样的实验结果，是电子配对法所难以解释的，但杂化轨道理论认为，激发态 C 原子（$2s^1 2p^3$）的 2s 轨道与三个 2p 轨道可以发生 sp^3 杂化，从而形成四个能量等同的 sp^3 杂化轨道。

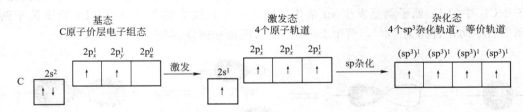

图 3-16 CH$_4$ 的 sp^3 杂化形成过程示意图

等性杂化：由一组含有未成对电子的原子轨道或空轨道参与杂化而形成的等价杂化轨道的过程。CH$_4$ 的 sp^3 杂化轨道的空间分布为正四面体，电子和分子几何构型也为正四面体。这 4 个 sp^3 杂化轨道等价，称为 sp^3 等性杂化。CCl$_4$、SiH$_4$、SiCl$_4$ 为 sp^3 等性杂化，分子为正四面体，见图 3-18（a）。

不等性杂化：由于杂化轨道中有不参加成键的孤对电子的存在，使杂化后所得到的一组杂化轨道，不完全简并。NH$_3$ 分子的 N 原子是 sp^3 杂化，形成 4 个 sp^3 杂化轨道不完全等价，是不等性杂化，如图 3-18（b）和图 3-19。H$_2$O 分子的 O 原子也是 sp^3 不等性杂化，如图 3-18（c）。

价层电子对互斥理论，是一个用来预测单个共价分子几何构型的化学模型。理论通过计算中心原子的价层电子对数和配位数来预测分子的几何构型，并构建一个合理的路易斯结构

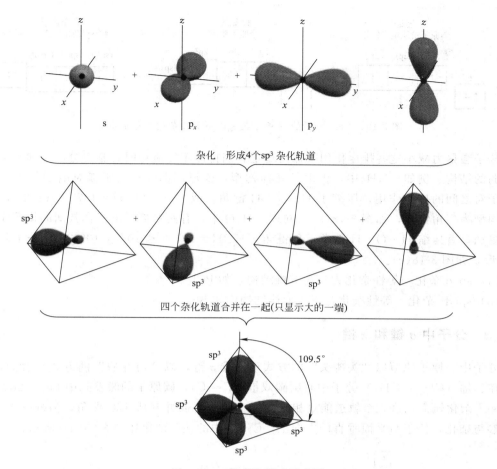

图 3-17　sp^3 杂化形成示意图

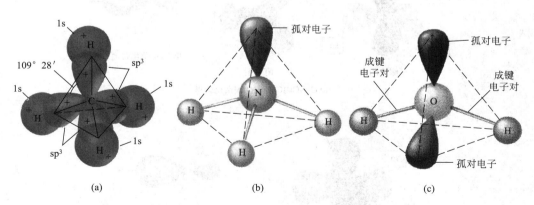

图 3-18　$CH_4(a)$、$NH_3(b)$、$H_2O(c)$ 分子的电子和分子几何构型

式来表示分子中所有成键电子对和孤对电子的相对位置。

　　根据价层电子对互斥理论，分子或离子的几何构型主要决定于与中心原子相关的所有成键电子对和孤对电子之间的排斥作用。分子中电子对间的排斥作用的大小为：

　　孤对电子间的排斥＞孤对电子和成键电子对间的排斥＞成键电子对间的排斥

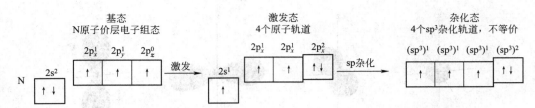

图 3-19　NH_3 分子的 N 原子是 sp^3 不等性杂化过程示意图

　　分子会尽力减小这些排斥作用来保持稳定。当排斥不能避免时，整个分子倾向于形成排斥最弱的结构。例如，NH_3 中，价电子几何构型：变形四面体。由于孤对电子与 N—H 成键电子对之间的排斥作用，压缩了 H—N—H 键角，故∠H—N—H = $107° < 109°28'$，分子几何构型为三角锥形，如图 3-18(b)。同理，H_2O 中，有两对孤对电子，其间的排斥作用更大，更加显著压缩 H—O—H 键角，故键角∠HOH = $104.5° < 107° < 109°28'$，分子几何构型 V 形，如图 3-18(c)。

　　(4) sp^3d 杂化　等性杂化为三角双锥结构，如 PCl_5。

　　(5) sp^3d^2 杂化　等性杂化为正八面体结构，如 SF_6。

3.4.3　分子中 σ 键和 π 键

　　分子中，原子轨道以"头碰头"的方式重叠成 σ 键，以"肩并肩"的方式重叠为 π 键。如，在乙烯（CH_2═CH_2）分子中有碳碳双键（C═C），碳原子的激发态中 $2p_x$、$2p_y$ 和 2s 形成 sp^2 杂化轨道，这 3 个轨道能量相等，位于同一平面并互成 120°夹角，另外一个 p_z 轨道未参与杂化，位于与平面垂直的方向上。C═C 中的 sp^2 杂化如图 3-20(a) 所示。

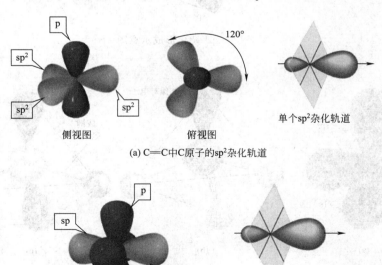

图 3-20　C═C 中 C 原子的 sp^2 杂化轨道 (a) 和 sp 杂化轨道 (b)

　　激发态的 C 原子的 2s 和 $2p_x$ 轨道形成 sp 杂化轨道，如图 3-20(b) 所示。

乙炔分子（C_2H_2）中有碳碳叁键（HC≡CH），激发态的 C 原子中 2s 和 $2p_x$ 轨道形成 sp 杂化轨道。这两个能量相等的 sp 杂化轨道在同一直线上，其中之一与 H 原子形成 σ 单键，另外一个 sp 杂化轨道形成 C 原子之间的 σ 键，而未参与杂化的 p_y 与 p_z 则垂直于 x 轴并互相垂直，它们以"肩并肩"的方式与另一个 C 的 p_y、p_z 形成 2 个 π 键。即 C≡C 是由一个 σ 键和两个 π 键组成的。这两个 π 键不同于 σ 键，轨道重叠也较少并不稳定，因而容易断开，所以含三键的炔烃更容易发生加成反应。

杂化轨道仅限于最外层电子（价电子）参与杂化，而第一层（内层）电子不参与杂化。sp、sp^2 和 sp^3 杂化以后组成的杂化轨道的能量介于原来的 s 轨道和 p 轨道能量之间。

3.5　金属键★

微课

3.5.1　"自由电子"理论

与非金属比较，金属原子的半径大，核对价电子的吸引比较小，电子容易从金属原子上脱落成为自由电子，自由电子在金属原子间作自由运动，它不专属于某个金属原子而为整个金属晶体所共有。这些自由电子与全部金属离子相互作用，将金属原子结合在一起而成为金属晶体，这种作用力称为金属键。这一假设模型叫做"自由电子"模型（图 3-21），称为改性共价键理论。金属键没有方向性和饱和性。这是 1900 年德鲁德等为解释金属的导电、导热性能所提出的一种假设，后经过洛伦茨和佐默费尔德等的改进和发展，对金属的许多重要性质都给予了一定的解释。

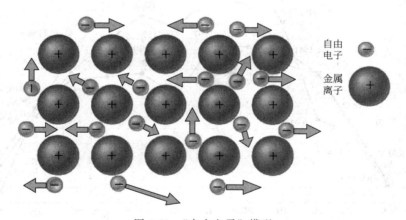

自由电子

金属离子

图 3-21　"自由电子"模型

导电性好：由于在金属晶体中，自由电子在金属中作自由运动，所以在外电场作用下，自由电子定向运动，产生电流。加热时，因为金属原子振动加剧，阻碍了自由电子作穿梭运动，因而金属电阻率一般随温度升高而增大。

延展性：当金属晶体受外力作用而变形时，金属原子发生位移，但金属键没有被破坏，金属变形的同时伴随着电子的重新分布，故金属晶体具有延展性。

金属的颜色：自由电子很容易被激发，所以它们可以吸收在光电效应截止频率以上的光，并发射各种可见光，所以大多数金属呈银白色。

高导热性：温度是分子平均动能的量度，而金属原子和自由电子的振动很容易一个接一个地传导，故金属局部分子的振动能快速地传至整体，所以金属导热性能一般很好。

高密度：每个金属原子将在空间允许的条件下，与尽可能多的原子形成金属键。金属结构总是按最紧密的方式堆积起来。

小哲理

自由电子——人也要像自由电子一样，不管移动到哪里，都发挥相应的作用。

按自由电子理论，金属键强度应随价电子数增加而增大，金属的熔点的峰值不应出现在ⅥB族，而应该出现在第Ⅷ族，如图 3-22。而且，由于金属的自由电子模型过于简单化，不能较好地解释诸如高熔点（钨的熔点为 3410℃）、高的原子化热和硬度等问题；也不能解释固体晶体为什么有导体、绝缘体和半导体之分。随着量子理论的发展，建立了能带理论。

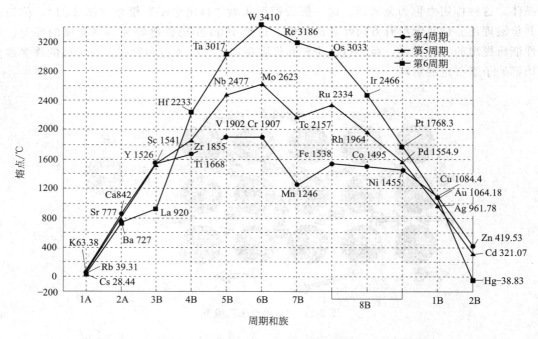

图 3-22　部分金属的熔点随元素周期表中位置的变化而变化

3.5.2　金属键的能带理论

由于原子间的相互作用，各原子中每一能级分裂成等于晶体中原子数目的许多小能级，这些能级常连成一片，称为能带。金属键的能带理论是利用量子力学的观点来说明金属键的形成。因此，能带理论也称为金属键的量子力学模型，它有 5 个基本观点：

① 为使金属原子的少数价电子（1、2、3）能够适应高配位数的需要，成键时价电子必

须是"离域"的（即不再从属于任何一个特定的原子），所有价电子应该属于整个金属晶格的原子共有。

② 金属晶格中原子很密集，能组成许多分子轨道，而且相邻的分子轨道能量差很小，可以认为各能级间的能量变化基本上是连续的。

③ 分子轨道所形成的能带，也可以看成是紧密堆积的金属原子的能级发生的重叠，这种能带是属于整个金属晶体的。例如，金属锂中锂原子的 1s、2s 能级互相重叠分别形成了金属晶格中的 1s、2s 能带（图 3-23）。每个能带可以包括许多相近的能级，因而每个能带会包括相当大的能量范围，有时可以高达 418kJ/mol。

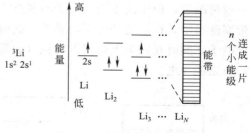

图 3-23 金属 Li 的"能带"

④ 与原子轨道能级的不同，金属晶体可以有不同的能带（如上述金属锂中的 1s 能带和 2s 能带），由已充满电子的原子轨道能级所形成的低能量能带，叫做"满带"；由未充满电子的原子轨道能级所形成的高能量能带，叫做"导带"。这两类能带之间的能量差很大，以致低能带中的电子几乎不可能向高能带跃迁，所以把这两类能级间的能量间隔叫做"禁带"。例如，金属锂（电子层结构为 $1s^2 2s^1$）的 1s 轨道充满电子，2s 轨道未充满电子，1s 能带是满带，2s 能带是导带，二者之间的能量差比较悬殊，它们之间的间隔是个禁带，是电子不能逾越的（即电子不能从 1s 能带跃迁到 2s 能带）。但是 2s 能带中的电子却可以在接受外来能量的情况下，在带内相邻能级中自由运动（图 3-24）。

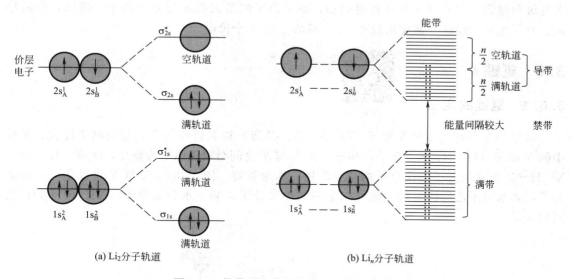

图 3-24 能带理论中的导带、禁带和满带

⑤ 金属中相邻近的能带也可以互相重叠，如 Be（电子层结构为 $1s^2 2s^2$）的 2s 轨道已充满电子，2s 能带应该是个满带，似乎 Be 应该是一个非导体。但由于 Be 的 2s 能带和空的 2p 能带能量很接近而可以重叠，2s 能带中的电子可以升级进入 2p 能带运动，于是 Be 依然是一种有良好导电性的金属，并且具有金属的通性。

导电性：晶体能带之间的能量差和能带中电子充填的状况决定了物质是导体、绝缘体还是半导体（即金属、非金属或准金属，图 3-25）。如果晶体的所有能带都全满，而且能带间的能量间隔很大（禁带 $\Delta E \geqslant 5\text{eV}$），这种晶体将是一个绝缘体；如果一种晶体的能带是部分被电子充满，或者有空能带且能量间隙很小，能够和相邻（有电子的）能带发生重叠，它是一种导体。半导体的能带结构是满带，导带是空的，而禁带的宽度很窄（禁带 $\Delta E \leqslant 3\text{eV}$），在一般情况下，由于满带上的电子不能进入导带，因此晶体不导电（尤其在低温下）。由于禁带宽度很窄，在一定条件下，满带上的电子很容易跃迁到导带上去，原来空的导带也充填部分电子，同时在满带上也留下空位（通常称为空穴），因此导带与原来的满带均未充满电子，所以能导电。

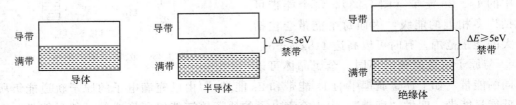

图 3-25　导体、半导体和绝缘体的能带示意图

键级则是分子轨道理论中键强度的简化表征。键级＝（成键轨道电子数目－反键轨道电子数目）/2。一般键级高的键能大。

在过渡金属中，如果价层 s、p、d 轨道叠加，每个原子所产生的能带（9 个小能级），可以容纳 $2+6+10=18$ 个电子，在 ⅥB～Ⅷ族，其价电子构型分别为 $3d^5 4s^1$、$3d^5 4s^2$、$3d^6 4s^2$、$3d^7 4s^2$，其价电子为 6～9 个，能带中的低能级部分容纳 9 个价电子，此时达到最大键级和键强。如果仅 s 和 d 轨道叠加，每个原子的最大键级为 6 个电子。所以，高的熔点、原子化热、硬度、密度出现在 ⅥB～Ⅷ族（6～9 个价电子）。

3.6　氢键★

3.6.1　氢键的定义

微课

氢原子与高电负性的 X 原子（O、N、F、Cl 等）以共价键结合，若与电负性大、半径小的 Y 原子（O、N、F、Cl 等）接近，在 X 与 Y 之间会以氢原子为媒介，生成一种特殊的 X—H⋯Y 形式的分子间或分子内相互作用，称为氢键（图 3-26）。X 与 Y 可以是同一种类分子，如水分子之间的氢键；也可以是不同种类分子，如一水合氨分子（$NH_3 \cdot H_2O$）之间的氢键。

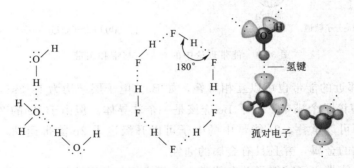

图 3-26　HF 与 HF、H_2O 与 H_2O 之间的氢键

3.6.2　氢键的特点

氢键不同于范德瓦耳斯力，它具有饱和性和方向性。由于氢原子特别小而原子 X 和 Y 比较大，所以 X—H 中的氢原子只能和一个 Y 原子结合形成氢键。同时由于负离子之间的相互排斥，另一个电负性大的原子 Y′就难以再接近氢原子，这就是氢键的饱和性。

氢键具有方向性则是由于电偶极矩 X—H 与原子 Y 的相互作用，只有当 X—H⋯Y 在同一条直线上时最强，同时原子 Y 一般含有未共用电子对，在可能范围内氢键的方向和未共用电子对的对称轴一致，这样可使原子 Y 中负电荷分布最多的部分最接近氢原子，这样形成的氢键最稳定。

氢键是具有方向性的静电引力。引力是带负电荷的孤对电子与带正电荷的氢原子间的引力；方向由孤对电子方向决定。

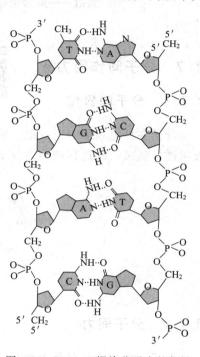

3.6.3　氢键的大小

一般化学键的键能为 $100\sim600kJ/mol$，氢键为 $10\sim40kJ/mol$，分子间力只有几个到几十千焦耳/摩尔。因此，单个氢键作用力较弱，但一个体系中同时形成多个氢键，其作用力就很强，可相当于形成共价键，如图 3-27，一个 DNA 分子中，就含有多个氢键，一般 10 个氢键就相当于一个共价键的强度。

3.6.4　氢键对理化性质的影响

（1）分子间氢键　分子间氢键使化合物熔、沸点升高。ⅤA、ⅥA、ⅦA 族氢化物熔、沸点变化：HF、H_2O、NH_3 熔沸点与同族氢化物比较，均反常升高，归因于氢键作用，如图 3-28。

图 3-27　DNA 双螺旋分子中的氢键

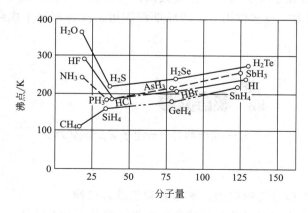

图 3-28　同族氢化物的沸点比较

（2）分子内氢键　分子内氢键，减少了分子间形成氢键的机会，故熔、沸点降低，而它在非极性溶剂中溶解度升高。例如，邻硝基苯酚和对硝基苯酚混合物可以用水蒸气蒸馏法进行分离，因邻硝基苯酚可形成分子内氢键，沸点相对较低（241℃），可被水蒸气带出；而对硝基苯酚形成分子间氢键，其沸点较高（279℃）。

　　氢键——束缚也是一种爱，今天的束缚是为了明天更好地放飞。

3.7　分子间作用力★

微课

3.7.1　分子的极化

　　分子在外电场影响下，正、负电荷重心发生相对位移，使分子发生变形，产生的这种偶极叫诱导偶极，此过程被称为分子极化。诱导 μ 与电场强度 E 和分子变形性两因素有关。

　　分子的极化——近朱者赤近墨者黑。

3.7.2　分子间力

　　分子间作用力，又称范德瓦耳斯力（van der Waals forces），是广泛存在于中性分子或原子之间的一种弱的电性吸引力。

　　分子间作用力只存在于分子与分子之间或惰性气体原子之间，具有加和性，属于次级键（氢键、弱范德瓦耳斯力、疏水作用力、芳环堆积作用、卤键都属于次级键，又称分子间弱相互作用）。

　　分子间作用力——君子之交淡如水。

　　范德瓦耳斯力又可以分为取向力、诱导力和色散力三种。

　　（1）取向力　取向力就是极性分子的永久偶极矩之间的相互作用。由于极性分子的电性分布不均匀，一端带正电，一端带负电，形成偶极。因此，当两个极性分子相互接近时，由于它们偶极的同极相斥，异极相吸，两个分子必将发生相对转动，即"取向"。取向力与分子的偶极矩平方成正比，即分子的极性越大，取向力越大。取向力与热力学温度成反比，温度越高，取向力越弱。

NO 分子之间存在取向力（$\mu = 0.15D$），使 NO 的沸点（112K）明显高于分子量相近的 N_2（77K）和 O_2（90K）。

（2）诱导力　诱导力就是一个极性分子使另一个分子极化，产生诱导偶极矩并相互吸引。由于极性分子偶极所产生的电场对非极性分子发生影响，使非极性分子电子云变形，即电子云被吸向极性分子偶极的正电的一极，结果使非极性分子的电子云与原子核发生相对位移。非极性分子中，原本正、负电荷重心是重合的，电子云发生相对位移后就不再重合，使非极性分子产生了偶极。这种电荷重心的相对位移叫做"变形"，因变形而产生的偶极，叫做诱导偶极。诱导偶极和固有偶极就相互吸引，这种由于诱导偶极而产生的作用力，叫做诱导力。在极性分子和极性分子之间，除了取向力外，由于极性分子的相互影响，每个分子都会发生变形，产生诱导偶极。其结果使分子的偶极距增大，既具有取向力又具有诱导力。在阳离子和阴离子之间也会出现诱导力。

诱导力与极性分子偶极矩的平方成正比。诱导力与被诱导分子的变形性成正比，通常在分子中，原子核的外层电子离核越远，在外来静电力作用下越容易变形。

（3）色散力　色散力就是分子的瞬时偶极间的作用力，即由于电子的运动，瞬间电子的位置对原子核是不对称的，也就是说正电荷重心和负电荷重心发生瞬时的不重合，从而产生瞬时偶极。一切分子或原子间都存在色散力。范德瓦耳斯力中色散力贡献最大。分子变形性越大（一般分子量越大，变形性越大）色散力越大。例如，分子量（分子体积）、分子变形性、色散力、熔沸点：$F_2 < Cl_2 < Br_2 < I_2$。

习题

一、选择题

1. 下列表述错误的是（　　）。

A. 2 个成键原子轨道沿轴向"头碰头"重叠形成 σ 键

B. 2 个成键原子轨道垂直轴向平行"肩并肩"重叠形成 π 键

C. 2 个成键原子共用 2 对电子形成 2 个单键

D. 一般情况下原子核对 π 电子的吸引力小于对 σ 电子的吸引力

2. 下列分子的中心原子以 sp^3 不等性杂化成键的是（　　）。

A. $BeCl_2$　　　　　　　B. NH_4^+　　　　　　　　C. $SiCl_4$　　　　　　　　D. H_2S

3. 下列说法正确的是（　　）。

A. 不同原子的能量相近的 2 个原子轨道可杂化成 2 个杂化轨道

B. 原子中能量相近的 2 个原子轨道可杂化成 1 个杂化轨道

C. 范德瓦耳斯力中取向力贡献最大

D. 配位键与一般共价键只是在形成过程中有区别，形成后键的性质完全相同

4. 关于化合物邻硝基苯酚  对硝基苯酚 说法错误的是（　　）。

A. 邻硝基苯酚的熔点低于对硝基苯酚　　　B. 邻硝基苯酚易形成分子内氢键

C. 对硝基苯酚易形成分子间氢键　　　　　D. 邻硝基苯酚在水中溶解度大于对硝基苯酚

5. 下列说法错误的是（　　　）。

A. CO_3^{2-} 的构型是锥形

B. PCl_5 分子中 P 原子无孤对电子

C. 原子轨道杂化后，其形状和最大值伸展方向与原来的轨道不同

D. 分子轨道与原子轨道不同之处还在于分子轨道是多中心的即多核的系统

6. 下列说法中错误的是（　　　）。

A. 共价键的饱和性是由成键原子的单电子数所决定的

B. 氢键的方向性即形成分子间氢键的三个原子在一条直线上

C. 范德瓦耳斯力包括取向力、诱导力、色散力和氢键

D. 分子轨道理论中没有键级小于零的情况

7. 下列是直线形分子或离子的是（　　　）。

A. H_2O　　　　　　　B. SF_2　　　　　　　C. $HgCl_2$　　　　　　　D. ClO_2^-

8. 下列为极性分子的是（　　　）。

A. CH_3Cl　　　　　　B. CH_4　　　　　　　C. CH_2CH_2　　　　　　D. BF_3

9. 下列说法错误的是（　　　）。

A. 按原子轨道重叠方式，共价键可分为 σ 键和 π 键

B. σ 键构成分子的骨架，π 键不能单独存在

C. 配位键既不是 σ 键，也不是 π 键

D. 双键或三键中只有一个 σ 键

10. 下列说法正确的是（　　　）。

A. 若 AB_2 分子为直线形，其中心原子 A 一定发生了 sp 杂化

B. HCN 是直线形分子，也是非极性分子

C. H—O 键能比 H—S 键能大，因此 H_2O 熔沸点比 H_2S 高

D. 氢键不属于化学键，但是具有饱和性和方向性

11. 下列关于 H_3O^+ 离子的说法，正确的是（　　　）。

A. O 发生 sp^2 等性杂化，空间结构为平面正三角形

B. O 发生 sp^2 不等性杂化，空间结构为平面三角形

C. O 发生 sp^3 等性杂化，空间结构为正四面体型

D. O 发生 sp^3 不等性杂化，空间结构为三角锥型

12. 下列分子或离子中，不含有孤对电子的是（　　　）。

A. H_2O　　　　　　　B. PH_3　　　　　　　C. NH_4^+　　　　　　　D. OH^-

13. 下列化合物中存在 π 键的是（　　　）。

A. H_2O　　　　　　　B. NH_3　　　　　　　C. HCl　　　　　　　D. $NaCN$

14. 下列说法正确的是（　　　）。

A. 共价键只存在于共价化合物中

B. 氨水中存在有 4 种氢键

C. C—C 单键的键能是 C=C 双键键能的一半

D. 由极性共价键形成的分子一定是极性分子

15. 下列物质沸腾时只需克服色散力的是（　　　）。

A. Cu
B. NaCl
C. $CHCl_3$
D. CS_2

16. 下列现象与氢键无关的是（　　　）。

A. 邻羟基苯甲酸的熔沸点低于对羟基苯甲酸

B. H_2O 的沸点高于 H_2S

C. C_2H_5OH（乙醇）在水中的溶解度远远高于 $C_2H_5OC_2H_5$（乙醚）

D. HI 的沸点高于 HCl

二、判断题

1. （　　　）色散力仅存在于非极性分子之间。

2. （　　　）凡是含有氢的化合物分子之间都能产生氢键。

3. （　　　）NH_4^+ 和 CH_4 的空间构型相似。

4. （　　　）BF_3 与苯分子都是平面形分子。

5. （　　　）CO_2 和 H_2O 都是直线形分子。

三、简答题

1. 现代价键理论的要点是什么？

2. 举例并列表比较 σ、π 键的成键轨道、形成方式、对称性、存在方式、稳定性区别。

3. 共价键的极性及极性大小用什么来判断？共价分子的极性及极性大小用什么来量度？

4. 杂化轨道理论的基本要点是什么？

5. 试用杂化轨道理论解释 HOCl 分子如何成键及键角是 103°而不是 109°28′？

6. 试用杂化轨道理论解释 H_3O^+ 离子的中心原子 O 的杂化类型，成键过程以及离子的构型。

7. 价层电子对互斥理论的基本要点是什么？

8. 为什么常温下 F_2、Cl_2 为气态，Br_2 为液态，而 I_2 为固态？

第4章
化学热力学基础

为什么汽车燃烧汽油就可以推动汽车高速行驶？节油发动机应该具有什么特性？为什么一滴墨水滴到一小杯清水中会很快染黑整杯水？为什么热量会自发地从高温物体向低温物体传递，而逆向不可自发进行？光合作用是否为自发反应？没有光照是否仍然可以进行光合作用？这里涉及的化学能、热力学能（内能）、做功、焓、熵和自由能等都是化学热力学要研究的主要内容。

化学热力学（chemical thermodynamics）是研究化学变化的方向和限度及其变化过程中能量的相互转换所遵循规律的科学。化学热力学是一门宏观科学，研究方法是使用热力学状态函数的方法，不涉及物质的微观结构。

 小哲理

化学热力学——人的内能高、自由能高、情商(熵)高、智商(熵)高、涵(焓)养大，则热量高、发光强，对社会的贡献大。

4.1 热力学的基本概念

4.1.1 系统与环境

热力学的研究对象称为系统（或体系，system），在系统以外与系统有互相影响的其他部分称为环境（surroundings）。例如，在一只容器里研究 H_2SO_4 与 NaOH 溶液的反应，通常就把含有 H_2SO_4 和 NaOH 的溶液作为系统，而溶液以外的周围物质如容器、溶液上方的空气等作为环境。系统与环境之间有一个界面，它可以是真实的，也可以是假想的。根据系统与环境之间能量与物质交换的关系，可将系统分为三类。

（1）敞开系统（open system） 敞开系统就是系统与环境之间既有物质交换又有能量交换。如敞口的容器中烧开水，水为系统，与周围环境既有物质交换（水分子蒸发和冷凝），也有能量交换。

（2）**封闭系统**（closed system） 封闭系统就是系统与环境之间只有能量交换而没有物质交换。如用高压锅烧开水，密闭容器只与周围环境有热量的交换，没有物质交换。

（3）**孤立系统**（isolated system） 孤立系统就是系统与环境之间既没有物质交换也没有能量交换。如密闭的不锈钢保温杯可以较长时间保温。

小哲理

系统与环境——只有改革开放，才能繁荣昌盛。

严格来说，绝对的孤立系统是不存在的。蒸汽机、汽轮机、内燃机、喷气发动机等都是利用热力学能做功的机械——热机，是将燃料的化学能转化成热力学能，再转化成机械能的机器。动力机械，在进气和排气时为敞开系统，在压缩和做功时为封闭系统。生命系统可以认为是复杂的化学敞开系统，能与外界进行物质、能量、信息的交换，结构整齐有序。通常把化学反应中所有的反应物和生成物选作系统，所以化学反应系统通常是封闭系统。

4.1.2 状态和状态性质

系统的状态（state）是系统的各种物理性质和化学性质的综合表现。系统的状态可以用压力、温度、体积、物质的量等宏观性质进行描述，这些性质称为状态性质。状态性质可以分为两类。

小哲理

状态性质——人的状态性质是喜怒哀乐。

（1）**广度性质** 也称容量性质。其值与系统物质的量成正比，如体积、质量、物质的量、热力学能（U）、熵（S）、焓（H）等。广度性质具有加和性，即整个系统的某个广度性质等于各个部分该性质的加和，如系统的质量为各个部分质量的和。

（2）**强度性质** 其值与系统物质的量无关，如温度、压力、密度等。强度性质不具有加和性，如压力为 P、温度为 T 的两部分气体用隔板隔开，抽掉隔板后，混合气体的温度仍为 T，压力仍为 P，如图 4-1 所示。

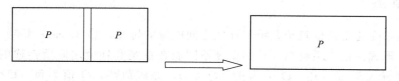

图 4-1　混合气体状态变化

系统的状态与状态性质之间存在单值对应关系，即系统状态确定，系统的全部状态性质也有确定值，所以状态性质也可以称为状态函数（state function）。

4.1.3   过程与途径

系统状态所发生的任何变化称为过程（process）。常见的过程有：等温过程——系统的始态温度与终态温度相同并等于环境温度的过程，如在人体内发生的各种变化过程可以认为是等温过程，人体具有温度调节系统，从而保持一定的温度。等压过程——系统的始态压力

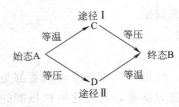

图4-2   不同途径的示意图

与终态压力相同并等于环境压力的过程。等容过程——系统的体积不发生变化的过程，在刚性容器中发生的变化一般都是等容过程。

体系状态变化过程中所经历的一步或多步具体步骤称为途径（path），从始态到终态，可能有不同的途径，如图4-2。如一理想气体由始态 A（298K，10^5Pa）变到终态 B（375K，3×10^5Pa），可能有两种途径，可以先经过一个等温过程，再经过一个等压过程，这是途径Ⅰ；也可以先经过一个等压过程，再经过一个等温过程，这是途径Ⅱ。

4.1.4   热力学平衡状态

当系统的各种性质都不随时间变化，我们就称系统处于热力学平衡状态（thermodynamic equilibrium state），通常包括以下几种平衡。

热平衡（thermal equilibrium）：系统各个部分的温度相等。

力学平衡（mechanical equilibrium）：系统各部分之间及系统与环境之间没有不平衡的力存在。

相平衡（phase equilibrium）：当系统中存在几个相时，各相组成不随时间变化。

化学平衡（chemical equilibrium）：当系统中存在化学反应，达到平衡时，系统的组成不随时间变化。

4.2   热力学第一定律

热力学第一定律（first law of thermodynamics）就是能量守恒定律在涉及热现象的宏观过程中的具体表述。英国物理学家焦耳用了十多年的时间，发现了功和热之间相互转化的定量关系，为能量守恒定律的确立做出了重大贡献。能量守恒定律在 19 世纪中叶被公认为是自然界的一条普遍规律。

4.2.1   功和热

系统的能量变化常常依赖于系统与环境之间能量的传递，热（heat）和功（work）是能量传递的两种形式。由于系统与环境的温度不同而在系统和环境之间所传递的能量称为热，热用符号 Q 表示。系统吸热，Q 值为正（$Q > 0$），系统放热，Q 值为负（$Q < 0$）。除热以外，系统与环境之间的其他一切形式能量传递称为功，用符号 W 来表示。系统对环境做功，

W 值为负（$W<0$）；环境对系统做功，W 值为正（$W>0$）。功有体积功、电功、机械功等。例如：机械功等于外力 F 乘以力方向上的位移 $\mathrm{d}l$；电功等于电动势 E 乘以通过的电量 $\mathrm{d}q$；体积功等于外压 p 乘以体积的改变 $\mathrm{d}V$。

热和功的单位是 kJ 或 J。

热和功不是状态函数，不能说"系统具有多少热和功"，只能说"系统与环境交换了多少热和功"。热和功总是与系统所经历的具体过程联系着的，没有过程，就没有热与功。即使系统的始态与终态相同，过程不同，热与功也往往不同。

4.2.2 体积功

化学反应体系中通常只有体积功，因化学反应通常在外压作用下进行，当气态物质的物质的量变化时，体积也随之变化，此时就会出现体积功。体积功也称为膨胀功，它是因系统在反抗外界压力发生体积变化而引起的系统与环境之间传递的能量，在本质上是机械功。体积功的定义为：

$$W = \sum_1^2 p_{\text{外}} \mathrm{d}V \tag{4-1}$$

若外压恒定，体积从 V_1 变化到 V_2，则该恒外压过程的体积功为：

$$W = p_{\text{外}}(V_2 - V_1) = p_{\text{外}} \Delta V \tag{4-2}$$

若体系的压力与外压始终相等且保持恒定，即 $p_1 = p_2 = p_{\text{外}} = p = $ 常数，该过程称为恒压过程，则体积功为：

$$W = p(V_2 - V_1) = p \Delta V \tag{4-3}$$

4.2.3 热力学第一定律的表述

热力学第一定律：能量具有各种不同形式，它能从一种形式转化为另一种形式，从一个物体传递给另一个物体，但在转化和传递的过程中能量的总值不变。

 小哲理

能量守恒定律——人的时间和精力也守恒，学会合理分配自身的时间和精力。

热力学能（thermodynamic energy），也称内能（internal energy），用符号 U 表示。它是系统中物质所有能量的总和，包括分子的动能、分子之间作用的势能、分子内各种微粒（原子、原子核、电子等）相互作用的能量。热力学能的绝对值目前尚无法确定。

热力学能是状态函数。对于一个封闭系统，如果用 U_1 代表系统在始态时的热力学能，当系统由环境吸收了热量 Q，同时，系统对环境做了功 W，此时系统的状态为终态，其热力学能为 U_2，有

$$U_1 + Q + W = U_2$$

$$U_2 - U_1 = Q + W$$

即 $$\Delta U = Q + W \qquad (4\text{-}4)$$

式(4-4)是热力学第一定律的数学表达式。

例 4-1　373K，$p^{\ominus}$ 下，1mol 液态水全部蒸发成为水蒸气需要吸热 40.70kJ，求此过程体系热力学能的改变。

解：利用热力学第一定律，可由过程热效应和功的计算求体系热力学能的改变。

373K，$p^{\ominus}$ 下 　　　　　$H_2O(l) \Longrightarrow H_2O(g)$

$$Q = 40.70\text{kJ}$$

忽略液体体积，且水蒸气压力与外压相等：

$$W \approx -p_{外} V_{(g)} = -nRT = -1\text{mol} \times 8.314\text{J} \cdot \text{K}^{-1} \cdot \text{mol}^{-1} \times 373\text{K} = -3.10\text{kJ}$$

$$\Delta U = Q + W = 40.70 - 3.10 = 37.60\text{kJ}$$

4.2.4　可逆过程

如图 4-2 所示，系统从始态 A，经过一系列中间状态达到终态 B，如果此过程反方向进行，系统由 B 态经过这一系列中间态到达 A 态，此时系统恢复原状，同时环境也恢复原状而没有留下任何不可消除的变化，那么就称从 A 态到 B 态（或 B 态到 A 态）的过程为可逆过程（reversible process）。

严格地说，可逆过程是一个极限的理想过程，实际过程只能无限趋于它。如保持相平衡的条件下进行的相变过程；可逆电池中进行的化学反应；用一系列温差为无限小的热源无限缓慢地加热或冷却系统。可逆过程也是能量利用率最高的过程，实际过程与之相比较，可以确定提高效率的方向和限度。因此，可逆过程在热力学中占有重要的地位。

4.2.5　焓

（1）等容过程　对于某封闭系统，在非体积功 W_f 为零的条件下经历某一等容过程，因为 $\Delta V = 0$，所以体积功为零。此时，热力学第一定律的表达式可变为：

$$\Delta U = Q_V \qquad (4\text{-}5)$$

Q_V 为等容过程的热效应，其物理意义是：在非体积功为零的条件下，封闭系统经一等容过程，系统所吸收的热全部用于增加体系的热力学能。

（2）等压过程　对于封闭系统，在非体积功 W_f 为零且等温等压（$p_1 = p_2 = p_{外}$）的条件下的化学反应，热力学第一定律的表达式可变为：

$$\Delta U = U_2 - U_1 = Q_p - p(V_2 - V_1)$$

Q_p 为化学反应的等压热效应，整理上式得：

$$U_2 - U_1 = Q_p - p_2 V_2 + p_1 V_1$$

$$Q_p = (U_2 + p_2 V_2) - (U_1 + p_1 V_1)$$

式中，$U + pV$ 为单位相同的状态函数的组合，仍为一状态函数，所以将它定义为焓 H（enthalpy），即

$$H = U + pV \qquad (4\text{-}6)$$

$$\Delta H = H_2 - H_1 = (U_2 + p_2 V_2) - (U_1 + p_1 V_1) = Q_p$$

即 $$\Delta H = Q_p \qquad (4\text{-}7)$$

式(4-7)表明：在非体积功为零的条件下，封闭系统经一等压过程，系统所吸收的热全部用于增加体系的焓，即化学反应的等压热效应等于系统的焓的变化。

 **小哲理**

$H = U + pV$——个人的智商就是热力学能 U，勤奋就是体积功 pV，二者之和就是成功，好比焓。成功（H）＝天才（U）＋勤奋（pV）。

焓是体系的状态函数，属于广度性质，焓的能量单位为 kJ 或 J。由于无法确定热力学能 U 的绝对值，因而也不能确定焓的绝对值，在处理热化学问题时，状态函数焓及焓的变化值更有实用价值。

对于理想气体的化学反应，等压热效应 Q_p 与等容热效应 Q_V 具有如下的关系：

即
$$Q_p = Q_V + \Delta n_g RT \tag{4-8}$$

式中，Δn_g 为气体生成物的物质的量的总和与气体反应物的物质的量的总和之差。

对反应物和产物都是凝聚相的反应，由于在反应过程中系统的体积变化很小，$\Delta(pV)$ 值与反应热相比可以忽略不计，因此，我们得到：

$$Q_p = Q_V \tag{4-9}$$

绝大多数生物化学过程发生在固体或液体中，因此，在生物系统中常常忽略 ΔH 与 ΔU（即 Q_p 和 Q_V）的差别，统称为生物化学反应的"能量变化"。

4.2.6　化学反应的热效应

发生化学反应时总是伴随着能量变化。在等温非体积功为零的条件下，封闭体系中发生某化学反应，系统与环境之间所交换的热量称为该化学反应的热效应，亦称为反应热（heat of reaction）。在通常情况下，化学反应是以热效应的形式表现出来的，有些反应放热，被称为放热反应；有些反应吸热，被称为吸热反应。

 **小哲理**

放热反应——个人对集体、对社会应该多一些"放热反应"，多一些正能量，少一些"吸热反应"，少一些负能量。

（1）恒容反应热效应和恒压反应热效应　化学反应热效应为反应的过程中体系吸收或者放出的热量，要求在反应进行中反应物和生成物的温度相同，并且整个过程中只有膨胀功，而无其他功。在实验室或者实际生产过程中遇到的化学反应一般在恒容条件或者恒压条件下进行，此时的化学反应热效应分别被称为恒容热效应 Q_V 和恒压热效应 Q_p。

恒容热效应 Q_V 与系统的 U 有关

$$Q_V = U_2 - U_1 = \Delta U \tag{4-10}$$

恒压热效应 Q_p 更为常见，并与系统的另外一个物理量焓 H 有关

$$Q_p = H_2 - H_1 = \Delta H \tag{4-11}$$

以上两式中，U_1 和 H_1 均为反应起始状态时反应物的热力学能和焓，U_2 和 H_2 均为反应终止状态时的热力学能和焓。

若生成物的焓小于反应物的焓，反应过程中多余的焓将以热能的形式释放出来，该反应就为放热反应 $\Delta H < 0$；反之，若生成物的焓大于反应物的焓，则反应需要吸收热量才能进行，该反应就为吸热反应 $\Delta H > 0$。

（2）反应进度　化学反应热效应与实际发生反应的物质的量有关，即与反应进行的程度有关，反应进度就是描述反应进行程度的物理量。对任一化学反应的计量方程式为：

$$a\,A + d\,D = g\,G + h\,H$$

$$0 = -a\,A - d\,D + g\,G + h\,H$$

$$\sum_B \nu_B B = 0 \tag{4-12}$$

式中，B 表示反应中任意物质，ν_B 表示 B 的化学计量系数，ν_B 对反应物取负值，对产物取正值。

在化学反应中，各种物质的量的变化受各自的化学计量系数的制约。设上述反应在反应起始时和反应进行到 t 时刻时各物质的量为：

$$a\,A \quad + \quad d\,D == g\,G \quad + \quad h\,H$$

$t=0$	$n_A(0)$	$n_D(0)$	$n_G(0)$	$n_H(0)$
$t=t$	n_A	n_D	n_G	n_H

则反应进行到 t 时刻的反应进度 ξ（advancement of reaction）

$$\xi = \frac{\Delta n_B}{\nu_B} = \frac{n_B - n_B(0)}{\nu_B} \tag{4-13}$$

ξ 是一个衡量化学反应进行程度的物理量，单位为 mol。

例 4-2　在合成氨工业中，加入 4mol N_2 和 9mol H_2 的混合气体，在一定条件下反应生成了 4mol NH_3，试分别计算下列两种不同反应式的反应进度。

（a）$N_2(g) + 3H_2(g) == 2NH_3(g)$

（b）$\frac{1}{2}N_2(g) + \frac{3}{2}H_2(g) == NH_3(g)$

解： 根据化学反应方程式，生成 4mol NH_3 需消耗 2mol N_2 和 6mol H_2，此时体系中还有 2mol N_2 和 3mol H_2。故反应在不同时刻时各物质的量为：

	$n(N_2)/\text{mol}$	$n(H_2)/\text{mol}$	$n(NH_3)/\text{mol}$
$t=0$	4	9	0
$t=t$	2	3	4

按照反应式（a）式计算：

$$\xi = \frac{\Delta n(NH_3)}{\nu(NH_3)} = \frac{(4-0)\text{mol}}{2} = 2\text{mol}$$

$$\xi = \frac{\Delta n(N_2)}{\nu(N_2)} = \frac{(2-4)mol}{-1} = 2mol$$

$$\xi = \frac{\Delta n(H_2)}{\nu(H_2)} = \frac{(3-9)mol}{-3} = 2mol$$

按照反应式 (b) 式计算：

$$\xi = \frac{\Delta n(NH_3)}{\nu(NH_3)} = \frac{(4-0)mol}{1} = 4mol$$

$$\xi = \frac{\Delta n(N_2)}{\nu(N_2)} = \frac{(2-4)mol}{-\frac{1}{2}} = 4mol$$

$$\xi = \frac{\Delta n(H_2)}{\nu(H_2)} = \frac{(3-9)mol}{-\frac{3}{2}} = 4mol$$

因此，上例中两个化学反应方程式的写法不同，反应进度 ξ 的数值不同。而对于同一反应方程式，无论反应进行到哪个时刻，都可以用任一反应物或任一产物表示反应进度 ξ，与物质的选择没有关系。

一个化学反应的热力学能变 $\Delta_r U$ 和焓变 $\Delta_r H$ 与反应进度成正比，当反应进度不同时，显然有不同的 $\Delta_r U$ 和 $\Delta_r H$。当反应进度为 1mol 时的热力学能变化和焓变化称为摩尔热力学能变和摩尔焓变，分别用 $\Delta_r U_m$ 和 $\Delta_r H_m$ 表示。

$$\Delta_r H_m = \frac{\Delta_r H}{\xi} \tag{4-14}$$

$$\Delta_r U_m = \frac{\Delta_r U}{\xi} \tag{4-15}$$

$\Delta_r U_m$ 和 $\Delta_r H_m$ 的单位为 $kJ \cdot mol^{-1}$ 或 $J \cdot mol^{-1}$。下标 "r" "m" 分别表示 "化学反应" 和 "进度 $\xi=1mol$"。

（3）热化学方程式　表示化学反应与反应热效应的方程式称为热化学方程式（thermochemical equation）。热化学方程式的书写一般是在配平的化学反应方程式后边加上反应的热效应。书写热化学方程式要注意：

① 标明反应的压力及温度，如果反应是在 298.15K 及标准状态下进行，则习惯上可不注明。

② 要标明反应物和生成物的存在状态。可分别用 s、l 和 g 代表固态、液态和气态；用 aq 代表水溶液，表示进一步稀释时不再有热效应。如果固体的晶型不同，也要加以注明，如 C（石墨）和 C（金刚石）。

③ 用 $\Delta_r H_m$ 代表等压反应热，注明具体数值。

④ 化学式前的系数是化学计量数，它可以是整数或分数。但是，同一化学反应的化学计量数不同时，反应热效应的数值也不同。例如：

在 298.15K，标准状态下 $2H_2(g) + O_2(g) = 2H_2O(g)$ $\qquad \Delta_r H_m^{\ominus} = -483.6kJ \cdot mol^{-1}$

$\qquad H_2(g) + \frac{1}{2}O_2(g) = H_2O(g)$ $\qquad \Delta_r H_m^{\ominus} = -241.8kJ \cdot mol^{-1}$

⑤ 在相同温度和压力下，正逆反应的热效应数值相等，符号相反。如：

$\qquad H_2O(g) = H_2(g) + \frac{1}{2}O_2(g)$ $\qquad \Delta_r H_m^{\ominus} = +241.8kJ \cdot mol^{-1}$

应该强调指出：热化学方程式表示一个已经完成的反应，即反应进度 $\xi = 1\text{mol}$ 时的反应。例如反应：

$$H_2(g) + I_2(g) = 2HI(g) \qquad \Delta_r H_m^{\ominus} = -51.8\text{kJ} \cdot \text{mol}^{-1}$$

该热化学方程式表明：在 298.15K 和标准状态下，当反应进度 $\xi = 1\text{mol}$，即 $1\text{mol } H_2(g)$ 与 $1\text{mol } I_2(g)$ 完全反应生成 $2\text{mol } HI(g)$ 时，放出 51.8kJ 的热。

（4）化学反应热的计算　盖斯定律是计算反应热的热力学的基础。1840 年，俄国科学家盖斯（G. H. Hess）在总结大量反应热效应的数据后提出：一个化学反应，在整个过程是等容或等压时，不论是一步完成还是分几步完成，其热效应总是相同的。这就是盖斯定律（Hess's law），是热力学第一定律的必然结果。盖斯定律揭示了在等容或等压时，其他条件不变的情况下，化学反应的热效应只与起始和终止状态有关，而与变化途径无关。

小哲理

盖斯定律——不管黑猫白猫，抓住老鼠就是好猫。

对于等压反应有：　　　　　　$Q_p = \Delta_r H$

对于等容反应有：　　　　　　$Q_V = \Delta_r U$

由于 $\Delta_r H$ 和 $\Delta_r U$ 都是状态函数的改变量，它们只决定于系统的始态和终态，与反应的途径无关。因此，只要化学反应的始态和终态确定了，热效应 Q_p 和 Q_V 便是定值，与反应进行的途径无关。

（1）由已知的热化学方程式计算反应热

例 4-3　C 和 O 生成 CO 的反应的反应热 Q_p 不能由实验直接测得，因产物中不可避免地会有 CO_2。已知：

① $C(s) + O_2(g) = CO_2(g)$　　　　$\Delta_r H_m^{\ominus}$① $= -393.511\text{kJ} \cdot \text{mol}^{-1}$

② $CO(g) + \dfrac{1}{2}O_2(g) = CO_2(g)$　　$\Delta_r H_m^{\ominus}$② $= -282.984\text{kJ} \cdot \text{mol}^{-1}$

求反应③ $C(s) + \dfrac{1}{2}O_2(g) = CO(g)$ 的 $\Delta_r H_m^{\ominus}$③。

解：方程式③＝①－②，根据盖斯定律

$$\Delta_r H_m^{\ominus}③ = \Delta_r H_m^{\ominus}① - \Delta_r H_m^{\ominus}②$$
$$= -393.511 - (-282.984) = -110.527\text{kJ} \cdot \text{mol}^{-1}$$

由此可见，利用盖斯定律，可以很容易从已知的热化学方程式求算出它的反应热。盖斯定律是"热化学方程式的代数加减法"，若运算中反应式要乘以系数，则反应热 $\Delta_r H_m^{\ominus}$ 也要乘以相应的系数。

（2）由标准摩尔生成焓计算反应热　热力学中规定：在指定温度、标准状态下，由最稳定单质生成 1mol 物质 B 时的反应焓变称为物质 B 的标准摩尔生成焓（standard molar enthalpy of formation），记为 $\Delta_f H_m^{\ominus}$，常用单位为 kJ·mol^{-1}。

一种物质的标准生成焓并不是这种物质的焓的绝对值，它是相对于合成它的最稳定的单

质的焓值。标准生成焓的定义实际上已经规定了稳定单质在指定温度下的标准生成焓为 0。应该注意的是碳的稳定单质指的是石墨而不是金刚石。附表 1 和附表 2 列出了一些物质在 298.15K 时的标准摩尔生成焓。

例如：$H_2O(l)$ 的标准摩尔生成焓 $\Delta_f H_m^{\ominus}(H_2O, l, 298.15K)$ 是下列反应的标准摩尔焓变为

$$H_2(g, 298.15K, p^{\ominus}) + \frac{1}{2}O_2(g, 298.15K, p^{\ominus}) = H_2O(l, 298.15K, p^{\ominus})$$

$$\Delta_r H_m^{\ominus}(H_2O, l, 298.15K, p^{\ominus}) = -285.8 kJ \cdot mol^{-1}$$

而 $H_2O(g)$ 的标准摩尔生成焓 $\Delta_f H_m^{\ominus}(H_2O, g, 298.15K)$ 却是下列反应的标准摩尔焓变为

$$H_2(g, 298.15K, p^{\ominus}) + \frac{1}{2}O_2(g, 298.15K, p^{\ominus}) = H_2O(g, 298.15K, p^{\ominus})$$

$$\Delta_r H_m^{\ominus}(H_2O, g, 298.15K, p^{\ominus}) = -241.8 kJ \cdot mol^{-1}$$

因此，在书写标准状态下由稳定单质形成物质 B 的反应式时，B 的化学计量数 $\nu_B = 1$，并且要注意生成物 B 是哪一种标准状态。

如果已知反应式中各物质的标准摩尔生成焓，则该反应的标准摩尔焓变等于生成物的标准摩尔生成焓与其化学计量系数乘积之和减去反应物的标准摩尔生成焓与其化学计量系数乘积之和，即

$$\Delta_r H_m^{\ominus} = \sum [\nu_B \Delta_f H_m^{\ominus}(B)]_{生成物} - \sum [-\nu_B \Delta_f H_m^{\ominus}(B)]_{反应物}$$

简写为：
$$\Delta_r H_m^{\ominus} = \sum_B \nu_B \Delta_f H_m^{\ominus}(B) \tag{4-16}$$

式中，B 表示参与反应的任一种物质，ν_B 为化学计量系数。

例 4-4 求下列反应的标准摩尔焓变：$C_6H_{12}O_6(s) = 2C_2H_5OH(l) + 2CO_2(g)$

各物质的标准摩尔生成焓	$C_6H_{12}O_6(s)$	$C_2H_5OH(l)$	$CO_2(g)$
$\Delta_f H_m^{\ominus}/(kJ \cdot mol^{-1})$	-1274.45	-277.69	-393.51

解：用各物质的标准摩尔生成焓数据求出反应的热效应：

即 $\Delta_r H_m^{\ominus} = \sum_B \nu_B \Delta_f H_m^{\ominus}(B)$

$= 2 \times (-393.51 kJ \cdot mol^{-1}) + 2 \times (-277.69 kJ \cdot mol^{-1}) - (-1274.45 kJ \cdot mol^{-1})$

$= -67.95 kJ \cdot mol^{-1}$

（3）由标准摩尔燃烧焓计算反应热　有机化合物的分子比较庞大和复杂，它们很容易燃烧或氧化，几乎所有的有机化合物都容易燃烧生成 CO_2、H_2O 等，其燃烧热很容易由实验测定。因此，利用燃烧热的数据计算有机化学反应的热效应就显得十分方便。

在标准状态和指定温度下，1mol 的某物质 B 完全燃烧（或完全氧化）生成指定的稳定产物时的反应焓变称为该物质的标准摩尔燃烧焓（standard molar heat of combustion），用符号 $\Delta_c H_m^{\ominus}$ 表示，常用单位是 $kJ \cdot mol^{-1}$。所谓"完全燃烧（或完全氧化）"是指将化合物中的 C、H、S、N 及 X（卤素）等元素分别氧化为 $CO_2(g)$、$H_2O(l)$、$SO_2(g)$、$N_2(g)$ 及 $HX(g)$，这些指定的稳定产物意味着不能再燃烧，实际上规定这些产物的燃烧值为零。附表 2 列出了 298.15K 时一些有机物的标准燃烧热。

例如：$H_2(g) + \dfrac{1}{2}O_2(g) \longrightarrow H_2O(l)$　　　$\Delta_r H_m^{\ominus} = -285.8 kJ \cdot mol^{-1}$

该反应是 $H_2(g)$ 的完全燃烧，反应的焓变即为 $H_2(g)$ 的标准摩尔燃烧焓，即

$$\Delta_c H_m^{\ominus}(H_2, g) = -285.8 kJ \cdot mol^{-1}$$

如果已知反应式中各物质的标准摩尔燃烧焓，则该反应的标准摩尔焓变等于反应物的标准摩尔燃烧焓与其化学计量系数乘积之和减去生成物的标准摩尔燃烧焓与其化学计量系数乘积之和，即

$$\Delta_r H_m^{\ominus} = \sum [-\nu_B \Delta_c H_m^{\ominus}(B)]_{反应物} - \sum [\nu_B \Delta_c H_m^{\ominus}(B)]_{生成物}$$

简写为：　　　　　　　$\Delta_r H_m^{\ominus} = -\sum\limits_{B} \nu_B \Delta_c H_m^{\ominus}(B)$　　　　　　　　(4-17)

例 4-5　醋酸杆菌（suboxydans）把乙醇先氧化成乙醛，然后再氧化成乙酸，试计算 298.15K 和标准状态下分步氧化的反应热。已知 298.15K 时下列各物质的 $\Delta_c H_m^{\ominus}$（$kJ \cdot mol^{-1}$）为

$C_2H_5OH(l)$	$CH_3CHO(g)$	$CH_3COOH(l)$
−1368	−1199	−875

解：$C_2H_5OH(l) + \dfrac{1}{2}O_2(g) \longrightarrow CH_3CHO(g) + H_2O(l)$

$$\begin{aligned}
\Delta_r H_{m,1}^{\ominus} &= -\sum\limits_{B} \nu_B \Delta_c H_m^{\ominus}(B) \\
&= -1368 kJ \cdot mol^{-1} - (-1199 kJ \cdot mol^{-1}) \\
&= -169 kJ \cdot mol^{-1}
\end{aligned}$$

$CH_3CHO(g) + \dfrac{1}{2}O_2(g) \longrightarrow CH_3COOH(l)$

$$\begin{aligned}
\Delta_r H_{m,2}^{\ominus} &= -\sum\limits_{B} \nu_B \Delta_c H_m^{\ominus}(B) \\
&= -1199 kJ \cdot mol^{-1} - (-875 kJ \cdot mol^{-1}) \\
&= -324 kJ \cdot mol^{-1}
\end{aligned}$$

4.3　热力学第二定律

4.3.1　自发过程的特征

在一定条件下，不需要任何外力就能自动进行的过程称为自发过程（spontaneous process）。自然界中的一切宏观过程都是自发过程。自发变化的方向和限度问题是自然界的一个根本性的问题。自发过程的共同特征是：

① 一切自发变化都具有方向性。例如温度不同的两物体 A 和 B，热量是由高温物体 A 传入低温物体 B，直到两物体的温度相等。

② 逆过程在无外界干涉下是不能自动进行的。例如，已经达到热平衡的体系，热量是不能自动地从一部分传向另一部分，重新产生温差的。

③ 自发过程总是趋向平衡状态，即有限度。

综上所述，自发过程进行后，体系的状态和能量复原了，环境总会失去功得到热量，即环境不能复原，因此我们可以得出，自发过程是不可逆过程。

4.3.2 热力学第二定律的经典表述

自发过程在自然界中普遍存在，它们都具有相通性。其中系统和环境能否都恢复原状，关键在于能否实现将热全部转化为功而不引起其他变化。但大量实践表明，这是不可能实现的。这是由功和热的本质差异决定的，功能够无条件地转化为热，而热转化为功却是有条件的。因此，这就决定了自发过程的不可逆性。德国物理学家克劳修斯（R. J. E. Clausius）和英国物理学家开尔文（J. Kelvin）在证明热机效率的过程中认识到热与功的差异，提出了热力学第二定律。

克劳修斯说法："热量可以自发地从高温物体传递到低温物体，但不可能自发地从低温物体传递到高温物体。"

开尔文说法："不可能从单一热源吸取热量并使之全部转变为功，而不产生其他变化。"

两种说法本质上都是一致的，即指出某种自发过程的逆过程是不能自动进行的。一切自发过程总是沿着分子热运动的无序性增大的方向进行。

小哲理

热力学第二定律——兴趣爱好是原动力，可以自发进行。

开尔文的说法也可表述为"第二类永动机是不可实现的。"所谓第二类永动机是指从单一热源取热，并将所吸收的热全部变为功而不产生其他影响的机器。第二类永动机并不违反能量守恒定律，但却永远造不出。

18 世纪出现了一种做功机器——热机，它必须在两个不同温度的热源之间工作，其基本原理如图 4-3 所示，系统从高温热源吸热 Q_1，将一部分转变为功 W，另一部分 Q_2 传给低温热源，系统回到初始状态，这是一个循环过程。定义系统对环境做的功 W 与从高温热源所吸收的热 Q_h 的比值为热机效率 η，即

$$\eta = -\frac{W}{Q_1} \tag{4-18}$$

式中，取负号因为热机效率应为正值，系统对环境做的功 W 取负值，系统所吸收的热 Q_1 为正值。

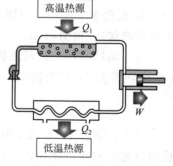

图 4-3 热机工作原理

由于上述过程是一个循环过程，$\Delta U = Q + W = Q_1 + Q_2 + W = 0$，所以

$$\eta = -\frac{W}{Q_1} = \frac{Q_1 + Q_2}{Q_1} = 1 + \frac{Q_2}{Q_1} \tag{4-19}$$

因此，从式子中可以看出，热机效率 $\eta < 1$。

4.3.3 熵

（1）熵 在研究热机效率极限时，克劳修斯把过程中热与温度的商，称为热温商，并且

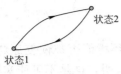

图 4-4　可逆循环过程

证明了可逆过程的热温商总和只与体系的始态、终态有关，而与过程无关，因此它对应于体系的一个状态函数的改变，克劳修斯把它称为熵（entropy），用符号 S 表示。当体系从状态 1 变化到状态 2 时，如图 4-4 所示，熵变为：

$$\Delta S = S_2 - S_1 = \int_1^2 \left(\frac{\delta Q}{T}\right)_R \tag{4-20}$$

式中，δQ 为微小变化的热效应，下标 R 表示可逆过程。由于是可逆过程，体系与环境处于热平衡，$T = T_体 = T_环$。

若为恒温过程，温度为常数，式（4-17）可简写为：

$$\Delta S = \frac{Q_R}{T} \tag{4-21}$$

若状态 1、2 非常接近，系统经过了一个微小的变化过程，可写作：

$$dS = \frac{\delta Q_R}{T} \tag{4-22}$$

熵是体系的状态函数，具有广度性质，单位为 $J \cdot K^{-1}$。

（2）熵的物理意义　1872 年玻尔兹曼给出了熵的微观解释：在大量分子、原子或离子微粒系统中，熵是这些微粒之间无规则排列的程度，即系统的混乱度。系统的熵函数是系统混乱度的量度，即熵值越大，混乱度就越大。

影响系统熵值的主要因素有：

① 同一物质，S（高温）$>S$（低温），S（低压）$>S$（高压），S（g）$>S$（l）$>S$（s）。例如，$S(H_2O, g) > S(H_2O, l) > S(H_2O, s)$。

② 相同条件下的不同物质，分子结构越复杂，熵值越大。

③ S（混合物）$>S$（纯净物）。

④ 在化学反应中，由固态物质变为液态物质或由液态物质变为气态物质（或气体的物质的量增加），熵值增加。

（3）熵增原理　从对热机效率极限的研究中得出，若体系经历一个不可逆过程，从状态 1 变化到状态 2，熵的改变一定大于该不可逆过程的热温商：

$$\Delta S = S_2 - S_1 > \sum_1^2 \left(\frac{\delta Q}{T_环}\right)_{IR} \tag{4-23}$$

式中，下标 IR 表示不可逆过程，因过程不可逆，体系状态变化不是连续的，故热温商总和只能求和，不能用积分代替。因此式（4-20）可变形为：

$$\Delta S \geqslant \sum_1^2 \left(\frac{\delta Q}{T}\right) \tag{4-24}$$

式（4-24）称为克劳修斯不等式，也是热力学第二定律的数学表达式。若"$>$"，表示体系经历了不可逆过程；若"$=$"，表示体系经历了可逆过程。

若体系是孤立系统，系统和环境之间既无物质的交换，也无能量（热量）的交换，则式（4-23）简化为：

$$\Delta S_{孤立} \geqslant 0 \tag{4-25}$$

$\Delta S_{孤立} > 0$ 表示体系发生不可逆过程，因为环境对孤立系统不产生任何作用，该不可逆过程一定是在无外力的作用下进行的，因此是一个自发过程；$\Delta S_{孤立} = 0$ 表示体系发生可逆过程，因体系的熵不变，体系始终处于平衡态，即体系达到平衡。

因此，对于孤立系统中进行的任何自发过程，熵值总是增大，直至达到最大值，此时体系处于平衡态，熵值不再增大，这就是著名的熵增加原理（principle of entropy increase）。

小哲理

孤立系统的熵增原理——约束和自由是矛盾的对立与统一。

真正的孤立系统是不存在的，因为系统和环境之间总会存在或多或少的能量交换。如果把与系统有物质或能量交换的那一部分环境也包括进去，从而构成一个新的系统，这个新系统可以看成孤立系统，其熵变为 $\Delta S_{总}$。式（4-24）可改写为：

$$\Delta S_{总} = \Delta S_{系统} + \Delta S_{环境} \geqslant 0 \qquad (4\text{-}26)$$

这里 $\Delta S_{环境} = Q_{环境} / T$。$Q_{环境}$ 是环境所吸收的热，$Q_{环境} = -\Delta H_{系统}$，T 为系统和环境的温度。

4.4 热力学第三定律

4.4.1 热力学第三定律

热力学第三定律（the third law of thermodynamics）指出：在温度为 0K，任何纯物质的完美晶体（原子或分子的排列只有一种方式的晶体）的熵值为零。即

$$\lim_{T \to 0} (纯物质的熵) = 0 \qquad (4\text{-}27)$$

热力学第三定律告诉人们绝对零度无法达到。

小哲理

热力学第三定律——完美无缺的人是不存在的。

4.4.2 标准摩尔熵

物质在其他温度时相对于 0K 时的熵值，称为规定熵（conventional entropy）。1mol 某纯物质在标准状态下的规定熵称为该物质的标准摩尔熵（standard molar entropy），用符号 $S_m^{\ominus}$ 表示，常用单位是 $J \cdot K^{-1} \cdot mol^{-1}$。附表 1 和附表 2 列出一些物质在 298.15K 时的标准摩尔熵。

利用各种物质 298.15K 时的标准摩尔熵，可以方便地计算 298.15K 时化学反应的标准摩尔熵变 $\Delta_r S_m^{\ominus}$。

$$\Delta_r S_m^{\ominus} = \sum \nu_B S_{m,B}^{\ominus} \qquad (4\text{-}28)$$

例 4-6　利用 298.15K 时的标准摩尔熵，计算下列反应在 298.15K 时的标准摩尔熵变。

$$C_6H_{12}O_6(s)+6O_2(g)\longrightarrow 6CO_2(g)+6H_2O(l)$$

解：由附表 1 及附表 2 查得 298.15K 时

$$S_m^{\ominus}(C_6H_{12}O_6,s)=212.1J\cdot mol^{-1}\cdot K^{-1},S_m^{\ominus}(O_2,g)=205.2J\cdot mol^{-1}\cdot K^{-1},$$

$$S_m^{\ominus}(CO_2,g)=213.8J\cdot mol^{-1}\cdot K^{-1},S_m^{\ominus}(H_2O,l)=70.0J\cdot mol^{-1}\cdot K^{-1}。$$

$$\Delta_r S_m^{\ominus}=6S_m^{\ominus}(CO_2,g)+6S_m^{\ominus}(H_2O,l)-S_m^{\ominus}(C_6H_{12}O_6,s)-6S_m^{\ominus}(O_2,g)$$
$$=(6\times213.8+6\times70.0-212.1-6\times205.2)J\cdot mol^{-1}\cdot K^{-1}$$
$$=259.5J\cdot mol^{-1}\cdot K^{-1}$$

由此可知，反应前后气体的物质的量不变，但有固体变为液体，所以熵值增加。

4.5　化学反应方向的判断

4.5.1　吉布斯自由能 G

1876 年，美国科学家吉布斯（Gibbs）综合考虑了焓和熵两个因素，提出一个新的状态函数——吉布斯自由能（Gibbs free energy），用符号 G 表示，其表达式为：

$$G=H-TS \tag{4-29}$$

G 的单位也是能量单位，为 J，属于广度性质。

在等温、等压条件下，将式（4-4）代入式（4-24），则有：

$$-(\delta W'-pdV)\leqslant -d(U-TS) \tag{4-30}$$

$$-\delta W'\leqslant -d(U+pV-TS) \quad 或 -\delta W'\leqslant -d(H-TS) \tag{4-31}$$

$$-\delta W'\leqslant -d(G) \quad 或 -W'\leqslant -\Delta G \tag{4-32}$$

式（4-31）中，W' 为非体积功，若为"<"则为不可逆过程，即在等温等压不可逆过程中，系统所做的非体积功小于系统吉布斯能的减少量；若为"="则为可逆过程，即在等温等压可逆过程中，系统所做的非体积功等于系统吉布斯自由能的减少量。

 **小哲理**

　　吉布斯自由能减少原理——人的自发变化总是向懒惰的方向进行，也就是正能量减少了。所以人都需要补充正能量。

4.5.2　过程方向的判据

（1）熵判据　对于孤立系统，有：

$$\Delta S\geqslant 0\begin{cases}>,不可逆\\=,可逆\end{cases}$$

由于在孤立系统中，如果发生了不可逆过程，该过程必定是自发的，所以在孤立系统中，自发变化总是向着熵增加的方向进行，变化的结果是系统熵值增加到最大达到平衡状态。平衡后，系统发生的任何过程都是可逆的。所以判别过程的方向性的熵判据为：

$$\Delta S > 0，自发$$
$$\Delta S = 0，平衡$$
$$\Delta S < 0，不可能$$

（2）吉布斯自由能判据

① 吉布斯自由能函数判据。在等温等压且不做非体积功的过程中，有：

$$\Delta G \leqslant 0 \begin{cases} <，不可逆 \\ =，可逆 \end{cases}$$

在等温等压且不做非体积功的条件下，系统不受外界作用；任其自然的情况下，如果发生了不可逆过程，则必定是自发的。因此在该条件下，自发变化的方向总是向 G 减小的方向进行，变化的结果是系统 G 值减小到最小，达到平衡状态。所以判别过程的方向性的吉布斯数判据为：

$$\Delta G_{T,p,w'} < 0，自发$$
$$\Delta G_{T,p,w'} = 0，平衡$$
$$\Delta G_{T,p,w'} > 0，不可能$$

② 吉布斯方程及其应用。根据吉布斯能的定义式，在等温等压下可推导出著名的吉布斯方程：

$$\Delta G = \Delta H - T\Delta S \tag{4-33}$$

它把影响化学反应自发进行方向的两个因素（ΔH 和 ΔS）统一起来。吉布斯方程还表明，温度对反应方向有影响，现分别将几种情况列入表 4-1。

表 4-1   温度对等温等压反应自发性的影响

情况	ΔH	ΔS	$\Delta G = \Delta H - T\Delta S$	自发方向
1	<0	>0	<0	放热、熵增,任何温度下反应正向自发
2	>0	<0	>0	吸热、熵减,任何温度下反应正向不自发
3	>0	>0	低温>0,高温<0	低温正向不自发,高温正向自发
4	<0	<0	低温<0,高温>0	低温正向自发,高温正向不自发

（3）标准摩尔生成吉布斯能   在标准状态下由最稳定单质生成 1mol 物质 B 的吉布斯能变称为该温度下物质 B 的标准摩尔生成吉布斯能（standard molar Gibbs energy of formation），用符号 $\Delta_f G_m^{\ominus}$(B) 表示，单位是 kJ·mol^{-1}。

例如：298.15K 时化学反应

$$\frac{1}{2}N_2(g,p^{\ominus}) + \frac{3}{2}H_2(g,p^{\ominus}) =\!=\!= NH_3(g,p^{\ominus})$$

$\Delta_r G_m^{\ominus} = -16.6kJ·mol^{-1}$，而 $N_2(g)$ 与 $H_2(g)$ 为最稳定单质，所以 298.15K 时 $NH_3(g)$ 的摩尔标准生成吉布斯能 $\Delta_f G_m^{\ominus} = -16.6kJ·mol^{-1}$。

本书附表 1 列出了一些物质在 298.15K 下的标准摩尔生成吉布斯能。

由 $\Delta_f G_m^{\ominus}$ 计算化学反应的 $\Delta_r G_m^{\ominus}$ 为：

$$\Delta_r G_m^{\ominus} = \sum \nu_B \Delta_f G_m^{\ominus}(B) \tag{4-34}$$

温度对 $\Delta_r G_m^{\ominus}$ 有影响，一定温度下化学反应的标准摩尔吉布斯能变化 $\Delta_r G_{m,T}^{\ominus}$ 可按下式计算：

$$\Delta_r G_{m,T}^{\ominus} = \Delta_r H_{m,T}^{\ominus} - T\Delta_r S_{m,T}^{\ominus} \tag{4-35}$$

例 4-7   光合作用是将 $CO_2(g)$ 和 $H_2O(l)$ 转化为葡萄糖的复杂过程，总反应为：

$$6CO_2(g) + 6H_2O(l) =\!=\!= C_6H_{12}O_6(s) + 6O_2$$

求此反应在 298.15K、$p^{\ominus}$ 的 $\Delta_r G_m^{\ominus}$，并判断此条件下，反应是否自发。

解： 由附表 1、附表 2 查得 298.15K 和标准状态下有关热力学数据如下。

$$6CO_2(g) + 6H_2O(l) \Longrightarrow C_6H_{12}O_6(s) + 6O_2(g)$$

$\Delta_f G_m^{\ominus}/(kJ \cdot mol^{-1})$	-394.4	-237.1	-910.6	0
$\Delta_f H_m^{\ominus}/(kJ \cdot mol^{-1})$	-393.5	-285.8	-1268	0
$S_m^{\ominus}/(J \cdot mol^{-1} \cdot K^{-1})$	213.8	70.0	212.1	205.2

方法一

$$\Delta_r G_m^{\ominus} = \sum_B \nu_B \Delta_f G_m^{\ominus}(B)$$
$$= -910.6kJ \cdot mol^{-1} - 6 \times (-237.1kJ \cdot mol^{-1}) - 6 \times (-394.4kJ \cdot mol^{-1})$$
$$= 2878.4kJ \cdot mol^{-1}$$

方法二

$$\Delta_r H_m^{\ominus} = \sum_B \nu_B \Delta_f H_m^{\ominus}(B)$$
$$= -1268kJ \cdot mol^{-1} - 6 \times (-285.8kJ \cdot mol^{-1}) - 6 \times (-393.5kJ \cdot mol^{-1})$$
$$= 2807.8kJ \cdot mol^{-1}$$

$$\Delta_r S_m^{\ominus} = \sum_B \nu_B S_m^{\ominus}(B)$$
$$= (6 \times 205.2 + 212.1 - 6 \times 70.0 - 6 \times 213.8)J \cdot mol^{-1} \cdot K^{-1}$$
$$= -259.5J \cdot mol^{-1} \cdot K^{-1}$$

$$\Delta_r G_m^{\ominus} = \Delta_r H_{m,298.15}^{\ominus} - T \Delta_r S_{m,298.15}^{\ominus}$$
$$= 2807.8kJ \cdot mol^{-1} - 298.15K \times (-0.2595kJ \cdot mol^{-1} \cdot K^{-1})$$
$$= 2885.17kJ \cdot mol^{-1}$$

由计算结果可得，$\Delta_r G_m^{\ominus} > 0$，$CO_2(g)$ 和 $H_2O(l)$ 转化为葡萄糖不能自发进行，必须要借助光能，才能发生。

(4) 非标准态下吉布斯能变的计算

非标准状态下的吉布斯能变的计算可由式(4-36)范托夫（van't Hoff）等温方程计算得到

$$\Delta_r G_{m,T} = \Delta_r G_{m,T}^{\ominus} + RT\ln Q$$
$$= \Delta_r G_{m,T}^{\ominus} + 2.303RT\lg Q \qquad (4\text{-}36)$$

式中，Q 为反应熵。其表达式为各生成物相对分压（气体）或相对浓度（溶液）幂的乘积与各反应物的相对分压或相对浓度幂的乘积之比。

例如，对于任意化学反应为：$aA(aq) + bB(aq) \Longrightarrow dD(g) + cC(aq)$，则 Q 的表达式为

$$Q = \frac{(p_D/p^{\ominus})^d \times (c_C/c^{\ominus})^c}{(c_A/c^{\ominus})^a \times (c_B/c^{\ominus})^b}$$

如反应中有纯固体或纯液体，浓度以常数 1 表示。

 习题

一、选择题

1. 体系对环境做了 20kJ 的功，并失去 10kJ 的热给环境，则体系热力学能的变化是（   ）。

A.　$+30kJ$　　　　B.　$+10kJ$　　　　C.　$-10kJ$　　　　D.　$-30kJ$

2. 冰的融化热为 330.5J/g，0℃时将 1g 水凝结冰的 ΔS 为（　　）。

A.　$-330.5J/g$　　　　　　　　　B.　$-1.21J/(g \cdot K)$

C.　$330.5J/g$　　　　　　　　　C.　$-1.21J/(g \cdot K)$

3. 下列物质中，$\Delta_f H_m^{\ominus}$ 不等于 0 的是（　　）。

A.　Fe(s)　　　　B.　C（石墨）　　　　C.　Ne(g)　　　　D.　$Cl_2(l)$

4. 戊烷的标准摩尔燃烧热为 $-3520kJ \cdot mol^{-1}$，$CO_2(g)$ 和 $H_2O(l)kJ \cdot mol^{-1}$ 的标准摩尔生成焓为 $-395kJ \cdot mol^{-1}$ 和 $-286kJ \cdot mol^{-1}$，则戊烷的标准摩尔生成焓为（　　）。

A.　$2839kJ \cdot mol^{-1}$　　　　　　　B.　$-2839kJ \cdot mol^{-1}$

C.　$171kJ \cdot mol^{-1}$　　　　　　　D.　$-171kJ \cdot mol^{-1}$

5. 下列说法正确的是（　　）。

A. 只有恒压过程才有焓变

B. 只有恒压且不做非体积功的过程的反应热才等于焓变

C. 任何过程都有焓变，且焓变等于反应热

D. 单质的焓变和自由能都等于零

二、判断题

1. （　）任何纯净的完整晶体在 0K 时的熵值为零。

2. （　）25℃时，$H_2(g)$ 的标准摩尔燃烧焓在数值上等于 25℃时 $H_2O(g)$ 的标准摩尔生成焓。

3. （　）热力学第二定律的克劳修斯说法是：热从低温物体传到高温物体是不可能的。

4. （　）当 $\Delta_r H_m$ 和 $\Delta_r S_m$ 均为正值时，升高温度，$\Delta_r G_m$ 减小。

5. （　）由于 $2NO(g) + O_2(g) \rightleftharpoons 2NO(g)$ 是熵减的反应，故空气中的 NO 不会自发地氧化为 NO_2。

6. （　）因为 $Q_p = H_2 - H_1$，H_2 和 H_1 均状态函数，所以 Q_p 也为状态函数。

7. （　）体积恒定的过程，其反应热数值上等于系统热力学能的变化量。

8. （　）隔离系统的热力学能是守恒的。

9. （　）化学反应的反应热只与反应的始态和终态有关，而与变化的途径无关。

10. （　）已知下列过程的热化学方程式为：$H_2O(l) \rightleftharpoons H_2O(g) \Delta_r H_m^{\ominus} = 40.63kJ \cdot mol^{-1}$，则此温度时蒸发 1mol $H_2O(l)$ 会放出热 40.63kJ。

三、填空题

1. 反应 $CaO(s) + H_2O(l) \rightleftharpoons Ca(OH)_2(s)$，在 298K 及 100kPa 时是自发反应，高温时其逆反应变成自发，说明该反应方向的 $\Delta_r H_m^{\ominus}$ _____；$\Delta_r S_m^{\ominus}$ _____（大于或小于零）。

2. 等温等压，只做体积功的反应 $Q_p =$ _____，而恒容反应时 $Q_V =$ _____。

3. 描述系统状态变化时的热力学能变与功和热的关系式是_____。系统从环境吸热时 Q _____ 0，系统对环境做功时 W _____ 0。

4. 现有反应 $2NH_3(g) \rightleftharpoons N_2(g) + 3H_2(g)$，已知其 $\Delta_r H_m^{\ominus} = 92.2kJ \cdot mol^{-1}$，则 $\Delta_f H_m^{\ominus}(NH_3, g)$ 为_____ $kJ \cdot mol^{-1}$。

5. 已知某一体系吸热 60kJ，热力学能降低了 20kJ。根据热力学第一定律，该体系对环境做功_____。

第 5 章

化学反应动力学与化学平衡

众所周知，将食品冷冻（冷藏）于冰箱中可以延长食品保质期，其保质期能延长多长时间如何计算？延长保质期与哪些因素有关？汽车尾气中含有 CO 和 NO 有毒气体，其净化反应 $2CO(g) + 2NO(g) \longequal CO_2(g) + N_2(g)$，在标准状况下自由能 $-746.4kJ \cdot mol^{-1} < 0$，由热力学判据得出该反应可以自发进行，但实际上此条件下该反应速率非常缓慢，并没有实际进化意义，而为什么采用三元催化可以使该反应速率变快呢？因此对于一个化学反应，不但要考虑热力学条件下，化学反应自发进行的方向和限度，还要考虑化学反应进行的快慢。化学反应的速率大小由哪些因素决定？改变温度、催化剂、浓度等反应条件，化学反应速率如何变化？反应机理是什么？化学反应达到平衡需要多长时间？这些都是化学动力学要研究的主要内容。

小哲理

化学动力学——实现自己的梦想，要从可能性和现实性两方面考虑。

5.1 化学反应速率

5.1.1 化学反应速率的表示方法

化学反应的快慢可用反应速率来衡量。化学反应速率是指在一定条件下，反应物转化成产物的速率。化学反应速率（r）通常可以使用单位时间内反应物浓度或者生成物浓度的改变量来表示，常用单位为 $mol \cdot L^{-1} \cdot s^{-1}$。

对于任一化学反应

$$aA + bB \longrightarrow dD + eE$$

那么，在 Δt 时间内，反应速率表达式为

$$\bar{r} = -\frac{1}{a}\frac{\Delta c(A)}{\Delta t} = -\frac{1}{b}\frac{\Delta c(B)}{\Delta t} = \frac{1}{d}\frac{\Delta c(D)}{\Delta t} = \frac{1}{e}\frac{\Delta c(E)}{\Delta t}$$

$$(5\text{-}1)$$

式中，所得反应速率 $\bar{r}$ 为反应在 Δt 时间内的平均反应速率，而对于大部分反应而言，随着反应物的消耗，反应速率都会逐渐降低，并非是等速反应，因此在实际生产实践中了解某一时刻的瞬时速率 r 更具有实际价值。瞬时速率 r 可由反应式中任一组分的浓度随时间的变化率表示：

$$\bar{\gamma}=-\frac{1}{a}\frac{dc(A)}{dt}=-\frac{1}{b}\frac{dc(B)}{dt}=\frac{1}{d}\frac{dc(D)}{dt}=\frac{1}{e}\frac{dc(E)}{dt} \tag{5-2}$$

实际工作中也用 $r_A=-\dfrac{dc(A)}{dt}$，$r_B=-\dfrac{dc(B)}{dt}$ 分别代表反应物 A 和 B 的消耗速率，$r_D=\dfrac{dc(D)}{dt}$，$r_E=\dfrac{dc(E)}{dt}$ 代表生成物 D 和 E 的生成速率。由于反应计量式中各组分的计量系数不同，因此用不同组分表示的速率数值上并不相同且满足一定的比例关系：

$$r=\frac{1}{a}r_A=\frac{1}{b}r_B=\frac{1}{d}r_D=\frac{1}{e}r_E \tag{5-3}$$

例 5-1 已知反应

| | N_2 | $+3H_2$ | $\longrightarrow 2NH_3$ |
0s 时，$c_0/(mol \cdot L^{-1})$ 2.0   6.0   0
10s 时，$c_{10}/(mol \cdot L^{-1})$ 1.0   3.0   2.0

试计算该反应的反应速率 r。

解： 根据反应速率计算公式可得

$$r_{N_2}=-\frac{-1mol \cdot L^{-1}}{10s}=0.1mol \cdot L^{-1} \cdot s^{-1}$$

$$r_{H_2}=-\frac{-3mol \cdot L^{-1}}{10s}=0.3mol \cdot L^{-1} \cdot s^{-1}$$

$$r_{NH_3}=\frac{2mol \cdot L^{-1}}{10s}=0.2mol \cdot L^{-1} \cdot s^{-1}$$

$$r=r_{N_2}=\frac{1}{3}r_{H_2}=\frac{1}{2}r_{NH_3}=0.1mol \cdot L^{-1} \cdot s^{-1}$$

5.1.2 反应速率理论简介

为了寻求反应进行的规律和机理，科学家们借助于统计热力学、经典力学和量子力学等多种理论来进行反应动力学的研究，并先后出现了两种化学反应速率的理论，分别是碰撞理论和过渡态理论。

（1）碰撞理论 气体分子的碰撞理论（collision theory）是由美国科学家路易斯于 1918 年在气体动理论的基础上提出的，该理论针对的是气体双分子反应。

首先假设气体分子为没有内部结构的刚性球体，且两分子之间必须通过碰撞才能发生反应。此时，化学反应速率与单位时间内气体分子间的碰撞次数有关，分子间碰撞频率越高，反应速率就越快。根据气体动理论的理论计算，在通常条件下，气体分子间的碰撞频率可达 10^{29} 次/(cm^3/s) 数量级。假如一经碰撞就能发生反应，那么一切气体间的反应不但能在瞬间完成，而且反应速率也相差不大。事实上，并不是所有的反应物间的碰撞都能发生反应。只有部分分子（活化分子）间的碰撞才能发生反应。这种能发生化学反应的碰撞，称为有效碰撞。而活化分子指的就是那些能量高于平均值的分子。

起初，碰撞理论只能适用于十分简单的气体反应，对于复杂反应计算误差较大，因此后来又做了空间取向修正，即活化分子采取合适的取向进行碰撞才是有效碰撞。

如图 5-1 所示，既有合适取向又有足够能量的两个分子互相碰撞才能发生有效碰撞，生成新的分子；分子没有合适的取向或者没有足够的能量都为无效碰撞，反应不发生。大量分子在亿万次的碰撞中能同时满足能量条件和取向条件的往往是少数，这就是气体反应的反应速率实验值大大低于理论值的根本原因。

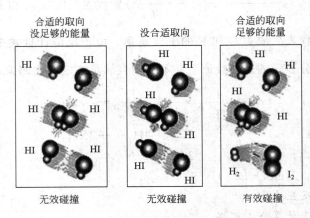

图 5-1　碰撞时分子的取向和能量对碰撞反应的影响

碰撞理论直观、形象、物理意义明确，并从分子水平上解释了一些重要的实验事实，在反应速率理论的建立和发展中起到了重要的作用，但它把反应分子看成没有内部结构的刚性球体模型则过于简单。

小哲理

碰撞理论——只有志同道合、博闻强识的人才能发生有效碰撞。

（2）过渡态理论　20 世纪 20 年代末，由于量子力学渗透到化学领域中，人们可以从微观水平上认识分子的结构和内部运动。为弥补碰撞理论的缺陷，1935 年，美国物理学家艾琳和加拿大物理学家波兰尼等在量子力学和统计力学的基础上提出了化学反应速率的过渡态理论（transition state theory），又称为活化络合物理论（activated complex theory）。该理论考虑了反应物分子的内部结构及运动状态，从分子角度更为深刻地解释了化学反应速率。

该理论认为：化学反应并不是只通过反应物分子间简单的碰撞完成的。从反应物到生成物的转变过程中，反应物分子中的化学键要发生重排，经过一个中间过渡状态，即经过形成活化络合物的过程，才变成生成物分子。

$$A+BC \longrightarrow A\cdots B\cdots C \longrightarrow AB+C$$
反应物　　活化络合物　　产物

在这个活化络合物中，原有的反应物分子的化学键部分地被破坏，新的生成物分子的化学键部分地形成，这是一种不稳定的中间状态，由于能量较高、不稳定且寿命很短，能很快转化为生成物分子。因此化学反应的速率取决于活化络合物的分解速率。

小哲理

过渡态理论——成功并不是一蹴而就的，中间要经过很多的过程，即过渡态。

5.2 影响反应速率的因素

化学反应速率主要取决于参加反应的物质的本性，此外还受到外界因素的影响，主要有浓度、温度和催化剂等因素。

5.2.1 浓度对反应速率的影响

（1）基元反应 通常所写的化学反应方程式往往是一个总的结果，并不能代表该反应的真正历程。对于一个化学反应总是经过若干个简单的反应步骤，才转化为产物，其中每一个简单的反应步骤就称为一个基元反应（elementary reaction）。在基元反应中，同时发生反应的物质微粒可以是分子、原子、离子或自由基等。

例如：$CO + NO_2 \longrightarrow CO_2 + NO$，该反应是双分子反应，在温度高于 225℃ 时，CO 和 NO_2 分子一步转化为 CO_2 和 NO 分子，所以此反应为基元反应。

但大多数化学反应的历程较为复杂，反应物分子要经过几步（即经历几个基元反应）才能转化为生成物，这种由两个或者两个以上基元反应组成的化学反应叫做非基元反应或复杂反应。

小哲理

复杂反应——任何成功都是复杂反应的产物。

例如：$2NO + O_2 \longrightarrow 2NO_2$，实验研究表明，该反应是由两个基元反应组成的复合反应

$$2NO \longrightarrow N_2O_2 \qquad （快）$$

$$N_2O_2 + O_2 \longrightarrow 2NO_2 \qquad （慢）$$

非基元反应的速率取决于组成该反应的各基元反应中速率最慢的一步，该步骤称为决速步骤（rate determining step）。

小哲理

决速步骤——找准决速步骤，攻坚克难，才能顺利完成任务。

（2）质量作用定律　在 1897 年，古德贝格和瓦格提出了质量作用定律（law of mass action）。在基元反应中，反应物的浓度与反应速率之间的关系可用质量作用定律来描述：在一定温度下，基元反应的反应速率与各反应物浓度的幂次方乘积成正比，而幂指数等于该反应物的化学计量系数，这一规律称为质量作用定律。

小哲理

质量作用定律——成功速率＝热情与能力之积的科学管理之幂。

例如，对于任一基元反应：

$$aA + bB \longrightarrow cC$$

反应速率方程式为

$$r = kc^a(A)c^b(B) \tag{5-4}$$

式中，r 表示反应速率，k 称为速率常数，k 值与反应的本性、反应温度、催化剂等因素有关，而与反应物的浓度（或压力）无关。当 $c(A) = c(B) = 1\,mol \cdot L^{-1}$ 时，此时 r 和 k 在数值上相等，所以速率常数 k 表示各反应物浓度均为单位浓度时的反应速率。

小哲理

速率常数——人品、知识和能力决定成功的速率常数。

（3）反应级数　根据式（5-4），定义了反应级数（order of reaction）。反应速率方程式中 a 和 b 分别称为反应物 A 和反应物 B 的反应分级数，分别表示反应物 A、B 的浓度对反应速率的影响程度，各反应物浓度项的指数之和 $a + b$ 称为反应总级数，简称反应级数。对于基元反应，通常反应级数与反应分子数数值上相等。

对于非基元反应的速率方程，浓度的次方和反应物的系数不一定相符，不能由化学反应方程式直接写出，而要由实验测定速率与浓度的关系才能确定。

① $H_2 + Cl_2 \longrightarrow 2HCl$，实验测得的速率方程为：$r = kc_{H_2}c_{Cl_2}^{\frac{1}{2}}$，该反应级数为 1.5。

② $CH_3COOH + C_2H_5OH \xrightarrow{H^+} CH_3COOC_2H_5 + H_2O$，实验测得其速率方程式为 $r =$

$kc(C_2H_5OH) \cdot c(CH_3COOH)$，该反应级数为 2。

③ $_{88}Ra^{226} \longrightarrow _{86}Rn^{222} + _2He^4$，实验测得该反应级数为 1。

④ 氨在钨、铁等催化剂表面上的分解反应：$2NH_3 \longrightarrow N_2 + 3H_2$，实验测得其 $r = k$，该反应级数为 0，说明该反应为零级反应，说明反应速率是一个常数，与浓度无关。

由此可见，反应级数可以为正数、负数，也可以为整数、分数，这些数值不能通过化学方程式推出来，只能由实验测定而来。

例 5-2 600K 时，已知气体反应 $2NO + O_2 \Longrightarrow 2NO_2$ 的反应物浓度和反应速率的实验数据如表 5-1 所示。

表 5-1 实验数据

实验序号	反应开始时反应物的浓度		NO 反应的初始速率
	$c(NO)/(mol \cdot L^{-1})$	$c(O_2)/(mol \cdot L^{-1})$	$r/(mol \cdot L^{-1} \cdot s^{-1})$
1	0.010	0.010	2.5×10^{-3}
2	0.010	0.020	5.0×10^{-3}
3	0.030	0.020	4.5×10^2

① 写出该反应的速率方程，并求反应级数。

② 试求出该反应的速率常数。

③ 当 $c(NO) = 0.015 mol \cdot L^{-1}$，$c(O_2) = 0.025 mol \cdot L^{-1}$ 时，反应的速率是多少？

解： ① 设该反应的速率方程为：$r = kc^x(NO)c^y(O_2)$

为保持 $c(NO)$ 不变求 y 值，取 1、2 组数据代入上式得：

$2.5 \times 10^{-3} mol \cdot L^{-1} \cdot s^{-1} = k \times (0.010 mol \cdot L^{-1})^x \times (0.010 mol \cdot L^{-1})^y$

$5.0 \times 10^{-3} mol \cdot L^{-1} \cdot s^{-1} = k \times (0.010 mol \cdot L^{-1})^x \times (0.020 mol \cdot L^{-1})^y$

由于温度恒定，k 不变，将上两式相除得

$$\frac{1}{2} = \left(\frac{1}{2}\right)^y \quad 得 \ y = 1$$

为保持 $c(O_2)$ 不变求 x 值，取 2、3 组数据代入上式得

$5.0 \times 10^{-3} mol \cdot L^{-1} \cdot s^{-1} = k \times (0.010 mol \cdot L^{-1})^x \times (0.020 mol \cdot L^{-1})^y$

$4.5 \times 10^2 mol \cdot L^{-1} \cdot s^{-1} = k \times (0.030 mol \cdot L^{-1})^x \times (0.020 mol \cdot L^{-1})^y$

将上两式相除得

$$\frac{1}{9} = \left(\frac{1}{3}\right)^x \quad 即 \left(\frac{1}{3}\right)^2 = \left(\frac{1}{3}\right)^x \quad 得 \ x = 2$$

该反应的速率方程为 $r = kc^2(NO)c(O_2)$，为三级反应，对 NO 为二级反应，对 O_2 为一级反应。

② 将第 1 组数据代入速率方程得

$$k = \frac{r}{c^2(NO)c(O_2)} = \frac{2.5 \times 10^{-3}}{0.01^2 \times 0.01} = 2.5 \times 10^3 mol^{-2} \cdot L^2 \cdot s^{-1}$$

③ $r = kc^2(NO)c(O_2)$

$= 2.5 \times 10^3 mol^{-2} \cdot L^2 \cdot s^{-1} \times (0.015 mol \cdot L^{-1})^2 \times 0.025 mol \cdot L^{-1}$

$= 1.4 \times 10^{-2} mol \cdot L^{-1} \cdot s^{-1}$

5.2.2 温度对反应速率的影响

实验表明，温度对反应速率的影响更显著，温度的影响主要集中表现在对反应速率常数的影响，温度改变，反应速率常数 k 改变。

小哲理

温度高则反应速率高——热情高，热力学能高，则成功率也就高。

（1）范托夫经验规则　1884 年，荷兰化学家范托夫（van't Hoff）根据大量的实验数据总结出温度与反应速率的近似规则，即：在其他条件恒定不变的情况下，温度每升高 10K，反应速率近似增大 2～4 倍，可表示为：

$$\frac{k_{T+10}}{k_T}=2\sim4 \tag{5-5}$$

式中，k_T 和 k_{T+10} 分别表示温度为 T K 和（$T+10$)K 时的速率常数，利用这个经验规律可以粗略估算温度对反应速率的影响，这个规律也称为范托夫近似规则。

（2）阿伦尼乌斯经验公式　19 世纪末，瑞典化学家阿伦尼乌斯在做了大量实验的基础上，提出了著名的反应速率常数与温度的关系式，即阿伦尼乌斯公式，其数学表达式如下：

$$k=A\mathrm{e}^{-\frac{E_a}{RT}} \tag{5-6}$$

写成对数式为

$$\ln k=-\frac{E_a}{RT}+\ln A \tag{5-7}$$

或

$$\lg k=-\frac{E_a}{2.303RT}+\lg A \tag{5-8}$$

式中，k 为反应速率常数；T 为热力学温度，K；E_a 为反应的活化能，即分子从常态转变为容易发生化学反应的活跃状态所需要的能量，J；R 为摩尔气体常数（8.314J·mol^{-1}·K^{-1}），A 为指前因子或频率因子，与 k 的单位相同。

根据式(5-6)～式(5-8) 可知：①在不同温度下测定的 k 值，以 $\ln k$ 对 $1/T$ 作图，可得一条直线，从直线的斜率和截距，可分别求出活化能 E_a 和 A。②反应速率常数 k 随温度 T 呈指数关系的变化。③对同一反应来说，A、E_a 一定时，温度越高，速率常数 k 值就越大，反应速率也就越快；反之，温度越低，k 值就越小，反应速率也就越慢。④在相同温度下，活化能 E_a 越小，其速率常数 k 值就越大，反应速率也就越快；反之，活化能 E_a 越大，其速率常数 k 值就越小，反应速率也就越慢。

因此阿伦尼乌斯公式不仅说明了反应速率与温度的关系，而且还说明了活化能对反应速率的影响，以及活化能和温度两者与反应速率的关系。

若反应过程中温度发生变化，设 k_1 和 k_2 分别表示某一反应在 T_1 和 T_2 时的速率常数，则根据式(5-8) 可得

$$\lg\frac{k_2}{k_1}=\frac{E_a}{2.303R}\left(\frac{T_2-T_1}{T_1T_2}\right) \tag{5-9}$$

如果某反应在不同温度下的初始浓度和反应程度都相同，则式(5-9)还可以写成：

$$\lg \frac{t_1}{t_2} = \lg \frac{k_2}{k_1} = \frac{E_a}{2.303R}\left(\frac{T_2 - T_1}{T_1 T_2}\right) \tag{5-10}$$

式(5-10)中，t_1 为某温度下反应所需时间，t_2 为另一温度下反应所需时间。

阿伦尼乌斯经验方程式的提出，不但可以计算不同温度下反应速率常数，还可以求反应的活化能。阿伦尼乌斯经验方程作为化学动力学中的一个重要公式，其应用领域也是十分广泛的。

例 5-3 已知反应 1 的活化能 $E_{a1} = 50\text{kJ} \cdot \text{mol}^{-1}$，反应 2 的活化能 $E_{a2} = 100\text{kJ} \cdot \text{mol}^{-1}$。

试求：①由 10℃升高到 20℃；②由 60℃升高到 70℃时，反应速率常数分别增大了多少倍？从中可以得出什么结论？

解： ① 由 10℃升高到 20℃时

$$\lg \frac{k_2}{k_1} = \frac{E_a}{2.303R}\left(\frac{T_2 - T_1}{T_1 T_2}\right)$$

对于反应 1，$T_2 = 293\text{K}$，$T_1 = 283\text{K}$，代入得

$$\lg \frac{k_2}{k_1} = \frac{50 \times 10^3 \text{J} \cdot \text{mol}^{-1}}{2.303 \times 8.314 \text{J} \cdot \text{K}^{-1} \cdot \text{mol}^{-1}}\left(\frac{10\text{K}}{293\text{K} \times 283\text{K}}\right) = 0.315$$

$\frac{k_2}{k_1} = 2.07$，增大了 $2.07 - 1 = 1.07$ 倍

对于反应 2，$T_2 = 293\text{K}$，$T_1 = 283\text{K}$，代入得

$$\lg \frac{k_2}{k_1} = \frac{100 \times 10^3 \text{J} \cdot \text{mol}^{-1}}{2.303 \times 8.314 \text{J} \cdot \text{K}^{-1} \cdot \text{mol}^{-1}}\left(\frac{10\text{K}}{293\text{K} \times 283\text{K}}\right) = 0.630$$

$\frac{k_2}{k_1} = 4.27$，增大了 $4.27 - 1 = 3.27$ 倍。

由此看出，相同条件下改变温度，活化能越高，反应速率变化越大。对同一食物而言，冰箱温度从 20℃降至 10℃时，食物的腐败速率可以减小 1～3 倍，20℃可以保存 2 天的食物，温度降至 10℃时，该食物可以保存 4～8 天，若在 0℃左右，食物保存时间更长。对于腐败速率缓慢的食物，降低温度，延长保存时间的作用更显著。

② 由 60℃升高到 70℃时

$$\lg \frac{k_2}{k_1} = \frac{E_a}{2.303R}\left(\frac{T_2 - T_1}{T_1 T_2}\right)$$

对于反应 1，$T_2 = 343\text{K}$，$T_1 = 333\text{K}$，代入得

$$\lg \frac{k_2}{k_1} = \frac{50 \times 10^3 \text{J} \cdot \text{mol}^{-1}}{2.303 \times 8.314 \text{J} \cdot \text{K}^{-1} \cdot \text{mol}^{-1}}\left(\frac{10\text{K}}{343\text{K} \times 333\text{K}}\right) = 0.229$$

$\frac{k_2}{k_1} = 1.69$，增大了 $1.69 - 1 = 0.69$ 倍。

对于反应 2，$T_2 = 343\text{K}$，$T_1 = 333\text{K}$，代入得

$$\lg \frac{k_2}{k_1} = \frac{100 \times 10^3 \text{J} \cdot \text{mol}^{-1}}{2.303 \times 8.314 \text{J} \cdot \text{K}^{-1} \cdot \text{mol}^{-1}}\left(\frac{10\text{K}}{343\text{K} \times 333\text{K}}\right) = 0.457$$

$\frac{k_2}{k_1} = 2.86$，增大了 $2.86 - 1 = 1.86$ 倍

由①与②比较看出，对同一物质而言，低温下改变相同温度比高温下改变相同温度的反应速率变化要大；对不同物质而言，活化能越高（腐败速率越缓慢），温度越低，越有利于食物保存。

（3）温度影响反应速率的几种类型　阿伦尼乌斯方程适用于基元反应和非基元反应，甚至是某些非均相反应，但并不是所有的反应都符合阿伦尼乌斯方程。一些反应的反应速率与温度的关系往往是很复杂的，温度对反应速率的影响主要有 5 种类型，如图 5-2 所示。

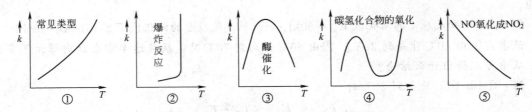

图 5-2　温度对反应速率影响的几种类型

类型①：反应速率随着温度的升高而逐渐加快，且 k 随温度 T 呈指数增加。这类反应符合阿伦尼乌斯方程，且大多数常见的反应都属于此反应类型。

类型②：爆炸反应类型。这类反应开始时温度影响不大，达到某一临界值后，反应速率突然增加，引起爆炸。

类型③：酶催化反应类型，这类反应在温度不太高时，速率随着温度的升高而加快，达到某一温度时，速率反而下降。

类型④：某些氧化反应，如多相催化反应和酶催化反应，这类反应速率在随着温度升高到某一高度时，再升高温度，速率又迅速增加，可能发生了副反应。

类型⑤：温度与反应速率负相关，这类反应比较特殊，温度升高，速率反而下降。例如 $2NO + O_2 \longrightarrow 2NO_2$ 即为此类型。

5.2.3　催化剂对反应速率的影响

催化剂（catalyst）是一种可以改变反应速率，而本身的化学组成、质量和化学性质在反应前后保持不变的物质。其中能够使反应速率加快的催化剂叫做正催化剂，也就是通常所说的催化剂。凡是能够降低反应速率的叫做负催化剂，例如为防止塑料老化在高分子材料中加入的抗老化剂就属于负催化剂。

催化剂——人生也需要催化剂，要么你催化别人，要么别人催化你。

催化剂的特征如下：

① 催化剂可以改变反应机理，降低反应的活化能。如图 5-3 所示，路径 a 为未加催化剂的反应过程，活化能为 E，反应进行较慢；路径 b 为加入催化剂后的反应过程，此时反应分

为两步，故存在两个活化能 E_1 和 E_2，图上可以看出反应 $E_1<E$，$E_2<E$，因此加入催化剂后反应活化能降低，反应速率加快。同时催化剂只改变反应途径，不改变反应方向，热力学上非自发的反应，催化剂不能使之变成自发反应。

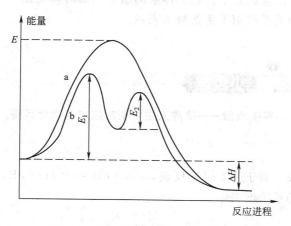

图 5-3　催化剂对反应活化能的影响

② 不同类型的化学反应需要不同的催化剂，因此催化剂具有特殊的选择性。例如，氧化反应和脱氢反应的催化剂是不同类型的，即使是同类型的反应通常催化剂也是不同的，如 SO_2 氧化加入的是 V_2O_5，而乙烯的氧化却用 Ag 作催化剂等。

③ 催化剂具有稳定性，是指催化剂抵抗中毒和衰老的能力。催化剂的催化活性因某些物质的作用而剧烈降低的现象叫做催化剂的中毒。例如合成氨工业中，O_2、H_2O、CO、CO_2 等气体都会引起铁催化剂的中毒，严重影响反应产量，因此在原料气进入反应塔之前，必须经过严格的净化过程。除了中毒现象以外，在使用过程中催化剂结构、表面性质、晶体状态的改变都会使得催化剂的活性降低，这种现象就是催化剂的衰老。所以催化剂一般都有使用期限。

良好的催化剂，必须同时具有优良的催化活性、选择性和稳定性才能在工业生产上具有应用价值。

5.3　化学平衡

一般情况下，化学反应能够向正逆两个方向进行：例如高温下 CO 和 H_2O 作用可以生成 H_2 和 CO_2；同时 H_2 和 CO_2 也能反应生成 CO 和 H_2O。$CO(g)+H_2O(g)\Longleftrightarrow H_2(g)+CO_2(g)$，若反应过程中温度、体积、压力都不变。经过一段时间后，各物质的浓度不再随时间而变化，这种状态称为化学平衡。

 小哲理

化学平衡——人生有许多平衡，找准平衡点才不会顾此失彼。

5.3.1 平衡常数

一定条件下，化学反应达到平衡态，体系的组分不随时间变化，平衡体系各组分的浓度满足一定的关系，这种关系可用平衡常数来表示。

小哲理

平衡常数——找准人生平衡常数才能两全其美。

（1）经验平衡常数　对于一个可逆反应，$a\mathrm{A}+b\mathrm{B} \rightleftharpoons d\mathrm{D}+e\mathrm{E}$，常用的经验平衡常数有以下几种。用物质的量浓度表示

$$K_c = \frac{[\mathrm{D}]^d[\mathrm{E}]^e}{[\mathrm{A}]^a[\mathrm{B}]^b} \tag{5-11}$$

式中，K_c 是常数，叫做该反应在温度 T 时的浓度平衡常数。

对于气相物质发生的可逆反应，由于温度一定时，气体的压力与浓度成正比，因此，用分压代替有关物质的浓度，则

$$K_p = \frac{p_{\mathrm{eq}}^d(\mathrm{D}) p_{\mathrm{eq}}^e(\mathrm{E})}{p_{\mathrm{eq}}^a(\mathrm{A}) p_{\mathrm{eq}}^b(\mathrm{B})} \tag{5-12}$$

式中，K_p 表示压力平衡常数。

注意，K_c 和 K_p 的表达式中因有关物质的浓度或压力是有单位的，所以 K_c 和 K_p 既可能有单位，也可能无单位，且随着反应方程式的书写方法不同，量纲也不同，这将为后续的计算带来不便，因此提出了标准平衡常数 K^0 的概念。

（2）标准平衡常数　通过热力学推导出来的，又称为热力学平衡常数。同样，对于反应：$a\mathrm{A}+b\mathrm{B} \rightleftharpoons d\mathrm{D}+e\mathrm{E}$

标准平衡常数表达式中各物质组分的浓度 c_i 均除以标准态时的标准浓度 $c^\ominus$（溶液中溶质的标准态指溶质浓度为 $c^\ominus = 1\mathrm{mol \cdot L^{-1}}$）。即

$$K^\ominus = \frac{\{[\mathrm{D}]/c^\ominus\}^d \{[\mathrm{E}]/c^\ominus\}^e}{\{[\mathrm{A}]/c^\ominus\}^a \{[\mathrm{B}]/c^\ominus\}^b} \tag{5-13}$$

对于气相物质发生的可逆反应，标准平衡常数表达式中各物质组分的压力 p_i 均除以标准压力 $p^\ominus$，即

$$K^\ominus = \frac{[p_{\mathrm{eq}}(\mathrm{D})/p^\ominus]^d [p_{\mathrm{eq}}(\mathrm{E})/p^\ominus]^e}{[p_{\mathrm{eq}}(\mathrm{A})/p^\ominus]^a [p_{\mathrm{eq}}(\mathrm{B})/p^\ominus]^b} \tag{5-14}$$

由式(5-13)和式(5-14)可知，$K^\ominus$ 的量纲为 1，只是温度的函数。在热力学中，标准平衡常数 $K^\ominus$ 简称平衡常数，平衡常数是表征化学反应进行的限度的一个常数。对于同一类型的反应，在给定反应条件下，$K^\ominus$ 的值越大，表明正反应进行得越完全。

当化学反应达到平衡时，$\Delta_r G_m = 0$ 代入范托夫等温方程式可得

$$\Delta_r G_m^\ominus = -RT\ln K^\ominus \text{ 或 } \ln K^\ominus = \frac{-\Delta_r G_m^\ominus}{RT} \tag{5-15}$$

即

$$K^\ominus = \exp\left(-\frac{\Delta_r G_m^\ominus}{RT}\right) \tag{5-16}$$

对于等温、等压条件下，通过反应商 Q 和标准平衡常数 $K^\ominus$ 的比较，也可以判断指定条件下反应自发进行的方向和限度：

若 $K^\ominus > Q$，则 $\Delta_r G_m < 0$，正反应可自发进行；

若 $K^\ominus = Q$，则 $\Delta_r G_m = 0$，反应达平衡状态；

若 $K^\ominus < Q$，则 $\Delta_r G_m > 0$，逆反应自发进行。

书写标准平衡常数表达式时应注意以下几点：

① 标准平衡常数 $K^\ominus$ 的表达式与反应方程式的书写方式有关，因为 $K^\ominus$ 必须对应指定的化学反应计量关系式。

② 如果反应中有纯固体或纯液体参加，它们的浓度或分压不写入平衡常数表达式。例如：

$$CaCO_3(s) \Longrightarrow CaO(s) + CO_2(g)$$

$$K_p = p(CO_2) \qquad K_c = c(CO_2) \qquad K^\ominus = \frac{p(CO_2)}{p^\ominus}$$

例 5-4　写出下列各化学反应的标准平衡常数表示式。

① $NH_4Cl(s) \Longrightarrow NH_3(g) + HCl(g)$

② $C_2H_5OH + CH_3COOH \Longrightarrow CH_3COOC_2H_5 + H_2O$

解： ① $K^\ominus = \dfrac{p_{eq}(NH_3)}{p^\ominus} \cdot \dfrac{p_{eq}(HCl)}{p^\ominus}$

② $K^\ominus = \dfrac{[CH_3COOC_2H_5]/c^\ominus}{\dfrac{[C_2H_5OH]}{c^\ominus} \cdot \dfrac{[CH_3COOH]}{c^\ominus}}$

（3）**多重平衡规则**　如果一个总反应为两个或多个反应的总和，则总反应的平衡常数等于各分步反应的平衡常数之积：$K_{总}^\ominus = K_1^\ominus K_2^\ominus K_3^\ominus \cdots$，这叫做多重平衡规则。例如：

反应　　　　　　　　$2NO(g) + 2H_2(g) \Longrightarrow N_2(g) + 2H_2O(g)$

该反应分两步进行：

① $2NO(g) + H_2(g) \Longrightarrow N_2(g) + H_2O_2(g)$

② $H_2O_2(g) + H_2(g) \Longrightarrow 2H_2O(g)$

其中

$$K_{p_1} = \frac{p(N_2)p(H_2O_2)}{p(NO)^2 p(H_2)}$$

$$K_{p_2} = \frac{p(H_2O)^2}{p(H_2O_2)p(H_2)}$$

而总反应的平衡常数 $K_p = \dfrac{p(N_2)p(H_2O)^2}{p(NO)^2 p(H_2)^2} = K_{p_1} \cdot K_{p_2}$

5.3.2　影响化学平衡的因素

化学平衡是在一定条件下的动态平衡，只有条件一定时才能保持平衡，当外界的条件（浓度、温度、压强等）发生了变化，化学平衡就会遭到破坏，反应中各组分的含量不断发生变化，直到新的条件下重新建立平衡。这种因为外界条件的改变，使得可逆反应从原有的平衡转变到新的平衡状态的过程称为化学平衡的移动。所有的平衡移动都遵循勒夏特列原理：如果改变影响平衡体系的一个因素（如浓度、压力、温度等），平衡将沿着能够减弱这个改变的方向移动。

化学反应处于平衡状态时 $K^{\ominus}=Q$，若反应条件改变，$K^{\ominus}\neq Q$，此时平衡被破坏，反应向正向（或逆向）进行，直到建立新的平衡。因此化学平衡的移动实际上就是反应的条件发生改变后，再一次考虑化学反应方向和限度的问题，根据 $K^{\ominus}$ 和 Q 的大小判断化学平衡移动的方向。温度变化，$K^{\ominus}$ 发生变化，也会使得 $K^{\ominus}\neq Q$，从而导致平衡移动。

（1）温度对化学平衡的影响　通过热力学公式的有关推导可以得到不同温度下，平衡常数与温度的关系

$$\ln\frac{K_2^{\ominus}}{K_1^{\ominus}}=\frac{\Delta_r H_m^{\ominus}}{R}\left(\frac{T_2-T_1}{T_1 T_2}\right) \tag{5-17}$$

由式(5-17)可以看出，对于吸热反应，$\Delta_r H_m^{\ominus}>0$，平衡常数 $K^{\ominus}$ 随温度的升高而变大，平衡向生成产物的方向移动（吸热方向移动）；而降低温度，平衡常数值变小，平衡向放热方向移动。对于放热反应，$\Delta_r H_m^{\ominus}<0$，平衡常数 $K^{\ominus}$ 随温度的升高而减小，平衡向生成反应物的方向移动（吸热方向移动）；而降低温度，平衡常数变大，平衡向放热方向移动。

例 5-5　已知 $CaCO_3(s)\rightleftharpoons CaO(s)+CO_2(g)$ 在 973K 时，$K^{\ominus}=3.00\times10^{-2}$，在 1173K 时，$K^{\ominus}=1.00$，问：

① 上述反应是吸热反应还是放热反应？

② 该反应的 $\Delta_r H_m^{\ominus}$ 是多少？

解：① 根据题意可得，温度升高，$K_p^{\ominus}$ 增大，根据勒夏特列原理，该反应为吸热反应。

② 根据　$\lg\dfrac{K_2^{\ominus}}{K_1^{\ominus}}=\dfrac{\Delta_r H_m^{\ominus}}{2.303R}\left(\dfrac{T_2-T_1}{T_1 T_2}\right)$

得　$\lg\dfrac{1.00}{3.00\times10^{-2}}=\dfrac{\Delta_r H_m^{\ominus}}{2.303R}\left(\dfrac{1173-973}{1173\times973}\right)$

所以　$\Delta_r H_m^{\ominus}=166kJ\cdot mol^{-1}$

（2）浓度对化学平衡的影响　平衡状态下 $K^{\ominus}=Q$，在一定温度下，若增加反应物的浓度或减小生成物的浓度，Q 值减小，使得 $Q<K^{\ominus}$，则 $\Delta_r G_m<0$，系统不再处于平衡状态，反应向正反应方向移动。同理，在一定温度下，当增加生成物的浓度或减小反应物的浓度时，Q 值变大，使得 $Q>K^{\ominus}$，则 $\Delta_r G_m>0$，反应向逆反应方向移动，直到建立新的平衡。

（3）压力对化学平衡的影响　改变压力实质是改变浓度，压力变化对平衡的影响实质是通过浓度的变化起作用的。对于没有气体参与的化学反应，压力的改变对化学反应的影响较小。

对于有气体参与的反应，尤其是反应前后气体的物质的量有变化的反应影响较大。在等温条件下，增大系统总压力，平衡将向气体分子数目（或气体体积）减少的方向移动；减小系统总压力，平衡向气体分子数目增多的方向移动。如果反应前后气体分子总数相等，增大或减小总压力，对平衡没有影响，即平衡不发生移动。

习题

一、选择题

1. 下列说法正确的是（　　　）。

A. 可逆反应的特征是正反应速率和逆反应速率相等

B. 在其他条件不变时，使用催化剂只能改变正逆反应速率，而不能改变化学平衡状态

C. 在其他条件不变时，升高温度可以使化学平衡向着放热反应的方向移动

D. 在其他条件不变时，增大压强一定会破坏气体反应的平衡状态

2. $4NH_3(g)+5O_2(g)\rightleftharpoons 4NO(g)+6H_2O(g)$，该反应在 5L 的密闭容器中进行，半分钟后，NO 物质的量增加了 0.3mol，则该反应的速率为（　　）。

A. $r_{O_2}=0.01\ mol\cdot L^{-1}\cdot s^{-1}$　　　　B. $r_{NO}=0.008\ mol\cdot L^{-1}\cdot s^{-1}$

C. $r_{H_2O}=0.003\ mol\cdot L^{-1}\cdot s^{-1}$　　　D. $r_{NH_3}=0.03\ mol\cdot L^{-1}\cdot s^{-1}$

3. 在 $CuCl_2$ 水溶液中存在下列平衡，能使黄绿色溶液向蓝色转化的方法是（　　）。

$[Cu(H_2O)_4]^{2+}$（蓝色）$+4Cl^-\rightleftharpoons[CuCl_4]^{2-}$（黄绿色）$+4H_2O$

A. 蒸发浓缩　　　B. 加水稀释　　　C. 加入 NaCl 晶体　　　D. 加入 $AgNO_3$ 溶液

4. $nA+nB\rightleftharpoons pC+qD$，该反应在其他条件不变的情况下，以 T_1 和 T_2 表示不同温度，Ⅰ表示 T_1 时的平衡状态，Ⅱ表示 T_2 时的平衡状态，则下列叙述符合图示的是（　　）。

A. 正反应是吸热反应　　　　　　　B. 升高温度反应向正反应方向移动

C. 逆反应是吸热反应　　　　　　　D. $T_1<T_2$

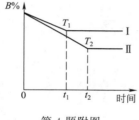

第 4 题附图

5. 下列说法正确的是（　　）。

A. 能够发生化学反应的碰撞是有效碰撞

B. 反应物分子的每次碰撞都能发生化学反应

C. 活化分子之间的碰撞一定是有效碰撞

D. 活化分子之间的碰撞一定是有效碰撞

二、判断题

1. （　　）任何反应都可以用质量作用定律来描述。

2. （　　）反应 $A+B\longrightarrow C+D$ 的速率方程为 $r=kc_Ac_B$，则反应为二级反应。

3. （　　）在碰撞理论中，反应分子必须具有足够的能量迎面碰撞才能发生反应。

4. （　　）催化剂可以缩短达到平衡的时间，也能改变平衡常数。

5. （　　）平衡常数 $K^{\ominus}$ 的表达式与反应方程式的书写方式有关。

三、填空题

1. 实验表明在一定范围内，反应 $2NO+Cl_2\rightleftharpoons 2NOCl$ 符合质量作用定律，该反应的速率方程为＿＿＿＿＿＿＿＿＿；反应级数为＿＿＿＿＿＿＿。若其他条件不变，将容器的体积增加到原来的 2 倍，则反应速率为原来的＿＿＿＿＿＿。

2. 对于＿＿＿＿＿＿＿＿反应，可以根据质量作用定律按化学反应方程式直接写速率方程。

3. 对于吸热反应，$\Delta_r H_m^{\ominus}$ _____ 0，升高温度，平衡向 _____ 移动，平衡常数 $K^{\ominus}$ _____ ；对于放热反应，$\Delta_r H_m^{\ominus}$ _____ 0，降低温度，平衡向 _____ 移动，平衡常数 $K^{\ominus}$ _____ 。

四、计算题

1. 设反应 A＋3B ⟶ 3C 在某瞬间时 $c(C)=3\,mol\cdot dm^{-3}$，经过 2s 时 $c_C=6\,mol\cdot dm^{-3}$，问在 2s 内，分别以 A，B 和 C 表示反应的速率 r_A，r_B，r_C 各为多少？

2. 写出下列各反应的 $K^{\ominus}$ 表达式。

(1) $NOCl(g) \rightleftharpoons \frac{1}{2}N_2(g)+\frac{1}{2}Cl_2(g)+\frac{1}{2}O_2(g)$

(2) $2NaHCO_3(s) \rightleftharpoons Na_2CO_3(s)+CO_2(g)+H_2O(g)$

(3) $C_2H_5OH+CH_3COOH \rightleftharpoons CH_3COOC_2H_5+H_2O$

第6章
化学分析中的误差与数据处理

射箭比赛是力量与精度的较量，图6-1是甲和乙两位同学各射五箭的情况。如何准确描述两位同学的射箭水平呢？这就涉及本章将学习的误差的两个基本概念——准确度和精密度。

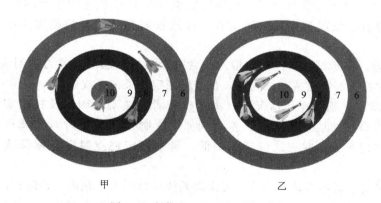

甲　　　　　　　　　乙

图 6-1　射箭的准确度与精密度

6.1　误差

在分析化学中，定量分析需要经过一系列步骤，每一步分析测量产生的误差均会影响分析结果的准确性；同时，由于受分析方法、分析仪器、所用试剂等客观因素和分析人员主观因素的限制，使得测量结果与真实值不可能完全一致。即使是技术熟练的分析人员，用最完善的分析方法、最精密的仪器和最纯的试剂，在同一时间、同样条件下，对同一试样进行多次测量，也不可能得到完全一致的分析结果。这表明分析过程在客观上存在难以避免的误差（errors）。在一定条件下，测量结果只能接近真实值。

因此，为了得到尽可能准确而可靠的测定结果，就必须分析误差产生的原因，估计误差的大小，科学归纳、取舍、处理实验数据，得出合理的分析结果，以及采取适当的方法提高分析结果的准确度。

6.1.1　误差的分类及产生原因★

微课

　　测量值与真实值之间的差值称为误差。测量值大于真实值，误差为正；测量值小于真实值，误差为负。在定量分析中，根据误差产生的原因和性质，可将误差分为系统误差、偶然误差和过失误差。

　　（1）系统误差　系统误差又称可定误差，是由某些确定因素造成的误差，对分析结果的影响比较固定。它的特点是：①重复性——由于造成的原因是固定的，在同一条件下测定时，会重复出现；②单向性——误差的方向一定，即误差的正或负通常是固定的；③可测性——误差的大小基本固定，通过实验可测量其大小。

　　根据系统误差的来源，可分为方法误差、仪器误差、试剂误差和操作误差四类。

　　① 方法误差。由于分析方法本身不够完善所引起的误差为方法误差，通常对测量结果影响较大。例如，重量分析中由于沉淀溶解损失而产生的误差；在滴定分析法中，由于反应不完全、副反应的产生、干扰离子的影响、滴定终点与化学计量点不完全符合等，都会使得测定结果偏高或者偏低。

　　② 仪器误差。由于仪器本身不够精确或没有调到最佳状态所引起的误差为仪器误差。例如，天平不等臂、砝码被腐蚀、滴定管、移液管等容量仪器的刻度不准确等所引起的误差。

　　③ 试剂误差。由于试剂不纯或蒸馏水中含有杂质所引起的误差为试剂误差。例如，试剂和蒸馏水中含有被测物质或干扰物质，都会使测定结果偏高或偏低。

　　④ 操作误差。在正常操作情况下，由于操作者的主观原因以及控制实验条件与正规要求稍有出入所引起的误差为操作误差。例如，配制标准溶液时对玻璃棒或者烧杯的润洗次数不够，滴定管读数时视线偏高或偏低，辨别滴定终点时颜色偏深或偏浅等所引起的误差。

　　（2）偶然误差　偶然误差又称为不可定误差或随机误差，是由一些随机的、不固定的偶然因素造成的误差。例如，测量时环境温度、湿度、气压的微小变化，仪器性能的微小变化等偶然因素，都可能造成测量数据的波动而带来偶然误差。

　　偶然误差的特点是其大小和方向都不确定，难以预测和控制，因此无法进行测量和校正。但在相同条件下对同一样品进行多次平行测量时，可发现偶然误差的分布符合正态分布规律：绝对值相等的正误差和负误差出现的概率相等；绝对值小的误差出现的概率大，绝对值大的误差出现的概率小。偶然误差的正态分布规律如图 6-2 所示。

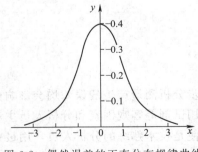

图 6-2　偶然误差的正态分布规律曲线

　　正态分布规律——人生正态曲线，平常心是峰，喜悲事是谷。

偶然误差和系统误差两者常伴随出现，不能分开。例如，某人在观察滴定终点颜色的变化时，总是习惯偏深，产生属于操作误差的系统误差；但此人在多次测量中，每次观察滴定终点的颜色深浅程度时又不可能完全一致，因此也必然有偶然误差。

（3）过失误差（操作错误）　除了上述两类误差外，还可能出现由于分析人员粗心大意或操作不正确所产生的过失误差。例如，读错刻度、加错试剂、溶液溅失、记录错误等，实际上属于操作错误，应与操作误差严格区分开来。通常只要在分析工作中细心认真，遵守操作规程，这种错误是可以避免的。在分析工作中，当出现较大误差时，应查明原因，如确因过失误差造成的错误，应将该次测量结果弃去不用。

误差——人生的误差是允许的，但错误必须改正。

6.1.2　误差的表示方法★

微课

（1）准确度与误差　准确度（accuracy）是指测量值与真实值之间接近的程度，两者越接近，准确度越高。准确度的高低用误差来表示，误差越小，表示测量值与真实值越接近，准确度越高；反之，表示准确度越低。误差可分为绝对误差（E）和相对误差（E_r）。

① 绝对误差（E）：指测量值（x）与真实值（T）之差。

$$E = x - T$$

真实值与测量值——科学巅峰就是真实值，只能无限接近。

② 相对误差（E_r）：指绝对误差在真实值中所占的比例，常用百分率表示。

$$E_r = \frac{E}{T} \times 100\% = \frac{x - T}{T} \times 100\%$$

绝对误差和相对误差都有正、负值，正值表示测量值偏高，负值表示测量值偏低。相对误差能反映误差在真实结果中所占的比例，测量值的准确度用相对误差表示较合理。当测量值的绝对误差恒定时，测定的试样量越大，相对误差就越小，准确度越高；反之，准确度越低。

（2）精密度与偏差　精密度（precision）是指在相同条件下对同一试样进行多次平行测量时，各次测量值之间相互接近的程度，它反映了测量值的重复性和再现性。精密度的高低用偏差（deviation）来衡量，偏差（d）表示测定结果（x）与平均结果（$\overline{x}$）的差值：

$$d_i = x_i - \overline{x}$$

为了说明分析结果的精密度，以各测量值与平均值之差的绝对值的平均值，即平均偏差（$\overline{d}$）来衡量一组数据的精密度：

$$\overline{d} = \frac{\sum\limits_{i=1}^{n}|d_i|}{n} = \frac{\sum\limits_{i=1}^{n}|x_i - \overline{x}|}{n}$$

单次测量结果的相对平均偏差为：

$$R_{\overline{d}} = \frac{\overline{d}}{\overline{x}} \times 100\%$$

用相对平均偏差表示测量结果的精密度比较简单、方便。

（3）准确度与精密度的关系　准确度表示测量结果的正确性，精密度表示测量结果的重现性，两者的含义不同，不可混淆。系统误差是定量分析中误差的主要来源，影响测量结果的准确度；而偶然误差影响测量结果的精密度。测量结果的好坏应从准确度和精密度两个方面衡量，二者的关系可以通过图 6-3 形象说明。采用四种不同的方法测量铜合金中铜的含量（真实含量为 10.00%），每种方法均测量了 6 次。由图看出，方法 1 精密度高，但平均值（均）与真实值（真）之间相差较大，说明它存在较大的系统误差，准确度较低；方法 2 的准确度、精密度都高，说明它的系统误差和偶然误差都很小；方法 3 虽然其平均值接近真实值，但精密度低，若少测量一次或多测量一次，都会显著影响平均值的大小；方法 4 的准确度、精密度都很低。

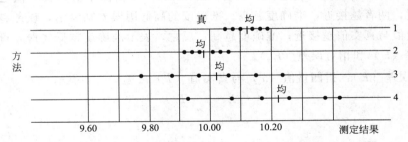

图 6-3　定量分析中的准确度与精密度

由此可见，精密度是保证准确度的前提，准确度高一定需要精密度高，但精密度高，不一定准确度高。在实际工作中，由于被测物的真实值是不知道的，测量结果是否正确，只能根据测量结果的精密度来衡量。

6.1.3　提高分析结果准确度的方法

要提高分析结果的准确度，应尽可能地减小系统误差和偶然误差。下面介绍减小误差的几种主要方法。

（1）选择适当的分析方法，减小方法误差　不同的分析方法具有不同的准确度和灵敏度。对常量组分的测定，常采用重量分析法或滴定分析法；对微量或痕量组分的测定，一般都采用灵敏度较高的仪器分析法，如果采用滴定分析法往往做不出结果。因此，在选择分析方法时，必须根据分析对象、样品情况及对分析结果的要求来选择合适的分析方法，从而减小方法误差。

（2）增大被测物的总量，减小测量误差　为了提高分析结果的准确度，必须尽量减小各测量步骤的误差，一般要求测量误差应≤0.1%。在消除系统误差的前提下，所有的仪器都有一个最大不确定值。例如，50mL 滴定管每次读数的最大不确定值为±0.01mL，万分之一天平每次称量的最大不确定值为±0.0001g。因此，可以增大被测物的总量来减小测量的相对误差。

一般滴定分析的相对误差要求≤0.1%，所以滴定液的体积应≥20mL。一般分析天平的称量误差为万分之一，为使称量的相对误差≤0.1%，所需称量试样的最少量为 0.2g。

（3）增加平行测定次数，减小偶然误差　根据偶然误差的正态分布规律，在消除或减小系统误差的前提下，平行测定次数越多，测量的平均值越接近真实值。因此，适当增加平行测定次数，可以减小测量中的偶然误差。实践表明，当平行测定次数很少时，偶然误差随测定次数的增加迅速减小；当平行测定次数大于 10 次时，偶然误差已经显著减小。在实际工作中，一般对同一试样平行测定 3~4 次，其精密度即可符合要求。

（4）减小系统误差

① 校准仪器，减小仪器误差。在精确的分析中，必须对仪器进行校正以减小系统误差，如砝码、移液管、滴定管和容量瓶等，并把校正值应用到分析结果的计算中去。此外，在同一操作过程中使用同一仪器，可以使仪器误差相互抵消，这是一种简单而有效减小系统误差的办法。

② 空白试验，减小试剂中杂质引起的误差。用纯溶剂代替试样或者不加试样的情况下，按照与测定试样相同的方法、条件、步骤进行的分析实验，称为空白试验，所得结果称为空白值。从试样的测定值中减掉空白值，就可以消除由于试剂、溶剂、实验器皿和环境带入的杂质所引起的系统误差。

③ 对照试验，检验分析方法和试剂的可靠性。对照试验是检验系统误差的有效方法。把含量已知的标准试样或纯物质当作样品，按所选用的测定方法，与未知样品平行测定。由分析结果与已知含量的差值，便可得出分析误差，用此误差值对未知试样的测定结果加以校正。对照试验主要用于检查测量方法是否可靠、反应条件是否正常、试剂是否失效。

④ 加标回收试验，校正分析结果。对于组成不太清楚的试样，常进行回收试验。所谓回收试验，就是向试样中加入已知量的被测物质，然后用与被测试样相同的方法进行测量。从测量结果中被测组分的增加值与加入量之比，便能估计出分析误差，并用此误差值对样品的分析结果进行校正。

6.2　有效数字及其应用

在定量分析中，分析结果所表达的不仅是试样中组分的含量，还反映了测量的准确度。因此，记录实验数据和计算结果时，究竟应保留几位数字不是任意的，要根据测量仪器、分析方法的准确度来决定，这就涉及有效数字（significant figures）的概念。

6.2.1　有效数字

有效数字是指测量到的具有实际意义的数字，它包括所有准确数字和最后一位估计数字（又称可疑数字）。记录数据和计算结果时，确定几位数字作为有效数字，必须和测量方法及所用仪器的精密度相匹配，不可以任意增加或减少有效数字。

> **小哲理**
>
> 有效数字——人生价值也包括准确数字和估计数字。

例如，用万分之一的分析天平称量某试样的质量是 4.5128g，表示称量结果有 ±0.0001g 的绝对误差，4.5128 为五位有效数字，其中 4.512 是确定的数字，最后一位 "8" 是估计数字。如果用百分之一的台秤称量同一试样，则应记为 4.51g，表示称量结果有 ±0.01g 的绝对误差，4.51 为三位有效数字，其中 4.5 是确定的数字，最后一位 "1" 是估计数字。

分析天平称量的相对误差为：

$$E_r = \pm \frac{0.0002}{4.5128} \times 100\% = \pm 0.004\%$$

台秤称量的相对误差为：

$$E_r = \pm \frac{0.02}{4.51} \times 100\% = \pm 0.4\%$$

上式表明分析天平测量的相对误差比台秤低 100 倍，因此如果错误地保留有效数字的位数，会把测量误差扩大或缩小。

在判断数据的有效数字位数时，要注意以下几点：

① 数字 "0" 在有效数字中的双重作用。数字 "0" 若位于非零数字之前，不是有效数字，和小数点一并起定位作用；数字 "0" 若位于非零数字之间或之后，则为有效数字。例如 1.0500 是 5 位有效数字；0.0015 是 2 位有效数字，使用科学计数法表示为 1.5×10^{-3} 更清楚。

② 倍数、自然数、常数、分数等不是测量所得到的，可视为准确数字或无限多位的有效数字，在计算中考虑有效数字位数时与此类数字无关。

③ 对于 pH、pK_a、$\lg K$ 等对数数据，其有效数字位数只决定于小数部分数字的位数，因为整数部分只代表原值是 10 的方次。例如，pH=11.02，表示 $[H^+]=10^{-11.02}=9.6 \times 10^{-12}$ mol/L，有效数字是两位，而不是四位。

④ 首位数字≥8 时，其有效数字可多算一位。例如，9.66，虽然只有三位有效数字，但已接近 10.00，故可认为它是四位有效数字。

6.2.2 有效数字的修约规则

在处理数据的过程中，涉及的各测量值的有效数字位数可能不同，而分析结果却只能含有一位可疑数字，因此要确定各测量值的有效数字位数，将数据后面多余的数字进行取舍，这一过程称为有效数字的修约。在分析化学中，一般采用 "四舍六入五成双" 规则。

四舍：是指测量值中被修约数的后面数≤4 时，则舍弃；

六入：是指测量值中被修约数的后面数≥6 时，则进位；

五成双：是指测量值中被修约数的后面数等于 5，且 5 后无数或为 0 时，若 5 前面为偶数（0 以偶数计），则舍弃；若 5 前面为奇数，则进 1。如果测量值中被修约数的后面数等于 5，且 5 后面还有不为 0 的任何数时，无论 5 前面是偶数还是奇数，一律进 1。

根据这一规则将下列数据修约为三位有效数字：

$$6.0441 \to 6.04 \quad 6.0461 \to 6.05$$
$$6.0451 \to 6.05 \quad 6.0350 \to 6.04$$

注意，修约时只允许对原测量值一次修约到所需位数，不能分次修约。例如，6.05456 修约为三位有效数字只能修约为 6.05，不能先修约为 6.0546，再修约为 6.055，最后修约为 6.06。

6.2.3　有效数字的运算规则

（1）加减运算　几个数据相加或相减时，有效数字的保留应以小数点后位数最少（即绝对误差最大）的数据为准。例如：

$$0.0121 + 25.64 + 1.05782 = ?$$

上面三个数据中，25.64 小数点后的位数最少，绝对误差最大，因此应以 25.64 为标准来保留 2 位有效数字，故其余两个数据应根据它来修约。

$$0.01 + 25.64 + 1.06 = 26.71$$

（2）乘除运算　在乘除法中，有效数字的位数应与几个数中相对误差最大，即有效数字位数最少的测量值为准。例如：

$$0.0121 \times 25.64 \times 1.05782 = ?$$

这三个数据的相对误差分别为：

$$\pm \frac{0.0001}{0.0121} \times 100\% = \pm 0.8\%$$

$$\pm \frac{0.01}{25.64} \times 100\% = \pm 0.04\%$$

$$\pm \frac{0.00001}{1.05782} \times 100\% = \pm 0.0009\%$$

可见 0.0121 的相对误差最大，应以它为标准将其余各数据按规则修约成三位有效数字后再相乘，即

$$0.0121 \times 25.6 \times 1.06 = 0.328$$

目前，使用电子计算器计算定量分析的结果已相当普遍，但一定要特别注意最后结果中有效数字的位数。虽然计算器上显示的数字位数很多，但切不可全部照抄，而应根据上述规则决定取舍。

习题

一、选择题

1. 下列有关偶然误差的叙述中不正确的是（　　　）。

A. 是由一些不确定的因素造成的　　　B. 其数据呈正态分布规律

C. 大小相等的正负误差出现的机会均等　　D. 具有单向性

2. 因称量速度慢使试样吸潮而造成的误差属于（　　）。

A. 偶然误差　　　　B. 试剂误差　　　　C. 方法误差　　　　D. 操作误差

3. 下列论述中正确的是（　　）。

A. 分析工作中要求误差为零　　　　　　B. 分析过程中过失误差是不可避免的

C. 精密度高，准确度不一定高　　　　　D. 精密度高，说明系统误差小

4. 已知 HCl 溶液的实际浓度为 0.1012mol/L，某同学 4 次平行测定的浓度（mol/L）分别为 0.1044、0.1045、0.1042、0.1048，则该同学的测定结果（　　）。

A. 准确度和精密度都较高　　　　　　　B. 准确度和精密度都较低

C. 精密度较高，但准确度较低　　　　　D. 精密度较低，但准确度较高

5. 减小测定过程中的偶然误差的方法是（　　）。

A. 空白试验　　　　B. 对照试验　　　　C. 校正仪器　　　　D. 增加平行测定的次数

6. 1.0L 溶液表示为毫升，正确的表示为（　　）。

A. 10×10^2 mL　　　B. 1.0×10^3 mL　　　C. 1000mL　　　D. 1000.0mL

7. 以下数字中属于四位有效数字的是（　　）。

A. pH＝6.549　　　B. 1.0×10^3　　　C. 2000　　　D. 0.03050

8. 下列情形中，无法提高分析结果准确度的是（　　）。

A. 增加有效数字的位数　　　　　　　　B. 增加平行测定的次数

C. 减小测量中的系统误差　　　　　　　D. 选择适当的分析方法

9. 下述情况所引起的误差中，不属于系统误差的是（　　）。

A. 天平的两臂不等长

B. 以失去部分结晶水的硼砂作为基准物质标定盐酸

C. 移液管转移溶液之后残留量稍有不同

D. 称量时使用的砝码锈蚀

10. 下述方法不能较小或消除系统误差的是（　　）。

A. 空白试验　　　　B. 对照试验　　　　C. 校正仪器　　　　D. 增加平行测定的次数

二、判断题

1. （　　）用等臂天平称衡采取复称法是为了减少偶然误差，所以取左右两边所称得质量的平均值作为测量结果。

2. （　　）偶然误差和系统误差两者常伴随出现，不能分开。

3. （　　）当测量值的绝对误差恒定时，被测试样量数越大，相对误差就越小，准确度越小。

4. （　　）非测量得到的数字，如倍数、自然数、常数、分数等，可视为准确数字或无限多位的有效数字，在计算中考虑有效数字位数时与此类数字无关。

5. （　　）用米尺测一长度两次，分别为 10.53cm 及 10.54cm，因此测量误差为 0.01cm。

·第7章·
酸碱平衡与酸碱滴定法

工业纯碱中往往含有少量氯化钠等杂质，其纯度高低直接影响企业的经济效益，如何定量测定纯碱中碳酸钠的质量分数呢？0.1mol/L 的盐酸的 pH= 1，而 0.1mol/L 的醋酸或氨水（弱酸/弱碱）的 pH 是多少呢？本章将学习弱酸和弱碱的电离平衡及 pH 计算；缓冲溶液的组成、原理及配制方法；常见酸碱指示剂的选择、酸碱滴定法。

7.1 酸碱理论基础★

7.1.1 酸碱质子理论

微课

人们从物质的表面现象开始认识酸和碱。最初人们认为有酸味，能使蓝色石蕊变红的物质是酸；有涩味，使红色石蕊变蓝的物质是碱。随着科学的发展，和人们对酸碱的性质、组成和结构的认识不断深入，提出了不同的酸碱理论，如电离理论、质子理论、电子理论等。

1887 年，瑞典化学家阿伦尼乌斯提出了酸碱电离理论。凡是在水溶液中能够电离产生 H^+ 的物质叫做酸，能电离产生 OH^- 的物质叫做碱，酸碱反应的实质是 H^+ 与 OH^- 作用生成水。但是，随着科学的发展，人们发现一类物质，如碳酸钠，它不能电离产生 OH^-，但其水溶液显碱性；又如氯化铵，它不能电离产生 H^+，但其水溶液显酸性，因此，酸碱电离理论不能解释。

1923 年，丹麦化学家布朗斯特和英国化学家劳瑞各自独立提出了酸碱质子理论。包括以下基本要点。

（1）酸碱的定义　酸碱质子理论认为：凡是能给出质子的物质都是酸，凡是能接受质子的物质都是碱。按照酸碱质子理论，酸是质子的给予体，酸给出质子变为共轭碱；碱是质子的接受体，碱接受质子后变为共轭酸，酸碱的对应关系可表示为：

$$酸 \rightleftharpoons 碱 + 质子(H^+)$$
$$HCl \longrightarrow Cl^- + H^+$$
$$HAc \rightleftharpoons Ac^- + H^+$$
$$HCO_3^- \rightleftharpoons CO_3^{2-} + H^+$$
$$H_2O \rightleftharpoons OH^- + H^+$$
$$NH_4^+ \rightleftharpoons NH_3 + H^+$$

上述关系表明，酸和碱不是孤立的，通过给出或接受质子可以相互转化，把这种相互联系、相互依存的关系称为共轭关系，对应的酸和碱称为共轭酸碱对。如：HAc 和 Ac^- 就是共轭酸碱对，其中 HAc 是 Ac^- 的共轭酸，Ac^- 是 HAc 的共轭碱。酸越强，其共轭碱就越弱；反之，碱越强，其共轭酸就越弱。例如，在水溶液中，HCl 是强酸，其共轭碱 Cl^- 就是弱碱；OH^- 是强碱，其共轭酸 H_2O 是弱酸。

共轭酸碱对之间在化学组成上仅相差一个质子（H^+），其通式如下：

$$HA(酸) \rightleftharpoons H^+ + A^-（碱）$$

按照酸碱质子理论，HCl、HAc、HCO_3^-、H_2O、NH_4^+ 等都是酸，Cl^-、Ac^-、CO_3^{2-}、OH^-、NH_3 等都是碱。酸和碱既可以是中性分子，也可以是阴离子或阳离子。有些物质，如 H_2O、HCO_3^- 等，它们既能给出质子，又能接受质子，既是酸又是碱，这类物质称为两性物质。

（2）酸碱反应的实质　酸碱质子理论认为：酸碱反应的实质是两个共轭酸碱对之间的质子传递反应，是两个共轭酸碱对共同作用的结果。

例如

$$HCl + NH_3 \rightleftharpoons NH_4^+ + Cl^-$$
$$酸（1）\quad 碱（2）\quad 酸（2）\quad 碱（1）$$

上述反应无论是在水溶液中、非水溶液中、还是气相中，其实质都是质子的传递反应。即 HCl 将质子传递给 NH_3，然后转变为它的共轭碱 Cl^-；NH_3 接受质子后转变为它的共轭酸 NH_4^+。因此从质子传递的观点来说，电离理论中所有酸、碱、盐的离子平衡，均可视为酸碱反应。

酸碱质子理论扩大了酸碱的含义及酸碱反应的范围，摆脱了酸碱反应必须发生在水中的局限性，解决了非水溶液或气相中的酸碱反应，并把在水溶液中进行的电离、中和、水解等反应概括成一类反应，即质子传递式酸碱反应。但该理论也有一定的缺点，例如，对不含氢的一类化合物，如 $AlCl_3$、BF_3 等既不能提供质子，也不能接受质子，但是它们也有酸性，又如何解释呢？

美国物理学家路易斯提出了酸碱电子理论。该理论认为：凡是可以接受电子对的物质是酸，凡是可以给出电子对的物质是碱。因此，酸是电子对的接受体，碱是电子对的给予体。酸碱电子理论认为，三氯化铝、三氯化铁、氟化硼能接受电子对，故是酸，被称作路易斯酸。路易斯酸碱反应的实质是配位键的形成并生成酸碱配合物，盐的概念消失了。

小哲理

酸碱理论的演变——科学真理的发展符合否定之否定规律。

7.1.2　水的电离和溶液的酸碱性★

微课

（1）水的电离　水是重要的也是常用的溶剂。实验证明，纯水能微弱导电，说明水是极弱的电解质，水中存在极少量的 H_3O^+ 和 OH^-。也就是说，水能发生如下的质子自递平衡：

$$H_2O + H_2O \Longrightarrow H_3O^+ + OH^-$$

根据化学平衡原理，可得

$$K_w^\ominus = c(H_3O^+) \cdot c(OH^-) \cdot (c^\ominus)^{-2} \tag{7-1}$$

精确实验（25℃）测得纯水中的 $c(H_3O^+) = c(OH^-) = 1.0 \times 10^{-7}\,mol/L$，所以由式 (7-1) 可得：

$$K_w^\ominus = c(H_3O^+) \cdot c(OH^-) \cdot (c^\ominus)^{-2} = 1.0 \times 10^{-14} \tag{7-2}$$

$K_w^\ominus$ 称为水的标准离子积常数，其大小只与温度有关，因为水的电离是吸热反应，温度越高，$K_w^\ominus$ 值越大，例如 100℃ 时，$K_w^\ominus = 1.0 \times 10^{-12}$。但是 $K_w^\ominus$ 大小随温度变化并不明显，故一般在室温下工作时，采用 1.0×10^{-14}。

不论是酸性还是碱性溶液，H_3O^+ 和 OH^- 都同时存在，它们平衡浓度的乘积为常数。如纯水中加酸至 $c(H_3O^+) = 0.10\,mol/L$，根据式 (7-2) 可得：

$$c(OH^-) = \frac{K_w}{c(H_3O^+)} = \frac{1 \times 10^{-14}}{0.10} = 1.0 \times 10^{-13}\,mol/L$$

（2）溶液的酸碱性　溶液中，$c(H^+)$ 或 $c(OH^-)$ 可以表示溶液的酸碱性，但是由于水的离子积是一个很小的常数，直接使用不方便，1909 年索伦森提出用 pH 和 pOH 表示。

$$pH = -lg\,c(H^+) \qquad pOH = -lg\,c(OH^-)$$

故常温下，酸性溶液 $c(H^+) > c(OH^-)$，pH < 7；

中性溶液　$c(H^+) = c(OH^-)$，pH = 7；

碱性溶液　$c(H^+) < c(OH^-)$，pH > 7

由式 (7-1) 等式两边同时取负对数，得：

$$-lg K_w = -lg[c(H^+) \cdot c(OH^-)]$$

即：$pK_w = -lg\,c(H^+) + [-lg\,c(OH^-)] = 14.00$

一元弱酸是常见的弱电解质，在水溶液中仅有很少一部分电离成为离子，其电离是可逆的，分子和离子之间存在如下电离平衡：

$$HA \Longrightarrow H^+ + A^-$$

在一定温度下达到电离平衡时，其平衡常数表达式为：

$$K_a = \frac{c(H^+)c(A^-)}{c(HA)} \tag{7-3}$$

K_a 称为弱酸的电离平衡常数，简称弱酸的电离常数或解离常数。

对于一元弱碱 B，其电离平衡式及平衡常数为：

$$B + H_2O \Longrightarrow BH^+ + OH^-$$

$$K_b = \frac{c(BH^+)c(OH^-)}{c(B)} \tag{7-4}$$

K_b 称为弱碱的电离常数或解离常数。

以 $K_a(HA)$ 和 $K_b(B)$ 表示弱酸 HA 和弱碱 B 的解离常数。解离常数的大小表示弱电解质的解离程度，K 值越大，相应酸碱的解离程度越大，由实验测得的弱酸及其共轭碱在水中的解离常数见附表 3。电离常数表明在一定温度下，不同弱电解质的强弱，和其他平衡常数一样，主要取决于电解质的本性，不受浓度变化的影响，随温度略有变化。但温度对多数弱电解质的影响小，故一般情况下不考虑温度的影响。

小哲理

　　酸碱的电离平衡——找准平衡点，不能好高骛远，也不能甘拜落后，要活出自我，成就人生。

7.2　酸碱溶液 pH 的计算

7.2.1　强酸（碱）溶液

　　强酸在溶液中全部解离，酸度的计算很简单，例如 0.1mol/L HCl 溶液，其 $c(\mathrm{H^+})$ 为 0.1mol/L，即 pH＝1.0。但是，当其浓度甚稀时，除考虑由 HCl 解离出来的 $\mathrm{H^+}$，还要考虑由水解离出来的 $\mathrm{H^+}$。

7.2.2　一元弱酸、弱碱溶液 pH 的计算

　　以 HA 代表一元弱酸为例，设酸的起始浓度为 c，达到电离平衡时 $c(\mathrm{H^+})$ 为 x。

$$\mathrm{HA \Longrightarrow H^+ + A^-}$$

起始浓度　　c　　　　0　　　0

转化浓度　　x　　　　x　　　x

平衡浓度　$c-x$　　　x　　　x

　　HA 在水溶液中的电离常数表达式为：$K_a = \dfrac{c(\mathrm{H^+})c(\mathrm{A^-})}{c(\mathrm{HA})} = \dfrac{x^2}{c-x}$

　　当溶液中 $c(\mathrm{H^+}) < c(\mathrm{HA}) \times 5\%$ 时，即 $c(\mathrm{HA})/K_a \geqslant 400$ 时，$c(\mathrm{H^+})$ 和 $c(\mathrm{HA})$ 相比很小，$c-x \approx c$，其中的 x 可以忽略，因此平衡时 HA 的浓度可以近似认为是一元弱酸的初始浓度，即

$$c(\mathrm{HA})_{平衡} = c - x \approx c$$

　　将上式代入电离常数表达式，得到

$$K_a = \frac{c(\mathrm{H^+})c(\mathrm{A^-})}{c(\mathrm{HA})} = \frac{x^2}{c}$$

$$c(\mathrm{H^+}) = x \approx \sqrt{K_a c(\mathrm{HA})} \tag{7-5}$$

$$\mathrm{pH} = -\lg c(\mathrm{H^+})/c^{\ominus} = -\lg \sqrt{K_a c(\mathrm{HA})} \tag{7-6}$$

　　式(7-5) 是计算一元弱酸 HA 溶液中 $\mathrm{H^+}$ 浓度的近似公式，只要满足 $c(\mathrm{HA})/K_a \geqslant 400$ 时，就可以直接用此公式进行 $\mathrm{H^+}$ 浓度的计算。

　　对于一元弱碱 B 的电离平衡

$$\mathrm{B + H_2O \Longrightarrow BH^+ + OH^-}$$

　　用上述同样方法，可推导出计算一元弱碱 B 溶液中 $\mathrm{OH^-}$ 离子浓度的近似公式为

$$c(\mathrm{OH^-}) \approx \sqrt{K_b c(\mathrm{B})} \tag{7-7}$$

$$pOH = -\lg c(OH^-)/c^\ominus = -\lg \sqrt{K_b c(B)}$$
$$pH = 14 - pOH = 14 - \lg \sqrt{K_b c(B)}$$

使用式 (7-7) 时，同样必须满足 $c(B)/K_b \geqslant 400$ 这个条件。

例 7.1 计算 0.10mol/L HAc 溶液中的 H^+ 浓度和溶液的 pH 值。

解： 查表知 $K(HAc) = 1.8 \times 10^{-5}$，

因 $c(HAc)/K(HAc) = 0.10/1.8 \times 10^{-5} > 400$，所以可以用近似公式 (7-5) 计算。

$$c(H^+) \approx \sqrt{K(HAc) \cdot c(HAc)} = \sqrt{1.8 \times 10^{-5} \times 0.10} = 1.3 \times 10^{-3} \, mol/L$$
$$pH = -\lg[c(H^+)/c^\ominus] = -\lg \sqrt{K_a c(HAc)} = -\lg 1.3 \times 10^{-3} = 2.89$$

例 7.2 计算浓度 0.10mol/L 氨水溶液中的 OH^- 浓度和溶液的 pH 值。

解： 查表知 $K(NH_3 \cdot H_2O) = 1.8 \times 10^{-5}$，

因 $c(NH_3 \cdot H_2O)/K(NH_3 \cdot H_2O) = 0.10/1.8 \times 10^{-5} > 400$，所以可以用近似式 (7-7) 计算。

$$c(OH^-) \approx \sqrt{K(NH_3 \cdot H_2O) \cdot c(NH_3 \cdot H_2O)} = \sqrt{1.8 \times 10^{-5} \times 0.10} = 1.3 \times 10^{-3} \, mol/L$$
$$pOH = -\lg[c(OH^-)/c^\ominus] = -\lg 1.3 \times 10^{-3} = 2.89$$
$$pH = 14 - pOH = 14 - 2.88 = 11.12$$

7.2.3 多元弱酸的电离平衡

在水溶液中，一个分子能电离出一个以上 H^+ 的弱酸，叫做多元弱酸。例如，H_2S、H_2CO_3 和草酸（HOOC—COOH）都是二元弱酸，H_3PO_4 和 H_3AsO_4 是三元弱酸。多元弱酸在水中是分级电离的，每一级电离都有一个电离常数。例如，在 298K 时，H_2S 的第一级电离为：

$$H_2S \Longrightarrow H^+ + HS^- \qquad K_{a_1} = 1.1 \times 10^{-7}$$

H_2S 的第二级电离为：

$$HS^- \Longrightarrow H^+ + S^{2-} \qquad K_{a_2} = 1.1 \times 10^{-13}$$

多元弱酸在水溶液中逐级电离出 H^+，一般第二级电离比第一级困难，而第三级电离又比第二级更难，因此只有第一级电离平衡是主要的，第二、三、四级电离的 H^+ 极少，可忽略不计，所以多元弱酸的 H^+ 浓度可按第一级电离计算，其计算公式与一元弱酸中 H^+ 浓度的计算公式完全相似，只是把公式中的 K_a 换成 K_{a_1}，即当 $c(H_nA)/K_{a_1} \geqslant 400$ 时，

$$c(H^+) = \sqrt{K_{a_1} c(H_nA)} \tag{7-8}$$

式中，$c(H_nA)$ 表示多元弱酸 H_nA 的初始浓度。

对于二元弱酸若 K_{a_1} 远大于 K_{a_2}，则 HA^- 的电离程度很小，溶液中 $c(H^+)$ 和 $c(HA^-)$ 不会因 HA^- 的电离而明显改变，因此 $c(H^+) \approx c(HA^-)$，所以 H_2A 的 A^{2-} 浓度，

$$K_{a_2} = \frac{c(H^+)c(A^{2-})}{c(HA^-)} \approx c(A^{2-}) \tag{7-9}$$

由以上讨论可得出结论：多元弱酸的 H^+ 浓度，一般按第一级电离计算；若是二元弱酸 H_2A，则 $c(A^{2-}) \approx K_{a_2}$。要比较同浓度的多元弱酸的强弱时，只要比较第一级电离常数的大小就可以了。

例 7.3　已知 25℃时 H_2S 饱和溶液的浓度为 $0.10mol/L$，计算该溶液中 H^+ 和 S^{2-} 的浓度。

解：查表可知 H_2S 的 $K_{a_1}=1.1\times10^{-7}$，$K_{a_2}=1.1\times10^{-13}$，

因 K_{a_1} 远大于 K_{a_2}，而且 $c(H_2S)/K_{a_1}\geqslant400$ 时，

根据式 (7-8) 得：

$$c(H^+)=\sqrt{K_{a_1}\cdot c(H_2S)}=\sqrt{1.1\times10^{-7}\times0.10}=1.0\times10^{-4}mol/L$$

$$c(S^{2-})\approx K_{a_2}=1.0\times10^{-13}mol/L$$

7.3　缓冲溶液★

微课

　　在化工生产和分析实验中，许多化学反应都需要在一定的 pH 条件下进行，这就需要一种能对溶液的酸度（即溶液中 H^+ 浓度）起稳定（缓冲）作用的溶液。这种能够抵抗外加少量酸或碱，或者将溶液稍加稀释而 pH 基本保持不变的溶液叫做缓冲溶液。

小哲理

缓冲溶液——不急不躁，有容乃大。

7.3.1　缓冲溶液的组成

　　缓冲溶液一般由弱酸及其共轭碱或弱碱及其共轭酸组成，如，HAc-NaAc、NH_3-NH_4Cl、$NaHCO_3$-Na_2CO_3 等。在构成缓冲溶液的缓冲对中，一部分是抗酸成分，另一部分是抗碱成分。例如，HAc-NaAc 中，HAc 是抗碱成分，NaAc 是抗酸成分。

　　缓冲溶液为什么能抵抗少量酸或碱而保持本身 pH 值基本不变呢？现以 HAc-NaAc 缓冲溶液为例进行讨论。

　　在 HAc-NaAc 混合溶液中，存在下列电离过程：

$$HAc \rightleftharpoons H^+ + Ac^-$$

$$NaAc \longrightarrow Na^+ + Ac^-$$

　　NaAc 是强电解质，在溶液中完全电离成离子，溶液中 Ac^- 浓度较大。HAc 是弱酸，在溶液中存在电离平衡。由于同离子效应的存在，HAc 的电离度大大降低。这样溶液中 HAc 和 Ac^- 的浓度都较大，而 H^+ 浓度却相对较小。如果在此缓冲溶液中加入少量的酸，则加入的 H^+ 与溶液中的 Ac^- 结合成 HAc 分子，使 HAc 的电离平衡向左移动，当重新达到平衡时，溶液中的 H^+ 浓度增加不多，pH 变动不大。如果在此缓冲溶液中加入少量的碱，则加入的 OH^- 与溶液中的 H^+ 结合生成水分子 H_2O，从而引起 HAc 继续电离（即电离平衡向右进行）以补充消耗了的 H^+ 浓度，因此溶液中的 H^+ 浓度降低不多，pH 变动不大。

　　当然，缓冲溶液的缓冲能力并不是无限的，如果在缓冲溶液中加入大量的酸或碱，溶液

中抗酸成分和抗碱成分消耗殆尽时，就会失去缓冲能力。

缓冲溶液在工业、农业生产及生活中具有重要意义和广泛应用。例如，金属电镀中需要用缓冲溶液来控制电镀液的 pH，使其保持一定的酸度；在金属离子的分离、鉴定中需要控制 pH；在动植物体内也有复杂和特殊的缓冲体系在维持体液的 pH 值，以保证生命的正常活动。如人体血液中除有机血红蛋白和血浆蛋白缓冲体系外，H_2CO_3-HCO_3^- 和 $H_2PO_4^-$-HPO_4^{2-} 是最重要的无机盐缓冲体系，能对体内新陈代谢产生的有机酸或来源于食物的碱性物质起缓冲作用，使血液的 pH 值始终保持在 7.40±0.5 范围内。

7.3.2　缓冲溶液 pH 的计算

设缓冲溶液由一元弱酸 HA 和其共轭碱 MA 组成，HA 浓度为 $c_{酸}$，MA 浓度为 $c_{盐}$，平衡时 H^+ 浓度为 x，在溶液中存在下列平衡。

$$HA \rightleftharpoons H^+ + Ac^-$$

平衡时：
$$c_{酸}-x \qquad x \qquad c_{盐}+x$$

$$K_a = \frac{x(c_{盐}+x)}{c_{酸}-x}$$

由于 K_a 值较小，而且存在同离子效应，此时 x 很小，因而 $c_{酸}-x \approx c_{酸}$，$c_{盐}+x \approx c_{盐}$，所以，

$$c(H^+) = x = K_a \frac{c_{酸}}{c_{盐}} \tag{7-10}$$

将上式两边取负对数：$-\lg c(H^+) = -\lg K_a - \lg \dfrac{c_{酸}}{c_{盐}}$，即：

$$pH = pK_a - \lg \frac{c_{酸}}{c_{盐}} \tag{7-11}$$

公式(7-11) 即为计算一元弱酸及弱酸盐组成的缓冲溶液 pH 的通式。

同理，弱碱及其弱碱盐缓冲溶液 pH 的计算公式为：

$$c(OH^-) = K_b \frac{c_{碱}}{c_{盐}} \tag{7-12}$$

$$-\lg c(OH^-) = -\lg K_b - \lg \frac{c_{碱}}{c_{盐}}$$

$$pOH = pK_b - \lg \frac{c_{碱}}{c_{盐}}$$

$$pH = 14 - pOH = 14 - pK_b + \lg \frac{c_{碱}}{c_{盐}} \tag{7-13}$$

公式(7-13) 即为计算一元弱碱及弱碱盐组成的缓冲溶液 pH 的通式。

例 7.4　计算 0.10mol/L HAc 与 0.10mol/L NaAc 缓冲溶液的 pH 值。若往 1L 上述缓冲溶液中加入 0.010mol 的 HCl，则溶液的 pH 值变为多少？若往 1L 纯水中加入 0.010mol 的 HCl，则溶液的 pH 值又变为多少？

解：① 根据式(7-11)

$$pH = pK_a - \lg \frac{c(HAc)}{c(NaAc)}$$

查表知 $K(HAc)=1.8\times10^{-5}$ $pK_a=4.75$

所以 $pH=4.75-\lg\dfrac{0.10}{0.10}=4.75$

② 因 HCl 在溶液中完全电离,加入的

$$c(H^+)=\frac{0.010}{1.0}=0.010\,mol/L$$

由于加入的 H^+ 与溶液中的 Ac^- 结合生成 HAc,从而使溶液中 Ac^- 浓度减小,HAc 浓度增大。设平衡时 H^+ 浓度为 x,在溶液中存在下列平衡:

$$HAc\Longleftrightarrow H^+ \quad + \quad Ac^-$$

初始浓度 $0.10+0.010$ 0 $0.10-0.010$

平衡浓度 $0.11-x$ x $0.090+x$

$$c(HAc)=0.11-x\approx0.11$$

$$pH=4.75-\lg\frac{0.11}{0.090}=4.66$$

③ 因 HCl 在纯水中完全电离,加入的

$$c(H^+)=\frac{0.010}{1.0}=0.010\,mol/L$$

$$pH=-\lg c(H^+)=-\lg 0.01=2$$

可见,0.010mol 的 HCl 加入到 1L HAc-NaAc 缓冲溶液中,pH 值由 4.75 变为 4.66,仅减小了 0.09,而将 0.010mol 的 HCl 加入到 1L 纯水中,pH 值由 7 变为 2,减小了 5,充分证明了缓冲溶液对 pH 的稳定作用。

7.3.3 缓冲溶液的缓冲范围及选择

(1) 缓冲溶液的缓冲范围   缓冲溶液缓冲能力的大小取决于缓冲组分的浓度及其比值 c(弱酸或弱碱)/c(弱酸盐或弱碱盐)。理论上已证明,当缓冲组分的浓度较大,且缓冲组分的比值为 1:1 时,缓冲能力最大。对任何缓冲体系,都有一个有效的缓冲范围,此范围为

弱酸及弱酸盐体系:$pH\approx pK_a\pm1$

弱碱及弱碱盐体系:$pOH\approx pK_b\pm1$

小哲理

缓冲溶液的缓冲范围——人的忍耐程度是有限度的。

(2) 缓冲溶液的选择原则   第一,缓冲溶液不能与需控制 pH 值的溶液发生反应。第二,所需控制的 pH 值应在缓冲溶液的缓冲范围之内。如果缓冲溶液是由弱酸及其弱酸盐组成的,则 pK_a 值应尽量与所需控制的 pH 值一致,即 $pK_a\approx pH$;如果缓冲溶液是由弱碱及其弱碱盐组成的,则 $pK_b\approx pOH$。第三,缓冲组分的浓度应较大,且 c(弱酸或弱碱)/c(弱酸盐或弱碱盐) 的比值最好等于或接近 1。

7.4 酸碱滴定法

酸碱滴定法又称中和滴定法，是以溶液中的酸碱反应为基础建立起来的一类滴定分析方法，具有反应速度快、操作简单、应用范围广等特点，是滴定分析中最重要、应用最广泛的方法之一。由于在酸碱滴定过程中，酸碱溶液通常不发生任何外观变化，所以需要选择适当的指示剂，利用其颜色变化作为达到滴定终点的标志，因此酸碱滴定法的关键是滴定终点的确定。要解决这个问题，不仅要了解指示剂的性质、变色原理、变色范围，还要了解滴定过程中溶液 pH 值的变化规律和选择指示剂的原则，以便正确地选择指示剂，获得准确的分析结果。

7.4.1 酸碱指示剂★

微课

（1）酸碱指示剂的变色原理 酸碱指示剂通常是一种弱酸或弱碱，当溶液的 pH 值发生改变时，将引起指示剂的结构发生相应变化，酸式结构和碱式结构相互转化。由于指示剂的酸式和碱式结构具有明显不同的颜色，在酸碱滴定过程中，酸碱指示剂也参与了质子的传递反应，指示剂获得质子转化为酸式或失去质子转化为碱式，从而引起溶液颜色的变化，指示滴定终点的到达。

例如甲基橙（MO）是有机弱碱，它随溶液 pH 值变化发生如下变化：

$$(CH_3)_2N^+ \!\!\longrightarrow\!\! N\!\!=\!\!N \!\!\longrightarrow\!\! SO_3^- \xrightarrow[\ H^+\ ]{OH^-} (CH_3)_2N \!\!\longrightarrow\!\! N\!\!=\!\!N \!\!\longrightarrow\!\! SO_3^-$$

红色(醌式，酸式结构)　　　$pK_a^{\theta}=3.4$　　黄色(偶氮式，碱式结构)

又例如酚酞（PP）是有机弱酸，它是在弱碱性范围内变化的指示剂，溶液 pH 值变化时，结构和颜色变化为：

$$\xrightarrow[\ H^+\ ]{OH^-}$$

$pK_{a1}=9.1$

pH 0～8.0 呈无色　　　　pH 8.0～10 呈红色
(内酯式，酸式)　　　　　(醌式，碱式)

由上可知，酸碱指示剂颜色的改变并非在某一特定的 pH 值发生，而是在一定的 pH 值范围内发生，溶液的 pH 值改变，指示剂的结构改变，从而导致颜色改变，这即为酸碱指示剂的变色原理。

小哲理

酸碱指示剂变色原理——改变自己，点亮别人。

(2) 酸碱指示剂的变色范围　酸碱指示剂的酸式结构用 HIn 表示，碱式结构用 In^- 表示，在水溶液中存在着平衡：

$$HIn \rightleftharpoons H^+ + In^-$$

达到平衡时，有 $K_{HIn} = \dfrac{c(H^+)c(In^-)}{c(HIn)}$

可得 $c(H^+) = K_{HIn} \dfrac{c(In^-)}{c(HIn)}$

两边取负对数，得

$$pH = pK_{HIn} - \lg \dfrac{c(HIn)}{c(In^-)}$$

指示剂呈现的颜色取决于 $c(HIn)/c(In^-)$ 的比值，而 $c(HIn)/c(In^-)$ 的大小是由 K_{HIn} 和溶液 pH 值所决定的。K_{HIn} 在一定温度下是一个常数，所以指示剂的颜色只随溶液 pH 值的变化而改变。但并非溶液 pH 值稍有改变就能观察到指示剂颜色的变化，在溶液中，指示剂的两种颜色必然同时存在。人的肉眼只是在一种颜色的浓度是另一种颜色浓度的 10 倍或 10 倍以上时，才能观察出其中浓度较大的那种颜色。即：

当 $c(HIn)/c(In^-) \geqslant 10$，即 $pH \leqslant pK_{HIn} - 1$ 时，指示剂呈酸式色；

当 $c(HIn)/c(In^-) \leqslant 1/10$，即 $pH \geqslant pK_{HIn} + 1$ 时，指示剂呈碱式色；

当 $10 > c(HIn)/c(In^-) > 1/10$，指示剂呈混合色。

综上所述，只有当溶液 pH 值由 $pK_{HIn} - 1$ 变化到 $pK_{HIn} + 1$ 时，才能观察到指示剂颜色的改变，把指示剂这一颜色变化时的 pH 值范围，即 $pH = pK_{HIn} \pm 1$ 称为指示剂的变色范围。

当 $c(HIn)/c(In^-) = 1$，此时 $c(H^+) = K_{HIn}$，$pH = pK_{HIn}$，观察到的是指示剂酸式色和碱式色的混合色，这时的 pH 值称为指示剂的理论变色点。

指示剂的理论变色范围一般约为两个 pH 单位，即变色范围为 $pH = pK_{HIn} \pm 1$，实际的变色范围是根据实验测得的，并不都是两个 pH 单位，而略有上下。这主要是由于人的眼睛对混合色调中两种颜色的敏感程度不同。例如，甲基橙 $pK_{HIn} = 3.4$，理论变色范围为 2.4~4.4，但实测范围是 3.1~4.4，这是由于人的肉眼辨别红色比黄色更敏感。

不同指示剂的 pK_{HIn} 不同，其变色范围也不同，如表 7-1 所示。

表 7-1　常用的酸碱指示剂

指示剂	变色范围(pH 值)	酸式色	碱式色	pK_{HIn}	用量/(滴/10mL)	指示剂浓度
百里酚蓝(酸)	1.2~2.8	红	黄	1.65	1~2	0.1%乙醇(20%)溶液
甲基黄	2.9~4.0	红	黄	3.25	1	0.1%乙醇(90%)溶液
甲基橙	3.1~4.4	红	黄	3.45	1	0.1%水溶液
溴酚蓝	3.0~4.6	黄	紫	4.1	1	0.1%乙醇(20%)溶液
溴甲酚绿	3.8~5.4	黄	蓝	4.9	1~3	0.1%乙醇(20%)溶液
甲基红	4.4~6.2	红	黄	5.0	1	0.1%乙醇(60%)溶液
氯酚红	4.8~6.4	黄	红	6.1	1~2	0.1%其钠盐水溶液
溴甲酚紫	5.2~6.8	黄	紫	6.1	1	0.1%水溶液
溴百里酚蓝	6.2~7.6	黄	蓝	7.3	1	0.1%乙醇(20%)溶液
中性红	6.8~8.0	红	黄橙	7.4	1	0.1%乙醇(60%)溶液
酚红	6.7~8.4	黄	红	8.0	1	0.1%乙醇(60%)溶液
百里酚蓝(碱)	8.0~9.6	黄	蓝	8.9	1~4	0.1%乙醇(20%)溶液
酚酞	8.0~10.0	无	红	9.1	1	0.1%乙醇(90%)溶液
百里酚酞	9.4~10.6	无	蓝	10.0	1~2	0.1%乙醇(90%)溶液

（3）混合指示剂　在某些酸碱滴定中，要求把滴定终点限制在很窄的 pH 值范围内，以达到较高的准确度，这时可采用混合指示剂。混合指示剂主要是利用了两种颜色的互补作用，具有变色范围窄、变色敏锐的特点（表 7-2）。

表 7-2　常用的混合指示剂

混合指示剂的组成	变色点(pH)	酸式色	碱式色	备注
1 份 0.1% 甲基黄乙醇溶液 1 份 0.1% 亚甲基蓝乙醇溶液	3.25	蓝紫	绿	pH=3.2　蓝紫色 pH=3.4　绿色
1 份 0.1% 甲基橙水溶液 1 份 0.25% 靛蓝二磺酸钠水溶液	4.1	紫	黄绿	pH=4.1　灰色
3 份 0.1% 溴甲酚绿乙醇溶液 1 份 0.2% 甲基红乙醇溶液	5.1	酒红	绿	颜色变化极显著
1 份 0.1% 中性红乙醇溶液 1 份 0.1% 亚甲基蓝乙醇溶液	7	蓝紫	绿	pH=7.0　蓝紫色
1 份 0.1% 溴甲酚红钠盐水溶液 3 份 0.1% 百里酚蓝钠盐水溶液	8.3	黄	紫	pH=8.2　粉色 pH=8.4　紫色
1 份 0.1% 酚酞乙醇溶液 2 份 0.1% 甲基绿乙醇溶液	8.9	绿	紫	pH=8.8　浅蓝色 pH=9.0　紫色
1 份 0.1% 酚酞乙醇溶液 1 份 0.1% 百里酚乙醇溶液	9.9	无	紫	pH=9.6　玫瑰色 pH=10.0　紫色

如混合指示剂的配制方法有下面两种：

① 由两种或两种以上酸碱指示剂混合而成。当溶液 pH 发生变化时，几种指示剂都能变色。在某 pH 值时，由于指示剂的颜色互补，使滴定终点颜色变化敏锐并使变色范围变窄。

例如，甲酚红（pH 值：7.2～8.8，颜色：黄～紫）和百里酚蓝（pH 值：8.0～9.6，颜色：黄～蓝）按 1∶3 混合，所得混合指示剂的变色范围变窄，为 pH 值 8.2（粉红）～8.4（紫）。

② 在酸碱指示剂中加入一种惰性染料，后者的颜色不随 pH 变化，只起着背景的作用。当溶液的 pH 达到某个数值，指示剂呈现某种色调时，指示剂颜色与染料颜色互补，颜色发生突变，使混合指示剂变色敏锐。

例如，甲基橙（pH 值：3.1～4.4，颜色：红～橙～黄）与靛蓝（惰性染料，蓝色）混合而成指示剂，其颜色变化为 pH 值 3.1（紫）～4.4（绿），中间过渡色为近于无色的浅灰色，颜色变化十分明显，易于观察，可在灯光下滴定使用。

在滴定过程中，当滴入的滴定剂（已知准确浓度的标准溶液）与被滴定物质定量反应完全时，称反应到达了化学计量点（SP）。通常通过指示剂的变色来确定化学计量点，指示剂变色的那一点称为滴定终点（EP）。滴定终点和化学计量点不一定恰好吻合，由此造成的误差称为终点误差。

 小哲理

滴定终点和化学计量点——不求重合，但求接近。

7.4.2　酸碱滴定曲线和指示剂的选择★

微课

在进行酸碱滴定时，必须根据实验的误差要求，选择在化学计量点前后（常为 ±0.1％或±0.2％）适当 pH 范围内变色的指示剂来指示终点，否则滴定终点误差较大。为了选择合适的指示剂，必须了解滴定过程中溶液 pH 的变化情况，尤其是在计量点前后溶液 pH 的变化情况。在酸碱滴定过程中以加入滴定剂的体积为横坐标，以相应溶液的 pH 为纵坐标，绘出的一条溶液 pH 随滴定剂的加入量而变化的曲线，就是酸碱滴定曲线，它能很好地描述滴定过程中溶液 pH 的变化情况。绘制和研究滴定曲线的目的是在化学计量点附近选择适宜的指示剂。

不同类型的酸碱滴定过程中 pH 的变化特点、滴定曲线的形状和指示剂的选择都有所不同，下面介绍几种类型的酸碱滴定曲线及其指示剂的选择。

(1) 强酸强碱滴定　这类滴定包括用强碱滴定强酸和用强酸滴定强碱，其滴定反应为：

$$H^+ + OH^- = H_2O$$

现以准确浓度为 0.1000mol/L 的 NaOH 标准溶液滴定 20.00mL 浓度为 0.1000mol/L 的 HCl 标准溶液为例，讨论强酸强碱滴定过程中 pH 的变化。

① 滴定开始前：溶液的 pH 取决于 HCl 的原始浓度

$$c(H^+) = c(HCl) = 0.1000mol/L$$

$$pH = -\lg 0.1000 = 1.0$$

② 滴定开始至化学计量点前：溶液的 pH 由剩余 HCl 的物质的量决定。例如，每一滴 NaOH 的体积为 0.02mL，当至化学计量点前少滴一滴，滴入 19.98mL NaOH 溶液时，

$$n(HCl) = 0.1000 \times 20.00 \times 10^{-3} - 0.1000 \times 19.98 \times 10^{-3} = 2 \times 10^{-6} mol$$

$$V = 19.98 + 20.00 = 39.98mL$$

$$c(H^+) = c(HCl) = \frac{n(HCl)}{V} = 5 \times 10^{-5} mol/L$$

$$pH = 4.3$$

其他各点的 pH 可按上述方法计算。

③ 在化学计量点时：NaOH 与 HCl 恰好中和完全，溶液呈中性，即

$$c(H^+) = c(OH^-) = 10^{-7} mol/L \qquad pH = 7$$

④ 化学计量点后：溶液的 pH 根据过量的 NaOH 的量进行计算。如滴入 20.02mL NaOH 溶液，即过量 0.1％。

$$c(OH^-) = \frac{0.1000 \times 20.02 \times 10^{-3} - 0.1000 \times 20.00 \times 10^{-3}}{(20.02 + 20.00) \times 10^{-3}} = 5 \times 10^{-5} mol/L$$

$$pOH = 4.3, \qquad pH = 14 - pOH = 9.7$$

用类似方法可逐一计算滴定过程中溶液的 pH 值，部分计算结果列于表 7-3 中。

表 7-3　0.1000mol/L NaOH 溶液滴定 20.00mL 0.1000mol/L HCl 溶液 pH 的变化

加入 NaOH 体积 /mL	HCl 被滴定的体积分数 /%	剩余 HCl 体积 /mL	过量 NaOH 体积 /mL	溶液的 $c(H^+)$ /(mol/L)	溶液的 pH 值
0.00	0.00	20.00		1.00×10^{-1}	1.00
10.00	50.00	10.00		3.33×10^{-2}	1.48
18.00	90.00	2.00		5.26×10^{-3}	2.28

续表

加入 NaOH 体积 /mL	HCl 被滴定的体积分数 /%	剩余 HCl 体积 /mL	过量 NaOH 体积 /mL	溶液的 $c(H^+)$ /(mol/L)	溶液的 pH 值
19.80	99.00	0.20		5.02×10^{-4}	3.30
19.98	99.90	0.02		5.00×10^{-5}	4.30
20.00	100.0	0.00		1.00×10^{-7}	7.00
20.02	100.1		0.02	2.00×10^{-10}	9.70
20.20	101.0		0.20	2.00×10^{-11}	10.70
22.00	110.0		2.00	2.10×10^{-12}	11.70
40.00	200.0		20.00	5.00×10^{-13}	12.50

以 NaOH 溶液加入量或滴定分数为横坐标，以相应溶液的 pH 为纵坐标，可得到强碱滴定强酸的滴定曲线（图 7-1）。

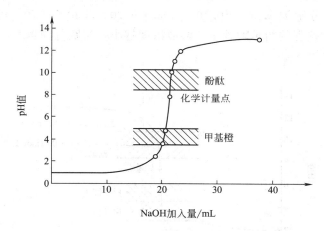

图 7-1 用 NaOH（0.1000mol/L）滴定 HCl（0.1000mol/L）的滴定曲线

滴定曲线——人生的知识增长曲线：慢—快—慢，突跃在青年期。

如果用强酸滴定强碱，则滴定曲线恰好与图 7-1 的曲线对称，pH 值变化方向相反。从图 7-1 可以看出，强碱滴定强酸的滴定曲线具有以下特点：

① 从滴定开始到加入 19.98mL NaOH 溶液，溶液的 pH 值从 1.00 增大到 4.30，仅仅改变了 3.0 个 pH 单位，pH 值变化曲线较为平坦。

② 当加入的 NaOH 从 19.98mL 增加到 20.02mL，即总共加入了 0.04mL NaOH 溶液时（相当于化学计量点前后±0.1%范围内），pH 值由 4.30 急剧增加到 9.70，改变了 5.40 个 pH 单位，溶液由酸性突变到碱性。这种在化学计量点附近 pH 值的突变，称为滴定突跃，突跃所在的 pH 范围称为滴定突跃范围。

小哲理

滴定突跃——把握好自己的人生突跃，走向人生制高点。

③ 化学计量点时 pH＝7.00，恰好在滴定突跃范围 4.30～9.70 的中间。

④ 突跃后继续加入 NaOH 溶液，溶液 pH 值的变化比较缓慢，曲线后段较为平坦。

滴定曲线上的滴定突跃是选择指示剂的依据。凡是变色范围全部或部分在滴定突跃范围内的指示剂，都可用来指示滴定终点。图 7-1 中滴定突跃范围为 4.30～9.70，强碱滴定强酸选用酚酞、甲基红、甲基橙等作指示剂。

在强酸强碱滴定体系中，突跃范围的大小与溶液浓度有关。例如，分别用 1.000mol/L、0.1000mol/L、0.01000mol/L 三种浓度的 NaOH 溶液滴定相同浓度的 HCl 时，它们的突跃范围如图 7-2 所示，分别为 3.30～10.70、4.30～9.70、5.30～8.70。可见溶液浓度越大，突跃范围越大，可供选择的指示剂越多；溶液浓度越小，突跃范围越小，可供选择的指示剂越少。

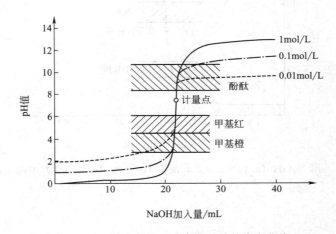

图 7-2　不同浓度的强碱滴定强酸的滴定曲线

由图 7-2 可见，用 1.000mol/L 的 NaOH 溶液滴定相同浓度的 HCl 时，突跃范围为 3.30～10.70，酚酞、甲基橙、甲基红均能作为指示剂指示滴定终点，用 0.01000mol/L 的 NaOH 溶液滴定相同浓度的 HCl 时，突跃范围为 5.30～8.70，甲基橙就不能用来指示滴定终点了。

在实际工作中，一般选用标准溶液的浓度为 0.1～0.5mol/L。浓度过大则取样量多，并且在化学计量点附近多加或少加半滴酸（或碱）标准溶液，都可以引起较大误差；浓度过小，则滴定突跃不明显。

（2）强碱（酸）滴定一元弱酸（碱）　现以浓度为 0.1000mol/L 的 NaOH 溶液滴定 20.00mL 浓度为 0.1000mol/L 的 HAc 为例，说明强碱滴定一元弱酸过程中 pH 的变化情况，滴定反应为：

$$HAc + OH^- \Longleftrightarrow Ac^- + H_2O$$

整个滴定过程可以分为四个阶段，各个不同滴定阶段的 pH 值计算如下：

① 滴定开始前：此时，溶液是 0.1000mol/L 的 HAc 溶液，$c(H^+)$ 和 pH 可用一元弱酸的公式进行计算，即

$$c(H^+) = lg\sqrt{K_a c(\overline{HAc})} = 1.34 \times 10^{-3} mol/L \qquad pH = 2.87$$

② 滴定开始至化学计量点前：在此阶段，由于滴入的 NaOH 和 HAc 反应生成 NaAc，同时还有部分 HAc 没有被完全中和，此时溶液组成为 HAc-NaAc 缓冲体系，故溶液的 pH 值可按缓冲溶液公式进行计算，即

$$pH = pK_a - lg\frac{c(HAc)}{c(NaAc)}$$

假设此时加入的 NaOH 溶液的量为 19.98mL，则

$$pH = 4.75 - lg\frac{0.1000 \times 0.02000 - 0.1000 \times 0.01998}{0.1000 \times 0.01998} = 7.75$$

③ 滴定至化学计量点时：当滴定反应进行到化学计量点时，已加入的 NaOH 溶液的量为 20.00mL，此时 HAc 被完全中和成 NaAc，溶液为一元弱碱体系，因此溶液的 pH 值可按一元弱碱溶液 pH 的公式进行计算，即

$$c(OH^-) = lg\sqrt{K_b c(NaAc)} = \sqrt{\frac{0.1000 \times 1.0 \times 10^{-14}}{2 \times 1.76 \times 10^{-5}}} = 5.33 \times 10^{-6} mol/L$$

$$pOH = 5.28 \qquad pH = 14 - pOH = 14 - 5.28 = 8.72$$

④ 滴定至化学计量点后：在此阶段，溶液的组成为 NaAc 和过量的 NaOH，由于 NaAc 的碱性比 NaOH 弱，因此溶液的 pH 值由过量的 NaOH 所决定，即

$$c(OH^-) = \frac{c(NaOH) \cdot V(NaOH) - c(HAc) \cdot V(HAc)}{V(NaOH) + V(HAc)}$$

假设此时加入的 NaOH 溶液为 20.02mL，则

$$c(OH^-) = \frac{0.1000 \times 0.02002 - 0.1000 \times 0.02000}{0.02002 + 0.02000} = 5.0 \times 10^{-5} mol/L$$

$$pOH = 4.30 \qquad pH = 14 - pOH = 14 - 4.30 = 9.70$$

用类似方法可逐一计算滴定过程中溶液的 pH 值，部分计算结果列于表 7-4 中。

表 7-4　0.1000mol/L NaOH 溶液滴定 20.00mL 0.1000mol/L HAc 溶液 pH 的变化

加入 NaOH 体积/mL	HAc 被滴定的体积分数/%	剩余 HAc 体积/mL	过量 NaOH 体积/mL	溶液的 pH 值
0.00	0.00	20.00		2.87
10.00	50.00	10.00		4.75
18.00	90.00	2.00		5.70
19.80	99.00	0.20		6.74
19.98	99.90	0.02		7.75
20.00	100.0			8.72
20.02	100.1		0.02	9.70
20.20	101.0		0.20	10.70
22.00	110.0		2.00	11.70
40.00	200.0		20.00	12.50

根据表 7-3 中的数据绘制滴定曲线，如图 7-3 所示。

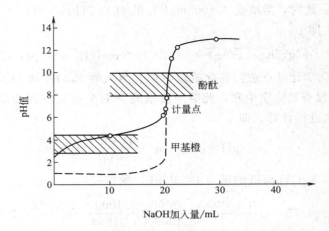

图 7-3　用 NaOH（0.1000mol/L）滴定 HAc（0.1000mol/L）的滴定曲线

从图 7-3 可以看出，强碱滴定一元弱酸的滴定曲线具有以下特点：

① 滴定突跃明显变窄，化学计量点和 pH 突跃范围处在碱性区间（pH＝7.75～9.70），根据滴定突跃范围，不能选择在酸性范围内变色的指示剂如甲基橙、甲基红等指示终点，而只能选择在碱性范围内变色的指示剂，如酚酞、百里酚蓝等。

② 滴定前，滴定曲线的起点较高，这是因为 HAc 是弱酸，溶液中的 $c(H^+)$ 较强酸 HCl 小的缘故。

③ 滴定开始后，pH 值增加较快，曲线的斜率较大，这是因为反应生成的少量 Ac^- 的同离子效应抑制了 HAc 的电离。

④ 随着滴定的继续进行，HAc 浓度不断降低，而 Ac^- 浓度不断增大，与溶液中剩余的 HAc 组成缓冲溶液，溶液 pH 变化变慢，当 50％的 HAc 被滴定时，溶液 $pH＝pK_a$，此时溶液的缓冲能力较强，故曲线较平坦。

⑤ 滴定到近化学计量点时，剩余的 HAc 浓度减小，溶液的缓冲作用变弱，溶液 pH 变化又加快，曲线变得陡直，出现 pH 突跃，突跃后 pH 由过量 NaOH 决定，因此，化学计量点时的溶液不是中性而是弱碱性。

⑥ 滴定至化学计量点后，溶液 pH 值的变化规律与强碱滴定强酸时相似。

用 0.1000mol/L 的 NaOH 溶液滴定 20.00mL 浓度为 0.1000mol/L 的各种强度的弱酸，绘制出滴定曲线，如图 7-4 所示。当弱酸的浓度一定时，K_a 值越大，突跃范围越大；反之，突跃范围越小。另外，当酸的 K_a 值一定时，弱酸浓度越大，滴定突跃范围越大；反之，滴定突跃范围越小。因此，酸碱的滴定突跃范围的大小和酸的强弱和浓度有关。

如果弱酸的电离常数 K_a 很小或酸的浓度极低，突跃范围必然也很小，当突跃范围小到一定程度就无法进行准确的测定了。只有当 $c(HA)K_a \geqslant 10^{-8}$ 时，才会有明显的滴定突跃，才能保证滴定终点误差在 ±0.2％以内。因此，通常把 $c(HA)K_a \geqslant 10^{-8}$ 作为一元弱酸能否被直接准确滴定的条件。

（3）强碱（酸）滴定多元弱酸（碱）　多元酸（碱）滴定过程中的 pH 计算较为复杂，涉及多元弱酸（碱）能否分步滴定、能准确滴定到哪一级、化学计量点的 pH 如何计算、各步滴定选择何种指示剂等。

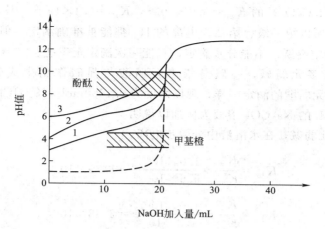

图 7-4　用强碱滴定不同强度的弱酸的滴定曲线

$1—K_a=10^{-5}$；$2—K_a=10^{-7}$；$3—K_a=10^{-9}$

强碱滴定多元弱酸可按下列原则判断滴定的可行性：

① 若 $c(酸)K_{a_n} \geqslant 10^{-8}$，则可被准确滴定。

② 若相邻的两个 K_a 值之比 $K_{a_n}/K_{a_{n+1}} \geqslant 10^4$，则滴定中两个突跃可明显分开。前一级电离的 H^+ 先被滴定，形成一个突跃，次一级电离的 H^+ 后被滴定，是否能产生突跃，则取决于 $c(酸)K_{a_{n+1}}$ 是否 $\geqslant 10^{-8}$。

③ 若相邻的两个 K_a 值之比 $K_{a_n}/K_{a_{n+1}} < 10^4$，则滴定时两个突跃混在一起，只形成一个突跃（两个 H^+ 一次被滴定）。

例如，用浓度为 0.1000mol/L 的 NaOH 溶液滴定 20.00mL 浓度为 0.1000mol/L 的 H_3PO_4，由于 H_3PO_4 是三元弱酸，分三步电离如下：

$$H_3PO_4 \rightleftharpoons H^+ + H_2PO_4^- \qquad K_{a_1}=7.6\times10^{-3}$$
$$H_2PO_4^- \rightleftharpoons H^+ + HPO_4^{2-} \qquad K_{a_2}=6.2\times10^{-8}$$
$$HPO_4^{2-} \rightleftharpoons H^+ + PO_4^{3-} \qquad K_{a_3}=4.4\times10^{-13}$$

用 NaOH 滴定 H_3PO_4 时，酸碱反应也是分步进行，由于 HPO_4^{2-} 的 K_{a_3} 太小，$c(H_3PO_4)K_{a_3} \leqslant 10^{-8}$，不能直接滴定。因此在滴定曲线上只有两个滴定突跃，如图 7-5 所示。

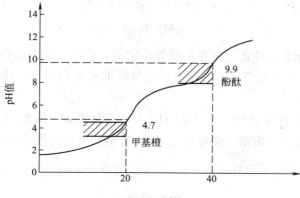

图 7-5　NaOH 溶液（0.1000mol/L）滴定 H_3PO_4 溶液（0.1000mol/L）的滴定曲线

又如，草酸（$H_2C_2O_4$）的 $K_{a_1}=5.9\times10^{-2}$，$K_{a_2}=6.4\times10^{-5}$。因为 $c(酸)K_{a_1}>10^{-8}$，$c(酸)K_{a_2}>10^{-8}$，所以第一级、第二级电离的 H^+ 都能被准确滴定。但是由于 $K_{a_1}/K_{a_2}<10^4$，故只有一个滴定突跃，不能分步滴定，只能一次滴定至正盐。

酸碱滴定中的多元弱碱，一般是指多元弱酸与强碱作用生成的盐，如 Na_2CO_3、$Na_2B_4O_7$ 等。与多元弱酸的滴定一样，现以浓度为 0.1000mol/L 的 HCl 溶液滴定 20.00mL 浓度为 0.1000mol/L 的 Na_2CO_3 溶液为例加以说明。

Na_2CO_3 为二元弱碱，在水溶液中分两步电离：

$$K_{b_1}=\frac{K_w}{K_{a_2}}=\frac{1.0\times10^{-14}}{5.6\times10^{-11}}=1.79\times10^{-4}$$

$$K_{b_2}=\frac{K_w}{K_{a_1}}=\frac{1.0\times10^{-14}}{4.3\times10^{-7}}=2.38\times10^{-8}$$

由于 K_{b_1}、K_{b_2} 均大于 10^{-8}，且 $K_{b_1}/K_{b_2}>10^4$，所以 Na_2CO_3 溶液可以用强酸分步滴定，如图 7-6 所示。

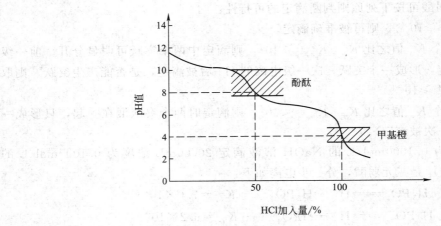

图 7-6　HCl 溶液（0.1000mol/L）滴定 Na_2CO_3 溶液（0.1000mol/L）的滴定曲线

当滴定至第一化学计量点时，生成的 HCO_3^- 为两性物质，pH 值可按下式计算：

$$c(H^+)=\sqrt{K_{a_1}\cdot K_{a_2}}=\sqrt{4.3\times10^{-7}\times5.6\times10^{-11}}=4.9\times10^{-9}\,mol/L$$

$$pH=8.31$$

根据上式计算出来的 pH 值，可选酚酞作指示剂，但滴定终点颜色较难判断（红色到微红色）。为准确判断第一滴定终点，选用甲酚红与酚酞混合指示剂，滴定终点颜色比较明显（粉红色到紫色）。

当滴定至第二化学计量点时，生成的 H_2CO_3 溶液的 pH 值由 H_2CO_3 电离平衡计算。因 K_{a_1} 远大于 K_{a_2}，故只考虑第一级电离，H_2CO_3 饱和溶液的浓度约为 0.04mol/L。

$$c(H^+)=\sqrt{K_{a_1}\cdot c(H_2CO_3)}=\sqrt{4.3\times10^{-7}\times0.04}=1.3\times10^{-4}\,mol/L$$

$$pH=3.88$$

根据上式计算出来的 pH 值，可选用甲基橙作指示剂。

7.4.3 酸碱标准溶液的配制和标定★

微课

（1）基准物质　滴定分析中离不开标准溶液，能用于直接配制或标定标准溶液的物质称为基准物质。基准物质应满足"符、纯、稳、定、大"等 5 个要求：

符：试剂的组成与化学式完全相符，若含结晶水，如 $H_2C_2O_4 \cdot 2H_2O$、$Na_2B_4O_7 \cdot 10H_2O$ 等，其结晶水的含量均应符合化学式。

纯：试剂的纯度足够高（质量分数在 99.9% 以上）。

稳：性质稳定，不易与空气中的 O_2 及 CO_2 反应，也不吸收空气中的水分。

定：试剂参加滴定反应时，应按反应式定量进行，没有副反应。

大：试剂最好有较大的摩尔质量，以减小称量时的相对误差。

常用的基准物质有纯金属和纯化合物。如 Ag、Cu、Zn、Cd、Si、Ge、Al、Fe 和 NaCl、$K_2Cr_2O_7$、Na_2CO_3、邻苯二甲酸氢钾、硼砂、As_2O_3、$CaCO_3$ 等。它们的质量分数一般在 99.9% 以上，甚至可达 99.99% 以上。有些超纯试剂和光谱纯试剂的纯度很高，但这只说明其中金属杂质的含量很低，并不表明它的主要成分的质量分数在 99.9% 以上，有时候因为其中含有不定组成的水分和气体杂质，以及试剂本身的组成不固定等原因，使主要成分的质量分数达不到 99.9%，这时就不能用作基准物质了。所以，不可随意认定基准物质。

小哲理

基准物质——用纯洁大气的自己，成就平凡无助的别人。

易挥发、易变质、易吸潮、组成不稳定、纯度不够高的物质都不能作为基准物质。如盐酸、硝酸易挥发而浓度变小，氢氧化钠、氢氧化钙、浓硫酸、五氧化二磷、氧化钙等易吸收空气中的水分或二氧化碳等，故这些物质都不能作为基准物质。

（2）标准溶液的配制有直接法和标定法　直接法：已知准确浓度的溶液称为标准溶液。配制方法是准确称取一定量基准物质，溶解后配成一定体积的溶液，根据物质质量和溶液体积，即可计算出该标准溶液的准确浓度。例如，称取 4.9030g 基准 $K_2Cr_2O_7$，用水溶解后，置于 1L 容量瓶中，用水稀释至刻度，即得 0.01667mol/L $K_2Cr_2O_7$ 标准溶液。

小哲理

标准溶液——知己知彼，百战不殆。

标定法：有很多物质不能直接用来配制标准溶液，但可将其先配制成一种近似于所需浓度的溶液，然后用基准物质（或已经用基准物质标定过的标准溶液）来标定它的准确浓度。例如，欲配制 0.1mol/L HCl 标准溶液，先用浓 HCl 稀释配制成浓度大约是 0.1mol/L 的稀溶液，然后称取一定量的基准物质如无水碳酸钠进行标定，或者用已知准确浓度的 NaOH 标准溶液进行标定，这样便可求得 HCl 标准溶液的准确浓度。

在酸碱滴定中，常用的酸碱标准溶液分别是 HCl 和 NaOH 标准溶液，有时也用 H_2SO_4、KOH 和 $Ba(OH)_2$ 标准溶液。酸碱标准溶液的浓度通常为 0.1mol/L，有时根据需要也可以配制为 1mol/L 或 0.01mol/L。若浓度太高，则消耗试剂太多，造成浪费；若浓度太低，则不易得到准确的结果。

（3）盐酸标准溶液　HCl 溶液酸性强、性质稳定、价格低廉、易于得到，且其稀溶液无氧化还原性，在酸标准溶液中用的最多。但市售的盐酸溶液中 HCl 的含量不稳定，且含有杂质，因而只能用间接法配制，即先用浓盐酸配成近似浓度的溶液，然后用基准物质进行标定。标定时，常用的基准物质有无水碳酸钠和硼砂。

① 无水碳酸钠基准试剂。碳酸钠容易获得纯品，价格便宜。用无水碳酸钠基准试剂标定 HCl 溶液容易得到准确的标定结果。但碳酸钠有强烈的吸湿性，因此使用前必须在 270～300℃下加热约 1h 进行干燥，然后密封于瓶内，保存在干燥器中备用。另外，称量速度要快，以免因吸湿而引入误差。

从强酸滴定多元弱碱可知，当 Na_2CO_3 滴定到第一化学计量点时，溶液的 pH 值约为 8.31，可用酚酞作为指示剂，但终点颜色的判断较为困难，当滴定到第二化学计量点时，溶液的 pH 值约为 3.88，可用甲基橙作为指示剂，但终点的 pH 突跃范围较小，终点误差较大；也可用甲基红作为指示剂，滴定到指示剂变红的时候，煮沸溶液以除去 CO_2，冷却到室温后继续滴定到橙红色即为终点。

用 Na_2CO_3 作基准试剂的缺点是 Na_2CO_3 易吸湿，滴定终点时指示剂变色不敏锐以及摩尔质量较小，称量误差较大。

若欲标定的盐酸浓度约为 0.1mol/L，欲消耗的盐酸体积为 20～30mL，根据滴定反应可算出称取 Na_2CO_3 的质量应为 0.11～0.16g。

② 硼砂基准试剂。硼砂的优点是容易制得纯品，不易吸湿，且分子量大，称量的误差较小，但当相对湿度低于 39% 时，容易失去结晶水，故应保存在相对湿度为 60% 的环境中。实验室常采用在干燥器底部装入食盐和蔗糖饱和溶液的方法，使其上部相对湿度维持在 60%。

用硼砂标定盐酸溶液化学计量点时 pH 约为 5.3，可选用甲基红作指示剂，滴定至溶液由黄色变为红色即为滴定终点。

除上述两种基准物质外，还可用碳酸氢钾、酒石酸氢钾等基准物质标定盐酸。

（4）氢氧化钠标准溶液　NaOH 是常用的碱标准溶液，容易吸收空气中的水分和 CO_2，使溶液中含有杂质 Na_2CO_3，因此不能用直接法配制 NaOH 标准溶液，而只能用间接法配制，即先用 NaOH 配成近似浓度的溶液，然后用基准物质进行标定。标定时，常用的基准物质有草酸和邻苯二甲酸氢钾。

① 邻苯二甲酸氢钾基准试剂，具有容易制得纯品、易溶于水、不含结晶水、不易吸收空气中的水分、易保存且摩尔质量较大等优点，是标定 NaOH 溶液的理想基准物质。

由于它的滴定产物是邻苯二甲酸钾钠呈弱碱性，因此用 NaOH 溶液滴定时，用酚酞作指示剂。

② 草酸基准试剂，是二元弱酸，稳定性高，相对湿度在 50%～95% 时不风化、不吸水，常保存在密闭容器中。由前面的讨论可知，草酸只能一次滴定到 $Na_2C_2O_4$。第二化学计量

点时的 pH 值为 8.36，因此常选择酚酞作为指示剂。由于 $H_2C_2O_4$ 与 NaOH 按 1:2 的物质的量之比反应，且其摩尔质量不大，因此在直接称取单份基准物质标定时，称量误差必然较大。因此，为减小称量误差，可以多称一些草酸配在容量瓶中，然后移取部分溶液来进行标定。

由于 NaOH 溶液强烈吸收空气中的 CO_2，使得溶液中常含有少量 Na_2CO_3，因此用含有少量 Na_2CO_3 的 NaOH 溶液作标准溶液。若用甲基橙或甲基红作指示剂，则其中的 Na_2CO_3 被完全中和；若用酚酞作指示剂，则其中的 Na_2CO_3 仅被中和至 $NaHCO_3$，这样就会引起滴定误差。

习题

一、选择题

1. 共轭酸碱对的 K_a 和 K_b 的关系是（　　）。

A. $K_a = K_b$　　　　B. $K_aK_b = 1$　　　　C. $K_a/K_b = K_w$　　　　D. $K_aK_b = K_w$

2. 下列各组溶液中，能以一定体积比组成缓冲溶液的是（　　）。

A. 浓度均为 0.1mol/L 的 NaAc 溶液和 HAc 溶液

B. 浓度均为 0.1mol/L 的 NaOH 溶液和 HCl 溶液

C. 浓度均为 0.1mol/L 的 NaOH 溶液和 NH_3 溶液

D. 浓度均为 0.1mol/L 的 NaOH 溶液和 H_2SO_4 溶液

3. 影响缓冲溶液缓冲能力的主要因素是（　　）。

A. 缓冲溶液的 pH 和缓冲比　　　　　　　　B. 弱酸的 pK_a 和缓冲比

C. 弱酸的 pK_a 和缓冲溶液的总浓度　　　　D. 缓冲溶液的总浓度和缓冲比

4. 某弱酸 HA 的 $K_a = 1 \times 10^{-5}$，则其 0.1mol/L 的溶液的 pH 为（　　）。

A. 1.0　　　　　　B. 2.0　　　　　　C. 3.0　　　　　　D. 3.5

5. 欲配制 pH 值为 5.0 的缓冲溶液，应选择哪一种酸及其盐才合适？（　　）

A. 甲酸　　　　　　B. 醋酸　　　　　　C. 氢氟酸　　　　　　D. 氢氰酸

6. 将 0.1mol/L 的 HAc 与 0.1mol/L 的 NaAc 混合溶液加水适当稀释，其 $c(H^+)$ 和 pH 的变化分别为（　　）。

A. 原来的 1/2 倍和增大　　　　　　　　B. 原来的 1/2 倍和增大

C. 增大和减小　　　　　　　　　　　　D. 均不发生显著变化

7. 可以用直接法配制标准溶液的物质是（　　）。

A. 盐酸　　　　　　B. 硼砂　　　　　　C. 氢氧化钠　　　　　　D. EDTA

8. 下列关于影响滴定突跃范围的因素的说法错误的是（　　）。

A. 同种物质，溶液浓度越大，突跃范围越大

B. 同种物质，溶液浓度越大，可供选择的指示剂越多

C. 酸碱性越强，可供选择的指示剂越多

D. 弱酸浓度一定时，K_a 越小，滴定突跃范围越小

9. 下列有关指示剂变色点叙述正确的是（　　）。

A. 指示剂的变色点就是滴定反应的化学计量点

B. 指示剂的变色点随反应不同而改变

C. 指示剂的变色点与指示剂的本质有关，其 pH＝pK_a

D. 指示剂的变色点一般是不确定的

10. NaOH 滴定 HAc 时，应该选用下列哪一种指示剂？（　　　）

A. 甲基橙　　　　　　B. 甲基红　　　　　　C. 酚酞　　　　　　D. 百里酚蓝

11. 某酸碱指示剂的 pK_{HIn}＝5，其理论变色范围是 pH 为（　　　）。

A. 2～8　　　　　　B. 3～7　　　　　　C. 4～6　　　　　　D. 5～7

12. 酸碱滴定中指示剂选择的原则是（　　　）。

A. 指示剂的变色范围与化学计量点完全相符

B. 指示剂的变色范围全部和部分落入滴定的 pH 突跃范围之内

C. 指示剂应在 pH＝7.0 时变色

D. 指示剂的变色范围完全落在滴定的 pH 突跃范围之内

二、判断题

1. （　　　）酸碱指示剂的选择原则是变色敏锐、用量少。

2. （　　　）对酚酞不显颜色的溶液一定是酸性溶液。

3. （　　　）缓冲溶液在任何 pH 值条件下都能起缓冲作用。

4. （　　　）根据酸碱质子理论，物质给出质子的能力越强，酸性就越强，其共轭碱的碱性就越弱。

5. （　　　）根据酸碱质子理论，只要能给出质子的物质就是酸，只要能接受质子的物质就是碱。

三、计算题

1. 计算下列溶液的 pH 值。

（1）0.10mol/L 的 H_2SO_4 溶液

（2）0.10mol/L 的 HCN 溶液

（3）0.10mol/L 的 $NH_3 \cdot H_2O$ 溶液

2. 计算：向浓度为 0.40mol/L 的 HAc 溶液中加入等体积的 0.20mol/L 的 NaOH 溶液后，溶液的 pH 值。

3. 溶液中同时含有 NH_3 和 NH_4Cl，且 $c(NH_3)$＝0.20mol/L，$c(NH_4Cl)$＝0.20mol/L，计算该溶液的 pH 值。

·第8章·
配合物与配位滴定法

18世纪德国涂料工人狄斯巴赫将草木灰和牛血混合焙烧后，用水浸取得到一种黄色的晶体，再与氯化铁溶液反应，得到一种颜色非常鲜艳的蓝色涂料。他的老板对这种涂料的生产方法严格保密，并起名为普鲁士蓝，以便高价出售这种涂料。普鲁士军队和德意志军队的制服颜色就是使用该染料染色而成。20年以后，化学家才解开了普鲁士蓝的组成和生产方法。原来，草木灰中含有碳酸钾，牛血中含有碳和氮两种元素，这两种物质发生反应，便可得到亚铁氰化钾 $K_4[Fe(CN)_6]$，它便是狄斯巴赫得到的黄色晶体。它与氯化铁反应后，得到亚铁氰化铁，也就是普鲁士蓝。该反应方程式为：

$$3K_4[Fe(CN)_6]+4FeCl_3 \longrightarrow Fe_4[Fe(CN)_6]_3 \downarrow +12KCl$$

普鲁士蓝，这种蓝色染料实际上就是一种配位化合物（图8-1）。配位化合物简称配合物，也称络合物。以配位反应为基础的滴定分析方法称为配位滴定法，也称络合滴定法，配位滴定法与酸碱滴定法均属容量分析法。配位滴定法是广泛应用于测定金属离子的方法之一。本章首先介绍配位化合物的概念和配位平衡理论，然后学习配位滴定法的基本原理及应用。

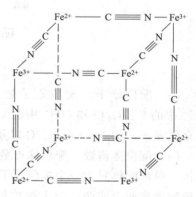

图8-1　$KFe[Fe(CN)_6]$ 的1/8晶胞图

 小哲理

普鲁士蓝的故事——知识就是金钱，科学技术就是生产力。

8.1　配位化合物的基本概念

配位化合物数量很多，元素周期表中绝大多数金属元素都能形成配合物，因此对配位化合物的研究已发展成一个主要的化学分支——配位化学，并广泛应用于工业、农业、生物、医药等领域。

8.1.1 配合物的组成★

微课

配合物一般分内界和外界两部分，内界又分为形成体和配位体两部分，组成如下：

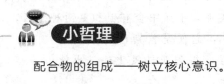

（1）形成体 中心原子或离子，又称形成体：通常是金属离子或原子以及高氧化态的非金属元素，它位于配合物的中心位置，是配合物的核心。如 $[Cu(NH_3)_4]^{2+}$ 中的 Cu(Ⅱ)，$Ni(CO)_4$ 中的 Ni(0) 原子，$[SiF_6]^{2-}$ 中的 Si(Ⅳ)。

（2）配位体 简称配体，是与形成体以配位键结合的阴离子或中性分子。例如 $[Ag(NH_3)_2]^+$ 中的 NH_3 分子，$[Fe(CN)_6]^{3-}$ 中的 CN^-。

> **小哲理**
>
> 配合物的组成——树立核心意识。

（3）配位原子 配位原子是指在配体中能给出孤对电子的原子。如：NH_3 中的 N、CN^- 中的 C、H_2O 和 OH^- 中的 O 原子等。常见的配位原子主要是周期表中电负性较大的非金属元素，如 N、O、S、C 以及 F、Cl、Br、I 等原子。

（4）配位体齿数 配位体齿数是配位体中含配位原子的数目。配体分为单齿配体和多齿配体。单齿配体只含一个配位原子且与中心离子或原子形成一个配位键，其组成比较简单；多齿配体含两个或两个以上配位原子，它们可以与中心离子形成多个配位键，其组成较复杂，多数是有机分子。表 8-1 列出一些常见的配体。

表 8-1 一些常见的配体

配体	中性分子配体	配位原子	阴离子配体	配位原子	阴离子配体	配位原子
单齿配体	H_2O 水	O	F^-	F	氰基 CN^-	C
	NH_3 氨	N	Cl^-	Cl	硝基 NO_2^-	N
	CO 羰基	C	Br^-	Br	亚硝基 ONO	O
	CH_3NH_2 甲胺	N	I^-	I	硫氰根 SCN^-	S
			OH^-	O	异硫氰根 NCS^-	N
	分子结构		名称	简写符号	配位原子	配原子数目
多齿配体	$\begin{array}{c} O \quad\quad O \\ \backslash\quad\quad / \\ C—C \\ /\quad\quad\backslash \\ {}^-O\quad\quad O^- \end{array}$		草酸根	OX	O	2

续表

分子结构	名称	简写符号	配位原子	配原子数目
H₂C—CH₂ / H₂N NH₂	乙二胺	en	N	2
(邻菲罗啉结构)	邻菲罗啉	O-phen	N	2
(乙二胺四乙酸根结构)	乙二胺四乙酸根	EDTA	O/N	6

（"多齿配体"为表格左侧跨行标签）

（5）配位数　配位数是在配合物中与中心离子成键的配位原子数目。对某些中心离子来说，常有一特征配位数，最常见的配位数为 4 和 6，如 Cu^{2+}、Zn^{2+}、Hg^{2+}、Co^{2+}、Ni^{2+} 等离子的特征配位数为 4，Fe^{2+}、Fe^{3+}、Co^{3+}、Al^{3+}、Cr^{3+}、Ca^{2+} 等离子的特征配位数为 6，另外还有 Ag^+、Cu^+、Au^+ 等离子的特征配位数为 2。特征配位数是中心离子形成配合物时的代表性配位数，并非是唯一的配位数。如 Ni^{2+} 等离子就既能形成配位数为 4，也能形成配位数为 6 的配合物。注意：配位数是指配位原子的总数，而不是配体总数。即由单齿配体形成的配合物，配位数与配体个数相等，而含有多齿配体时，则配体个数少于配位数。通常配位数为 1、2、4、6、8，也有配位数是 5 的情况。

（6）配离子的电荷　中心离子的电荷与配体的电荷的代数和，即为配离子的电荷。例如在 $[CoCl(NH_3)_5]Cl_2$ 中，配离子 $[CoCl(NH_3)_5]^{2+}$ 的电荷为：$3\times1+(-1)\times1+0\times5=+2$。

也可根据配合物呈电中性，配离子电荷由外界离子的电荷来确定。例如 $K_3[Fe(CN)_6]$ 的外界为 K^+，据此可知配离子的电荷为 -3。

8.1.2　配合物的命名★

微课

配合物的命名服从无机化合物命名的一般原则，大体归纳如下。

①　配合物为配离子化合物，命名时阴离子在前，阳离子在后。若为配位阳离子化合物，则叫"某化某"或"某酸某"；若为配位阴离子化合物，则配阴离子与外界阳离子之间用"酸"字连接。

②　内界的命名顺序为：配体个数—配体名称—合—中心离子或原子（氧化值），书写时配体前用汉字标明其个数，中心离子后面的括号中用罗马数字标明其氧化值。

③　当配体不止一种时，不同配体之间用圆点"·"分开，配体顺序为：阴离子配体在前，中性分子配体在后；无机配体在前，有机配体在后；同类配体的名称，按配位原子元素符号的英文字母顺序排列。

表 8-2 列出一些配合物的命名实例：

表 8-2　一些配合物的命名实例

化学式	名称	分类
$[Pt(NH_3)_6]Cl_4$	四氯化六氨合铂（Ⅳ）	配位盐
$[CoCl(NH_3)_3(H_2O)_2]Cl_2$	二氯化一氯·三氨·二水合钴（Ⅲ）	配位盐
$K_4[Fe(CN)_6]$	六氰合铁（Ⅱ）酸钾	配位盐
$K[FeCl_2(OX)(en)]$	二氯·草酸根·乙二胺合铁（Ⅲ）酸钾	配位盐
$H[AuCl_4]$	四氯合金（Ⅲ）酸	配位酸
$H_2[PtCl_6]$	六氯合铂（Ⅳ）酸	配位酸
$[Ag(NH_3)_2]OH$	氢氧化二氨合银（Ⅰ）	配位碱
$[Ni(NH_3)_4]OH_2$	二氢氧化四氨合镍（Ⅱ）	配位碱
$[CoCl_3(NH_3)_3]$	三氯·三氨合钴（Ⅲ）	中性配合物分子
$[Cr(OH)_3(H_2O)(en)]$	三羟基·水·乙二胺合铬（Ⅲ）	中性配合物分子

有些配合物有其习惯沿用的名称，不一定符合命名规则，如 $K_4[Fe(CN)_6]$ 称亚铁氰化钾（黄血盐）；$H_2[PtCl_6]$ 称氯铂酸；$H_2[SiF_6]$ 称氟硅酸等。

8.2　配合物的类型

玻尔是丹麦物理学家、诺贝尔奖章获得者。第二次世界大战期间，由于德国纳粹军队即将占领丹麦，玻尔被迫要离开自己的祖国。随身携带奖章非常危险，决定把心爱的诺贝尔奖章留下，他把奖章溶解在一种叫王水的溶液中，并将这个瓶子存放在一个角落里。丹麦被德军占领后，纳粹分子闯进玻尔家中，什么也没发现。战后，玻尔回到祖国，从溶液中提取出金，又重新铸成了奖章。王水的氧化性比硝酸强，可以使黄金溶解生成四氯合金（Ⅲ）酸。玻尔这位伟大的科学家不仅用他的知识和智慧保住了奖章，还用他那蔑视敌人、热爱祖国的精神，鼓舞着后人。

小哲理

玻尔保护诺贝尔奖章的故事——知识和智慧是保家卫国的最好方法。

8.2.1　简单配合物

简单配合物是由一个中心离子和多个单齿配体配合物形成配合物，如玻尔用王水溶解黄金得到的四氯合金（Ⅲ）酸 $H[AnCl_4]$、$[AlF_6]^{3-}$、$[Cu(NH_3)_4]^+$ 等。简单配合物一般不稳定，常形成逐级配合物，如同多元弱酸一样，存在逐级解离平衡关系，这种现象称为分级配位现象。

8.2.2 螯合物

螯合物是目前应用最广的一类络合物。它的稳定性高，虽然螯合物有时也存在分级配位现象，但情况较为简单，如控制适当的反应条件就能得到所需的络合物。

（1）螯合物的结构 螯合物是由一个中心离子和多齿配体配合而形成的具有环状结构的化合物。螯合物结构中的环称为螯环，能形成螯环的配体叫螯合剂，如乙二胺（en）、草酸根（OX）、乙二胺四乙酸根（EDTA）、氨基酸等均可作螯合剂。螯环为五元环、六元环时最稳定。

例如乙酰丙酮基等配位剂可形成六元环螯合物：

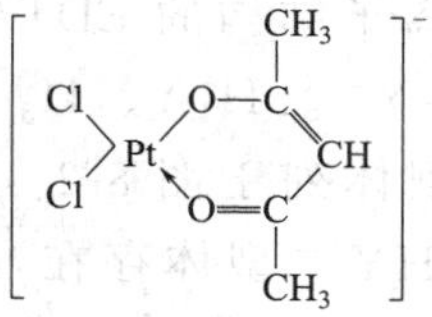

二氯·乙酰丙酮基合铂(Ⅲ)离子

例如，Cu^{2+} 与双齿配体氨基乙酸形成的螯合物具有两个五元环：

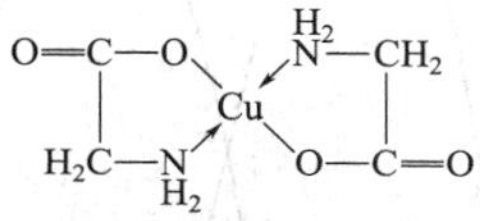

二氨基乙酸合铜(Ⅱ)

（2）螯合物的特性

① 在中心离子相同，配位原子相同的情况下，螯合物要比一般简单配合物稳定。

② 螯合物中所含的环越多，其稳定性越高。故以乙二胺四乙酸为配体形成的螯合物都较稳定。

稳定性：$[Cu(EDTA)]^{2-} > [Cu(en)_2]^{2+} > [Cu(NH_3)_4]^{2+}$

③ 某些螯合物呈特征的颜色，可用于金属离子的定性鉴定或定量测定。

小哲理

螯合物——个体要与中心环环相扣，紧密结合。

8.2.3 EDTA 及其螯合物

（1）EDTA 的结构 EDTA 的名称是乙二胺四乙酸，也可简写为 Y，它是同时含有—COOH 和—NH_2 的螯合剂。一般把含有以氨基二乙酸基团 $[—N(CH_2COOH)_2]$ 的有机配位体统称为氨羧配位体。其中 EDTA 是最为重要的氨羧配位体，其结构式为：

$$^-OOC—CH_2 \qquad H_2C—COO^-$$
$$H^+N—CH_2—CH_2—NH^+$$
$$HOOC—CH_2 \qquad H_2C—COOH$$

两个羧基上的 H 原子移至 N 原子上，形成双偶极离子，用 H_4Y 表示。

（2）EDTA 的性质

① 乙二胺四乙酸二钠盐。EDTA 微溶于水（室温下在水中的溶解度为 0.02g/100g），难溶于酸和一般有机溶剂，但易溶于氨水和 NaOH 溶液，且通常只有解离出的酸根 Y^{4-} 能与金属离子直接配位，故常把它制成乙二胺四乙酸二钠盐（$Na_2H_2Y \cdot 2H_2O$）来代替 EDTA，一般也简称为 EDTA。$Na_2H_2Y \cdot 2H_2O$ 溶解度较大，在 22℃时，每 100mL 水可溶解 11.1g，此时 pH 值约为 4.4。

② EDTA 的配位特点。双偶极离子结构的 EDTA 再接受两个质子便转变成六元酸 H_6Y^{2+}，在水溶液中以 H_6Y^{2+}、H_5Y^+、H_4Y、H_3Y^-、H_2Y^{2-}、HY^{3-}、Y^{4-} 七种型体存在，在不同 pH 下的主要存在型体列于图 8-2。pH<1 时，主要以 H_6Y^{2+} 型体存在，pH＝6.2～10.26 时，主要以 HY^{3-} 型体存在，pH>10.26 时，主要以 Y^{4-} 型体存在。

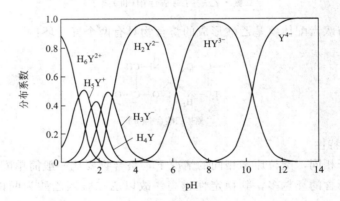

图 8-2　不同 pH 时，EDTA 的主要存在型体

可见 pH 越高，Y^{4-} 的分布分数越大，EDTA 的配位能力越强，当 pH>10.26 时，Y^{4-} 为最佳配位型体。

EDTA 几乎能与除碱金属离子外的所有金属离子发生配位反应，生成稳定的螯合物。在一般情况下，EDTA 与金属离子形成的配合物都是 1∶1 的螯合物。EDTA 与金属离子形成的配合物一般都具有 5 个五元环的结构，如 CuY 结构（图 8-3），所以稳定常数很大，稳定性高。由 EDTA 与金属离子形成的配合物一般都易溶于水，使滴定能在水溶液中进行。此外，EDTA 与无色金属离子配位时，一般生成无色配合物，与有色金属离子则生成颜色更深的 EDTA 螯合物。例如 Cu 显浅蓝色，而 CuY 显深蓝色；Ni 显浅绿色，而 NiY 显深绿色。

8.2.4　夹心配合物

二茂铁，化学名称为双环戊二烯合铁，化学式：$Fe(C_5H_5)_2$，就是典型的夹心配合物，结构如图 8-4 所示。二茂铁呈橙黄色粉末，樟脑气味，具有优良的热稳定性、化学稳定性和耐辐射性，400℃以内不分解。二茂铁可用作火箭燃料添加剂、汽油的抗爆剂和橡胶及硅树脂的熟化剂，也可做紫外线吸收剂。二茂铁的乙烯基衍生物能发生烯键聚合，得到碳链骨架的含金属高聚物，可作航天飞船的外层涂料。医药方面，某些二茂铁的盐类具有抗癌活性。

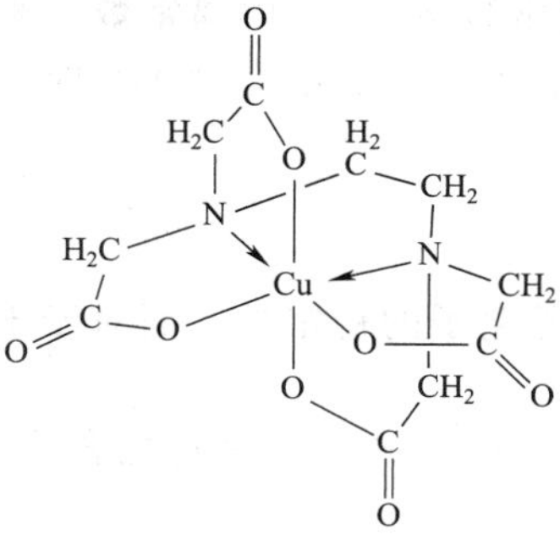

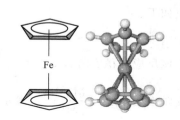

图 8-3　EDTA 与 Cu^{2+} 形成 CuY^{2-}

图 8-4　二茂铁的结构

8.2.5　配合物的应用

1,10-邻菲罗啉，又称邻二氮菲，是非常优秀的双齿配位体，配位原子是两个 N 原子。可用于测定微量铁的配位显色剂而形成橙色三价铁螯合物。

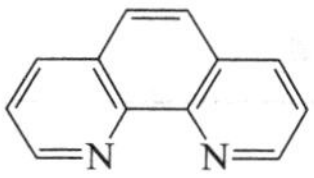

邻二氮菲 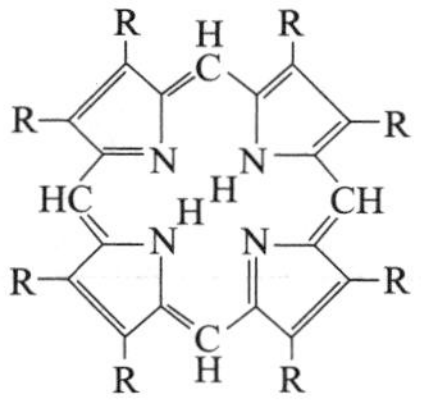　　　卟啉 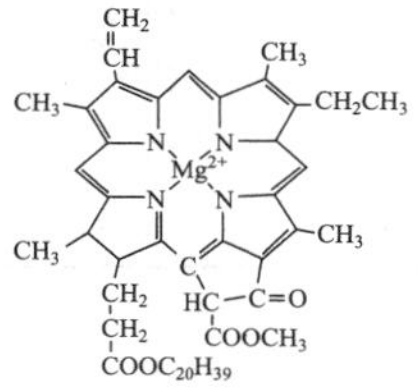　　　　叶绿素 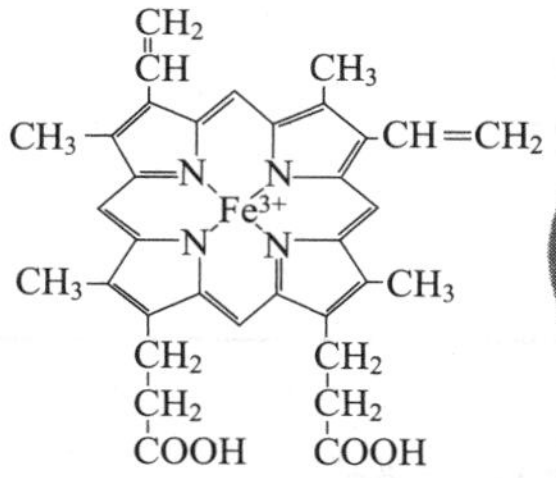　　　　血红素 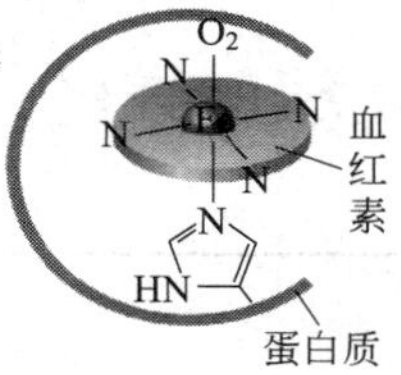　　　血红蛋白

卟啉（porphyrin），其中的 8 个 R 基团都为 H 的化合物叫卟吩（porphine）。它们都是四齿配位体，配位原子是 4 个氮原子。叶绿素是镁的大环配合物，作为配位体的卟啉环与 Mg^{2+} 的配位是通过 4 个环氮原子实现的。叶绿素分子中涉及包括 Mg 离子在内的 4 个六元螯环。叶绿素是一种绿色色素，它能吸收太阳光的能量，并将储存的能量导入碳水化合物的化学键。

血红素是个铁卟啉化合物，是血红蛋白的组成部分。Fe 离子从血红素分子的下方键合了蛋白质链上的 1 个 N 原子，圆盘上方键合的 O_2 分子则来自空气。血红蛋白本身不含图中表示出来的 O_2 分子，它与通过呼吸作用进入人体的 O_2 分子结合形成氧合血红蛋白，通过血流将氧输送至全身各个部位。

普鲁士蓝 $KFe[Fe(CN)_6]$ 是一种蓝色染料，也可以用于解除金属铊 Tl 中毒，清除血液中的铊离子（Tl^{3+}），在 1997 年曾用于治疗北大某本科生铊 Tl 中毒，挽救了该生的性命。

8.3 配位化合物的平衡常数★

微课

8.3.1 稳定常数和解离常数

配位平衡可用稳定常数 $K_稳$（形成常数）或不稳定常数 $K_{不稳}$（解离常数）来描述配离子或者中性配合物的生成或解离能力。金属离子 M 和配体 L 形成络合物 ML 时，溶液中存在的反应如下：

$$M + L \rightleftharpoons ML$$

对于该反应的稳定常数 $K_稳 = \dfrac{[ML]}{[M][L]}$，$K_稳$ 表示配离子的稳定性，而对于该反应的逆反应平衡常数 $K_{不稳} = \dfrac{[M][L]}{[ML]}$，表示配离子解离能力，$K_{不稳}$ 越大，表示配合物越不稳定，故二者互为倒数，即 $K_{不稳} = \dfrac{1}{K_稳}$。

$K_稳$ 的数值与溶液的温度和离子强度有关，通常以其对数值 $\lg K_稳$ 表示，部分金属离子与 EDTA 络合物的 $\lg K_稳$ 值列于表 8-3 和附表 4。

表 8-3   部分金属离子与 EDTA 络合物的 $\lg K_稳$（20℃，$I = 0.1 \text{mol} \cdot \text{L}^{-1}$）

离子	lgK	离子	lgK	离子	lgK	离子	lgK
Na$^+$	1.66	Mg^{2+}	8.79	Fe^{2+}	14.3	Hg^{2+}	21.8
		Ca^{2+}	10.69	Al^{3+}	16.1	Th^{4+}	23.2
				Zn^{2+}	16.5	Fe^{3+}	25.1
				Cd^{2+}	16.5	Bi^{3+}	27.9
				Pb^{2+}	18.0		
				Cu^{2+}	18.8		

8.3.2 逐级稳定常数

金属离子和多个配体形成 ML_n 型络合物时，会发生逐级络合现象，每一级络合反应的平衡常数称为逐级稳定常数。

$$M + L \rightleftharpoons ML \qquad K_{稳1} = \frac{[ML]}{[M][L]} \tag{8-1}$$

$$M + L \rightleftharpoons ML_2 \qquad K_{稳2} = \frac{[ML_2]}{[ML][L]} \tag{8-2}$$

$$M + L_{n-1} \rightleftharpoons ML_n \qquad K_{稳n} = \frac{[ML_n]}{[ML_{n-1}][L]} \tag{8-3}$$

对于 ML_n 型络合物，可用累积稳定常数表示其各级络合物稳定性。

第一级累积稳定常数 $\qquad\qquad\qquad \beta_1 = K_{稳1}$ $\qquad\qquad\qquad\qquad\qquad\qquad\qquad$ (8-4)

第二级累积稳定常数 $\qquad\qquad\qquad \beta_2 = K_{稳1} \times K_{稳2}$ $\qquad\qquad\qquad\qquad\qquad$ (8-5)

$\qquad\qquad\qquad\qquad$ ......

第 n 级累积稳定常数 $\qquad\qquad\qquad \beta_n = K_{稳1} \times \cdots \times K_{稳n}$ $\qquad\qquad\qquad$ (8-6)

最后一级累积稳定常数 β_n 称为总稳定常数，见附表 4。

8.4 副反应系数和条件稳定常数

在复杂的化学反应中，常常把主要研究的一种反应看作是主反应，其他与之有关的反应看作是副反应，副反应会影响主反应的反应物或者产物的平衡浓度。

8.4.1 副反应及副反应系数

（1）络合剂 Y 的副反应及副反应系数　在配位滴定法中，被测金属离子 M 与滴定剂 Y 的络合反应为主反应，当存在其他配位体或共存金属离子 N 以及溶液的酸度不同时，还可能存在如下的副反应：

反应物 M 及 Y 的各种副反应不利于主反应的进行，而生成物 MY 的各种副反应则有利于主反应的进行，副反应对于主反应的影响可用副反应系数来进行衡量。

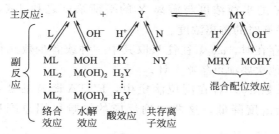

① 酸效应及酸效应系数 $\alpha_{Y(H)}$。在配位体为弱酸根的配离子中加入 H^+（或降低 pH 值），会促使配位体与 H^+ 结合形成稳定的弱酸，从而降低配位体与形成体配位的能力，这种现象称为酸效应。

如 EDTA 中的 Y^{4-} 与金属离子 M^{n+} 配位形成配离子 $[MY]^{(4-n)-}$ 时，加入的 H^+ 与 Y^{4-} 之间发生副反应生成 HY^{3-}、H_2Y^{2-}、H_3Y^-、H_4Y、H_5Y^+ 或 H_6Y^{2+} 等六种 EDTA 酸式型体中的几种，使 EDTA 参加主反应的能力下降。酸效应影响 EDTA 参加主反应能力的程度，可用酸效应系数 $\alpha_{Y(H)}$ 来衡量，$\alpha_{Y(H)}$ 的定义式为：

$$\alpha_{Y(H)} = \frac{[Y']}{[Y]} \tag{8-7}$$

它表示在一定酸度下，未参加配位反应的 EDTA 的总浓度 $[Y']$ 是 Y 的平衡浓度 $[Y]$ 的多少倍。

可见，pH 越小，酸效应越严重，或 $\alpha_{Y(H)}$ $[$或 $\lg\alpha_{Y(H)}]$ 值越大。当 pH＞12 时，EDTA 几乎没有受到酸效应影响，酸效应系数达到最小值，即 $\alpha_{Y(H)}=1$ 或 $\lg\alpha_{Y(H)}=0$，此时 EDTA 的配位能力最强；当 pH≤12 时，EDTA 受到不同程度酸效应的影响，此时 $\lg\alpha_{Y(H)}>0$，不同 pH 时的 $\lg\alpha_{Y(H)}$ 值见表 8-4 和附表 5。

表 8-4　不同 pH 时的 $\lg\alpha_{Y(H)}$ 值

pH	$\lg\alpha_{Y(H)}$	pH	$\lg\alpha_{Y(H)}$
0.0	23.64	7.0	3.32
1.0	18.01	8.0	2.27
2.0	13.51	9.0	1.28

pH	$\lg\alpha_{Y(H)}$	pH	$\lg\alpha_{Y(H)}$
3.0	10.06	10.0	0.45
4.0	8.44	11.0	0.07
5.0	6.45	12.0	0.01
6.0	4.65		

② 共存离子 N 的副反应及副反应系数。当溶液中除了金属离子 M 还存在其他金属离子 N 时，N 也可以与 Y 发生配位反应，这种反应可看作是 Y 的一种副反应，它能降低 Y 的平衡浓度，而使得 EDTA 参加主反应的能力下降，这种现象叫做共存离子效应。共存离子的副反应系数称为共存离子效应系数，用 $\alpha_{Y(N)}$ 表示。$\alpha_{Y(N)}$ 的计算式可由定义式推出：

$$\alpha_{Y(N)}=\frac{[Y']}{[Y]}=\frac{[Y]+[NY]}{[Y]}=1+K_{NY'}[N] \tag{8-8}$$

d 其中 $[Y']$ 是 NY 的平衡浓度与游离 Y 的平衡浓度之和，K_{NY} 为 NY 的稳定常数，$[N]$ 为共存离子 N 在平衡时的游离浓度。

当有多种共存离子存在时，$\alpha_{Y(N)}$ 往往只取其中一种或者少数几种影响较大的共存离子副反应系数之和，而其他次要项可忽略不计。

③ Y 的总副反应系数 α_Y。若在配位滴定中，EDTA 既有酸效应又有共存离子效应，则 Y 参加主反应的平衡浓度降低。这两种副反应的影响可用总副反应系数 α_Y 来表示并计算。

$$\alpha_Y=\alpha_{Y(H)}+\alpha_{Y(N)}-1 \tag{8-9}$$

根据定义式可得平衡浓度 $[Y]=\dfrac{[Y']}{\alpha_Y}$。

(2) 金属离子 M 的副反应及副反应系数

① 配位效应与配位效应系数。在 EDTA 为配位剂滴定金属离子 M 的配位滴定中，如果有非 EDTA 的其他配位体 L（如 NH_3）存在，且 L 可以与 M 发生配位反应，并逐级形成配位化合物，如 ML，ML_2，…，ML_n，而使得金属离子 M 与 EDTA 的主反应能力降低，这种由于其他配位体存在而使得金属离子 M 与 EDTA 的主反应能力降低的现象称为配位效应。

配位剂 L 引起副反应时的副反应系数称为配位效应系数，用 $\alpha_{M(L)}$ 表示。

以 $[M']$ 表示没有参加主反应的金属离子总浓度，$[M]$ 为游离金属离子浓度，则

$$[M']=[M]+ML+ML_2+\cdots+ML_n$$

由于 L 与 M 配位使 $[M]$ 降低，影响 M 与 Y 的主反应，其影响可用配位效应系数 $\alpha_{M(L)}$ 表示：

$$\alpha_{M(L)}=\frac{[M']}{[M]}=\frac{[M]+[ML]+[ML_2]+\cdots+[ML_n]}{[M]} \tag{8-10}$$

$\alpha_{M(L)}$ 表示未与 Y 配位的金属离子的各种形式的总浓度是游离金属离子浓度的多少倍。当 $\alpha_{M(L)}=1$ 时，$[M']=[M]$，表示金属离子没有发生副反应，$\alpha_{M(L)}$ 值越大，副反应越严重。

若用 K_1，K_2，…，K_n 表示配合物 ML_n 的各级稳定常数，即

	配位平衡		各级稳定常数

$$M+L \rightleftharpoons ML \qquad K_1=\frac{[ML]}{[M][L]}$$

$$ML+L \rightleftharpoons ML_2 \qquad K_2=\frac{[ML_2]}{[ML][L]}$$

$$ML_{n-1}+L \rightleftharpoons ML_n \qquad K_n=\frac{[ML_n]}{[ML_{n-1}][L]}$$

将 K 的关系式代入式(8-6)，并整理得：

$$\alpha_{M(L)}=1+\beta_1[L]+\beta_2[L]^2+\cdots+\beta_n[L]^n \qquad (8-11)$$

其中，β_i 为累积稳定常数，定义为：$\beta_1=K_1$，$\beta_2=K_1K_2$，$\cdots$，$\beta_n=K_1K_2\cdots K_n$。

可见，L 的浓度越大以及与 M 配位的能力越强，配位效应越严重，其 $\alpha_{M(L)}$ 值越大，越不利于主反应的进行。

② 水解效应及水解效应系数。当溶液的酸度较低时，金属离子 M 因水解而形成各种氢氧根或者多核氢氧根配合物。这种由水解而引起的副反应称为金属离子 M 的水解效应，相应的副反应系数称为水解效应系数，用 $\alpha_{M(OH)}$ 表示。由于氢氧根离子与 M 发生的是配位反应，所以氢氧根离子也是一种配位体，因此 $\alpha_{M(OH)}$ 的计算公式与 $\alpha_{M(OH)}$ 相同：

$$\alpha_{M(OH)}=1+\beta_1[OH]+\beta_2[OH]^2+\cdots+\beta_n[OH]^n \qquad (8-12)$$

一些金属离子在不同 pH 值下的 $\lg\alpha_{M(OH)}$ 值也已计算出，如表 8-5。

表 8-5　金属离子的 $\lg\alpha_{M(OH)}$ 值

金属离子	$I/(mol/L)$	pH 值										
		3	4	5	6	7	8	9	10	11	12	13	14
Fe(Ⅲ)	3	0.4	1.8	3.7	5.7	7.7	9.7	11.7	13.7	15.7	17.7	19.7	21.7
Hg(Ⅱ)	0.1	0.5	1.9	3.9	5.9	7.9	9.9	11.9	13.9	1.9	17.9	19.9	21.9
Al(Ⅲ)	2			0.4	1.3	5.3	9.3	13.3	17.3	21.3	25.3	29.3	33.3
Pb(Ⅱ)	0.1					0.1	0.5	1.4	2.7	4.7	7.4	10.4	13.4
Cu(Ⅱ)	0.1						0.2	0.8	1.7	2.7	3.7	4.7	5.7
Zn(Ⅱ)	0.1							0.2	5.4	8.5	11.8	15.5
Cd(Ⅱ)	3							0.1	0.5	2.0	4.5	8.1	12.0
Fe(Ⅱ)	1							0.1	0.6	1.5	2.5	3.5	4.5
Ni(Ⅱ)	0.1							0.1	0.7	1.6			
Ag(Ⅰ)	0.1									0.1	0.5	2.3	5.1
Mg(Ⅱ)	0.1									0.1	0.5	1.3	2.3
Ba(Ⅱ)	0.1											0.1	0.5
Ca(Ⅱ)	0.1											0.3	1.0

③ 金属离子的总副反应系数。若金属离子 M 既有配位效应又有水解效应时，其影响可用 M 的总副反应系数 α_M 来进行计算。

$$\alpha_M=\alpha_{M(L)}+\alpha_{M(OH)}-1 \qquad (8-13)$$

根据定义式可得金属离子 M 的平衡浓度 $[M]=\dfrac{[M']}{\alpha_M}$。

(3) 配位化合物 MY 的副反应及副反应系数　在配位滴定中，如果溶液的酸度较高，则易形成酸式配合物 MHY；如果溶液酸度较低，则易形成碱式配合物 M(OH)Y。MHY 和 M(OH)Y 的形成都利于主反应的进行，但由于酸式和碱式化合物都不太稳定，故在多数反应中忽略不计。

小哲理

配位平衡的副反应——只有增强自身防御能力，才能抵制侵蚀和腐化。

8.4.2　条件稳定常数

在溶液中，金属离子 M 与络合剂 EDTA 反应生成 MY。如果没有副反应发生，当达到平衡时，K_{MY} 是衡量此络合反应进行程度的主要标志。如果有副反应发生，将受到 M、Y、MY 的副反应的影响。若未参加主反应的 M 的总浓度为 [M′]，Y 的总浓度为 [Y′]，生成的 MY、MHY 和 M(OH)Y 的总浓度为 [(MY)′]，当达到平衡时，可以得到以 [M′]、[Y′] 及 [(MY)′] 表示的络合物的稳定常数——条件稳定常数 K'_{MY}：

$$K'_{MY} = \frac{[(MY)']}{[M'][Y']} \tag{8-14}$$

从上面副反应系数的讨论中可以看到：

$$[M'] = \alpha_M[M]$$

$$[Y'] = \alpha_Y[Y]$$

$$[(MY)'] = \alpha_{MY}[MY]$$

将这些关系式代入式(8-14) 中，得到条件稳定常数的表达式：

$$K'_{MY} = \frac{\alpha_{MY}[MY]}{\alpha_M[M']\alpha_Y[Y']} = K_{MY} = \frac{\alpha_{MY}}{\alpha_M\alpha_Y} \tag{8-15}$$

取对数，得：

$$\lg K'_{MY} = \lg K_{MY} - \lg\alpha_M - \lg\alpha_Y + \lg\alpha_{MY} \tag{8-16}$$

K'_{MY} 表示在有副反应的情况下，络合反应进行的程度。在一定条件下，α_M、α_Y 及 α_{MY} 为定值，故此为 K'_{MY} 常数。

在许多情况下，MHY 和 MY(OH) 可以忽略，故上式可简化为：

$$\lg K'_{MY} = \lg K_{MY} - \lg\alpha_M - \lg\alpha_Y \tag{8-17}$$

小哲理

条件稳定常数——任何稳定都有条件的。

8.5　配位滴定法★

微课

在配位滴定中，随着配位体的不断加入，被滴定的金属离子浓度不断减小，其改变的情况跟酸碱滴定类似。由于乙二胺四乙酸（即 EDTA）是目前最常用、最有效的氨羧配位体，因此本节专门介绍以 EDTA 为配体的配位滴定法。

8.5.1　配位滴定的滴定曲线

以 EDTA 加入量为横坐标，对应的 pM（即 $-\lg c_M$）值为纵坐标绘制曲线。

在利用 EDTA 滴定金属离子 M^{2+} 时，反应为：

$$H_2Y^{2-} + M^{2+} \Longleftrightarrow MY^{2-} + 2H^+$$

在此滴定过程中不断释放出 H^+，且金属指示剂都要在一定的 pH 范围内使用，所以必须要用缓冲溶液维持一定的酸度。若只考虑 EDTA 的酸效应，则在整个滴定过程中，EDTA 的酸效应系数是一个定值。如果考虑金属离子的辅助配位效应，则因其他配位体的总浓度会随滴定剂的不断加入而被稀释，$\alpha_{M(L)}$ 不断降低，因此 EDTA 的条件稳定常数将不断增大，但这种影响一般较小，忽略不计。继续加入滴定剂至化学计量点附近，溶液的 pM 值将发生突变；计量点后，溶液的 pM 值决定于滴定剂的浓度，曲线将又趋于平缓。影响滴定突跃范围大小的因素可由不同条件下进行配位滴定的滴定曲线图得到。

用 $0.01\,\mathrm{mol \cdot L^{-1}}$ EDTA 滴定同浓度的金属离子 M，若条件稳定常数 $\lg K'^{\ominus}_{MY}$ 分别为 2、4、6、8、10、12、14，可绘制出相应的滴定曲线（图 8-5）。

当金属离子浓度不同时，分别用等浓度的 EDTA 滴定，而条件稳定常数在此情况下都相等，可绘制出如图 8-6 的滴定曲线。

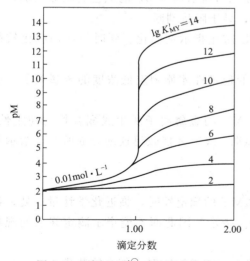

图 8-5　不同 $\lg K'^{\ominus}_{MY}$ 时的滴定曲线

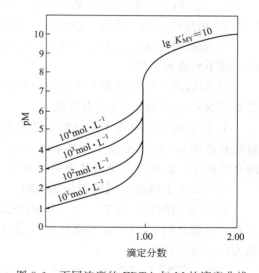

图 8-6　不同浓度的 EDTA 与 M 的滴定曲线

由图可见，当 c_M 一定时，滴定突跃的大小与 $\lg K'^{\ominus}_{MY}$ 有关。$\lg K'^{\ominus}_{MY}$ 较大者，滴定突跃较大。而当 $\lg K'^{\ominus}_{MY}$ 一定时，滴定突跃的大小与 c_M 有关，c_M 较大者滴定突跃较大。

因此，影响滴定突跃大小的主要因素是 c_M 和 $\lg K'^{\ominus}_{MY}$，且由图 8-6 可知，当 $\lg K'^{\ominus}_{MY} <$ 10^8 时，已经没有明显的滴定突跃，从而不能找到合适的指示剂进行准确的滴定。所以常常认为 EDTA 可以准确测定单一金属离子的条件是：

$$\lg(c_M K'^{\ominus}_{MY}) \geqslant 6 \tag{8-18}$$

8.5.2　金属指示剂

（1）金属指示剂的作用原理　金属指示剂属于有机配位剂，能与金属离子 M 形成有色（色Ⅰ）配合物 MIn，其颜色与游离指示剂本身颜色（色Ⅱ）不同。例如铬黑 T 在 pH=8～11 时本身呈蓝色，与 Ca^{2+}、Mg^{2+}、Zn^{2+} 等金属离子形成红色配合物；例如 XO（二甲酚橙）在 pH=1～3.5 时本身呈亮黄色，与 Bi^{3+}、Th^{4+} 结合形成红色配合物。

在 EDTA 滴定中，金属指示剂的作用原理可以简述如下：加入的少量金属指示剂 In 与少量 M 形成配合物 MIn，此时溶液呈色Ⅰ；随后滴入的 EDTA 逐步与 M 配合形成 MY（色Ⅱ），此时溶液呈（色Ⅰ+Ⅱ）；当游离的 M 被反应完毕，再稍过量的 Y 将夺取 MIn 中的 M，使指示剂游离出来（MIn+Y $\longrightarrow$ MY+In），此时溶液变为（色Ⅰ+Ⅱ混合）以表示终点的到达。

小哲理

金属指示剂——拿得起、放得下，成就了别人，也成就了自己。

（2）金属指示剂必须具备的条件

① 金属离子与指示剂形成配合物（MIn）的颜色与指示剂（In）的颜色有明显区别，且 In 与 M 的反应灵敏、快速。这样终点变化才明显，易于眼睛判断。

② 指示剂与金属离子配合物的溶解度要大，以防止指示剂僵化。同时指示剂应比较稳定，便于贮藏和使用。

③ 金属离子与指示剂形成的配合物应有足够的稳定性才能测定低浓度的金属离子。通常要求 $\lg K_{MIn} \geqslant 4$，以免终点提前。

④ 指示剂与金属离子配合物的稳定性应小于 Y^{4-} 与金属离子所生成配合物的稳定性，通常要求 $K_{MY} \geqslant 200 K_{MIn}$。这样在接近化学计量点时，$Y^{4-}$ 才能较迅速地夺取所结合指示剂的金属离子，以免终点推迟甚至终点观察不到。

（3）使用金属指示剂应避免的问题

① 指示剂的封闭现象。当 MIn 的稳定性超过 MY 的稳定性时，临近化学计量点处，甚至滴定过量之后 EDTA 也不能把指示剂置换出来。指示剂因此而不能指示滴定终点的现象称为指示剂的封闭。

例如，铬黑 T 能被 Fe^{3+}、Al^{3+} 等封闭。滴定 Ca^{2+}、Mg^{2+} 时，如有这些离子存在，可加入配位掩蔽剂三乙醇胺使它们形成更稳定的配合物而消除封闭现象。

② 指示剂的僵化现象。有些指示剂与金属离子形成的配合物水溶性较差，容易形成胶体或沉淀。滴定时，EDTA 不能及时把指示剂置换出来而使终点拖长的现象称为指示剂的

僵化。

例如，PAN 指示剂在温度较低时易产生僵化现象。这时可加入乙醇或适当加热，使指示剂变色明显。

③ 指示剂的氧化变质。金属指示剂大多是含有双键的有机化合物，易被日光、空气所破坏，有些在水溶液中更不稳定，容易变质。

例如，铬黑 T 和钙指示剂等不宜配成水溶液，常用 NaCl 作稀释剂配成固体指示剂使用。常用的金属指示剂及其主要应用列于表 8-6 中。

表 8-6　常用的金属指示剂及其主要应用

指示剂	颜色		直接滴定离子	指示剂配制	产生指示剂效应的离子
	In	MIn			
铬黑 T（EBT）	蓝	红	pH＝8～10：Mg^{2+}、Zn^{2+}、Ca^{2+}、Pb^{2+}	1：100NaCl（固体）	Fe^{3+}、Al^{3+}、Zn^{2+}、Ni^{2+} 等封闭 EBT
二甲酚橙（XO）	黄	红	pH＜1：ZrO^{2+} pH＝1～3：Bi^{3+}、Th^{4+} pH＝5～6：Zn^{2+}、Pb^{2+}、Cd^{2+}、Hg^{2+}	0.5％水溶液	Fe^{3+}、Al^{3+}、Zn^{2+}、Ni^{2+}、Ti^{4+} 等封闭 XO
PAN	黄	红	pH＝2～3：Bi^{3+}、Th^{4+} pH＝4～5：Cu^{2+}、Ni^{3+}	0.1％乙醇溶液	在 M-PAN 水中溶解度小，防止 PAN 僵化，滴定时需加热
酸性铬蓝 K	蓝	红	pH＝10：Mg^{2+}、Zn^{2+} pH＝13：Ca^{2+}	1：100NaCl（固体）	
钙指示剂（NN）	蓝	红	pH＝12～13：Ca^{2+}	1：100NaCl（固体）	Fe^{3+}、Al^{3+}、Zn^{2+}、Ni^{2+}、Co^{2+}、Mn^{2+} 等封闭 NN
磺基水杨酸（ssal）	无	紫红	pH＝1.5～2.5：Fe^{3+}	5％水溶液	FeY^- 呈黄色

注：PAN 的化学名称为 1-(2-吡啶偶氮)-2-萘酚。

8.6　提高配合滴定选择性的方法

由于 EDTA 能与许多金属离子形成稳定的配合物，而滴定溶液中常可能同时存在几种金属离子，滴定时很可能相互干扰。因此，如何提高络合滴定的选择性，消除干扰，选择滴定某一种或几种离子是配合滴定中的重要问题。提高配合滴定的选择性的方法主要有以下两种。

8.6.1　控制溶液的酸度

酸度对配合物的稳定性有很大的影响。被测金属离子 M 与 EDTA 形成的配合物 MY 的稳定性远大于干扰离子 N 与 EDTA 形成的络合物 NY 时（当 $c_M＝c_N$ 时，$\lg K＝\lg K_{MY}－\lg K_{NY}≥5$），可用控制酸度的方法，使被测离子 M 与 EDTA 形成配合物，而干扰离子 N 不被络合，以避免干扰。例如，在测定试样中 Fe_2O_3 时，Al^{3+}、Ca^{2+}、Mg^{2+}、Zn^{2+} 等为干扰离子，但在 pH＝1～2 的介质中，只有 Fe^{3+} 能与 EDTA 形成稳定的配合物，该 pH 值远小于 Al^{3+}、Ca^{2+}、Zn^{2+}、Mg^{2+}、Zn^{2+} 等与 EDTA 形成稳定的配合物的最低 pH 值，所以它们不干扰测定。

8.6.2　使用掩蔽剂

在配合滴定中，若被测金属离子的配合物与干扰离子的配合物的稳定性相差不大（$\lg K = \lg K_{MY} - \lg K_{NY} < 5$），就不能用控制酸度的方法消除干扰。在溶液中加入某种试剂，它能与干扰离子反应，而又不与被测离子作用，这种降低干扰离子浓度从而消除其对测定干扰的方法称掩蔽法。

掩蔽法按所用反应类型的不同可分为络合掩蔽法、沉淀掩蔽法和氧化还原掩蔽法等，其中用得最多的是络合掩蔽法。

（1）络合掩蔽法　络合掩蔽法是利用干扰离子与掩蔽剂形成稳定的络合物来消除干扰。例如，用 EDTA 滴定水中的 Ca^{2+}、Mg^{2+} 测定水的硬度时，如有 Fe^{3+}、Al^{3+} 等离子的存在对测定有干扰。若先加入三乙醇胺，使之与 Fe^{3+}、Al^{3+} 生成更稳定的配合物，则 Fe^{3+}、Al^{3+} 被三乙醇胺所掩蔽而不产生干扰。

作为络合掩蔽剂，必须满足下列条件：

① 干扰离子与掩蔽剂所形成的络合物应该比与 EDTA 形成的配合物稳定，且形成的配合物应为无色或浅色，不影响终点的判断。

② 掩蔽剂应不与待测离子配位或它们形成的配合物的稳定性远小于干扰离子与 EDTA 所形成的络合物的稳定性，在滴定时能被 EDTA 所置换。

③ 掩蔽剂的应用有一定的 pH 范围，且要符合测定要求的范围。

例如，测定垢样中 ZnO 时，若在 pH＝5～6 的介质中，用二甲酚橙作指示剂，可用 NH_4F 掩蔽 Al^{3+}；在测定 Ca^{2+}、Mg^{2+} 总量时，在 pH＝10 时滴定，因为 F^- 与被测物 Ca^{2+} 会生成 CaF 沉淀，因此不能用氟化物掩蔽 Al^{3+}。

（2）沉淀掩蔽剂　向溶液中加入一种沉淀剂，使干扰离子浓度降低，在不分离沉淀的情况下直接进行滴定，这种消除干扰的方法称为沉淀掩蔽法。

例如，在强碱性（pH＝12～12.5）溶液中用 EDTA 滴定 Ca^{2+} 时，强碱与 Mg^{2+} 形成 $Mg(OH)_2$ 沉淀而不干扰 Ca^{2+} 的测定，此时 OH^- 就是 Mg^{2+} 的沉淀掩蔽剂；在测定垢样中 ZnO 时，pH＝5～6 时用 EDTA 滴定 Zn^{2+}，Fe^{3+} 对测定有干扰，可加入过量浓氨水，Fe^{3+} 生成氢氧化物沉淀，Zn^{2+} 存在于溶液中与 Fe^{3+} 分离。

沉淀掩蔽法在实际应用中有一定的局限性，因此，要求用于沉淀掩蔽法的沉淀反应必须具备下列条件：①沉淀的溶解度要小，否则掩蔽不完全。②生成的沉淀应是无色或浅色致密的，最好是晶形沉淀，吸附作用小；否则会因为颜色深、体积大、吸附指示剂或待测离子从而影响终点的观察。

（3）氧化还原掩蔽法　利用氧化还原反应来消除干扰的方法称为氧化还原掩蔽法。例如滴定 Bi^{3+} 时，Fe^{3+} 的存在干扰测定，可利用抗坏血酸或盐酸羟胺等还原剂将 Fe^{3+} 还原为 Fe^{2+}。因 $\lg K^{\ominus}_{FeY^{2-}} = 14.3$ 比 $\lg K^{\ominus}_{FeY^-} = 25.1$ 小得多，就可以用控制氧化还原的条件电势的方法来滴定 Bi^{3+}。

氧化还原掩蔽法只适用于那些易于发生氧化还原反应的金属离子，并且生成的还原性物质或氧化性物质不干扰测定的情况，因此目前只有少数几种离子可用这种掩蔽方法。

小哲理

　　提高配位滴定选择性——做任何事情，我们都要开动脑筋，防避干扰，提高效率和准确度。

8.7 配合滴定法的应用

　　在配合滴定中，采用不同的滴定方式可以扩大其应用范围，提高其选择性。

8.7.1 直接滴定

　　凡是 $K_{稳}$ 足够大、配位反应快速进行、又有适宜指示剂的金属离子都可以用 EDTA 直接滴定。如在酸性溶液中滴定 Fe^{3+}，弱酸性溶液中滴定 Cu^{2+}、Zn^{2+}、Al^{3+}，碱性溶液中滴定 Ca^{2+}、Mg^{2+} 等都能直接进行，且有很成熟的方法。

　　例如，用 $CaCO_3$ 或 ZnO 配制 Ca^{2+} 标准溶液或用 Zn^{2+} 标准溶液标定 EDTA 溶液。水的总硬度通常也是用 EDTA 直接滴定法测定的。将水样调节至 $pH=10$，加入铬黑 T 指示剂，用 EDTA 标准溶液滴定溶液由酒红色变成蓝色为终点。此时，水样中的 Ca^{2+}、Mg^{2+} 均被滴定。

　　若在 $pH \geqslant 12$ 的溶液中加入钙指示剂，用 EDTA 标准溶液滴至红色变蓝色，则因 Mg^{2+} 生成 $Mg(OH)_2$ 沉淀而被掩蔽，可测得 Ca^{2+} 的含量，Mg^{2+} 的含量可由 Ca^{2+}、Mg^{2+} 总量及 Ca^{2+} 的含量求得。

　　直接滴定迅速简便引入误差少，在可能情况下应尽量采用直接滴定法。

8.7.2 返滴定

　　如果待测离子与 EDTA 反应的速度很慢，或者直接滴定缺乏合适的指示剂，可以采用返滴定法。

　　例如，测定垢样中 Al_2O_3 时，Al^{3+} 虽能与 EDTA 定量反应，但因反应缓慢而难以直接滴定。测定 Al^{3+} 时，可加入过量的 EDTA 标准溶液，加热煮沸，待反应完全后用 Cu^{2+} 标准溶液返滴定剩余的 EDTA。

8.7.3 置换滴定

　　为了扩大应用范围，提高选择性，利用置换反应能将 EDTA 络合物中的金属离子置换出来，或者将 EDTA 置换出来，然后进行滴定。

　　置换出 EDTA，如 Al^{3+} 的测定：$AlY^- + 6F^- \rightleftharpoons AlF_6^{3-} + Y^{4-}$。测定垢样中 Al_2O_3 时，Cu^{2+}、Zn^{2+} 对测定有干扰，可以用置换滴定的方法向待测试液中加入过量的 EDTA，并加热使 Al^{3+} 和共存的 Cu^{2+}、Zn^{2+} 等离子都与 EDTA 络合，然后在 $pH=4.5$ 时以 PAN 为指示剂，用铜离子标准溶液回滴过剩的 EDTA，到达终点后再加入 NH_4F，使 AlY^- 转变为更稳定的络合物 AlF_6^{3-}，置换出的 EDTA 再用铜离子溶液滴定。

　　置换出金属离子，如 Ag^+ 的测定：$2Ag^+ + Ni(CN)_4^{2-} \rightleftharpoons 2Ag(CN)_2^- + Ni^{2+}$

 小哲理

　　返滴定法和置换滴定法——学会逆向思维，学会换位思考，才能找到最佳办法。

习 题

一、选择题

1. 在 $[Co(en)(C_2O_4)_2]^-$ 中，Co^{3+} 的配位数是（　　）。

A. 6　　　　　　　B. 5　　　　　　　C. 4　　　　　　　D. 3

2. 配合物 $K[Fe(en)(C_2O_4)_2]$ 的中心原子的电荷数和配位数分别为（　　）。

A. +3和3　　　　B. +2和3　　　　C. +2和4　　　　D. +3和6

3. 下列不属于多齿配体的是（　　）。

A. OX　　　　　　B. en　　　　　　C. EDTA　　　　　D. SCN^-

4. EDTA 与金属离子形成的配合物大都为 1∶1 的螯合物，则这些螯合物中，中心离子或原子的配位数是（　　）。

A. 1　　　　　　　B. 4　　　　　　　C. 6　　　　　　　D. 8

5. EDTA 是一个很好的配体，最佳的配体形式是（　　）。

A. Y^{4-}　　　　　B. H_2Y^{2-}　　　　C. H_4Y　　　　　D. H_6Y^{2+}

6. 配位反应中，下列哪项与溶液的 pH 无关？（　　）

A. 酸效应系数　　　　　　　　　B. 稳定常数

C. EDTA 在溶液中的存在形式　　D. 水解效应系数

二、判断题

1. （　　）对于单齿配体，配体数＝配位体数。

2. （　　）中心原子是指配体中能给出孤对电子的原子。

3. （　　）稳定常数是不稳定常数的倒数。

4. （　　）对于固定的配合物，pH 值越小，稳定常数越小。

5. （　　）若只考虑酸效应，pH 值较低时，ZnY 的条件稳定常数较大。

三、填空题

1. 配合物 $[Cr(H_2O)(en)(OH)_3]$ 的名称为_____，配位数为_____，配位体为_____，中心原子为_____。

2. 命名下列配合物，指出中心离子的配位数，配位原子，中心离子。

(1) $[Co(NH_3)_6]Cl_2$　　　　　　(2) $K_2[Co(SCN)_4]$

(3) $Na_2[SiF_6]$　　　　　　　　(4) $[Co(NH_3)_5Cl]Cl_2$

(5) $K_2[Zn(OH)_4]$　　　　　　　(6) $[Co(en)_3]Cl_3$

3. 配位反应中，副反应包括三部分，分别为_____的副反应，_____的副反应和配位化合物的副反应，也可以分为络合效应、_____、_____、_____等类型。

四、简答题

1. AgCl 溶于氨水形成 $[Ag(NH_3)_2]^+$ 后，若用 HNO_3 酸化溶液，则又出现沉淀，为什么？

2. 将 KSCN 加入 $NH_4Fe(SO_4)_2 \cdot 12H_2O$ 溶液中出现红色，但加入 $K_3[Fe(CN)_6]$ 溶液并不出现红色，为什么？

3. EDTA 作为配位滴定剂有哪些特点？

4. 可作为金属指示剂的条件是什么？

第9章
电化学与氧化还原滴定法

"爆竹声中一岁除，春风送暖入屠苏"，这是描述古代过年时，家家户户燃放爆竹的热闹场景，而爆竹声响所蕴含的化学原理是什么呢？爆竹之所以能发出清脆响亮的爆炸声，正是由于黑火药的作用。作为我国四大发明之一，火药的主要成分是硝石（硝酸钾）、硫黄和木炭，三者按一定比例混合加热会发生剧烈的化学反应（$S + 2KNO_3 + 3C = 3CO_2\uparrow + K_2S + N_2\uparrow$），释放大量气体。由于体积急剧膨胀，压力猛烈增大，于是产生了爆炸，并发出震耳欲聋的爆竹声。那么，这个反应属于哪一类化学反应呢？这类化学反应还能为我们的科技发展和生活做出哪些贡献，带来哪些便利？

酸碱反应的实质——质子传递反应，而氧化还原反应的实质则是电子的转移或电子云的偏移而完成的化学反应。利用自发氧化还原反应产生电流的装置叫原电池；利用电流促使非自发氧化还原反应发生的装置叫电解池。研究原电池和电解池中氧化还原反应过程以及电能和化学能相互转化的科学称为电化学。通常一节干电池的电压（电动势）为 1.5V，一般的手机电池的电压约为 3.8V，能不能生产出电压为 3V 的干电池、电压为 10V 的手机电池呢？电池容量（mA·h）是什么含义？由什么决定电池的容量大小呢？为什么手机电池、汽车电池既可以充电，又可以放电，而干电池则不能充电呢？这些问题都是本章电化学学习的内容。

利用氧化还原反应的滴定分析方法称为氧化还原滴定法。水中有机物的多少、土壤的肥力大小以及医用双氧水是否过期，都可以用氧化还原滴定法进行分析。本章将详细介绍高锰酸钾法、重铬酸钾法的原理和方法。

9.1 氧化还原反应概述

9.1.1 氧化数

氧化数又称为氧化值，指元素在各物质中的表观电荷数。计算表观电荷数时，规定把化合物中的成键电子都归于电负性较大的原子。例如在 HCl 分子中氯元素的电负性比氢元素大，成键电子对归电负性大的氯原子，所以可以认为每个氯原子获得一个电子，表观电荷数为 -1；氢原子失去一个电子，表观电荷数为 $+1$。这种形式上的表观电荷数就表示原子在化合物中的氧化数。例如在 H_2O 分子中，两对成键电子都归电负性大的氧原子所有，因而氧和氢的表观电荷数（即氧化数）分别为 -2 和 $+1$。氧化数的概念与中学阶段所学的化合价有所不同，化合价表示原子之间互相化合时原子得失电子的数目，故只能是整数，而氧化数可以是分数。

确定氧化数的一般规则是：

① 任何形态的单质中元素的氧化数都为 0。

② 氧在化合物中的氧化数一般为 -2，在 OF_2 中为 $+2$；在过氧化物（如 H_2O_2、Na_2O_2）中为 -1，在超氧化物（如 KO_2）中为 $-1/2$。

③ 氢在化合物中的氧化数一般为 $+1$；在与活泼金属生成的离子型氢化物（如 NaH、CaH_2）中为 -1。

④ 碱金属和碱土金属在化合物中的氧化数分别为 $+1$ 和 $+2$；氟的氧化数是 -1。

⑤ 在任何化合物分子中各元素氧化数的代数和都等于零；在多原子离子中各元素氧化数的代数和等于该离子所带电荷数。

通过以上规则，可以计算复杂分子中任意元素的氧化数。例如在 $Na_2S_2O_3$ 中，根据氧化数的规则，钠和氧的氧化数分别为 $+1$ 和 -2，设硫的氧化数为 x，由"分子中各元素氧化数的代数和为零"可得：$1 \times 2 + 2x - 2 \times 3 = 0$，求得 $x = +2$。

9.1.2　氧化和还原的定义 ★

微课

科学界对氧化还原反应的认识，是一个不断深入、逐步完善的过程。通过对氧化和还原概念理解的不断深入，主要有三种定义。

最初的定义是基于得失氧原子的判断：结合氧的过程叫做氧化，失去氧的过程叫做还原。例如：

$$2Cu(s) + O_2(g) === 2CuO(s)（铜的氧化）$$
$$CuO(s) + H_2(g) === Cu(s) + H_2O(l)（氧化铜的还原）$$

此定义关键在于和氧的结合与脱离，当反应过程无得失氧原子时，无法判断是否为氧化还原反应，所以此定义具有覆盖范围小的局限。

第二种定义是基于得失电子的判断：失去电子的过程叫做氧化，得到电子的过程叫做还原。例如：

$$Zn(s) - 2e^- === Zn^{2+}(aq)（锌的氧化）$$
$$Cu^{2+}(aq) + 2e^- === Cu(s)（铜离子的还原）$$

此定义将氧化还原反应的定义范围扩大了。然而，当反应中涉及共价化合物时，不存在电子的得失，则无法判断是否为氧化还原反应，所以此定义依然存在局限性。

第三种定义是基于氧化数升降的判断：氧化数升高的过程叫氧化，氧化数降低的过程叫还原。例如：

$$2P(s) + 3Cl_2(g) === 2PCl_3(s)$$

反应物中 P 和 Cl 的氧化数均为 0，生成物中 P 和 Cl 的氧化数为 $+3$ 和 -1，因此 P 发生氧化，Cl_2 发生还原。此定义在之前的基础上进一步完善了，也获得了广泛的认可。

9.1.3　氧化还原反应的本质

凡是有电子得失或者电子云偏移的化学反应都是氧化还原反应。引言中，火药的爆炸反应就是典型的氧化还原反应。再如：

$$Zn(s)+Cu^{2+}(aq)\rule[0.4ex]{1.5em}{0.05ex}Zn^{2+}(aq)+Cu(s)$$

上述反应中，锌失去电子生成锌离子，发生氧化，将电子转移到铜离子这边，铜离子得到电子生成单质铜，发生还原。这个过程中伴随着电子的得失。再如：

$$H_2(g)+Cl_2(g)\rule[0.4ex]{1.5em}{0.05ex}2HCl(g)$$

氯化氢分子中，氢原子和氯原子共用一对电子，由于氯的电负性比氢大，H—Cl 共价键中，共用电子对的电子云更加偏向于氯，因此氢气发生氧化，而氯气发生还原。这个过程伴随着电子云的偏移。

小哲理

氧化还原反应与得失电子——懂得放手，才会抬高自己的价位。

9.1.4　氧化还原电对

任何一个氧化还原反应都可看作是两个"半反应"的和，一个半反应失去电子，另一个半反应得到电子。例如：

$$Fe(s)+Cu^{2+}(aq)\rule[0.4ex]{1.5em}{0.05ex}Fe^{2+}(aq)+Cu(s)$$

在反应中，Fe 给出电子，氧化数由 0 升到 +2，氧化数升高的过程叫氧化；Cu^{2+} 得到电子，氧化数由 +2 降低到 0，氧化数降低的过程叫还原。Cu^{2+} 是氧化剂，Fe 是还原剂。氧化剂在反应中得到电子，使还原剂氧化而本身被还原；还原剂在反应中失去电子，使氧化剂还原而本身被氧化。整个氧化还原反应可分解为氧化与还原两个半反应：

氧化半反应　　　　　　　　$Fe(s)\longrightarrow Fe^{2+}(aq)+2e^-$

还原半反应　　　　　　　　$Cu^{2+}(aq)+2e^-\longrightarrow Cu(s)$

在半反应中，同一种元素的不同氧化态物质构成一个氧化还原电对，其中高氧化数的物质称为氧化态，低氧化数的物质称为还原态，电对一般表示为：氧化态/还原态。例如：

$$Fe^{2+}/Fe;\ Cu^{2+}/Cu;\ H^+/H_2$$

在这样的氧化还原电对中，氧化数高的物质称为氧化态，氧化数低的物质称为还原态。习惯上总是把氧化态写在前面，还原态写在后面。一个氧化还原反应是由两个（或两个以上）氧化还原电对共同作用的结果，每一个氧化还原电对对应着一个氧化还原半反应。两个氧化还原电对相加构成一个氧化还原反应，氧化还原反应一般可写成：

$$还原态（Ⅰ）+氧化态（Ⅱ）\rule[0.4ex]{1.5em}{0.05ex}氧化态（Ⅰ）+还原态（Ⅱ）$$

Ⅰ和Ⅱ分别表示其所对应的两种物质构成的不同电对，氧化反应和还原反应总是同时发生，相辅相成。

9.1.5　氧化还原方程式的配平

氧化还原方程式的配平都应遵从物质守恒、电荷守恒、物料守恒和得失电子守恒等规则。根据配平的方法不同，分为氧化数法和离子电子法。本书介绍氧化数法。

根据氧化数升降的方法来配平氧化还原方程式的方法称为氧化数法。现以重铬酸钾和硫酸亚铁在硫酸溶液中的反应为例，说明用氧化数法配平氧化还原反应方程式的具体步骤。

① 根据实验确定反应物和生成物的化学式为

$$K_2Cr_2O_7 + FeSO_4 + H_2SO_4 \longrightarrow Cr_2(SO_4)_3 + Fe_2(SO_4)_3 + K_2SO_4$$

② 找出氧化剂和还原剂，算出它们氧化数的变化。每个重铬酸钾分子和硫酸铬分子中都含有两个铬原子，因此铬的氧化数变化应乘以 2。每个硫酸铁分子中含有 2 个铁原子，因此铁的氧化数变化应乘以 2。

氧化数降低 3×2

$$\overset{+6}{K_2}\overset{}{Cr_2}O_7 + \overset{+2}{Fe}SO_4 + H_2SO_4 \longrightarrow \overset{+3}{Cr_2}(SO_4)_3 + \overset{+3}{Fe_2}(SO_4)_3 + K_2SO_4$$

氧化数升高 1×2

③ 氧化剂中氧化数降低的数值应与还原剂中氧化数升高的数值相等，因此在相应的化学式前乘以适当的最简系数：

氧化数降低 3×2

$$\overset{+6}{K_2}\overset{}{Cr_2}O_7 + \overset{+2}{Fe}SO_4 + H_2SO_4 \longrightarrow \overset{+3}{Cr_2}(SO_4)_3 + \overset{+3}{Fe_2}(SO_4)_3 + K_2SO_4$$

氧化数升高 $1 \times 2 \times 3$

得到：$K_2Cr_2O_7 + 6FeSO_4 + H_2SO_4 \longrightarrow Cr_2(SO_4)_3 + 3Fe_2(SO_4)_3 + K_2SO_4$

④ 反应前后各原子总数应相等，在此原则下确定介质及其产物化学式前的系数。一般先配平除氢和氧以外的其他原子数，然后再检查两边的氢原子数。必要时可加水进行平衡。并将反应式中的箭头改写为等号：

$$K_2Cr_2O_7 + 6FeSO_4 + 7H_2SO_4 = Cr_2(SO_4)_3 + 3Fe_2(SO_4)_3 + K_2SO_4 + 7H_2O$$

⑤ 最后核对氧原子数并作最后检查。

9.2　原电池和电极电势

9.2.1　原电池★

微课

（1）原电池的组成　将硫酸铜溶液中放入锌片，将发生下列氧化还原反应：

$$Zn(s) + Cu^{2+}(aq) = Zn^{2+}(aq) + Cu(s)$$

电子直接从锌片传递给 Cu^{2+}，使 Cu^{2+} 在锌片上还原而析出金属铜，同时锌被氧化为 Zn^{2+}。氧化还原反应中释放的化学能转变成了热能。

这一反应也可在图 9-1 所示的装置中分开进行，此装置即为铜锌原电池。

在两烧杯中分别放入 $ZnSO_4$ 溶液和 $CuSO_4$ 溶

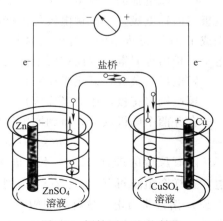

图 9-1　铜锌原电池示意图

液。在前一个烧杯中插入锌片，与 $ZnSO_4$ 溶液构成锌电极，在后一个烧杯中插入铜片，与 $CuSO_4$ 溶液构成铜电极。用盐桥（一个装满饱和 KCl 溶液，并添加琼脂使之成为胶冻状黏稠体的倒置 U 形管）把两个烧杯中的溶液连通。当用导线把铜电极和锌电极连接起来时，检流计指针会发生偏转，说明导线中有电流通过，同时 Zn 片开始溶解，Cu 片上有 Cu 沉积上去。这种能自发将化学能转变成电能的装置称为原电池。

原电池的组成主要包括电极、电解液、盐桥和外电路四个部分。主要部件是导电子的电极和导离子的电解液。

① 电极：提供电池反应的场所，同时也是连通内电路与外电路的元件。原电池中的电极分为正极和负极两部分。正极是电子流入的一极，发生还原反应。负极是电子流出的一极，发生氧化反应。

② 电解质：作用是传输离子，并为电池反应提供反应物。电解质是溶于水溶液中或在熔融状态下就能够导电的化合物。电解质的种类和浓度都会对原电池的性能产生影响。

仅有电极和电解质溶液，系统的电路还是断路。要想产生电流，必须将正负极连通，用导线将外电路连接，且用盐桥将正负极的电解液连通，形成闭合回路，才能构成完整的原电池装置。

③ 盐桥：由饱和氯化钾溶液和琼脂制成的 U 形管胶冻。琼脂是一种无色、无固定形状的固体，溶于热水。饱和氯化钾溶液可以快速连通离子，做成胶冻可以阻止氯化钾溶液快速流失。负极的金属失去电子变成金属离子，此时就需要由盐桥中的离子补充到溶液中，保持溶液的电中性。因此盐桥是传输离子的元件。

④ 导线：作用是连接电极与工作器件金属线。

 小哲理

　　自发氧化还原反应与原电池——改变结构和传导方式就可以得到不同的效果。 同样，改变做事情的心态和思路，就可得到完全不同的效果。

（2）原电池的电极半反应　在上述原电池中，由检流计指针偏转的方向可知电流是由铜电极流向锌电极，因此铜电极是正极，锌电极是负极。锌的溶解表明锌极上的锌失去电子，变成了 Zn^{2+} 进入溶液，锌极上的电子通过导线流到铜电极。溶液中的 Cu^{2+} 在铜电极上得到电子，析出金属铜。因此在两电极上进行的反应分别是：

锌电极（负极，氧化半反应）　　　$Zn(s) \longrightarrow Zn^{2+}(aq) + 2e^-$

铜电极（正极，还原半反应）　　　$Cu^{2+}(aq) + 2e^- \longrightarrow Cu(s)$

合并两个电极反应，得到原电池中发生的氧化还原反应，称为电池反应：

$$Zn(s) + Cu^{2+}(aq) = Zn^{2+}(aq) + Cu(s)$$

随着反应的进行，Zn^{2+} 不断进入溶液，过剩的 Zn^{2+} 将使电极附近的 $ZnSO_4$ 溶液带正电，这样会阻止继续生成 Zn^{2+}；同时 Cu^{2+} 被还原成 Cu 后，电极附近多余的 SO_4^{2-} 使 $CuSO_4$ 溶液带负电，这样也会阻止 Cu^{2+} 继续在铜电极上结合电子，以至于实际上不能产生电流。用盐桥连接两个溶液，K^+ 从盐桥移向 $CuSO_4$ 溶液，Cl^- 从盐桥移向 $ZnSO_4$ 溶液，

分别中和过剩的电荷，保持溶液电中性，原电池放电得以持续。

（3）原电池的电极类型　原电池中所有电极上进行的反应都是氧化还原反应，按照氧化态、还原态物质的状态不同，可将电极分为三类，如表 9-1 所示。

表 9-1　电极类型

电极类型		电极符号示例	电极反应示例
第一类电极	金属-金属离子电极	$Zn\|Zn^{2+}$ $Cu\|Cu^{2+}$	$Zn^{2+}(aq)+2e^- \Longrightarrow Zn(s)$ $Cu^{2+}(aq)+2e^- \Longrightarrow Cu(s)$
第一类电极	气体-离子电极	$Pt\|Cl_2\|Cl^-$ $Pt\|O_2\|OH^-$	$Cl_2(g)+2e^- \Longrightarrow 2Cl^-(aq)$ $O_2(g)+2H_2O(l)+4e^- \Longrightarrow 4OH^-(aq)$
第二类电极	金属-难溶盐电极	$Ag\|AgCl(s)\|Cl^-$ $Pt\|Hg(l)\|Hg_2Cl_2(s)\|Cl^-$	$AgCl(s)+e^- \Longrightarrow Ag(s)+Cl^-(aq)$ $Hg_2Cl_2(s)+2e^- \Longrightarrow 2Hg(s)+2Cl^-(aq)$
第二类电极	金属-难溶氧化物电极	$Sb\|Sb_2O_3(s)\|H^+,H_2O$	$Sb_2O_3(s)+6H^+(aq)+6e^- \Longrightarrow 2Sb+3H_2O(l)$
第三类电极	氧化还原电极（离子电极）	$Pt\|Fe^{3+},Fe^{2+}$ $Pt\|Sn^{4+},Sn^{2+}$	$Fe^{3+}(aq)+e^- \Longrightarrow Fe^{2+}(aq)$ $Sn^{4+}(aq)+2e^- \Longrightarrow Sn^{2+}(aq)$

上表中的"$Zn\|Zn^{2+}$"等也称为电极符号。在书写电极符号时，用"｜"表示相界面；当电解质中含有两种或两种以上离子时，用"，"隔开，同时需要将参与反应的所有物质全部写入电极符号中。由于所有的电极反应都需要电极传输电子，电解质传输质子，因此电极中必须含有导电电极和溶液（或熔融盐）离子。

1）第一类电极——金属（气体）-离子电极。第一类电极是将某金属或吸附了某种气体的惰性金属放在含有该元素离子的溶液中构成的。

① 金属-金属离子电极。以锌电极为例：

电极反应：$Zn(s) \longrightarrow Zn^{2+}(aq)+2e^-$

氧化还原电对：Zn^{2+}/Zn

电极符号：$Zn\|Zn^{2+}$

② 气体-离子电极，需加入惰性电极（一般为 Pt 或石墨）负责传输电子。以氢电极和氯电极为例：

电极反应：$2H^+(aq)+2e^- \longrightarrow H_2(g)$　　　电极反应：$Cl_2(g)+2e^- \longrightarrow 2Cl^-(aq)$

氧化还原电对：H^+/H_2　　　　　　　　　　　氧化还原电对：Cl_2/Cl^-

电极符号：$Pt\|H_2(g)\|H^+$　　　　　　　　　　电极符号：$Pt\|Cl_2(g)\|Cl^-$

2）第二类电极——金属-难溶盐（难溶氧化物）电极。第二类电极是指在金属上覆盖一层该金属的难溶盐或氧化物，并把它浸在与该盐具有相同阴离子的溶液中构成。

① 金属-难溶盐电极。以甘汞电极（汞-氧化亚汞电极）为例：

电极反应：$Hg_2Cl_2(s)+2e^- \longrightarrow 2Hg(l)+2Cl^-(aq)$

氧化还原电对：Hg_2Cl_2/Hg

电极符号：$Pt(s)\|Hg(l)\|Hg_2Cl_2(s)\|Cl^-(aq)$

② 金属-难溶氧化物电极。以锑-氧化锑电极为例：

电极反应：$Sb_2O_3(s)+6H^+(aq)+6e^- \longrightarrow 2Sb(s)+3H_2O(l)$

氧化还原电对：Sb_2O_3/Sb

电极符号：$Sb(s)\|Sb_2O_3(s)\|H^+(aq),H_2O(l)$

3）第三类电极——氧化还原电极（离子型电极）。第三类电极又称为离子型电极。参加电极反应的氧化态和还原态物质都以离子形式存在于溶液中，同时，依然需要惰性电极来传输电子。以铁离子电极为例：

电极反应：$Fe^{3+}(aq)+e^- \longrightarrow Fe^{2+}(aq)$

氧化还原电对：Fe^{3+}/Fe^{2+}

电极符号：$Pt(s)|Fe^{3+}(aq),Fe^{2+}(aq)$

（4）原电池的电池符号表达　在电化学中为了书写方便，铜锌原电池的电池符号表达式为：

$$(-)Zn(s)|ZnSO_4(aq)\|CuSO_4(aq)|Cu(s)(+)$$

原电池的电池符号的书写规定如下：

① 负极（-）写左边，发生氧化反应；正极（+）写右边，发生还原反应。

② 以化学式表示原电池中各物质的组成，并注明其状态（气态"g"，纯液体"l"，纯固体"s"，稀溶液"aq"或浓度"c"），对气体要注明压力，对溶液要注明浓度 c 或活度 a。如果电极反应中无固体金属单质，需要外加惰性电极材料（Pt 或石墨）作为电流的传导体。

③ 用"$|$"表示相界面，用"$\|$"表示盐桥，同一相中的不同物质之间要用"，"隔开。

④ 注明电池反应的温度和压力，如不写明，一般指 298.15K 和标准压力 $p^{\ominus}$。

⑤ 对于强电解质，可以只写参与反应的离子；对于弱电解质或难溶电解质，必须写出化学式。例如都是 H^+ 参与反应，强电解质硫酸可以写成 H_2SO_4 或 H^+，弱电解质醋酸则必须写成 CH_3COOH（或简写式 HAc）。

例 9-1　将下列化学反应设计成原电池：

① $6Fe^{2+}(c_1,aq)+Cr_2O_7^{2-}(c_2,aq)+14H^+(c_3,aq)==6Fe^{3+}(c_4,aq)+2Cr^{3+}(c_5,aq)+7H_2O$

② $Ag(s)+H^+(c_1,aq)+I^-(c_2,aq)==AgI(s)+1/2H_2(p,g)$

③ $Ag^+(c_1,aq)+Cl^-(c_2,aq)==AgCl(s)$

解：① 先确定正极和负极的氧化还原电对。反应中 Fe^{2+} 失去电子被氧化成 Fe^{3+}，发生氧化反应，故电对 Fe^{3+}/Fe^{2+} 是负极；$Cr_2O_7^{2-}$ 在反应中得到电子被还原成 Cr^{3+}，发生还原反应，故 $Cr_2O_7^{2-}/Cr^{3+}$ 是正极。正负极反应中没有固体电极作为电子的载体，需用惰性材料制成的电极作为电子的载体，则设计成的原电池为：

$$(-)Pt(s)|Fe^{2+}(c_1,aq),Fe^{3+}(c_4,aq)\|Cr_2O_7^{2-}(c_2,aq),Cr^{3+}(c_5,aq)|Pt(s)(+)$$

② 同理可知，电对 AgI/Ag 是负极，电对 H^+/H_2 是正极。正极反应中没有固体电极作为电子的载体，故用 Pt 作电极，则设计成的原电池为：

$$(-)Ag(s)|AgI(s)|I^-(c_2,aq)\|H^+(c_1,aq)|H_2(p,g)|Pt(s)(+)$$

③ 不是氧化还原反应，但在反应式两边分别加上 Ag，就能确定氧化还原电对。

$$Ag(s)+Ag^+(c_1,aq)+Cl^-(c_2,aq)==AgCl(s)+Ag(s)$$

在该反应中 Ag 失电子被氧化成 AgCl，Ag^+ 得电子被还原成 Ag，故正极电对是 Ag^+/Ag，负极电对是 AgCl/Ag，则设计成的原电池为：

$$(-)Ag(s)|AgCl(s)|Cl^-(c_2,aq)\|Ag^+(c_1,aq)|Ag(s)(+)$$

9.2.2　电极电势

在铜锌原电池中，为什么检流计的指针总是指向一个方向，说明电子总是从 Zn 传递给 Cu^{2+}，而不是从 Cu 传递给 Zn^{2+} 呢？这与两电极的电极电势有关。

（1）电极电势的产生——双电层理论　当将活泼金属锌片插入含有该金属离子的溶液中时，由于极性很大的水分子吸引构成晶格的金属离子，从而使金属锌以水合离子的形式进入金属表面附近的溶液，即

$$Zn(s) \longrightarrow Zn^{2+}(aq) + 2e^-$$

电极带有负电荷，而电极表面附近的溶液由于有过多的 Zn^{2+} 而带正电荷。开始时，溶液中的 Zn^{2+} 浓度较小，溶解速度较快。随着锌的不断溶解，溶液中 Zn^{2+} 浓度增加，同时锌片上的电子也不断增加，这样就阻碍了锌的继续溶解。另一方面，溶液中的水合锌离子由于受其他 Zn^{2+} 的排斥作用和受锌片上电子的吸引作用，又有从金属锌表面获得电子而沉积在金属表面的倾向：

$$Zn^{2+}(aq) + 2e^- \longrightarrow Zn(s)$$

而且随着水合锌离子浓度和锌片上电子数目的增加，沉积速度不断增大。当溶解速度和沉积速度相等时，达到了动态平衡：

$$Zn(s) \Longleftrightarrow Zn^{2+}(aq) + 2e^-$$

这样，金属锌片带负电荷，在锌片附近的溶液中就有较多的 Zn^{2+} 吸引在金属表面附近，导致靠近锌片的溶液带正电荷，结果形成一个双电层，双电层示意图如图 9-2 所示。双电层中，带负电荷的金属和带正电荷的盐溶液之间产生了电位差，这种在金属和溶液之间产生的电位差，就叫做金属电极的电极电势（electrode potential），用 E 或 φ 表示，本书统一用 E 表示。

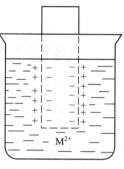

图 9-2　双电层示意图

电极电势的大小除了与电极的本性有关外，还与温度、介质及离子浓度等因素有关。当外界条件一定时，电极电势的大小只取决于电极的本性。

（2）原电池的电动势　在原电池中，两个电极都有各自的电极电势，电子能够从原电池的负极通过导线流向正极，说明原电池两极之间的电极电势不同，存在着电势差。用电位差计测得的原电池的正极和负极之间的电势差就是原电池的电动势（electromotive force，即外电路电流为零时的电极电势差），用符号 $E_{池}$ 表示，单位为伏特，V。则原电池的电动势：

$$E_{池} = E_{正} - E_{负} \tag{9-1}$$

式中，$E_{正}$ 和 $E_{负}$ 分别代表正、负电极的电极电势。

（3）标准电极电势　目前，单个电极的电极电势的绝对值还无法测量，但是可以用两个不同的电极构成原电池测量其电动势，如果选择某种电极作为基准，规定它的电极电势为零，则可以方便地确定其他各种电极的电极电势。按国际纯粹与应用化学联合会（International Union of Pure and Applied Chemistry，IUPAC）惯例，选择标准氢电极为基准。

（1）标准氢电极　标准氢电极（standard hydrogen electrode，SHE）的构造图如图 9-3 所示，它是把表面镀上一层铂黑的铂片插入 H^+ 活度 a 为 1 的溶液中，并不断地通入标准压力为 $p^\ominus$（即 100kPa）的纯氢气冲打铂片，使铂黑吸附氢气并达到饱和。吸附在铂黑上的氢气和溶液中的 H^+ 建立如下平衡：

$$2H^+(a=1) + 2e^- \Longleftrightarrow H_2(g, p^\ominus)$$

这样的电极就是标准氢电极，其电极表达式为：

$$Pt(s) \mid H_2(p^\ominus) \mid H^+(a=1)$$

　　国际纯粹与应用化学联合会（IUPAC）规定，在298.15K的温度下，标准氢电极的电极电势为零，表示为 $E^{\ominus}(H^+/H_2)=0.0000V$，或 $E^{\ominus}_{H^+/H_2}=0.0000V$。右上角的 $\ominus$ 代表标准状态，指的是温度为298.15K，压力为100kPa，溶液活度为1。有了标准氢电极做基准，就可以测定其他电极的电极电势。

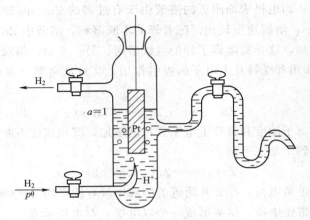

图9-3　标准氢电极构造图

　　（2）标准电极电势　用标准状态下的各种电极与标准氢电极组成原电池：

$$Pt(s)\mid H_2(p^{\ominus})\mid H^+(a=1)\parallel 待测电极$$

测定这些原电池的电动势就可求出这些电极的标准电极电势（standard electrode potential）。标准电极电势用 $E^{\ominus}$ 表示。例如，用标准氢电极与标准铜电极组成电池：

$$Pt(s)\mid H_2(p^{\ominus})\mid H^+(a=1)\parallel Cu^{2+}(a=1)\mid Cu(s)$$

298.15K时测得该电池电动势 $E_{池}=0.3419V$，由于两个电极都处于标准态，因此

$$E^{\ominus}_{池}=E^{\ominus}(Cu^{2+}/Cu)-E^{\ominus}(H^+/H_2)=0.3419V$$

得　　　　$E^{\ominus}(Cu^{2+}/Cu)=E^{\ominus}_{池}+E^{\ominus}(H^+/H_2)=0.3419V+0V=0.3419V$

　　又如，用标准锌电极与标准氢电极组成电池：

$$Pt(s)\mid H_2(p^{\ominus})\mid H^+(a=1)\parallel Zn^{2+}(a=1)\mid Zn(s)$$

在298.15K时测得其电动势 $E_{池}=0.7618V$。但实验发现电流是由标准氢电极流向锌电极，所以标准氢电极实际上是正极，发生还原反应，锌电极实际上是负极，发生氧化反应。电池应为：

$$(-)Zn(s)\mid Zn^{2+}(a=1)\parallel H^+(a=1)\mid H_2(p^{\ominus})\mid Pt(s)(+)$$

$$E^{\ominus}_{池}=E^{\ominus}(H^+/H_2)-E^{\ominus}(Zn^{2+}/Zn)=0.7618V$$

得　　　　$E^{\ominus}(Zn^{2+}/Zn)=E^{\ominus}(H^+/H_2)-E^{\ominus}_{池}=0V-0.7618V=-0.7618V$

　　（3）标准电极电势表　许多氧化还原电对的电极电势都已测得或从理论上计算出来，在有关化学手册上记录成表，这就是标准电极电势表。附表6列出了一些常见氧化还原电对的标准电极电势数据，按照电极电势从负到正的次序排列而成。下面对此表的意义和使用做几点说明。

　　① 按照国际惯例，电池半反应均采用 $M^{z+}+ze^-\rightleftharpoons M$ 表示，因此标准电极电势均为还原电势。电极电势越正，说明氧化态获得电子的本领越强，即氧化能力越强，因此氧化态的氧化性自上而下依次增强；反之，电极电势越负，说明还原态失去电子的本领越强，即还原能力越强，因此还原态的还原性自下而上依次增强。例如，$E^{\ominus}(F_2/F^-)=2.866V$，此数

值相对来说很正，说明 F_2 的氧化性很强，而 F^- 的还原性很弱。

② 附表 6 中所列标准电极电势的正负号不因电极反应进行的方向而改变，即同一电极作正极或负极时，电极电势相同。例如：

$Zn(s)+Cu^{2+}(a=1)\Longrightarrow Zn^{2+}(a=1)+Cu(s)$ 中，铜电极为正极，$E^{\ominus}(Cu^{2+}/Cu)=0.3419V$；

$Cu(s)+2Ag^{+}(a=1)\Longrightarrow Cu^{2+}(a=1)+2Ag(s)$ 中，铜电极为负极，$E^{\ominus}(Cu^{2+}/Cu)=0.3419V$。

$E^{\ominus}$ 的数值不变。

③ 电极电势的数值反映的是物质得失电子的倾向，与物质的量无关。例如：

$$Zn^{2+}(a=1)+2e^-\Longrightarrow Zn \qquad E^{\ominus}=-0.7618V;$$

写成 $\qquad 2Zn^{2+}(a=1)+4e^-\Longrightarrow 2Zn \qquad E^{\ominus}=-0.7618V.$

$E^{\ominus}$ 的数值不变。

④ 标准电极电势无简单加和性。例如：

$$Fe^{3+}+e^-\Longrightarrow Fe^{2+} \qquad E_1^{\ominus}=0.771V \qquad n_1=1$$
$$Fe^{2+}+2e^-\Longrightarrow Fe \qquad E_2^{\ominus}=-0.447V \qquad n_2=2$$
$$Fe^{3+}+3e^-\Longrightarrow Fe \qquad E_3^{\ominus}=-0.037V \qquad n_3=3$$

$$Fe^{3+}\xrightarrow[n_1=1]{E_1^{\ominus}=0.771V}Fe^{2+}\xrightarrow[n_2=2]{E_2^{\ominus}=-0.447V}Fe$$
$$\underset{n_3=3}{\underline{\xrightarrow{E_3^{\ominus}=-0.037V}}}$$

三者数值无简单加和性，而满足 $n_3\times E_3^{\ominus}=n_1\times E_1^{\ominus}+n_2\times E_2^{\ominus}$

⑤ 本表不能用于非水溶液或熔融盐。在非水溶液中的电极电势之所以与水溶液中的电极电势不同，是由溶剂化作用而引起的。

此外，还需注意的是，标准电极电势是指标准状态下的电极电势，如果不是标准状态，那么电极电势值会有所不同。非标准状态下的电极电势值可计算出来（见 9.2.4 节），也可以通过与标准氢电极组成原电池测量得到。

（4）参比电极　因为标准氢电极的制备和使用不十分方便，在实际工作中常采用一些易于制备和使用并且电极电势相对稳定的电极作参比电极。甘汞电极（calomel electrode）是最常用的参比电极之一，在一定温下其电极电势值比较稳定，并且容易制备，使用方便。甘汞电极的构造如图 9-4 所示，它是在电极的底部放入少量汞和甘汞（Hg_2Cl_2）、汞及 KCl 溶液制成的糊状物，上面充入饱和了甘汞的 KCl 溶液，再用导线引出。甘汞电极的电极电势随 KCl 溶液浓度的不同而不同，表 9-2 列出了三种常用的甘汞电极及其在 298.15K 时的电极电势值。

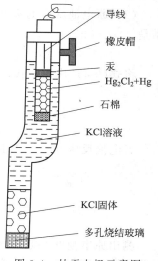

导线
橡皮帽
汞
Hg_2Cl_2+Hg
石棉
KCl溶液
KCl固体
多孔烧结玻璃

图 9-4　甘汞电极示意图

表 9-2　三种甘汞电极的电极电势

c(KCl)/mol·L^{-1}	电极反应	E/V(25℃)
0.1	$Hg_2Cl_2(s)+2e^-\Longrightarrow 2Hg(l)+2Cl^-(0.1mol\cdot L^{-1})$	0.3337
1	$Hg_2Cl_2(s)+2e^-\Longrightarrow 2Hg(l)+2Cl^-(1mol\cdot L^{-1})$	0.2801
饱和	$Hg_2Cl_2(s)+2e^-\Longrightarrow 2Hg(l)+2Cl^-(饱和)$	0.2681

小知识

9.2.3 电动势与 $\Delta_r G_m^{\ominus}$ 和 $K^{\ominus}$ 的关系

电化学是物理化学的一大分支，因此原电池与热力学和动力学也有着密切的相关性。热力学决定了原电池能否自发进行，动力学决定了原电池的反应进行的速度。本节重点介绍电动势与标准吉布斯自由能变 $\Delta_r G_m^{\ominus}$ 和标准平衡常数 $K^{\ominus}$ 的关系。

（1）电池的电动势和吉布斯自由能变的关系　一个能自发进行的氧化还原反应可设计成一个原电池，把化学能转变为电能，然而作为该反应推动力的吉布斯自由能变（$\Delta_r G$）与原电池的电动势（E）有什么联系呢？根据化学热力学，如果在能量转变的过程中，化学能全部转变为电功而无其他能量的损失，则在定温定压下，系统的吉布斯自由能变值等于系统所做的最大非膨胀功（即原电池可能做的最大电功）：

$$-\Delta_r G = W_{max} = QE = z\xi F E_{池} \tag{9-2}$$

式中，ξ 为反应进度；z 为电池的氧化还原反应式中传递的电子数，它实际上是两个半反应中电子的化学计量数 z_1 和 z_2 的最小公倍数；F 为法拉第常量；$E_{池}$ 为原电池电动势。

将式（9-2）两端同时除以反应进度 ξ，则得

$$-\Delta_r G = W_{max} = QE = z\xi F E_{池}$$

$$\Delta_r G_m = -zF E_{池} \tag{9-3}$$

若原电池各反应物质均处于标准状态，电池的电动势就是标准电动势 $E^{\ominus}$。则得

$$\Delta_r G_m^{\ominus} = -zF E_{池}^{\ominus} \tag{9-4}$$

式（9-4）这个关系式十分重要，它把热力学和电化学联系了起来。测定出原电池的电动势 $E^{\ominus}$，就可以根据这一关系式计算出电池中进行的氧化还原反应的吉布斯自由能变 $\Delta_r G_m^{\ominus}$；反之，通过计算某个氧化还原反应的 $\Delta_r G_m^{\ominus}$，也可求出相应原电池的 $E_{池}^{\ominus}$。此外，式（9-3）和式（9-4）同样适用半电池。

（2）原电池反应的标准平衡常数　标准吉布斯自由能变 $\Delta_r G_m^{\ominus}$ 与标准平衡常数 $K^{\ominus}$ 的关系是

$$\Delta_r G_m^{\ominus} = -RT\ln K^{\ominus}$$

将式（9-4）代入上式，可得

$$zF E_{池}^{\ominus} = RT\ln K^{\ominus}$$

$$E_{池}^{\ominus} = \frac{RT}{zF}\ln K^{\ominus} = \frac{2.303RT}{zF}\lg K^{\ominus} \tag{9-5}$$

若电池反应在 298.15K 进行，将 R、T 和 F 的值代入上式：

$$E_{池}^{\ominus} = \frac{2.303 \times 8.314\text{J} \cdot \text{mol}^{-1} \cdot \text{K}^{-1} \times 298\text{K}}{z \times 96500\text{C} \cdot \text{mol}^{-1}}\lg K^{\ominus} = \frac{0.05916}{z}\lg K^{\ominus} \tag{9-6}$$

$$得\ \lg K^{\ominus} = \frac{zE_{池}^{\ominus}}{0.05916} \tag{9-7}$$

测出原电池在 298.15K 的标准电动势之后，即可根据式（9-7）计算在原电池中发生的氧化还原反应的标准平衡常数。此外，联系式（9-1）可知，正、负两电极的标准电极电势相差愈大，标准平衡常数就愈大，反应进行也愈彻底。因此，可直接用 $E_{池}^{\ominus}$ 的大小来估计氧化还原反应进行的程度。

9.2.4 影响电极电势的因素

电极电势的大小不仅取决于构成电极物质的自身性质，而且与溶液中离子的浓度、气态

物质的分压、温度和物质状态等因素有关。对于任意一个电极反应均可写成如下通式：

$$g \text{ 氧化态} + z\text{e}^- \Longrightarrow h \text{ 还原态}$$

或

$$g(\text{Ox}) + z\text{e}^- \Longrightarrow h(\text{Red})$$

上式中，Ox 指氧化态（oxidation state）物种，Red 指还原态（reduction state）物种，z、g、h 分别为传递电子数、氧化态的化学计量数、还原态的化学计量数。

根据化学反应等温式

$$\Delta_r G_m = \Delta_r G_m^{\ominus} + RT\ln K^{\ominus} = \Delta_r G_m^{\ominus} + RT\ln \frac{a^h(\text{Red})}{a^g(\text{Ox})}$$

式中，a 为物质的活度，但在稀溶液中一般用浓度 c 代替活度来计算，将式（9-3）和式（9-4）代入，得

$$-zE(\text{Ox/Red})F = -zE^{\ominus}(\text{Ox/Red})F + RT\ln \frac{c^h(\text{Red})}{c^g(\text{Ox})}$$

$$E(\text{Ox/Red}) = E^{\ominus}(\text{Ox/Red}) - \frac{RT}{zF}\ln \frac{c^h(\text{Red})}{c^g(\text{Ox})} \tag{9-8}$$

式（9-8）称为电极电势的能斯特方程。对于任意一个电极，其电极电势与参与反应物浓度及温度的关系遵循能斯特方程。

应用能斯特方程时，应注意以下几点：

① 如果电极反应中有纯固体、纯液体和水参加反应，则纯固体、纯液体和水的活度取值为 1；若是气体 B，则用 $a_B = p_B/p^{\ominus}$ 表示；在稀溶液中一般用浓度代替活度来计算电对的电极电势。

② 还原态 Red 指电极反应式右边所有的物质，氧化态 Ox 指电极反应式左边除电子外的所有物质。也就是说，如果在电极反应中，除氧化态与还原态物质外，还有参加电极反应的其他物质，如 H^+、OH^- 等，这些物质的浓度也应出现在能斯特方程中。

③ 标准电极电势 $E^{\ominus}$ 反映的是物质得失电子的能力，与方程式的写法无关。如：$Zn^{2+} + 2\text{e}^- \Longrightarrow Zn(\text{s})$ 的 $E^{\ominus}(Zn^{2+}/Zn)$ 是 -0.7618V，$2Zn^{2+} + 4\text{e}^- \Longrightarrow 2Zn(\text{s})$ 的 $E^{\ominus}(Zn^{2+}/Zn)$ 仍是 -0.7618V，而不是它的 2 倍。

若电极反应在 298.15K 进行，将 R、T 和 F 的值代入式（9-8）得：

$$E(\text{Ox/Red}) = E^{\ominus}(\text{Ox/Red}) - \frac{0.05916}{z}\lg \frac{c^h(\text{Red})}{c^g(\text{Ox})} \tag{9-9}$$

从式（9-8）和式（9-9）可以看出，氧化态的浓度越大或还原态的浓度越小，则电对的电极电势越高，说明氧化态获得电子的倾向越大；反之，氧化态的浓度越小或还原态的浓度越大，则电对的电极电势越低，说明氧化态获得电子的倾向越小。

　小哲理

　　能斯特方程——将电极材料活性、温度、浓度等因素与电动势联系起来。万事万物必有联系。

9.3　电极电势的应用

电极电势的应用十分广泛，它可以计算原电池的电动势、比较氧化剂和还原剂的相对强弱、判断氧化还原反应进行的方向和限度等。

9.3.1　计算原电池的电动势

根据标准电极电势和能斯特方程，可计算电极物质在任意浓度时的电极电势，然后根据式(9-1)，可计算出原电池的电动势。

例 9-2　计算下列原电池在 25℃时的电动势。

$$(-)Fe(s)|Fe^{2+}(1mol/L)\|Sn^{4+}(1mol/L),Sn^{2+}(0.01mol/L)|Pt(s)(+)$$

解： 从附表 6 可查，与此原电池有关的电极反应及标准电极电势为：

$$Fe^{2+}+2e^-\!\!=\!\!=\!\!Fe \qquad E^{\ominus}(Fe^{2+}/Fe)=-0.447V$$
$$Sn^{4+}+2e^-\!\!=\!\!=\!\!Sn^{2+} \qquad E^{\ominus}(Sn^{4+}/Sn^{2+})=0.151V$$

此原电池中，两电极的电极电势分别为：

$$E(Fe^{2+}/Fe)=E^{\ominus}(Fe^{2+}/Fe)=-0.447V$$

$$E(Sn^{4+}/Sn^{2+})=E^{\ominus}(Sn^{4+}/Sn^{2+})+\frac{0.05916}{2}\ln\frac{Sn^{4+}}{Sn^{2+}}=0.151+\frac{0.05916}{2}\lg\frac{1}{0.01}=0.210V$$

由于 $E(Fe^{2+}/Fe)<E(Sn^{4+}/Sn^{2+})$，所以 Sn^{4+}/Sn^{2+} 电对为正极，Fe^{2+}/Fe 电对为负极，电池电动势为：

$$E_{池}=E(Sn^{4+}/Sn^{2+})-E(Fe^{2+}/Fe)=0.210-(-0.447)=0.657V$$

9.3.2　判断氧化剂和还原剂的强弱

电极电势的大小反映了氧化还原电对中氧化态物质和还原态物质氧化还原能力的相对强弱。电对的电极电势值越负，则该电对中还原态物质越易失去电子，其还原能力越强，而对应的氧化态物质越难得电子，氧化态物质的氧化能力越弱。反之，若电对的电极电势值越正，则该电对中氧化态物质越易得电子，其氧化能力越强，而对应的还原态物质的还原能力越弱。

例 9-3　有一含有 Cl^-、Br^-、I^- 的混合溶液，欲使 I^- 氧化为 I_2，而 Br^- 和 Cl^- 不发生变化。在常用的氧化剂 H_2O_2、$Fe_2(SO_4)_3$ 和 $KMnO_4$ 中选择哪一种合适？

解： 从附表 6 可知，与此题有关的标准电极电势为：

电对	电极反应	$E^{\ominus}$/V
I_2/I^-	$I_2+2e^-\rightleftharpoons2I^-$	0.536
Fe^{3+}/Fe^{2+}	$Fe^{3+}+e^-\rightleftharpoons Fe^{2+}$	0.771
Br_2/Br^-	$Br_2+2e^-\rightleftharpoons2Br^-$	1.0873
Cl_2/Cl^-	$Cl_2+2e^-\rightleftharpoons2Cl^-$	1.358
MnO_4^-/Mn^{2+}	$MnO_4^-+8H^++5e^-\rightleftharpoons Mn^{2+}+4H_2O$	1.507
H_2O_2/H_2O	$H_2O_2+2H^++2e^-\rightleftharpoons2H_2O$	1.776

根据标准电极电势表可选择合适的氧化剂或还原剂。例如要对含有 Cl^-、Br^-、I^- 的混

合溶液做 I^- 的定性鉴定，需选择合适的氧化剂只氧化 I^-，而不氧化 Cl^- 和 Br^-。I^- 被氧化成 I_2，再用 CCl_4 将 I_2 萃取出来成紫红色即可鉴定 I^-。

$E^{\ominus}(MnO_4^-/Mn^{2+})$ 和 $E^{\ominus}(H_2O_2/H_2O)$ 由于比 $E^{\ominus}(I_2/I^-)$、$E^{\ominus}(Br_2//Br^-)$、$E^{\ominus}(Cl_2/Cl^-)$ 都大，因此会把 I^-、Br^- 和 Cl^- 都氧化，不符合题目要求，因此不能选择 $KMnO_4$ 和 H_2O_2。

而 $E^{\ominus}(Fe^{3+}/Fe^{2+})$ 大于 $E^{\ominus}(I_2/I^-)$，小于 $E^{\ominus}(Br_2/Br^-)$ 和 $E^{\ominus}(Cl_2/Cl^-)$，因此应选择 $Fe_2(SO_4)_3$，其中的 Fe^{3+} 可把 I^- 氧化成 I_2，而不能氧化 Br^- 和 Cl^-，Br^- 和 Cl^- 仍留在溶液中，该反应为：

$$2Fe^{3+} + 2I^- \Longrightarrow 2Fe^{2+} + I_2$$

一般来说，对于简单的电极反应，离子浓度的变化对电极电势 E 值影响不大，因而只要两个电对的标准电极电势相差较大，通常可直接用标准电极电势来进行比较。但当两电对的标准电极电势相差较小时，要用电极电势进行比较。例如，对于含氧酸盐，在介质中 H^+ 浓度不为 $1mol/L$ 时，需先计算电极电势，再进行比较。

9.3.3 判断氧化还原反应进行的方向

一个氧化还原反应能自发进行的条件是 $\Delta_r G_m < 0$，而 $\Delta_r G_m = -zFE$，所以当 $E > 0$ 时该氧化还原反应可自发进行。而根据电动势计算公式(9-1)：$E_{池} = E_{正} - E_{负}$，则 $E_{正} > E_{负}$ 时氧化还原反应可自发进行，即只要氧化剂电对的电极电势大于还原剂电对的电极电势，则此氧化还原反应能自发进行。

如果氧化还原反应是在标准条件下进行，只需找出该反应的氧化剂和还原剂对应电对的标准电极电势，若氧化剂电对的标准电极电势大于还原剂电对的标准电极电势，则该氧化还原反应可自发进行。如果氧化还原反应是在非标准情况下进行，则需根据能斯特公式计算出氧化剂和还原剂各自电对的电极电势 E，然后通过比较 E 的大小再判断反应方向。但若两个电对的标准电极电势值之差大于 $0.2V$ 时，浓度虽影响电极电势的大小，但一般不影响电池电动势数值的正负变化，因此可直接用标准电极电势值来判断。

例 9-4 在 298K，判断反应 $Pb^{2+} + Sn \Longrightarrow Sn^{2+} + Pb$ 在下列两种情况下进行的方向。

① Sn、Pb 为纯固体，溶液中 $c(Pb^{2+}) = c(Sn^{2+}) = 1.0mol/L$；

② Sn、Pb 为纯固体，溶液中 $c(Pb^{2+}) = 1.0 \times 10^{-3} mol/L$，$c(Sn^{2+}) = 1.0mol/L$。

解： ① 从附表 6 可知，与此题有关的标准电极电势为：

$$Pb^{2+} + 2e^- \Longrightarrow Pb \qquad E^{\ominus}(Pb^{2+}/Pb) = -0.1262V$$

$$Sn^{2+} + 2e^- \Longrightarrow Sn \qquad E^{\ominus}(Sn^{2+}/Sn) = -0.1375V$$

根据反应方程式，正向进行时，Pb^{2+}/Pb 为正极，Sn^{2+}/Sn 为负极，得电池电动势：

$$E_{池} = E^{\ominus}(Pb^{2+}/Pb) - E^{\ominus}(Sn^{2+}/Sn) = -0.1262 - (-0.1375) = 0.0113V > 0$$

因此，此电池反应在标准状态时，可正向自发进行。

② 根据能斯特方程，在非标准状态下计算 Pb^{2+}/Pb 的电极电势：

$$E(Pb^{2+}/Pb) = E^{\ominus}(Pb^{2+}/Pb) + \frac{0.05916}{2}\lg\frac{Pb^{2+}}{Pb} = -0.1262 + \frac{0.05916}{2}\lg 0.001$$

$$= -0.2149V$$

$$E_{池} = E(Pb^{2+}/Pb) - E^{\ominus}(Sn^{2+}/Sn) = -0.2149 - (-0.1375) = -0.0774V < 0$$

因此，此时电池反应逆向自发进行。

9.3.4　判断氧化还原反应进行的程度

根据式(9-5)：$E_{池}^{\ominus}=\dfrac{RT}{zF}\ln K^{\ominus}=\dfrac{2.303RT}{zF}\lg K^{\ominus}$可得，氧化还原反应平衡常数 $K^{\ominus}$ 值的大小是直接由氧化剂和还原剂两电对的标准电极电势之差决定的，相差越大，$K^{\ominus}$ 值越大，反应也越完全。

应当指出，这里对氧化还原反应方向和程度的判断是从化学热力学角度进行讨论的，并未涉及反应速率问题。热力学看来可以进行完全的反应，它的反应速率不一定很快。因为反应进行的程度与反应速度是两个不同性质的问题。

9.4　电解池

9.4.1　电解池的概念

电流通过电解质溶液而发生化学反应，将电能转变成化学能的过程称为电解（electro-lyzation）。实现电解过程的装置称为电解池（electrolytic cell）。在电解池中，与直流电源正极相连的电极是阳极，与直流电源负极相连的电极是阴极。阳极发生氧化反应，阴极发生还原反应。由于阳极带正电，阴极带负电，电解液中正离子移向阴极，负离子移向阳极，当离子到达电极上分别发生氧化和还原反应，称为离子放电。

小哲理

电解池——人就好比电解池，只要外加电压，就可存储能量，创造价值。

例如：以铂为电极，电解 0.1mol/L 的 H_2SO_4 溶液示意图如图 9-5 所示。在 H_2SO_4 溶液中放入两个铂电极，接到由可变电阻器和电源组成的分压器上。逐渐增加电压，并记录相应的电流值，以电流对电压作图得到电流-电压曲线。分解电压示意图如图 9-6 所示。

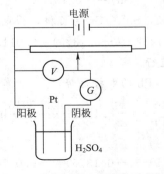

图 9-5　电解 H_2SO_4 溶液示意图

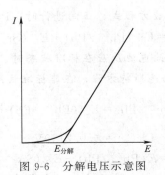

图 9-6　分解电压示意图

刚开始加电压时，电流强度很小，电极上观察不到电解现象。当电压增加到某一数值时，电流突然直线上升，同时电极上有气泡逸出，电解开始。电流由小突然变大时的电压是电解质溶液发生电解所必须施加的最小电压，称为分解电压。电解池中通入电流后发生的反应为：

阴极反应 $\qquad 4H^+ + 4e^- \longrightarrow 2H_2(g)$

阳极反应 $\qquad 4OH^- \longrightarrow 2H_2O + O_2(g) + 4e^-$

总反应 $\qquad 2H_2O \longrightarrow 2H_2(g) + O_2(g)$

可见，以铂为电极电解 H_2SO_4 溶液，实际上是电解水，H_2SO_4 的作用只是增加溶液的导电性。

产生分解电压的原因是电解时，在阴极上析出的 H_2 和阳极上析出的 O_2，分别被吸附在铂片上，形成了氢电极和氧电极，组成原电池：

$$(-)Pt \mid H_2[g, p(H_2)] \mid H_2SO_4(0.05 mol \cdot L^{-1}) \mid O_2[g, p(O_2)] \mid Pt(+)$$

在 298.15K，$a(H^+) = 0.1$ 时，当 $p(H_2) = p(O_2) = p^{\ominus}$ 时，原电池的电动势 $E_{池}$ 为：

$$E_+ = E(O_2/OH^-) = E^{\ominus}(O_2/OH^-) + \frac{0.05916V}{4} lg \frac{p(H_2)/p^{\ominus}}{[a(OH^-)]^4}$$

$$= 0.401V + \frac{0.05916V}{4} lg \frac{1}{(10^{-13})^4} = 1.170V$$

$$E_- = E(H^+/H_2) = E^{\ominus}(H^+/H_2) + \frac{0.05916V}{2} lg \frac{[a(H^+)]^2}{p(H_2)/p^{\ominus}}$$

$$= 0.00V + \frac{0.05916V}{2} lg 0.1^2 = -0.05916V$$

$$E_{池} = 1.170V - (-0.05916V) = 1.229V$$

此电池电动势的方向和外加电压相反，显然，要使电解顺利进行，外加电压必须克服这一反向的电动势，所以将此反向电动势称为理论分解电压。

9.4.2 电极极化和超电势

从上节中可知，水的理论分解电压为 1.229V，但实际分解电压约为 1.7V，为什么实际分解电压大于理论分解电压呢？这是由于电极极化现象的存在。

本章 9.2 节中讨论的电极电势（或电动势）是当电极处于平衡状态，电极上无电流通过条件时。当有一定量的电流通过电极时，电极电势就与上述平衡时的电极电势不同了。这种实际电极电势偏离平衡电极电势的现象称为电极极化（electrode polarization）。把由于电极极化的存在所导致的某一电流密度下，电极电势与平衡电极电势之差的绝对值称为超电势或过电势 η（overpotential）。

产生电极极化的原因很复杂，电解中某一步反应迟缓，产物气泡附着在电极表面，电解液中正负离子迁移速率不等都会导致电极极化，一般可简单地将极化原因分为浓差极化和电化学极化两类。浓差极化是由离子或分子的扩散速率小于它在电极上的反应速率引起的，电化学极化是由电极反应过程中某一步骤迟缓而引起的，即电化学反应速率决定的，根据电流的方向又可分为阳极极化和阴极极化。

影响超电势的因素也很多，如电极材料、电极表面状况、电流密度、温度、电解液性质等。一般超电势随电流密度的增大而增大，随温度的升高而减小。需要特别指出的是，电极极化和超电势不仅存在于电解池中，也存在于原电池中，导致在体系中有电流通过时，原电池的实际电压小于理论电动势。

小哲理

原电池的电极极化和超电势——需要一桶水，才能轻松倒出一碗水。

9.5　实用电化学

小知识

9.5.1　化学电源

原电池是使化学能转变为电能的一种装置。但是，要把电池作为实用的化学电源，设计时必须考虑到实用上的要求，如电压比较高、电容量比较大、电极反应容易控制、体积小便于携带以及适当的价格等。化学电源在国民经济、科学技术、军事和日常生活方面均获得广泛应用。

电池的种类很多，按其使用的特点大体可分为：

① 一次电池。如通常使用的锰锌电池等，这种电池放电之后不能再使用。

② 二次电池，也称为蓄电池。如铅蓄电池、锂离子蓄电池、Cd-Ni 蓄电池等，这些电池放电后可以再充电反复使用。二次电池的充电过程可看作一个电解池，放电过程的原理是原电池。

小哲理

可充电电池——人既要学会充电，也要学会放电。 学习知识就是充电，创造价值就是放电。

③ 燃料电池。此类电池又称为连续电池，只要不断地向正、负极输送反应物质，就可连续放电。

常见的一次电池和二次电池如表 9-3 所示。

表 9-3　常见的一次电池和二次电池

分类	电池名称	电池结构			额定电压/V
		正极物质	负极物质	电解质	
一次电池	锌锰干电池	MnO_2	Zn	$NH_4Cl, ZnCl$	1.5
	锌汞干电池	HgO	Zn	KOH(ZnO)	1.2
	氧化银电池	AgO	Zn	KOH 或 NaOH(ZnO)	1.5
	氯化银电池	AgCl	Mg	海水	1.4
	空气电池	空气(活性炭)	Zn	KOH(ZnO)或 NH_4Cl	1.3

续表

分类	电池名称	电池结构			额定电压/V
		正极物质	负极物质	电解质	
二次电池	铅酸蓄电池	PbO_2	Pb	H_2SO_4	2.0
	镉镍蓄电池	Ni_2O_3	Cd	KOH	1.2
	镍氢蓄电池	Ni_2O_3	H_2 或金属氢化物	KOH	1.2
	铁镍电池	Ni_2O_3	Fe	KOH	1.2
	锌银电池	AgO	Zn	KOH(ZnO)	1.5
	锂离子电池	$LiCoO_2$、$LiFePO_4$ 或 $LiCo_xNi_yMn_{1-x-y}O_2$	石墨或 Si/C 材料	$LiPF_6$ 等	—

根据我们之前所学的电动势原理可知，电池的额定电压由正负极的电极电势决定，因此当电池中确定了正负极组分，电池的额定电压也就确定了。

（1）锌锰干电池　锌锰干电池是最普通的一次电池，广泛应用于生活中，构造如图 9-7 所示。

以锌皮为外壳，中央是石墨棒，棒附近是细密的石墨粉和 MnO_2 的混合物。周围再装入用 NH_4Cl 溶液浸湿的 $ZnCl_2$、NH_4Cl 和淀粉调制成的糊状物。为了避免

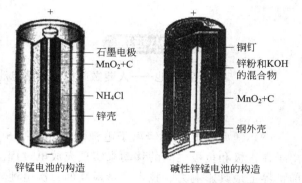

图 9-7　锌锰干电池和碱锰电池的构造

水的蒸发，外壳用蜡和沥青封固。当前使用最多的是碱性锌锰电池，在普通电池中加入了 KOH，提高了电池的寿命，简称碱锰电池。在实际电池中，由于不存在盐桥，碱锰电池的图式为：

$$(-)Zn(s)|ZnCl_2,NH_4Cl(糊状)|MnO_2(s)|C(+)$$

放电时的电极反应为：

锌极（负极）　　　　　　　　$Zn(s)-2e^-\!=\!=\!=Zn^{2+}(aq)$

碳极（正极）　　$2MnO_2(s)+2NH_4^+(aq)+2e^-\!=\!=\!=MnOOH(s)+2NH_3(aq)+H_2O(l)$

总反应 $Zn(s)+2MnO_2(s)+2NH_4^+(aq)\!=\!=\!=Zn^{2+}(aq)+MnOOH(s)+2NH_3(aq)+H_2O(l)$

充电时为上述反应的逆过程。

（2）铅酸蓄电池　铅酸蓄电池是最常用的酸性蓄电池，广泛使用在汽车、轮船等各个领域。铅酸电池的构造如图 9-8 所示。

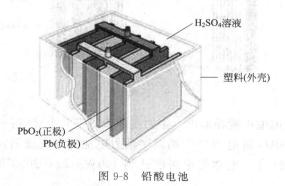

图 9-8　铅酸电池

铅酸蓄电池图式为：

$$(-)Pb(s)|PbSO_4(s)|H_2SO_4(aq)|PbSO_4(s)|PbO_2(s)|Pb(s)(+)$$

其电极是铅锑合金制成的栅状极片，分别填塞 $PbO_2(s)$ 和海绵状金属铅作为正极和负极。电极浸在硫酸溶液中，放电时：

Pb 极（负极） $Pb(s)+SO_4^{2-}(aq)-2e^- \longrightarrow PbSO_4(s)$

PbO_2 极（正极） $PbO_2(s)+SO_4^{2-}(aq)+4H^+(aq)+2e^- \longrightarrow PbSO_4(s)+2H_2O(l)$

总放电反应 $Pb(s)+PbO_2(s)+2H_2SO_4(aq) =\!=\!= 2PbSO_4(s)+2H_2O(l)$

在放电时，两极表面都沉积着一层 $PbSO_4$，同时硫酸的浓度逐渐降低，当电动势由 2.2V 降到 1.9V 左右时，就不能继续使用了。此时应该及时充电，否则就难以复原，从而造成电池损坏。充电时为上述反应的逆过程。

小哲理

蓄电池——人要做最优秀的蓄电池，既可充电快，也可放电多。

（3）锂离子电池   锂离子电池（lithium-ion battery）是一种二次电池，它主要依靠锂离子在正极和负极之间的移动来实现充放电过程。锂离子电池由于具有独特的特性，称为目前世界上最具影响力、技术含量最高的二次电池，广泛应用于手机电池、笔记本电脑等消费电子领域和电动汽车等新能源领域，未来还将在储能方向发挥重要作用，各种锂离子电池形态如图 9-9 所示。锂离子电池行业需求也呈逐年增长趋势，我国是世界上最大的锂离子电池生产国（占全球产量近 2/3），技术水平也逐年提升，成为我国提升国际综合竞争力的重要领域之一。

小知识

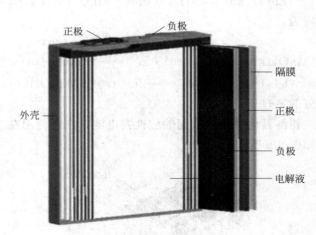

图 9-9   锂离子电池

锂离子电池在各种电池中脱颖而出，主要是源于以下几个优点：

① 能量密度高。"中国制造 2025"明确了动力电池的发展规划：2020 年，电池能量密度达到 300Wh/kg；2025 年，电池能量密度达到 400Wh/kg；2030 年，电池能量密度达到

500Wh/kg。这里指的是单个电芯的能量密度。

② 平均输出电压高，为 3.2～4V，是镍氢电池的 3 倍左右。

③ 自放电小，可长期保存。

④ 无记忆效应，循环性能好，使用寿命长，一般可达 3000 次以上。

⑤ 无环境污染，是绿色环保电池中的佼佼者，是铅酸电池的优良替代品。

目前锂离子电池正极常用 $LiCoO_2$、$LiFePO_4$ 或 $LiCo_xNi_yMn_{1-x-y}O_2$，负极常用石墨材料，当前为提高能量密度，研究工作者开发出 Si/C 负极。以 $LiCoO_2$ 为正极，石墨为负极的锂离子电池为例，它的放电反应为：

正极 $\qquad Li_{1-x}CoO_2 + xLi^+ + xe^- \longrightarrow LiCoO_2$

负极 $\qquad Li_xC_6 - xe^- \longrightarrow 6C + xLi^+$

总反应 $\qquad Li_{1-x}CoO_2 + Li_xC_6 \Longrightarrow LiCoO_2 + 6C$

充电时为上述反应的逆过程。锂离子电池的放电原理图如图 9-10 所示。

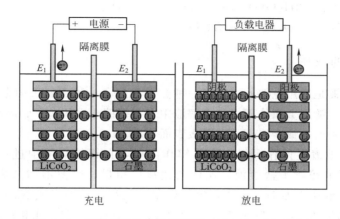

图 9-10　锂离子电池放电原理图（M＝Co、Ni、Mn）

（4）燃料电池　燃料电池（fuel cell）在工作时不断从外界输入氧化剂和还原剂，同时将电极反应产物不断排出，可不断地放电使用，因而又称为连续电池。燃料电池是以氢、甲烷或一氧化碳等为负极反应物质，以氧气、空气或氯气等为正极反应物质制成的电池。电解质采用 KOH 溶液或固体电解质，见图 9-11。此外电池中还包含适当的催化剂。这种电池是使燃料与氧化剂之间发生的化学反应直接在电池中进行，使化学能直接转化为电能，提高了能量的利用效率。

燃料电池具有以下优点：①不受热机效率的限制，能量转换效率高，理论发电效率可达 100%。若以氢气为燃料，熔融碳酸盐燃料电池（MCFC）实际效率可达 58.4%。通过热电联产或联合循环综合利用热能，燃料电池的综合热效率有望达到 80% 以上。而且其发电效率与规模基本无关，小型设备也能产生高效率。②电池产物是

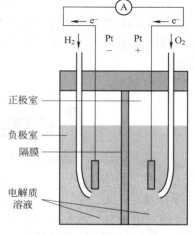

图 9-11　氢-氧燃料电池

水，无污染，噪声低，是绿色环保的电池。③燃料电池的储能能力不取决于电池本身的大小，只要不断供给燃料，它就能连续地产生电能。④灵活性大，电池可大可小，小到一家一户的供电供暖，大到分布式电站外电网并网发电。

> **小哲理**
>
> 燃料电池——只要能更高效转化自己的能量，就能活得更有价值。

氢-氧燃料电池如图 9-11 所示。

电池符号　　$(-)Pt|H_2(g)|KOH(aq)|O_2(g)|Pt(+)$

负极　　　　$H_2(g)+2OH^-(aq)\longrightarrow 2H_2O(l)+2e^-$

正极　　　　$O_2(g)+2H_2O(l)+4e^-\longrightarrow 4OH^-(aq)$

总反应　　　$2H_2(g)+O_2(g)\longrightarrow 2H_2O(l)$

9.5.2　电解池的应用

（1）电镀　　电镀是应用电解的方法将一种金属镀到另一种金属表面上的过程。电镀时，把被镀零件作阴极，镀层金属作阳极，电解液中含有欲镀金属的离子，电镀过程中阳极溶解成金属离子，溶液中的欲镀金属离子在阴极表面析出。

以镀锌为例，被镀零件作阴极，金属锌作阳极，在锌盐溶液中进行电解过程。锌盐一般不能直接用简单锌离子盐溶液，这样会使镀层粗糙、厚薄不均。这种电镀液一般是由氧化锌、氢氧化钠和添加剂等配成，氧化锌在 NaOH 溶液中形成 $Na_2[Zn(OH)_4]$，由于 $[Zn(OH)_4]^{2-}$ 配离子的形成，降低了 Zn^{2+} 的浓度，使金属锌在镀件上析出的过程中有个适宜的速率，可得到紧密光滑的镀层。随着电镀的进行，Zn^{2+} 不断还原析出，同时 $[Zn(OH)_4]^{2-}$ 不断解离，保证电镀液中 Zn^{2+} 的浓度基本稳定。电镀中两极主要反应为：

阴极　　$Zn^{2+}+2e^-\xrightarrow{} Zn$

阳极　　$Zn\xrightarrow{} Zn^{2+}+2e^-$

实际工作中常将两种（及两种以上）金属进行复合电镀，以达到外观、防腐、力学性能等综合性能要求。同时除了在金属工件上的电镀外，还发展了在塑料、陶瓷表面的非金属电镀。

> **小哲理**
>
> 电镀（镀金）——人要适当镀金，光亮自己、保护自己。

（2）电抛光　　电抛光是金属表面精加工方法之一。电抛光时，把欲抛光工件作阳极（如钢铁工件），铅板作阴极，含有磷酸、硫酸和铬酐的溶液为电解液。阳极铁因氧化而发生溶解：

阳极　　　　$Fe = Fe^{2+} + 2e^-$

生成的 Fe^{2+} 与溶液中的 $Cr_2O_7^{2-}$ 发生氧化还原反应：

$$6Fe^{2+} + Cr_2O_7^{2-} + 14H^+ = 6Fe^{3+} + 2Cr^{3+} + 7H_2O$$

Fe^{3+} 进一步与溶液中的 HPO_4^{2-}、SO_4^{2-} 形成 $Fe_2(HPO_4)_3$ 和 $Fe_2(SO_4)_3$ 等盐，由于阳极附近盐的浓度不断增加，在金属表面形成一种黏度较大的液膜，因金属凸凹不平的表面上液膜厚度分布不均匀，凸起部分电阻小、液膜薄、电流密度较大、溶解较快，于是粗糙表面逐渐得以平整光亮。

（3）电解加工　电解加工原理与电抛光相同，利用阳极溶解将工件加工成型。区别在于，电抛光时阳极与阴极间距离较大，电解液在槽中是不流动的，通过的电流密度小，金属去除量少，只能进行抛光，不能改变工件形状。电解加工时，工件仍为阳极，而用模具作阴极，电解加工示意图如图 9-12 所示。在两极间保持很小的间隙，电解液从间隙中高速流过并及时带走电解产物，工件阳极表面不断溶解，形成与阴极模具外形相吻合的形状。

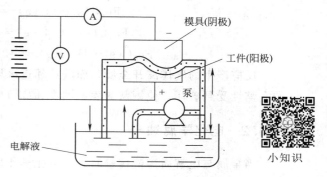

图 9-12　电解加工示意图

电解加工适用范围广，能加工高硬度金属或合金，特别是形状复杂的工件，加工质量好。

（4）阳极氧化　有些金属在空气中能自然生成一层氧化物保护膜，起到一定的防腐作用。如铝和铝合金，能自然形成一层氧化铝膜，但膜厚度仅为 $0.02 \sim 1\mu m$，保护能力不强。阳极氧化的目的是使其表面形成 $50 \sim 300\mu m$ 的氧化膜以达到防腐耐蚀的要求。

以铝和铝合金阳极氧化为例，将经过表面抛光、除油等处理的铝合金工件作电解池的阳极，铅板作阴极，稀硫酸作电解液，通适合电流和电压，阳极铝工件表面可生成一层氧化铝膜。电极反应如下：

阳极　$2Al + 6OH^- = Al_2O_3 + 3H_2O + 6e^-$　（主）

　　　$4OH^- = H_2O + O_2 + 4e^-$　　　　　（次）

阴极　$2H^+ + 2e^- = H_2$

阳极氧化所得氧化膜能与金属结合牢固，厚度均匀，可大大提高铝及铝合金的耐腐蚀性和耐磨性，并可提高表面的电阻和热绝缘性，同时氧化铝膜中有许多小孔，可吸附各种染料，以增强工件表面的美观。

9.6　金属的腐蚀与防护

当金属与周围介质接触时，由于发生化学作用或电化学作用而引起的破坏叫做金属的腐蚀。金属的腐蚀十分普遍，机械设备在强腐蚀性介质中极易腐蚀破坏，钢铁制件在潮湿空气中容易生锈，钢铁在加热时会生成一层氧化层，地下金属易腐蚀。金属因腐蚀而损失的量相当于年生产量的 $1/4 \sim 1/3$，经济损失十分严重。根据金属腐蚀过程的不同特点和机理，可分为化学腐蚀和电化学腐蚀两大类。

9.6.1　化学腐蚀

由金属与介质直接起化学作用而引起的腐蚀叫做化学腐蚀，金属在干燥气体和无导电性非水溶液中的腐蚀，都属于化学腐蚀。例如喷气发动机、火箭及原子能工业设备在高温下同干燥气体作用、金属在某些液体（CCl_4、$CHCl_3$、乙醇等非水溶剂）中的腐蚀都属于化学腐蚀。

温度对化学腐蚀影响甚大，钢铁在常温和干燥空气中不易腐蚀，但在高温下易被氧化生成氧化皮（由 FeO、Fe_2O_3 和 Fe_3O_4 组成）。钢铁中的渗碳体 Fe_3C 与气体介质作用而脱碳：

$$2Fe_3C(s)+O_2(g)\!=\!\!=\!\!6Fe(s)+2CO(g)$$
$$Fe_3C(s)+CO_2(g)\!=\!\!=\!\!3Fe(s)+2CO(g)$$
$$Fe_3C(s)+H_2O(g)\!=\!\!=\!\!3Fe(s)+CO(g)+H_2(g)$$

反应产生的气体离开金属，而碳从邻近区域扩散到反应区，形成脱碳层，脱碳使表面膜的完整性受到破坏，使钢铁的表面硬度和疲劳极限降低。

9.6.2　电化学腐蚀

当金属与电解质溶液接触时，由电化学作用而引起的腐蚀叫做电化学腐蚀。电化学腐蚀与化学腐蚀不同之处在于前者形成了原电池反应。金属在大气中的腐蚀、在土壤及海水中的腐蚀和在电解质溶液中的腐蚀都是电化学腐蚀。电化学腐蚀中常将发生氧化反应的部分叫做阳极，将发生还原反应的部分叫做阴极。电化学腐蚀可分为析氢腐蚀、吸氧腐蚀和氧浓差腐蚀。

当钢铁暴露于潮湿的空气中时，因表面吸附作用，使钢铁表面覆盖一层水膜，它能溶解空气中的 SO_2 和 CO_2 气体，这些气体溶于水后电离出 H^+、SO_3^{2-}、CO_3^{2-} 等离子。钢铁中的石墨、渗碳体等杂质的电极电势较大，铁的电极电势较小。这样，铁和杂质就好像放在含 H^+、SO_3^{2-}、CO_3^{2-} 等离子的电解质溶液中，形成原电池，铁为阳极（负极），杂质为阴极（正极），发生下列电极反应：

负极　　　$Fe\!=\!\!=\!\!Fe^{2+}+2e^-$
　　　　　$Fe^{2+}+2OH^-\!=\!\!=\!\!Fe(OH)_2$
正极　　　$2H^++2e^-\!=\!\!=\!\!H_2\uparrow$
总反应　　$Fe+2H_2O\!=\!\!=\!\!Fe(OH)_2+H_2\uparrow$

生成的 $Fe(OH)_2$ 在空气中被氧气氧化成棕色铁锈 $Fe_2O_3\cdot xH_2O$。由于此过程有氢气放出，故称析氢腐蚀。若钢铁处于弱酸性或中性介质中，且氧气供应充分，则 O_2/OH^- 电对的电极电势大于 H^+/H_2 电对的电极电势，阴极上是 O_2 得到电子：

负极　　　$2Fe\!=\!\!=\!\!Fe^{2+}+4e^-$
正极　　　$O_2+2H_2O+4e^-\!=\!\!=\!\!4OH^-$
总反应　　$2Fe+O_2+2H_2O\!=\!\!=\!\!2Fe(OH)_2$

然后 $Fe(OH)_2$ 进一步被氧化为 $Fe_2O_3\cdot xH_2O$。这种过程因需消耗氧，故称为吸氧腐蚀。

当金属插入水或泥沙中时，由于金属与含氧量不同的液体接触，各部分的电极电势就不一样。氧电极的电势与氧的分压有关，在溶液中氧浓度小的地方，电极电势低，成为阳极，金属发生氧化反应而溶解腐蚀，而氧浓度较大的地方，电极电势较高，成为阴极，不会受到腐蚀。例如，插入水中泥土的铁桩，常常在埋入泥土的地方发生腐蚀。埋在泥土中的地方氧气不容易到达，氧气浓度低，电极电势较小而成为阳极，发生氧化而腐蚀。铁桩氧浓差腐蚀如图 9-13 所示。

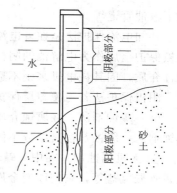

图 9-13　铁桩氧浓差腐蚀

插入水中的金属设备，因水中溶解氧比空气中少，紧靠水面下的部分电极电势较低而成为阳极易被腐蚀，工程上常称之为水线腐蚀。

电化学腐蚀——看似缓慢、微不足道，实际危害巨大，要防微杜渐。

9.6.3　金属腐蚀的防护

金属腐蚀的防护方法很多，常用的有下列几种。

（1）选择合适的耐蚀金属或合金　根据不同的用途选择制备耐蚀合金。在钢中加入 Cr、Al、Si 等元素可增加钢的抗氧化性，加入 Cr、Ti、V 等元素可防止氢蚀；铜合金、铅等在稀盐酸、稀硫酸中是相当耐蚀的。含 Cr 18%、Ni 8%的不锈钢在大气、水和硝酸中极耐腐蚀。

（2）覆盖保护层法　可将耐腐蚀的非金属材料（如油漆、塑料、橡胶、陶瓷、玻璃等）覆盖在要保护的金属表面；另外，可用耐腐蚀性较强的金属或合金覆盖欲保护金属，覆盖的主要方法是电镀。

覆盖保护层防护腐蚀——穿戴防护，可以保护自己。

（3）阴极保护法　阴极保护法有牺牲阳极的阴极保护法和外加电流的阴极保护法。牺牲阳极的阴极保护法是将较活泼的金属或合金连接在被保护的金属上，形成原电池，较活泼的金属作为腐蚀电池的阳极而被腐蚀，被保护金属作为阴极而得到保护。常用的阳极牺牲材料有铝、镁、锌合金等。此法适用于浸在水中或埋在土壤里金属设备的保护，如海轮的外壳、地下输油管道等。

外加电流保护法是在外电流作用下，用不溶性辅助阳极（常用废钢和石墨）作为阳极，将被保护金属作为电解池的阴极而进行保护。此法也可保护土壤或水中的金属设备，但对强酸性介质，因其耗电过多则不适宜。

阴极保护法若与覆盖层保护法联合使用，效果更佳。

（4）缓蚀剂法　在腐蚀介质中加入少量能减小腐蚀速率的物质以达到防止腐蚀的方法叫缓蚀剂法。缓蚀剂按其组分不同可分成无机缓蚀剂和有机缓蚀剂两大类。

① 无机缓蚀剂。在中、碱性介质中主要采用无机缓蚀剂，如重铬酸盐、铬酸盐、磷酸盐、碳酸氢盐等，它们能使金属表面形成氧化膜或沉淀物。例如铬酸钠可使铁氧化成氧化铁

$$2Fe+2Na_2CrO_4+2H_2O \Longrightarrow Fe_2O_3+Cr_2O_3+4NaOH$$

氧化铁与 Cr_2O_3 形成复合氧化物保护膜。在中性水溶液中，硫酸锌中的 Zn^{2+} 能与阴极上产生的 OH^- 反应，生成氢氧化锌沉淀保护膜。

在含有一定钙盐的水溶液中，多磷酸钠与水中 Ca^{2+} 形成带正电荷的胶粒，向金属阴极迁移，生成保护膜，减缓金属的腐蚀。

② 有机缓蚀剂。在酸性介质中，常用有机缓蚀剂乌洛托品 [六次甲基四胺（$(CH_2)_6N_4$）]、若丁（二邻苯甲基硫脲）等。有机缓蚀剂被吸附在金属表面上，阻碍了 H^+ 的放电，减慢了腐蚀速率。有机缓蚀剂在工业上常被用作酸洗钢板、酸洗锅炉及开采油气田时进行地下岩层的酸化处理等。

小知识

小哲理

缓蚀剂——看似反应了，但实际是保护；小牺牲换取大胜利。

9.7　氧化还原滴定法

氧化还原滴定法是以氧化还原反应为基础的滴定分析方法。氧化还原反应的特点是在反应中得失电子总数相等，但反应的机理比较复杂，有些反应常常伴随有副反应发生，反应的速率一般比较慢，有时介质对反应也有较大的影响。因此，在应用氧化还原反应进行滴定分析时，反应条件的控制是十分重要的。

可用于滴定分析的氧化还原反应很多。根据所用的氧化剂和还原剂的不同，可以将氧化还原滴定法分为高锰酸钾法、重铬酸钾法、碘量法、溴酸盐法和硫酸铈法等。

氧化还原滴定法应用十分广泛，它能直接或间接测定许多无机物和有机物的含量，如：用高锰酸钾法测定水的高锰酸盐指数；重铬酸钾法测定水的化学需氧量（COD）和土壤肥力（有机质腐殖酸的含量）；用碘量法测定水中溶解氧（DO）等。

9.7.1　氧化还原滴定曲线

在氧化还原滴定过程中随着滴定剂的加入，反应物和产物的浓度不断改变，有关电对的

电极电势也随之发生变化。以电极电势为纵坐标，滴定剂体积或滴定百分数为横坐标可以绘制滴定曲线。不同量的滴定剂加入时的电极电势可以用实验方法测得，也可用能斯特方程计算得到，但后一种方法只有当两个半反应都是可逆时，所得曲线才与实际测得结果一致。现以 $1mol/L$ H_2SO_4 溶液中，用 $0.1000mol/L$ $Ce(SO_4)_2$ 溶液滴定 $20.00mL$ $0.1000mol/L$ $FeSO_4$ 溶液为例，计算不同滴定阶段时的电极电势。滴定反应为：

$$Ce^{4+}(aq)+Fe^{2+}(aq)\rightleftharpoons Ce^{3+}(aq)+Fe^{3+}(aq)$$

该滴定反应由两个半反应组成，在 $1mol/L$ H_2SO_4 溶液中：

$$Ce^{4+}+e^-\rightleftharpoons Ce^{3+} \qquad E^{\ominus\prime}(Ce^{4+}/Ce^{3+})=1.72V$$
$$Fe^{3+}+e^-\rightleftharpoons Fe^{2+} \qquad E^{\ominus\prime}(Fe^{3+}/Fe^{2+})=0.771V$$

式中，$E^{\ominus\prime}$ 是指在特定条件下，氧化型物种和还原型物种的总浓度均为 $1mol/L$ 时的实际电极电势，是一个随实验条件而变的常数，故称为条件电极电势，简称条件电势。它反映了离子强度和各种副反应对电极电势影响的总结果。条件电势 $E^{\ominus\prime}$ 和标准电极电势 $E^{\ominus}$ 的关系犹如配合物的条件稳定常数 K' 与稳定常数 K 的关系一样，用它来处理氧化还原平衡问题，既简单又符合实际情况。此外，这两个电对 Ce^{4+}/Ce^{3+} 和 Fe^{3+}/Fe^{2+} 均是可逆的，且得失电子数相等。滴定过程中电极电势的变化，通过计算出滴入不同体积 $Ce(SO_4)_2$ 时的电势，可绘成滴定曲线。图 9-14 为 $0.1000mol/L$ $Ce(SO_4)_2$ 溶液滴定 $20.00mL$ $0.1000mol/L$ $FeSO_4$（$1mol/L$ H_2SO_4）的滴定曲线。

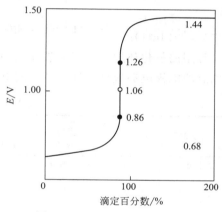

图 9-14 $Ce(SO_4)_2$ 溶液滴定 $FeSO_4$ 的滴定曲线

计算（本书略）表明加入 $Ce(SO_4)_2$ 体积为 $19.98mL$ 时电势为 $0.86V$，体积为 $20.02mL$ 时电势为 $1.26V$。因此，滴定误差为 0.1% 时，可根据电势的滴定突跃范围（$0.86\sim1.26V$）来判断氧化还原的滴定终点。可以证明，如果两电对的电势相差越大，则突跃范围也越大。若两电对电子转移数相等，则化学计量点在突跃范围的中点，若电子转移数不等，化学计量点偏向于转移电子数大的一方。

9.7.2 氧化还原指示剂

氧化还原滴定法可用电位法确定终点，也可以用氧化还原指示剂直接指示终点。氧化还原滴定法中常用的指示剂有以下几类：

（1）自身指示剂 利用滴定剂或被测物质本身的颜色变化来指示滴定终点，无需另加指示剂。例如用 $KMnO_4$ 溶液滴定 $H_2C_2O_4$ 溶液，滴定至化学计量点后只要有很少过量的 $KMnO_4$（$2\times10^{-6}mol\cdot L^{-1}$）就能使溶液呈现浅粉红色，指示终点的到达。

 小哲理

自身氧化还原指示剂——人尽可能学会自己的问题自己解决。

（2）特殊指示剂　有些物质本身并不具有氧化还原性，但它能与滴定剂或被测物产生特殊的颜色以指示终点，例如碘量法中，利用可溶性淀粉与 I_3^- 生成深蓝色的吸附配合物，反应灵敏，以蓝色的出现或消失来指示终点。

（3）氧化还原指示剂　这类指示剂具有氧化还原性质，其氧化态和还原态具有不同的颜色。在滴定过程中，因被氧化或还原而发生的颜色变化来指示终点。

以 In(Ox)、In(Red) 分别表示氧化还原指示剂的氧化态和还原态，氧化还原指示剂的半反应为：

$$In(Ox) + ze^- \longrightarrow In(Red)$$

氧化态颜色　　　　还原态颜色

在滴定过程中，随着溶液电极电势的改变，$\dfrac{c[In(Red)]}{c[In(Ox)]}$ 随之变化，溶液的颜色也发生变化。当 $\dfrac{c[In(Red)]}{c[In(Ox)]}$ 从 $1/10 \sim 10$，指示剂由氧化态颜色转变为还原态颜色。

常用的氧化还原指示剂见表9-4。在氧化还原滴定中选择这类指示剂的原则是，指示剂变色点的电极电势应处于滴定体系的电势突跃范围内。

表 9-4　常用的氧化还原指示剂

指示剂	颜色变化		$E_{In}^{\ominus\prime}/V$ $c(H^+)=1mol/L$	配制方法
	还原态	氧化态		
次甲基蓝	无色	蓝色	+0.53	质量分数为0.05%的水溶液
二苯胺	无色	紫色	+0.76	0.25g指示剂与3mL水混合溶于100cm³浓 H_2SO_4 或 H_3PO_4 中
二苯胺磺酸钠	无色	紫红色	+0.85	0.8g指示剂加2g Na_2CO_3，用水溶解并稀释至100mL
邻苯氨基苯甲酸	无色	紫红色	+0.89	0.1g指示剂溶于30mL质量分数为0.6%的 Na_2CO_3 溶液中，用水稀释至100mL，过滤，保存在暗处
邻二氮菲亚铁	红色	淡蓝色	+1.06	1.49g邻二氮菲加0.7g $FeSO_4 \cdot 7H_2O$ 溶于水，稀释至100mL

如前所述，在 1mol/L H_2SO_4 介质中，用 Ce^{4+} 溶液滴定 Fe^{2+} 溶液，化学计量点前后 0.1% 的电极电势突跃范围是 $0.86 \sim 1.26V$，显然宜选用邻苯氨基苯甲酸或邻二氮菲-亚铁作指示剂。

氧化还原反应的完成程度一般来说是比较高的，因而化学计量点附近的突跃范围较大，又有不同的指示剂可供选择，因此终点误差一般并不大。但是，指示剂本身会消耗滴定剂。例如在 H_2SO_4-H_3PO_4 介质中，$K_2Cr_2O_7$ 溶液滴定 Fe^{2+} 溶液，用二苯胺磺酸钠作指示剂，0.1mL 0.2% 的二苯胺磺酸钠将消耗 0.01mL 0.01667mol/L $K_2Cr_2O_7$ 溶液。因此，在氧化还原滴定中，应该作指示剂空白校正。

9.7.3　高锰酸钾法

根据所用滴定剂的种类不同，氧化还原滴定法可分为高锰酸钾法、重铬酸钾法、碘量法等。各种方法都有其特点和应用范围，应根据实际测定情况选用。本书仅对高锰酸钾法和重铬酸钾法做简单介绍。

（1）高锰酸钾法概述　$KMnO_4$ 是一种强氧化剂，在不同酸度条件下，其氧化能力不同。

强酸性溶液　　　　　$MnO_4^- + 8H^+ + 5e^- \Longrightarrow Mn^{2+} + 4H_2O$　　　$E^\ominus = 1.507V$

中性、弱碱性溶液　　$MnO_4^- + 2H_2O + 3e^- \Longrightarrow MnO_2 + 4OH^-$　　　$E^\ominus = 0.595V$

强碱性溶液　　　　　$MnO_4^- + e^- \Longrightarrow MnO_4^{2-}$　　　$E^\ominus = 0.558V$

$KMnO_4$ 法的优点是氧化能力强，可直接、间接测定多种无机物和有机物；本身可作指示剂。缺点是 $KMnO_4$ 标准溶液不够稳定；滴定的选择性较差。

小哲理

酸碱性与高锰酸钾的氧化性——环境是决定能力发挥的重要因素。

（2）$KMnO_4$ 标准溶液的配制和标定　市售的 $KMnO_4$ 试剂常含有少量 MnO_2 和其他杂质，蒸馏水中常含有微量的还原性物质等。因此 $KMnO_4$ 标准溶液不能直接配制。其配制方法为：称取略多于理论计算量的固体 $KMnO_4$，溶解于一定体积的蒸馏水中，加热煮沸，保持微沸约 1h，或在暗处放置 7～10 天，使还原性物质完全氧化。冷却后用微孔玻璃漏斗过滤去除 $MnO(OH)_2$ 沉淀。过滤后的 $KMnO_4$ 溶液贮存于棕色瓶中，置于暗处，避光保存。

标定 $KMnO_4$ 溶液的基准物质有 $H_2C_2O_4 \cdot 2H_2O$、$Na_2C_2O_4$、As_2O_3、$(NH_4)_2Fe(SO_4)_2 \cdot 6H_2O$ 等。常用的是 $Na_2C_2O_4$，它易提纯，稳定，不含结晶水。在酸性溶液中，$KMnO_4$ 与 $Na_2C_2O_4$ 的反应为：$2MnO_4^- + 5C_2O_4^{2-} + 16H^+ \Longrightarrow 2Mn^{2+} + 10CO_2\uparrow + 8H_2O$。

为使反应定量进行，需注意以下几点：

① 此反应在室温下速度缓慢，需加热至 70～80℃；但高于 90℃，$H_2C_2O_4$ 会分解。

$$H_2C_2O_4 \Longrightarrow CO_2\uparrow + CO\uparrow + H_2O$$

② 酸度过低，MnO_4^- 会部分被还原成 MnO_2；酸度过高，会促使 $H_2C_2O_4$ 分解。一般滴定开始的最宜酸度为 $1mol/L$。为防止诱导氧化 Cl^- 的反应发生，应在 H_2SO_4 介质中进行，而不用 HCl 溶液作介质。

③ 开始滴定速度不宜太快，若开始滴定速度太快，滴入的 $KMnO_4$ 会来不及和 $C_2O_4^{2-}$ 反应，发生分解反应：$4MnO_4^- + 12H^+ \Longrightarrow 4Mn^{2+} + 5O_2\uparrow + 6H_2O$。有时也可加入少量 Mn^{2+} 作催化剂以加速反应。

（3）$KMnO_4$ 法应用示例

① 直接滴定法测定双氧水中 H_2O_2 的含量。H_2O_2 在酸性溶液中能定量地还原 MnO_4^-，并释放出 O_2，其反应式为：

$$5H_2O_2 + 2MnO_4^- + 6H^+ \Longrightarrow 2Mn^{2+} + 5O_2\uparrow + 8H_2O$$

因此，H_2O_2 可用 $KMnO_4$ 标准溶液直接滴定。滴定应在室温下于 H_2SO_4 溶液中进行，开始时反应较慢，随着 Mn^{2+} 生成而反应加快。若在滴定前加入少量 Mn^{2+} 作催化剂，也可以加快反应速率。但是工业产品的 H_2O_2 中一般含少量有机物也会消耗 $KMnO_4$，致使分析

结果偏高。此时，可改用碘量法或硫酸铈法测定。

碱金属及碱土金属中的过氧化物也可以采用上述方法测定。

② 返滴定法测定软锰矿中 MnO_2 的含量。软锰矿的主要成分为 MnO_2，是工业的氧化剂，其氧化能力一般用 MnO_2 的含量表示。测定 MnO_2 的方法是在酸性溶液中，MnO_2 与过量的 $Na_2C_2O_4$ 加热，然后用 $KMnO_4$ 标准溶液返滴过量的 $C_2O_4^{2-}$。其反应如下：

$$MnO_2 + C_2O_4^{2-} + 4H^+ \Longrightarrow Mn^{2+} + 2CO_2\uparrow + 2H_2O$$
$$5C_2O_4^{2-} + 2MnO_4^- + 16H^+ \Longrightarrow 2Mn^{2+} + 10CO_2\uparrow + 8H_2O$$

由于 MnO_2 与 $Na_2C_2O_4$ 的反应在酸性溶液中加热，溶液的温度过高会促进 $Na_2C_2O_4$ 的分解，造成测定结果偏高。滴定时溶液的温度控制在 70℃ 左右。

③ 水的高锰酸盐指数的测定。高锰酸盐指数是指在一定条件下，以高锰酸钾为氧化剂，处理水样时所消耗的量，以氧的 mg/L 表示。水样中的亚硝酸盐、亚铁盐、硫化物等还原性的无机物和在此条件可被氧化的有机物，均可消耗高锰酸钾。因此高锰酸盐指数常被作为水体受还原性有机物和无机物污染程度的综合指标。

高锰酸盐指数常用高锰酸钾法测定，分酸性和碱性法两种。酸性高锰酸钾法测定水样时，在水样中加 H_2SO_4 及一定量的 $KMnO_4$ 溶液，并于沸水浴中加热一定时间，使水样中的某些有机物和还原性无机物氧化，剩余的 $KMnO_4$ 用一定量过量的 $Na_2C_2O_4$ 还原，再用 $KMnO_4$ 标准溶液返滴过量的 $Na_2C_2O_4$。若水样经稀释，要同时另取 100mL 水样，按水样操作步骤进行空白试验。根据 $KMnO_4$ 的消耗量，计算出高锰酸盐指数值。

根据反应式：$4MnO_4^- + 5C(待测有机物) + 12H^+ \Longrightarrow 4Mn^{2+} + 5CO_2\uparrow + 6H_2O$
$$2MnO_4^- + 5C_2O_4^{2-} + 16H^+ \Longrightarrow 2Mn^{2+} + 10CO_2\uparrow + 8H_2O$$

计算公式如下：

水样不经稀释，高锰酸盐指数（I_{Mn}，O_2，$mg\cdot L^{-1}$）

$$I_{Mn} = \frac{(V_1 - V_0)K \times c_2 \times 16 \times 1000}{V}$$

式中，V_1 为滴定水样所消耗的高锰酸钾溶液的体积，mL；V_0 为空白试验所消耗的高锰酸钾溶液的体积，mL；V 为水样体积，mL；K 为高锰酸钾溶液的校正系数；c_2 为草酸钠标准溶液的浓度，mol/L；16 为氧原子摩尔质量，g/mol；1000 为氧原子摩尔质量 g 转换为 mg 的变换系数；高锰酸盐指数校正系数 $K = \dfrac{10.0}{V_2}$（式中，10.0 为加入草酸钠标准溶液的体积，mL；V_2 为标定时消耗的高锰酸钾溶液的体积，mL）。

高锰酸盐指数是一个相对的条件性指标，其测定结果与溶液的酸度、$KMnO_4$ 溶液的浓度、加热的温度和作用时间等有关。因此，测定高锰酸盐指数时必须按规定步骤和条件操作，使测定结果具有可比性。

测定高锰酸盐指数时必须注意水样中 Cl^- 含量。当 Cl^- 的浓度大于 300mg/L 时，在强酸性溶液中，Cl^- 易被氧化而消耗 $KMnO_4$，使测定结果带来较大误差。为此，可将水样稀释后再行测定或改用碱性高锰酸钾法测定。注意，在水样采集后，应加入 H_2SO_4 溶液使 pH<2，以抑制微生物活动。样品采集后应尽快分析，必要时在 0~5℃ 冷藏保存，并在 48h 内测定。

9.7.4　重铬酸钾法

(1) $K_2Cr_2O_7$ 法概述　$K_2Cr_2O_7$ 是一种常用的氧化剂，在酸性介质中的半反应为：

$$Cr_2O_7^{2-} + 14H^+ + 6e^- \Longrightarrow 2Cr^{3+} + 7H_2O \quad E^\ominus = 1.33V$$

与 $KMnO_4$ 法比，$K_2Cr_2O_7$ 法有如下优点：①易提纯，可作为基准物质直接配制标准溶液；②标准溶液非常稳定，可长期保存，且浓度不变；③反应速度快，室温下即可滴定；④室温下，当 $c(HCl) < 2mol/L$ 时，$K_2Cr_2O_7$ 不与 Cl^- 反应，可在 HCl 介质中做滴定剂。

此外，与 $KMnO_4$ 法比，$K_2Cr_2O_7$ 法有如下缺点：$Cr_2O_7^{2-}$ 和 Cr^{3+} 都有毒；滴定中需加入指示剂。

（2）$K_2Cr_2O_7$ 法应用示例

① 土壤肥力（有机质腐殖酸含量）的测定。腐殖质是土壤中复杂的有机物质，其含量大小反映土壤的肥力。测定方法是将土壤试样在浓硫酸存在下与已知过量的 $K_2Cr_2O_7$ 溶液共热，使腐殖质的碳被氧化，然后以邻二氮菲-亚铁作指示剂，用 Fe^{2+} 标准溶液滴定剩余的 $K_2Cr_2O_7$。最后通过计算有机碳的含量再换算成腐殖质的含量。反应为：

$$2Cr_2O_7^{2-} + 3C + 16H^+ \Longrightarrow 4Cr^{3+} + 3CO_2 + 8H_2O$$

$$Cr_2O_7^{2-}（余量）+ 6Fe^{2+} + 14H^+ \Longrightarrow 2Cr^{3+} + 6Fe^{3+} + 7H_2O$$

空白测定可用纯砂或灼烧过的土壤代替土样，计算公式如下：

$$w（腐殖酸）= \dfrac{\frac{1}{4}(V_0 - V) \times c(Fe^{2+})}{m_{土样}} \times 0.021 \times 1.1$$

式中，V_0 为空白试验所消耗的 Fe^{2+} 标准溶液的体积，mL；V 为土壤试样所消耗的 Fe^{2+} 标准溶液的体积，mL。

由于土壤中腐殖质氧化率平均仅为 90%，故需乘以校正系数 1.1 即（100/90）；且因反应中 1mmol 碳的质量为 0.012g，土壤中腐殖质中碳平均含量为 58%，则 1mmol 碳相当于 $0.012 \times 100/58$，即约 0.021g 的腐殖质。

小哲理

　　土壤中的腐殖质——虽颜色不艳丽，但土壤肥力全靠它。 人不要太注重自己的外貌，而要注重为社会做出贡献。

② 化学需氧量（COD）的测定。化学需氧量是指在一定条件下，用强氧化剂处理水样时所消耗氧化剂的量，以氧的毫克每升（mg/L）来表示，简称 COD。化学需氧量反映水体中受还原性物质（主要是有机物）污染的程度。水体中还原性物质包括有机物、亚硝酸盐、亚铁盐、硫化物等。水体被有机物污染是很普遍的，因此，化学需氧量常作为有机物相对含量的指标之一。

水样中的化学需氧量，随加入氧化剂的种类、浓度，溶液的酸度、温度和时间以及有无催化剂的存在等条件的不同而获得不同的结果，因此，化学需氧量也是一个相对的条件性指标，测定时必须严格按规定的步骤和条件进行操作。

对于工业废水以及污染较重的污染水样，我国规定用 $K_2Cr_2O_7$ 法测定化学需氧量。其原理是：在水样中加入 H_2SO_4 使溶液呈强酸性，再加入一定量的 $K_2Cr_2O_7$ 标准溶液，加热煮沸，回流，使有机物和还原性物质充分氧化。

$$Cr_2O_7^{2-}+14H^++6e^-=\!=\!=2Cr^{3+}+7H_2O$$

过量的 $K_2Cr_2O_7$ 以试亚铁灵作指示剂，用硫酸亚铁铵的标准溶液回滴。

$$Cr_2O_7^{2-}+6Fe^{2+}+14H^+=\!=\!=2Cr^{3+}+6Fe^{2+}+7H_2O$$

根据消耗硫酸亚铁铵的量和加入水样中 $K_2Cr_2O_7$ 的量，计算出水样中还原性物质所消耗的量。

在用 $K_2Cr_2O_7$ 处理水样前可加入 Ag_2SO_4 作催化剂，使直链脂肪族化合物完全被氧化。$c(Cl^-)>30mg/L$ 时，影响测定结果，故在回流前向水样中加入 $HgSO_4$，使之成为 $HgCl_4^{2-}$ 而消除。

化学需氧量——化学需氧量就是衡量水质好坏的尺子，道德情操是衡量人本质好坏的尺子。

一、单选题

1. 下列属于金属-难溶盐电极的是（　　）。

A. $Cl_2|Cl^-$　　　　B. $Cl^-|Hg_2Cl_2|Hg$　　　C. Fe^{3+}，$Fe^{2+}|Pt$　　　D. $Cu^{2+}|Cu$

2. 下列关于标准电极电势的说法正确的是（　　）。

A. 标准电极电势反映的是物质得失电子的倾向，数值与物质的数量无关

B. 气体的压力不影响电极电位

C. 标准电极电势具有简单加和性

D. 电极电势的大小仅取决于构成电极的物质本身性质

3. 电池符号的书写不正确的是（　　）。

A. $(-)Ag|AgI(s)|I^-(a\,mol\cdot L^{-1})\|H^+(b\,mol\cdot L^{-1})|H_2(p)|Pt(+)$

B. $(-)Zn|ZnSO_4\|CuSO_4,Cu(+)$

C. $(-)Pt|Fe^{2+}(a\,mol\cdot L^{-1})$，$Fe^{3+}(b\,mol\cdot L^{-1})\|Cr_2O_7^{2-}(c\,mol\cdot L^{-1})$，$Cr^{3+}$ $(d\,mol\cdot L^{-1})$，$H^+(e\,mol\cdot L^{-1})|Pt(+)$

D. $(-)Ag|AgCl|Cl^-(a\,mol\cdot L^{-1})\|Ag^+(b\,mol\cdot L^{-1})|Ag(+)$

4. 电化学中，发生氧化反应的是（　　）。

A. 正极　　　　　　B. 负极　　　　　　C. 阴极　　　　　　D. 阳极

5. 测量某电极的电极电势时，不能使用下列哪种电极来组成原电池进行测量计算？（　　）

A. 氢电极　　　　　　　　　　　　B. 标准氢电极

C. 饱和甘汞电极　　　　　　　　　D. 饱和氯化银电极

6. 氧化还原滴定指示剂说法错误的是（　　）。

A. $KMnO_4$ 过量半滴，溶液呈淡色为终点

B. 高锰酸钾是一种自身氧化还原指示剂

C. 重铬酸钾法不需要氧化还原指示剂

D. 碘量法中淀粉与 I_2 生成一种蓝色化合物，借蓝色指示终点

7. 高锰酸钾氧化还原滴定错误的是（　　）。

A. 高锰酸钾法优点：氧化能力强，可以直接、间接地测定多种无机物和有机物；Mn^{2+} 近于无色，一般无需另加指示剂

B. 高锰酸钾法缺点：标准溶液不稳定；反应历程比较复杂，易发生副反应；滴定的选择性较差

C. 配制 $KMnO_4$ 溶液时称取稍多于理论的 $KMnO_4$，溶解在规定体积的蒸馏水中

D. 在强碱性溶液中高锰酸钾氧化最强

8. 关于标定 $KMnO_4$ 溶液的说法错误的是（　　）。

A. 滴定前加入几滴 $MnSO_4$ 催化剂　　B. 常用草酸钠做基准物质

C. 开始滴定时的速度可以快一点　　D. 酸度控制在 $c(H^+) \approx 1mol/L$

9. 关于重铬酸钾法，下列叙述正确的是（　　）。

A. 可在 HCl 介质中进行　　B. 使用自身指示剂

C. 其标准溶液应进行标定　　D. 有诱导效应存在

10. 氧化还原滴定的主要依据是（　　）。

A. 滴定过程中氢离子浓度发生变化　　B. 滴定过程中金属离子浓度发生变化

C. 滴定过程中电极电势发生变化　　D. 滴定过程中有络合物生成

11. 氧化还原反应进行的程度与（　　）有关。

A. 电极电势　　B. 离子强度　　C. 催化剂　　D. 指示剂

12. 电极电势对判断氧化还原反应的性质很有用，但它不能判断（　　）。

A. 氧化还原反应的完全程度　　B. 氧化还原反应速率

C. 氧化还原反应进行的方向　　D. 氧化还原能力的大小

13. 下列现象或工艺不是电解池原理的是（　　）。

A. 在铁表面电镀 Cu-Ni-Cr

B. 铁的电化学腐蚀

C. 通过阳极氧化在铝合金表面形成一层氧化铝膜

D. 对铅酸电池充电

14. 某氧化还原反应组装成原电池，下列说法正确的是（　　）。

A. 氧化还原反应达到平衡时，标准平衡常数 $K^{\ominus}$ 为零

B. 氧化还原反应达到平衡时，标准电动势 $E^{\ominus}$ 为零

C. 负极发生还原反应，正极发生氧化反应

D. 负极是还原态物质失电子，正极是氧化态物质得电子

15. 已知 $Fe^{3+} + e^- \Longrightarrow Fe^{2+}$　　$E^{\ominus} = 0.771V$

$Cu^{2+} + 2e^- \Longrightarrow Cu$　　$E^{\ominus} = 0.342V$

$Fe^{2+} + 2e^- \Longrightarrow Fe$　　$E^{\ominus} = -0.447V$

$Al^{3+} + 3e^- \Longrightarrow Al$　　$E^{\ominus} = -1.662V$

则最强的还原剂是（　　　）。

A. Al^{3+}　　　　　　B. Fe　　　　　　C. Cu　　　　　　D. Al

16. 下列原电池：$(-)Pb|PbSO_4|SO_4^{2-}(1.0mmol \cdot L^{-1})\|Sn^{2+}(1.0mol \cdot L^{-1})|Sn(+)$ 的电池反应为（　　　）。

A. $Sn^{2+}+Pb+SO_4^{2-} \longleftrightarrow Sn+PbSO_4$　　　　B. $Sn^{2+}+Pb \longleftrightarrow Sn+Pb^{2+}$

C. $Sn^{2+}+PbSO_4 \longleftrightarrow Sn+Pb+SO_4^{2-}$　　　　D. $Sn+Pb^{2+} \longleftrightarrow Sn^{2+}+Pb$

17. 根据标准电极电势判断，下列每组的物质能共存的是（　　　）。

A. Fe^{3+} 与 Cu　　　　　　　　　　　　B. Fe^{3+} 和 Fe

C. 酸性介质中，$Cr_2O_7^{2-}$ 与 Fe^{2+}　　　　D. 酸性介质中，MnO_4^- 与 Fe^{3+}

二、判断题

1. （　　　）任何温度下，氢电极的电极电势都为零。

2. （　　　）同一电极作正极、负极，电极电势相同。

3. （　　　）电极电势值大小表示物质氧化还原能力的强弱，电极电势大，氧化态的氧化能力弱，还原态的还原能力强。

4. （　　　）标准电极电势反映的是物质得失电子的倾向，数值与物质的数量成正比。

5. （　　　）标准电极电势无简单加和性。

6. （　　　）电极电势的大小不仅取决于构成电极的物质本身性质，还与溶液中离子的浓度、气态物质的分压、温度和物质状态有关。

7. （　　　）$S_4O_6^{2-}$ 中，S 的氧化数为 -2.5。

8. （　　　）氧化还原指示剂必须是氧化剂或还原剂。

9. （　　　）用 $Na_2C_2O_4$ 标定 $KMnO_4$ 溶液的浓度时，溶液的酸度过低，对测定结果没影响。

10. （　　　）由于 $E^{\ominus}(K^+/K) < E^{\ominus}(Al^{3+}/Al) < E^{\ominus}(Co^{2+}/Co)$，因此在标准状态下，$Co^{2+}$ 的氧化性最强，而 K^+ 的还原性最强。

11. （　　　）已知某电池反应为 $A+1/2B^{2+} =\!=\!= A^++1/2B$，而当反应式改写成 $2A+B^{2+} =\!=\!= 2A^++B$ 时，此反应的 $E^{\ominus}$ 不变。

12. （　　　）燃料电池的储能能力不取决于电池本身的大小，只要不断供给燃料，它就能连续地产生电能。

三、简答题

1. 写出下列物质中各元素的氧化数。

(1) KO_2；(2) OF_2；(3) $S_2O_3^{2-}$；(4) Hg_2Cl_2；(5) $Cr_2O_7^{2-}$；(6) MnO_4^-；(7) MnO_4^{2-}

2. 配平下列方程式：

(1) $KClO_3+FeSO_4 \longrightarrow Fe_2(SO_4)_3+KCl$

(2) $H_2O_2+K_2Cr_2O_7+H_2SO_4 \longrightarrow Cr_2(SO_4)_3+O_2+H_2O+K_2SO_4$

(3) $Na_2S_2O_3+I_2 =\!=\!= Na_2S_4O_6+NaI$

3. 写出下列电池中各电极上的反应和电池反应：如果原电池中正负极的电解液是相同的，则只写出电解液亦可，不需要写出正负极的电解液和盐桥。

(1) $Pt|H_2[p(H_2)]|HCl[c(HCl)]|Cl_2[p(Cl_2)]|Pt$

(2) $Ag(s)|AgI(s)|I^-[c(I^-)]\|Cl^-[c(Cl^-)]|AgCl(s)|Ag(s)$

4. 试将下列化学反应设计成电池：

(1)　$Fe^{2+}[c(Fe^{2+})]+Ag^{+}[c(Ag^{+})]\!=\!\!=\!\!=\!Fe^{3+}[c(Fe^{3+})]+Ag(s)$

(2)　$AgCl(s)\!=\!\!=\!\!=\!Ag^{+}[c(Ag^{+})]+Cl^{-}[c(Cl^{-})]$

5. 参考附表 6 中标准电极电势值 $E^{\ominus}$，判断下列反应能否进行？

(1)　I_2 能否使 Mn^{2+} 氧化为 MnO_2？

(2)　在酸性溶液中 $KMnO_4$ 能否使 Fe^{2+} 氧化为 Fe^{3+}？

6. 请利用所学电化学知识，解释下列现象：

(1)　在配制 $FeCl_2$ 溶液时，需加入金属铁钉后再保存待用；

(2)　H_2S 水溶液放置后会变混浊；

(3)　$FeSO_4$ 溶液久放后会变黄。

7. 为什么在 Cl^- 存在条件下不宜用 $KMnO_4$ 法测定 Fe^{2+}？

8. 氧化还原滴定法中所使用的指示剂有几种类型？请举例说明。

9. $KMnO_4$ 溶液长期放置后浓度为什么容易改变？为使溶液稳定，在配制和保存时应采取什么措施？

10. $K_2Cr_2O_7$ 法较 $KMnO_4$ 法有什么优点？

11. 什么是化学需氧量？简称什么？常用什么方法测定？

第10章
沉淀溶解平衡与沉淀滴定法

形态各异、色彩斑斓的钟乳石是如何形成的？如何降低水中无机离子的含量？通常所说的难溶盐（如 $AgCl$、$BaSO_4$、$PbSO_4$ 等）在水溶液中是完全不溶解吗？如果可以溶解，其溶解度又是多大呢？如何降低水中 Hg、Pb 等重金属离子的含量呢？通过本章的学习来解答这些问题。

10.1 沉淀溶解平衡

10.1.1 溶解度

溶解性是一种物质溶解在另一种物质中的能力，是物理性质，其大小与溶质、溶剂的性质有关，但只能粗略地表示物质溶解能力的强弱。一定温度下，一定量的溶剂里不能再溶解溶质的溶液叫饱和溶液；能继续溶解溶质的溶液叫不饱和溶液。

在一定温度下，某物质在 100g 溶剂里达到饱和时所能溶解的质量，叫做这种溶质在该溶剂里的溶解度，用 s 表示，单位：g 或 $mol \cdot L^{-1}$。溶解度可精确表示物质溶解能力，如果不指明溶剂，通常是指物质在水里的溶解度，如表 10-1。

$$\frac{s}{100g} = \frac{饱和溶液中溶质的质量}{饱和溶液中溶剂的质量}；或 \frac{s}{100g+s} = \frac{饱和溶液中溶质的质量}{饱和溶液的质量}$$

表 10-1　溶解性与溶解度的大小关系（0℃）

溶解性	易溶	可溶	微溶	难溶
溶解度	>10g	1~10g	0.01~1g	<0.01g

注意：物质在水中"溶"与"不溶"是相对的，"不溶"是指难溶，没有绝对不溶的物质。0.01g 的量是很小的，化学上通常认为残留在溶液中的离子浓度小于 $1 \times 10^{-5} \, mol \cdot L^{-1}$，沉淀就达到完全，但是对于有毒物质在水中的含量，$10^{-5} \, mol \cdot L^{-1}$ 这个数量级依然是有相当大的危害，不可小觑。

溶液的溶解度和质量分数的换算：$w(溶质) = \frac{s}{100g+s} \times 100\%$

10.1.2　沉淀溶解平衡

在一定条件下,当沉淀溶解的速率与溶液中的有关离子重新生成沉淀的速率相等时,固体的量和离子的浓度均保持不变的状态(沉淀溶解平衡时的溶液一定是饱和溶液)。难溶电解质存在沉淀溶解平衡,易溶电解质的饱和溶液中也存在沉淀溶解平衡。

沉淀溶解平衡是动态的可逆反应,平衡时其溶解速率等于沉淀速率,且各物质的浓度一定,而当温度、浓度等条件改变时平衡发生移动,可以达到新的平衡。如:

$$CaCO_3(s) \Longleftrightarrow Ca^{2+}(aq) + CO_3^{2-}(aq)$$

$$PbI_2(s) \Longleftrightarrow Pb^{2+}(aq) + 2I^-(aq)$$

小哲理

沉淀溶解平衡——抵御诱惑,不要被环境所同化。

10.1.3　溶度积与溶解度的关系

难溶电解质在溶液中达到沉淀溶解平衡时,离子浓度保持不变,其离子浓度的系数次方的乘积为一个常数,这个常数称为溶度积常数,简称溶度积,用 K_{sp} 表示。对于下列沉淀溶解平衡:

$$M_mA_n(s) \Longleftrightarrow m M^{n+}(aq) + n A^{m-}(aq)$$

其溶度积 $K_{sp} = c^m(M^{n+}) \cdot c^n(A^{m-})$

例如:$BaSO_4$、Ag_2CrO_4 的沉淀溶解平衡方程式及溶度积表达式如下:

$BaSO_4(s) \Longleftrightarrow Ba^{2+}(aq) + SO_4^{2-}(aq)$,其 $K_{sp} = c(Ba^{2+}) \cdot c(SO_4^{2-})$;

$Ca_3(PO_4)_2(s) \Longleftrightarrow 3Ca^{2+}(aq) + 2PO_4^{3-}(aq)$,其 $K_{sp} = c^3(Ca^{2+}) \cdot c^2(PO_4^{3-})$;

$Ag_2CrO_4(s) \Longleftrightarrow 2Ag^+(aq) + CrO_4^{2-}(aq)$,其 $K_{sp} = c^2(Ag^+) \cdot c(CrO_4^{2-})$。

K_{sp} 表示难溶电解质在水中的溶解能力,是只与温度有关,而与浓度无关的物理量。相同类型(阴阳离子个数比相同)的难溶电解质,K_{sp} 越大,在水中的溶解能力越强;不同类型的难溶电解质,不能用溶度积直接比较物质的溶解能力,需转化为饱和溶液中溶质的物质的量浓度来比较。由附表 7 看出:

溶度积:$K_{sp}(AgCl) > K_{sp}(AgBr) > K_{sp}(AgI)$;$K_{sp}[Mg(OH)_2] > K_{sp}[Cu(OH)_2]$;

则溶解度:$s(AgCl) > s(AgBr) > s(AgI)$;$s[Mg(OH)_2] > s[Cu(OH)_2]$。

同时,K_{sp} 还可以用来计算饱和溶液中溶质的物质的量浓度。由于溶液极稀,饱和溶液的密度可认为等于水的密度,由饱和溶液中溶质的物质的量浓度可以进一步计算饱和溶液中溶质的溶解度。

例 10-1　计算比较 $AgCl(s)$ 和 $Ag_2CrO_4(s)$ 在水中的溶解度(mol·L^{-1})大小。已知 $K_{sp}(AgCl) = 1.8 \times 10^{-10}$,$K_{sp}(Ag_2CrO_4) = 1.12 \times 10^{-12}$。

解： 根据 AgCl 的电离平衡：$AgCl(s) \Longrightarrow Ag^+(aq) + Cl^-(aq)$

平衡浓度/(mol·L^{-1})　　　　　　　　　　　　　　　s　　　　s

则　$K_{sp}(AgCl) = c(Ag^+) \cdot c(Cl^-) = s^2$

得到 $s = \sqrt{K_{sp}(AgCl)} = \sqrt{1.8 \times 10^{-10}} = 1.33 \times 10^{-5}\,mol \cdot L^{-1}$

根据 Ag_2CrO_4 的电离平衡：$Ag_2CrO_4(s) \Longrightarrow 2Ag^+(aq) + CrO_4^{2-}(aq)$

平衡浓度/(mol·L^{-1})　　　　　　　　　　　　　$2s'$　　　　s'

则　$K_{sp}(Ag_2CrO_4) = c^2(Ag^+) \cdot c(CrO_4^{2-}) = (2s')^2 \cdot s' = 4s'^3$

得到 $s' = \sqrt[3]{\dfrac{K_{sp}(Ag_2CrO_4)}{4}} = \sqrt[3]{\dfrac{1.12 \times 10^{-12}}{4}} = 6.5 \times 10^{-5}\,mol \cdot L^{-1}$

因为溶解度 $s(AgCl) < s(Ag_2CrO_4)$，所以 AgCl 比 Ag_2CrO_4 更难溶。

10.1.4　影响溶解平衡的因素★

微课

（1）**同离子效应**　在难溶电解质的饱和溶液中，加入具有相同离子的强电解质时，平衡向生成沉淀方向移动，而使难溶电解质的溶解度降低的现象被称为同离子效应。如向 AgCl(s) 的溶液中加入 NaCl，使 AgCl(s) 的溶解度减小。因此，同离子效应是促使离子向沉淀生成的方向进行的因素。

（2）**盐效应**　在难溶电解质溶液中，因加入易溶强电解质而使难溶电解质溶解度增大的效应叫盐效应。盐效应能促使平衡向沉淀溶解的方向移动。

从表 10-2 看出，AgCl 在 KNO_3 中的溶解度比在纯水中的溶解度大，而且 KNO_3 的浓度越大，溶解度也越大。

表 10-2　AgCl 在含有不同离子的 KNO_3 溶液中的溶解度（298K）

$c(KNO_3)/(mol \cdot L^{-1})$	0.00	0.0010	0.0050	0.0100
$s(AgCl)/\times 10^{-3}(mol \cdot L^{-1})$	1.278	1.325	1.385	1.427

其原因可以用离子氛来解释，如图 10-1。溶液中阴、阳离子共存，根据库仑定律，同性离子相斥，异性离子相吸。静电作用使离子趋向于规则排列，而热运动则力图使离子均匀地分散在溶液中。这两种力相互作用的结果，使得在一定的时间间隔内平均来看，在任意一个离子的周围，异性离子分布的平均密度大于同性离子分布的平均密度。可以设想为中心离子好像是被一层异号电荷包围着，这层异号电荷所构成的球体称为离子氛。也就是，AgCl 在 KNO_3 的溶液中，Ag^+ 周围被 Cl^- 和 NO_3^- 包围，而 Cl^- 数目远远小于 NO_3^- 数目，因此

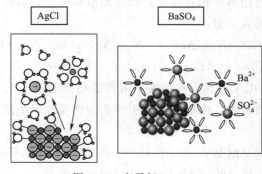

图 10-1　离子氛

降低了 Ag^+ 与 Cl^- 结合生成 AgCl 沉淀的速率；同理，Cl^- 周围被 K^+ 和 Ag^+ 包围，而 Ag^+ 数目远远小于 K^+ 数目，因此降低了 Cl^- 与 Ag^+ 结合生成 AgCl 沉淀的速率，从而平衡向沉淀溶解方向移动，使 AgCl 的溶解度增大。

（3）温度　K_{sp} 只与难溶电解质的性质和温度有关，一般而言，温度越高，K_{sp} 越大。如在 0℃时，100mL 水中，$s[Ba(OH)_2] = 1.67g$，而在 80℃时，100mL 水中，$s[Ba(OH)_2] = 101.4g$。但 $Ca(OH)_2$ 的溶解度变化则相反，在 0℃时，100mL 水中，$s[Ca(OH)_2] = 0.185g$，而在 100℃时，100mL 水中，$s[Ba(OH)_2] = 0.077g$。

（4）溶剂效应　溶剂效应（solvent effect）亦称"溶剂化作用"。溶剂化本质主要是静电作用。对电解质溶质而言，电离将引起电荷分离，故溶剂极性越大，溶质的溶解度越大，反之则溶解度小。一般而言，有机溶剂的极性都弱于水，故无机物在有机溶剂中的溶解度比在水中溶解度小。如在 100mL 水中，$s(CaSO_4) = 0.2g$，在 100mL 乙醇中，$s(CaSO_4) = 0.162g$。

10.2　溶度积规则及其应用

10.2.1　溶度积规则

对于难溶电解质的溶解平衡：$M_m A_n(s) \rightleftharpoons m M^{n+}(aq) + n A^{m-}(aq)$

其溶度积 $K_{sp} = s^m(M^{n+}) \cdot s^n(A^{m-})$

而浓度积 $Q = c^m(A^{n+}) \cdot c^n(B^{m-})$

当 $Q > K_{sp}$，溶液过饱和，此时有沉淀析出，直至沉积与溶解达到平衡状态；

当 $Q = K_{sp}$，溶液饱和，沉淀与溶解处于平衡状态；

当 $Q < K_{sp}$，溶液未饱和，若溶液中存在固体，则沉淀量减少，直至沉积与溶解达到平衡状态。

10.2.2　沉淀的生成

根据平衡移动原理，对于水中的难溶电解质，如果不断设法增加平衡体系中的相应离子，就可使平衡向生成沉淀的方向移动。

沉淀生成的应用：在无机制备、物质提纯、废水处理等领域中，常利用生成沉淀来达到分离或除去某些离子的目的。

生成沉淀的方法：调节 pH 法、加沉淀剂法等。

调节 pH 法：如工业原料氯化铵中含杂质氯化铁，使其溶解于水，再加入氨水调节 pH 至 4～5，可使 Fe^{3+} 转变为 $Fe(OH)_3$ 沉淀而除去。离子方程式为：

$$Fe^{3+} + 3NH_3 \cdot H_2O =\!=\!= Fe(OH)_3 \downarrow + 3NH_4^+$$

加沉淀剂法：如以 S^{2-} 等作沉淀剂，使 Cu^{2+}、Hg^{2+} 等金属离子生成极难溶的硫化物 CuS、HgS 等沉淀，也是分离、除去杂质常用的方法。离子方程式如下：

$$Cu^{2+} + S^{2-} =\!=\!= CuS \downarrow ; Hg^{2+} + S^{2-} =\!=\!= HgS \downarrow$$

又如，如果误将可溶性钡盐 $[BaCl_2、Ba(NO_3)_2]$ 当作食盐或纯碱食用，应尽快用 5.0% 的 Na_2SO_4 溶液洗胃，离子方程式为：$Ba^{2+} + SO_4^{2-} =\!=\!= BaSO_4 \downarrow$

再如，石笋、钟乳石的形成，第一步是碳酸钙的侵蚀与溶解：

$$CaCO_3 + CO_2 + H_2O \Longrightarrow Ca^{2+} + 2HCO_3^-$$

然后通过流动、滴落与沉积，重新生成碳酸钙，而形成石笋、钟乳石：

$$Ca^{2+} + 2HCO_3^- \Longrightarrow CaCO_3 \downarrow + CO_2 \uparrow + H_2O$$

钟乳石的形成过程也是一个碳酸盐沉淀的溶解→流动→滴落→挥发→沉积，重新生成碳酸钙的一个复杂而漫长的过程。溶洞都分布在石灰岩组成的山地中，石灰岩的主要成分是碳酸钙，当遇到溶有二氧化碳的水时，会反应生成溶解性较大的碳酸氢钙；溶有碳酸氢钙的水遇热或当压强突然变小时，溶解在水里的碳酸氢钙就会分解，重新生成碳酸钙沉积下来，同时放出二氧化碳。洞顶的水在慢慢向下渗漏时，水中的碳酸氢钙发生分解反应，有的沉积在洞顶，有的沉积在洞底，日久天长洞顶的形成钟乳石，洞底的形成石笋，当钟乳石与石笋相连时就形成了石柱。

还有，珊瑚虫从周围的海水中获取 Ca^{2+} 和 HCO_3^-，经反应形成石灰石外壳；但人口增长、人类大规模砍伐森林、燃烧煤和其他的化石燃料等都会导致空气中的 CO_2 浓度增大，从而使海水中的 CO_2 浓度增大，促使 $Ca^{2+} + 2HCO_3^- \Longrightarrow CaCO_3 \downarrow + CO_2 + H_2O$ 左移，导致珊瑚虫的石灰石外壳溶解，从而干扰珊瑚虫的生长，甚至造成珊瑚虫死亡。

10.2.3　沉淀的溶解

根据平衡移动原理，难溶电解质在水中，如果设法不断地减少平衡体系中的相应离子，使平衡向沉淀溶解的方向移动，就可以使沉淀溶解。沉淀溶解的方法：酸碱溶解法、盐溶液溶解法、氧化还原溶解法和配位溶解法。

（1）酸碱溶解法　难溶电解质的溶解度随溶液 pH 的减小而增大的效应被称为酸效应。酸溶解法就是利用酸效应，提高酸度来溶解沉淀的方法。例如：用盐酸溶解难溶碳酸盐 $CaCO_3$、$BaCO_3$，硫盐 FeS 和难溶于水的碱 $Al(OH)_3$、$Cu(OH)_2$、$Mg(OH)_2$ 等。另外，还可用 $NaOH$ 溶液溶解 $Al(OH)_3$、$Zn(OH)_2$ 等两性化合物，即碱溶解法。

（2）盐溶液溶解法　利用盐的弱酸性可以溶解一些难溶氧化物或氢氧化物，同时生成弱电解质。如 $Mg(OH)_2$ 可溶于弱酸性的 NH_4Cl 溶液中：$Mg(OH)_2 + 2NH_4^+ \Longrightarrow Mg^{2+} + 2NH_3 \cdot H_2O$，即盐溶液溶解法。

（3）氧化还原溶解法　因难溶电解质发生氧化还原反应而使其溶解度增大的效应被称为氧化还原效应。如 CuS、PbS 不溶于盐酸、硫酸，但可溶于硝酸，就是氧化还原溶解法。如

$$3CuS + 8H^+ + 8NO_3^- \Longrightarrow 3Cu^{2+} + 3SO_4^{2-} + 8NO \uparrow + 4H_2O$$

（4）配位溶解法　难溶电解质与配位剂发生配合反应而使其溶解度增大的效应被称为配位效应。如 Ag_2O、$Cu(OH)_2$ 不溶于水，但可溶于氨水；又如碳酸钙可溶于 EDTA 溶液：

$$H_2Y^{2-} + CaCO_3 \Longrightarrow [CaY]^{2-} + H_2O + CO_2 \uparrow$$

这些不溶于水但可溶于含有配位剂的溶液中就是配位溶解法。

一般认为，当残留在溶液中的某种离子浓度小于 $10^{-5}\,mol \cdot L^{-1}$ 时，就可认为这种离子沉淀完全了。

10.2.4　沉淀的转化

Ag^+ 的沉淀物的转化：见图 10-2，向硝酸银溶液中加入 $NaCl$ 溶液，产生白色沉淀，再

向混合液中加入 KI 溶液，白色沉淀变为黄色，再向混合液中加入 Na_2S 溶液，黄色沉淀变为黑色。

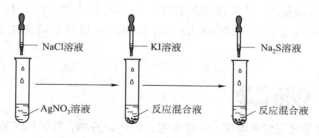

图 10-2　沉淀的转化

化学方程式：$AgNO_3 + NaCl == AgCl\downarrow + NaNO_3$，$K_{sp}(AgCl) = 1.8 \times 10^{-10}$，$s = 1.35 \times 10^{-5} \, mol \cdot L^{-1}$；

$AgCl + KI == AgI + KCl$，$K_{sp}(AgI) = 8.3 \times 10^{-17}$，$s = 9.11 \times 10^{-9} \, mol \cdot L^{-1}$；

$2AgI + Na_2S == Ag_2S + 2NaI$，$K_{sp}(Ag_2S) = 6.3 \times 10^{-50}$，$s = 2.51 \times 10^{-17} \, mol \cdot L^{-1}$。

实验表明，溶解度较小的沉淀可以转化成溶解度更小的沉淀。

10.3　沉淀滴定法概述

10.3.1　沉淀滴定法概述

沉淀滴定法是以沉淀反应为基础的一种滴定分析方法。虽然能形成沉淀的反应很多，但是能用于沉淀滴定的反应并不多，因为沉淀滴定法的反应必须满足下列几点要求：①沉淀的溶解度很小。②反应速度快，不易形成过饱和溶液。③反应迅速，按一定化学计量关系定量进行。④有合适的方法指示终点。

常用的沉淀滴定法：银量法。反应方程式：

$$Ag^+ + X^- == AgX\downarrow$$

测定：Cl^-、Br^-、I^-、SCN^-、CN^-、Ag^+ 等。

影响滴定突跃大小的因素如下。

（1）浓度越大，突跃范围越大

如：$AgNO_3$ 滴定同浓度 NaCl：

NaCl	pAg
$1.000 \, mol \cdot L^{-1}$	$6.4 \sim 3.3$
$0.1000 \, mol \cdot L^{-1}$	$5.4 \sim 4.3$

（2）难溶盐溶解度：AgX 溶解度（K_{sp}）越小，突跃越大

如：

AgX	K_{sp}	pAg	ΔpAg
AgCl	1.8×10^{-10}	$5.4 \sim 4.3$	1.1
AgBr	5.0×10^{-13}	$7.4 \sim 4.3$	3.1
AgI	8.3×10^{-17}	$11.7 \sim 4.3$	7.4

10.3.2　确定沉淀滴定终点的方法

常用的银量法指示剂：莫尔法使用 K_2CrO_4 指示剂，佛尔哈德法使用铁铵矾 $[NH_4Fe(SO_4)_2]$

指示剂，法扬斯法使用吸附指示剂。

使用标准溶液：NaCl 标准溶液可使用基准物质直接配制，$AgNO_3$ 标准溶液可使用高纯度 $AgNO_3$ 直接配制，或用 NaCl 基准物质标定，用水必须不含 Cl^-，棕色瓶保存。

NH_4SCN 标准溶液，用已知浓度的 $AgNO_3$ 标准溶液以佛尔哈德法直接滴定。

银量法三位科学家——科学的大门是敞开的，就怕你不攀登。

（1）莫尔法　指示剂 K_2CrO_4；滴定剂 $AgNO_3$；采用直接法可测定 Cl^-、Br^-；采用返滴定法可测定 Ag^+。

注意问题：①指示剂的用量：5×10^{-3} mol/L，K_2CrO_4 的浓度太高，终点提前，结果偏低；K_2CrO_4 的浓度太低，终点推迟，结果偏高。K_2CrO_4 消耗滴定剂产生正误差，被测物浓度低时，需要作空白试验。②滴定酸度：莫尔法要求的溶液的最适 pH 范围是 $6.5 \sim 10.5$。若酸性强，则 Ag_2CrO_4 沉淀溶解，$Ag_2CrO_4 + H^+ \Longrightarrow 2Ag^+ + HCrO_4^-$；若碱性太强，产生 Ag_2O 沉淀，$2Ag^+ + 2OH^- \Longrightarrow Ag_2O \downarrow + H_2O$；若溶液中有铵盐存在，为防止 $[Ag(NH_3)_2]^+$ 产生，pH 范围应是 $6.5 \sim 7.2$。

莫尔法滴定条件——创造条件、把握机会，才会成功。

（2）佛尔哈德法　直接滴定法滴定 Ag^+：在含有 Ag^+ 的酸性溶液中，以铁铵矾 $[NH_4Fe(SO_4)_2]$ 作指示剂，用 NH_4SCN（或 KSCN，NaSCN）的标准溶液滴定。溶液中首先析出 AgSCN 沉淀，当 Ag^+ 定量沉淀后，过量的 SCN^- 与 Fe^{3+} 生成红色配合物，即为终点。酸度 $0.1 \sim 1$ mol/L，终点时 Fe^{3+} 的浓度 0.015 mol/L。滴定时，充分摇动溶液。

$$Ag^+ + SCN^- \longrightarrow AgSCN \downarrow （白色） \qquad K_{sp} = 1.0 \times 10^{-12}$$
$$Fe^{3+} + SCN^- \longrightarrow FeSCN^{2+} （红色） \qquad K_{sp} = 138$$

返滴定法测定卤素离子：溶液中，首先加入一定量过量的 $AgNO_3$ 标准溶液，以铁铵矾为指示剂，用 NH_4SCN 标准溶液返滴定过量的 $AgNO_3$。滴定在 HNO_3 介质中进行，本法的选择性较高，可测定 Cl^-、Br^-、I^-、SCN^-、Ag^+ 及有机卤化物。AgCl 的溶解度比 AgSCN 大，终点后，SCN^- 将与 AgCl 发生置换反应，使 AgCl 沉淀转化为溶解度更小的 AgSCN，产生误差，必须采用一定措施。

$$AgCl + SCN^- \longrightarrow AgSCN \downarrow （白色） + Cl^-$$

习题

一、选择题

1. 下列对沉淀溶解平衡的描述正确的是（　　）。

A. 反应开始时，溶液中各离子浓度相等

B. 沉淀溶解达到平衡时，沉淀的速率和溶解的速率相等

C. 沉淀溶解达到平衡时，溶液中溶质的离子浓度相等，且保持不变

D. 沉淀溶解达到平衡时，如果再加入难溶性的该沉淀物，将促进溶解

2. 下列属于微溶物质的是（　　）。

A. $AgCl$　　　　　　B. $BaCl_2$　　　　　　C. $CaSO_4$　　　　　　D. Ag_2S

3. 在盛有饱和碳酸钠溶液的烧杯中，插入惰性电极进行电解。若电解过程中始终保持温度不变，则通电一段时间后（　　）。

A. 溶液的 pH 值增大

B. 溶液中水分子数与碳酸根离子数之比将变大

C. 溶液中有晶体析出

D. 溶液中 Na^+ 的数目不变

4. 下列有关 AgCl 沉淀的溶解平衡说法正确的是（　　）。

A. AgCl 沉淀生成和沉淀溶解达平衡后不再进行

B. AgCl 难溶于水，溶液中没有 Ag^+ 和 Cl^-

C. 升高温度，AgCl 沉淀的溶解度增大

D. 向 AgCl 沉淀中加入 NaCl 固体，AgCl 沉淀的溶解度不变

5. 向盛有饱和食盐水的烧杯中加入一块一定质量的不规则的氯化钠固体，经过一段时间后观察发现（　　）。

A. 食盐固体形状不变，质量减少　　　　B. 食盐固体形状不变，质量增加

C. 食盐固体形状改变，质量不变　　　　D. 食盐固体形状改变，质量改变

6. 下列属于微溶物在水中的溶解度范围的是（　　）。

A. $0.05\sim5g/100g$　　B. $<0.01g/100g$　　C. $>0.1g/100g$　　D. $0.01\sim1g/100g$

7. 下列关于溶度积（K_{sp}）的说法错误的是（　　）。

A. 可用于溶解度与溶度积之间的换算　　B. 对于 M_mA_n 型沉淀，$K_{sp}=[M]^m[A]^n$

C. 可用于相同类型沉淀溶解度的比较　　D. 与浓度、温度均有关

8. 关于溶解度和溶度积 K_{sp} 的关系说法错误的是（　　）。

A. 溶度积 K_{sp} 同类型难溶电解质的溶解度比较：溶度积越小，溶解度（mol/L）也越小

B. 均可表示难溶电解质的溶解性

C. 已知 $K_{sp}(AgCl)=1.8\times10^{-10}$；$K_{sp}(AgBr)=5.0\times10^{-13}$，则 AgCl 溶解度小，AgBr 溶解度大

D. 溶度积 s 可通过计算比较不同类型难溶电解质

9. 下列不能促使平衡向沉淀溶解的方向移动的是（　　）。

A. 酸效应　　　　　B. 同离子效应　　　　C. 络合效应　　　　D. 盐效应

10. 不属于影响沉淀的溶解度的因素有（　　）。

A. 盐效应　　　　　B. 温度　　　　　　C. 压强

D. 溶剂　　　　　　E. 沉底的粒径

11. 下列不能促使 AgCl 沉淀向溶解的方向移动的是（　　）。

A. 加入硝酸　　　　B. 加入硫酸铜　　　　C. 加入盐酸　　　　D. 加入氨水

12. 关于莫尔法滴定分析时指示剂的用量，下列说法错误的是（　　）。

A. CrO_4^{2-} 太大，终点提前，CrO_4^{2-} 黄色干扰

B. CrO_4^{2-} 太小，终点滞后

C. 酸性过强，导致 $[CrO_4^{2-}]$ 降低，终点提前

D. CrO_4^{2-} 浓度在 $5\times10^{-3}\,mol/L$ 左右最佳

13. AgCl 和 Ag_2CrO_4 的溶度积分别为 $1.8\times10^{-10}\,mol/L$ 和 $1.1\times10^{-12}\,mol/L$，若用难溶盐在溶液中的浓度来表示其溶解度，则下面的叙述中正确的是（　　）。

A. AgCl 和 Ag_2CrO_4 的溶解度相等

B. AgCl 的溶解度大于 Ag_2CrO_4 的溶解度

C. 两者类型不同，不能由 K_{sp} 的大小直接判断溶解能力的大小

D. 都是难溶盐，溶解度无意义

14. 下列说法正确的是（　　）。

A. 溶度积小的物质一定比溶度积大的物质溶解度小

B. 对同类型的难溶物，溶度积小的一定比溶度积大的溶解度小

C. 难溶物质的溶度积与温度无关

D. 难溶物的溶解度仅与温度有关

15. $Mg(OH)_2$ 在下列四种情况下，其溶解度最大的是（　　）。

A. 在纯水中　　　　　　　　　　B. 在 0.1mol/L 的 HAc 溶液中

C. 在 0.1mol/L 的 $NH_3\cdot H_2O$ 溶液中　　D. 在 0.1mol/L 的 $MgCl_2$ 溶液中

16. 要使工业废水中的重金属 Pb^{2+} 离子沉淀，可用硫酸盐、碳酸盐、硫化物等作沉淀剂，已知 Pb^{2+} 与这些离子形成的化合物的溶解度如下：

$s(PbSO_4)=1.03\times10^{-4}\,g$；$s(PbCO_3)=1.81\times10^{-7}\,g$；$s(PbS)=1.84\times10^{-14}\,g$

由上述数据可知，选用的沉淀剂最好为（　　）。

A. 硫化物　　　　B. 硫酸盐　　　　C. 碳酸盐　　　　D. 以上沉淀剂均可

17. 为除去 $MgCl_2$ 溶液中的 $FeCl_3$，可在加热搅拌的条件下加入的一种试剂是（　　）。

A. NaOH　　　　B. Na_2CO_3　　　　C. 氨水　　　　D. MgO

18. 当氢氧化镁固体在水中达到溶解平衡 $Mg(OH)_2(s)\Longrightarrow Mg^{2+}(aq)+2OH^-(aq)$ 时，为使 $Mg(OH)_2$ 固体的量减少，须加入少量的（　　）。

A. $MgCl_2$　　　　B. NaOH　　　　C. $MgSO_4$　　　　D. $NaHSO_4$

19. 向 5mL NaCl 溶液中滴入一滴 $AgNO_3$ 溶液，出现白色沉淀，继续滴加一滴 KI 溶液并振荡，沉淀变为黄色，再滴入一滴 Na_2S 溶液并振荡，沉淀又变成黑色，根据上述变化过程，分析此三种沉淀物的溶解度关系为（　　）。

A. $AgCl=AgI=Ag_2S$　　　　　　B. $AgCl<AgI<Ag_2S$

C. $AgCl>AgI>Ag_2S$　　　　　　D. $AgI>AgCl>Ag_2S$

20. 已知如下物质的溶度积常数，FeS：$K_{sp} = 6.3 \times 10^{-18}$；CuS：$K_{sp} = 6.3 \times 10^{-36}$。下列说法正确的是（　　）。

A. 同温度下，CuS 的溶解度大于 FeS 的溶解度

B. 同温度下，向饱和 FeS 溶液中加入少量 Na_2S 固体后，$K_{sp}(FeS)$ 变小

C. 向含有等物质的量的 $FeCl_2$ 和 $CuCl_2$ 的混合溶液中逐滴加入 Na_2S 溶液，最先出现沉淀的是 FeS

D. 除去工业废水中的 Cu^{2+}，可以选用 FeS 作沉淀剂

21. 自然界地表层原生铜的硫化物为 Cu_2S，经氧化、淋滤作用后变成 $CuSO_4$ 溶液，向地下深层渗透，遇到难溶的 ZnS 或 PbS，慢慢转变为铜蓝（CuS）。下列分析正确的是（　　）。

A. CuS 的溶解度大于 PbS 的溶解度

B. 原生铜的硫化物具有还原性，而铜蓝没有还原性

C. $CuSO_4$ 与 ZnS 反应的离子方程式是 $Cu^{2+} + S^{2-} =\!\!=\!\!= CuS\downarrow$

D. 整个过程涉及的反应类型有氧化还原反应和复分解反应

22. 下列关于沉淀的叙述不正确的是（　　）。

A. 生产、科研中常利用生成沉淀来达到分离或除杂的目的

B. 沉淀的溶解只能通过酸碱中和反应来实现

C. 沉淀转化的实质就是沉淀溶解平衡的移动

D. 一般来说，溶解度小的沉淀转化成溶解度更小的沉淀容易实现

23. 下列说法正确的是（　　）。

A. 溶度积就是溶解平衡时难溶电解质在溶液中的各离子浓度的乘积

B. 溶度积常数是不受任何条件影响的常数，简称溶度积

C. 可用浓度商 Q 判断沉淀溶解平衡进行的方向

D. 所有物质的溶度积都是随温度的升高而增大的

二、判断题

1. （　　）用水稀释 AgCl 的饱和溶液后，AgCl 的溶度积和溶解度都不变。

2. （　　）为使沉淀损失减小，洗涤 $BaSO_4$ 沉淀时不用蒸馏水，而用稀 H_2SO_4。

3. （　　）一定温度下，AB 型和 AB_2 型难溶电解质，溶度积大的，溶解度也大。

4. （　　）向 $BaCO_3$ 饱和溶液中加入 Na_2CO_3 固体，会使 $BaCO_3$ 溶解度降低，溶度积减小。

三、简答题

1. 简述石笋、钟乳石形成原理。

2. 简述增大难溶电解质的方法有哪些。

3. 简述莫尔法适用的条件。

第11章
化学与环境

　　随着全球人口的激增及工业的飞速发展，全球性资源短缺、环境污染和生态恶化等问题日益加剧。生态环境问题已成为世界经济发展的瓶颈。当前，全球有哪些主要的生态环境问题？这些生态环境问题的起因、危害有哪些？其预防治理这些环境问题的方法是什么？本章将重点学习大气污染、水污染、土壤污染的成因及对人类的危害，简要阐述解决这些环境问题的方法及在日常生产生活中保护环境的措施。

11.1　环境与环境问题

11.1.1　环境与环境系统

　　（1）环境　广义上讲，环境就是指周围的空间和事物。它总是相对于中心事物而言的。与某一中心事物有关的周围的空间和事物，就是这个中心事物的环境。

　　在环境科学中这个中心事物就是人类。人类的环境就是以人类为中心的周围客观事物的总和，即包括大气、水、土地、矿藏、森林、草原、野生动物、野生植物、水生生物、名胜古迹、风景游览区、自然保护区、生活居住区等。它凝聚着社会因素和自然因素。因此，环境科学中所称的环境亦分为社会环境和自然环境两大类。社会环境是指人们生活的社会经济制度和上层建筑的环境条件，而自然环境是指人们赖以生存和发展的必要物质条件，是人类周围各种自然因素的总和。通常所说的环境主要是指自然环境，主要包括大气、水、土壤、生物等自然因素。在环境科学中，通常把这些自然环境要素形象地描绘为大气圈、水圈、土圈（岩石圈）与生物圈，亦称大气环境、水环境、土壤环境和生物环境，是人类进行生产和生活活动的场所，是人类生存和发展的物质基础。

　　（2）环境系统　环境中各个要素相互联系、相互依赖、相互制约，彼此间的能量流动和物质交换生生不息，从而构成了一个完整的有机体系，被称为环境系统。

　　当自然环境受到干扰而改变原有的状态，就可以认为环境受到了污染。当外部干扰因素不强烈，受污染的环境经过若干物理作用、化学反应或生物的吸收、降解等自然过程，可以逐步恢复到原来的状态，这一现象称为环境的自净作用。当人类直接或间接地将大量的有害物质或能量排放到环境中去，超过了环境的自净能力，使环境质量变坏的现象称为环境污染。

11.1.2　环境问题

所谓环境问题，是指环境系统物质的组成、结构和性质发生了不利于人类生存和发展的变化。狭义上说，就是指由于人类的生产、生活方式所导致的各种环境污染、资源破坏和生态系统失调。

当人类社会进入工业时代后，随着科技水平和社会生产力的大幅度提升，人类改造自然的速度得到前所未有的提高。但与此同时，人口剧增、环境污染、生态破坏、资源过度消耗、地区发展不平衡等全球性问题日益突出，已经对人类社会的长远发展，甚至是人类未来的生存构成了严重威胁。特别是 20 世纪中叶，震惊世界的八大污染事件使环境污染进入泛滥期，人类无节制地开发和破坏自然资源是造成环境恶化的罪魁祸首。

人类的生产活动给环境带来的环境问题主要来自以下几方面。

①　工业生产：生产中产生的废水、废气、废渣，即工业"三废"；对自然资源的开采；能源和水资源的消耗与利用；产生噪声等。

②　农业生产：过量使用农药、化肥；农业产生的废弃物等。

③　交通运输：交通运输工具造成的噪声污染、尾气污染、油污染及扬尘污染等。

④　日常生活：生活中产生的生活污水、生活垃圾及燃煤等产生的废气等。

小哲理

环境问题——保护环境人人有责。

11.2　大气污染及其防治

包围在地球表面的气体称为大气层，整个大气层按照物理性质分为对流层、平流层、中间层、电离层和逸散层。人类生活在大气层中，依靠空气中的氧气而生存。同时，大气层也是地球生命的保护伞，它吸收了来自外层空间且对地球生命有害的大部分宇宙射线和电磁辐射，尤其是紫外辐射。

11.2.1　大气污染及大气污染物

（1）大气污染　大气污染是指由于人类活动或自然过程，改变了大气层中某些原有成分或增加了某些有毒有害物质，致使大气质量恶化，影响原来有利的生态平衡体系，严重威胁着人体健康和正常工农业生产，对建筑物和设备财产等造成损坏，这种现象称为大气污染，也称空气污染。

（2）大气污染物　按照国际标准化组织（ISO）的定义：大气污染物通常是指由于人类活动或自然过程引起某些物质进入大气中，呈现出足够的浓度，达到了足够的时间，并因此而危害了人体的舒适、健康和福利或环境的现象。大气污染物的种类很多，并且因污染源不同而有差异。在我国大气环境中，具有普遍影响的污染物，其最主要的来源是燃料燃烧。根据污染物的性质，可将大气污染物分为一次污染物与二次污染物。一次污染物是从污染源直接排出的污染物，它可分为反应性物质和非反应性物质。前者不稳定，还可与大气中的其他物质发生化学反应；后者比较稳定，在大气中不与其他物质发生反应或反应速度缓慢。二次污染物是指不稳定的一次污染物与大气中原有物质发生反应，或者污染物之间相互作用而生成的新的污染物质，这种新的污染物与原来的物质在物理、化学性质上完全不同，例如光化学烟雾和硫酸烟雾。但无论是一次污染物还是二次污染物都能引起大气污染，对环境及人类产生不同程度的影响。

根据大气污染物化学性质的不同，一般把大气污染物分为以下几类，见表 11-1。

表 11-1　常见一次污染物和二次污染物

污染物	一次污染物	二次污染物
含硫氧化物	SO_2、H_2S	SO_3、H_2SO_4、硫酸盐、硫酸酸雾
氮化物	NO、NH_3	N_2O、NO_2、硝酸盐、硝酸烟雾
碳氧化物	CO、CO_2	—
碳氢化合物	$C_1 \sim C_5$ 化合物、CH_4 等	醛、酮、过氧乙酰硝酸酯
卤素	F_2、Cl_2	
卤素化合物	HF、HCl、$CFCl_3$、CF_2Cl_2 氟利昂等	
氧化剂	—	O_3、自由基、过氧化物
放射性物质	铀、钍、镭等	
颗粒物	煤尘、粉尘、重金属微粒、烟、雾、石棉气溶胶等	

（3）大气污染源　大气污染源按照性质和排放方式可以分为生活污染源、工业污染源、交通污染源和农业污染源四类。

① 生活污染源。人们由于烧饭、取暖、淋浴等生活上的需要，燃烧燃料向大气排放煤烟而造成大气污染的污染源为生活污染源。这类污染源具有分布广、排放量大、排放高度低等特点，是造成大气污染不可忽视的污染源。

② 工业污染源。火力发电厂、钢铁厂、化工厂及水泥厂等工矿企业在生产和燃料燃烧过程中排放煤烟、粉尘及各类化合物等造成大气污染的污染源为工业污染源。这类污染源因生产的产品和工艺流程不同，所排放的污染物种类和数量有很大差别，但这类污染源一般比较集中，而且浓度高，对局部地区的大气影响很大。

③ 交通污染源。由汽车、飞机、火车、船舶等交通工具排放尾气而造成大气污染的污染源为交通污染源。交通污染在现代城市中尤为突出，在发达国家，汽车成为大气的主要污染源，如美国拥有 1 亿多辆汽车，汽车排放物占全部大气污染的 60% 左右。

④ 农业污染源。农业生产过程中对大气的污染主要来自农药和化肥的使用。有些有机氯农药如 DDT，施用后能在水面悬浮，并同水分子一起蒸发而进入大气；氮肥在施用后可直接从土壤表面挥发成气体进入大气，也可在土壤微生物作用下转化为氮氧化物进入大气，从而增加了大气中氮氧化物的含量。

11.2.2　典型的大气污染及防治

（1）温室效应

1）温室效应的概念。大气中的某些微量物质如 CO_2、CH_4 等组分，可以无阻挡地让太阳的短波辐射到达地球，并能够部分吸收地面发出的长波辐射，将热量截留在大气层内而使大气增温的作用，称为"温室效应"。产生温室效应的气体主要有二氧化碳、氯氟烃、甲烷、氮氧化物等，其中以二氧化碳的温室作用最为明显。

2）温室效应的主要危害。冰川是地球上最大的淡水水库，但全球变暖正在使冰川以有记录以来的最大速度在世界越来越多的地区融化着，在近 40 年间，冰塔林大幅后退、稀疏变矮清晰可见，冰川消融显而易见。全球冰川呈现出加速融化的趋势，海平面不断上升，首当其冲的是数十个小岛国家，其他国家的沿海地区也会出现海水倒灌、泄洪不畅、土地盐渍化等问题，航运、水产养殖，甚至沿海的经济发展都会受到影响。

温室效应将使农业生产的不稳定性增加。一方面气候变暖可延长作物的有效生长期，提高光合作用，使农业增产；另一方面，由于地表水蒸发量增大，会加重干旱、沙化、碱化及草原退化等灾害，台风频率和强度可能增加，病虫害也会加剧。

温室效应将使温度带移动，降雨、降雪发生改变，生物带、生物群落的纬度分布也会发生相应的变化，可能导致部分动植物、高等真菌等物种处于濒临灭绝、变异的境地，使生物物种减少。

3）温室效应的基本对策

① 调整能源战略，减少 CO_2 的排放。通过提高现有能源利用率、改善能源结构、向清洁能源转化等方面发展，减少 CO_2 的排放。例如，从使用含碳量高的燃料（煤）转向含碳量低的燃料（天然气），甚至使用不含碳的能源，如太阳能、风能、核能、海洋能、生物质能等。

② 植树造林，利用植物的光合作用吸收 CO_2，达到抑制大气中 CO_2 浓度增长的目的。

③ 控制在大气窗口波段有强烈吸收能力的氯氟烃（CFC）、CH_4 的排放量。

④ 加强环境意识教育，促进全球合作，让全人类都认真对待气候变暖问题。

（2）臭氧层耗减

1）臭氧空洞的出现。臭氧是一种具有刺激性气味的气体，主要集中在距离地面 15～50km 间的大气平流层中，在距离地面 22～27km 处为臭氧浓度最高的区域，称为臭氧层。尽管臭氧层中的臭氧浓度不高，但臭氧层在保护生态环境方面的作用十分重要。它一方面吸收太阳紫外辐射，把电磁能变为热能而增温，使其他生命得以维持，另一方面，它吸收太阳光中的大部分紫外线，屏蔽地球表面生物，所以被誉为"地球保护伞"。

2）臭氧层破坏的危害。臭氧被大量损耗后，吸收紫外线辐射能力大大减弱，抵达地面的紫外线增强，将引起地球生态系统的严重灾难。强烈的紫外线辐射，会引起白内障和皮肤癌，降低人体的抵抗能力，抑制人体免疫系统的功能，使许多疾病发生。据统计，臭氧浓度每降低 1％，人类皮肤癌发病率将增加 2％。1991 年底，由于南极臭氧层空洞的扩大，智利最南部的城市出现了小学生皮肤过敏和不寻常的阳光灼烧现象，同时许多绵羊和兔子失明。

强烈的紫外线辐射还会使农作物和微生物受损，杀死海洋中的浮游生物，伤害生物圈中的食物链及高等植物的表皮细胞，抑制植物的光合作用和生长速度，对世界粮食产量和质量造成影响。

3）臭氧层破坏的基本对策。为了保护臭氧层，联合国环境规划署于 1985 年和 1987 年先后组织制定了《保护臭氧层维也纳公约》以及《关于消耗臭氧层物质的蒙特利尔议定书》（以下简称《议定书》）。1989 年 5 月召开的《议定书》缔约国第一次会议在北欧一些国家的推动下，又发表了《保护臭氧层赫尔辛基宣言》。按照《议定书》规定，发达国家在 1996 年 1 月 1 日前，发展中国家到 2010 年，最终淘汰臭氧层消耗物质。中国政府严格执行《议定书》的协议，中国的冰箱业已于 2005 年停止使用氟氯烃类物质。

（3）酸雨

1）酸雨的概念。所谓酸雨是指 pH 值小于 5.6 的降水。酸雨给地球生态环境和人类社会经济都带来了严重的影响和破坏，科学家将酸雨称为"空中死神""看不见的杀手"。

酸雨的形成是一个十分复杂的过程，人类生产生活中燃烧化石燃料而排放大量的硫氧化物和氮氧化物是产生酸雨的根本原因（图 11-1）。

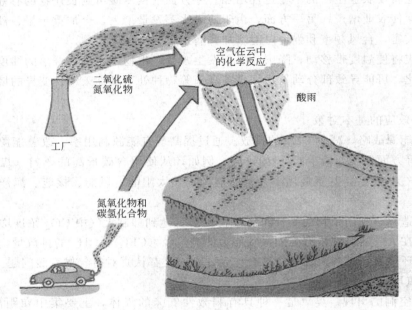

图 11-1　酸雨形成原因示意图

2）酸雨的主要危害

① 造成森林生态系统衰退和森林衰败。许多国家受酸雨影响的森林面积在 20%～30% 以上，如欧洲有 700 万平方千米森林受到酸雨的影响，森林生态系统在遭受死亡综合征的侵袭；我国四川、广西等省（自治区）有 10 多万公顷森林也正在衰亡。

② 造成土壤酸化。酸雨降到地面，一方面使土壤中的营养元素（如钙、镁、钾等）溶出而流失，另一方面也可使土壤中的有毒金属元素（如铅、铜、锌、镉等）溶解成水溶液，而被植物吸收，影响植物生长甚至造成死亡。这些有毒的金属离子还可使人体致病，如水中 Al^{3+} 浓度增加并在人体中积累，使人类发生早衰和阿尔茨海默病。

③ 破坏水生生态系统，导致生物多样性减少。酸雨会污染河流、湖泊和地下水，影响浮游生物的生长繁殖，减少鱼类食物来源，破坏水生生态系统。如在瑞典 9 万多个湖泊中，已有 2 万多个遭到酸雨危害，四千多个成为无鱼湖；挪威有 260 多个湖泊鱼虾绝迹；美国有至少 1200 个湖泊全部酸化，成为"死湖"，鱼类、浮游生物，甚至水草和藻类纷纷绝迹。

④ 严重损坏建筑材料和历史古迹。酸雨对建筑、桥梁、名胜古迹等均带来严重危害。

世界上许多古建筑和石雕艺术品遭酸雨腐蚀，如古希腊、罗马的文物古迹、加拿大的议会大厦、我国的乐山大佛等均遭酸雨腐蚀而被破坏。

3）酸雨的基本对策

① 主动削减污染物排放，调整能源结构，改进燃煤脱硫技术。首先，应该积极调整能源结构，发展无污染的清洁能源，如风能、太阳能、潮汐能、地热能和沼气等。其次，使用低硫优质煤、天然气和燃料油代替燃煤，还可以用碱液、活性炭等吸附二氧化硫。此外，在城市中控制汽车尾气的排放，可用甲醇、燃气等代替汽油；开发并大量使用电动公共汽车，适度限制私人汽车的使用。

② 对已被污染的环境进行改造和修复。改造修复被酸化的湖泊和土壤，现在人们大多采取洒石灰的办法。这样做对提高环境的 pH 值有一定效果，但是在加过石灰的土壤上，森林的生长不好，在加过石灰的水中，生物也受到影响，是一个不得已而为之的消极办法。人们可以在恢复酸化水体的时候，对上游水库进行石灰处理，然后选择适当的水位放水；在林地上选择种植抗酸化能力较强，并且能够中和酸性的落叶树木；在城市中种植抗污染城市林网。

③ 国际合作。由于大气环流的存在，各地的酸雨并不都是全由本地的大气污染造成的，为了更有效地解决酸雨问题，各国需要联合起来共同承担解决酸雨的任务。目前世界上很多国家的法律中都写入了减少排放、控制尾气等内容，有了法律的支持，使防治酸雨有了更多的途径和手段。

（4）光化学烟雾

1）光化学烟雾的概念。大气中的碳氢化合物、氮氧化合物等一次污染物在太阳光的照射下发生光化学反应，将产生臭氧、过氧乙酰硝酸酯、酮、醛类等二次污染物，由这些二次污染物和一次污染物所形成的稳定气溶胶，称为光化学烟雾。

2）光化学烟雾的危害。光化学烟雾具有强烈的刺激性，轻者使人眼睛红肿、喉咙发痛，重者使人呼吸困难、手足抽搐，甚至死亡。1955 年 8 月洛杉矶光化学烟雾事件导致 400 多人丧生。

（5）雾霾

1）雾和霾的概念。雾是一种自然现象，指在水汽充足、微风及大气层稳定的情况下，当接近地面的空气冷却到一定程度时，空气中的水汽就会凝结成细微的水滴悬浮于空中，使地面水平的能见度下降的天气现象。

霾主要是人为造成的，是由空气中的灰尘、硫酸、硝酸、有机碳氢化合物等粒子组成的气溶胶造成视觉障碍的天气现象。

雾霾是雾和霾的统称。

2）雾霾的危害

① 影响身体健康。大气颗粒物能直接进入并黏附在人体上下呼吸道和肺叶中，引起鼻炎、支气管炎等病症，长期处于这种环境中还会诱发肺癌。

② 影响心理健康。雾霾天气容易让人产生悲观情绪，如不及时调节，很容易失控。

③ 影响交通安全。出现雾霾天气时，能见度很低，污染持续，交通堵塞，事故频发。

雾霾天气是一种大气污染状态，PM2.5 被认为是造成雾霾天气的"元凶"。雾霾的源头多种多样，比如汽车尾气、工业排放、建筑扬尘、垃圾焚烧、火山喷发等等，雾霾天气通常是多种污染源混合形成的。

11.2.3 室内空气污染

(1) 室内空气污染定义 室内空气污染是指在封闭空间内的空气中存在对人体健康有危害的物质并且浓度已经超过国家标准达到可以伤害到人的健康程度，我们把此类现象总称为室内空气污染，并不主要指居室，有害物包括甲醛、苯、氨、放射性氡等。随着污染程度加剧，人体会产生亚健康反应甚至威胁到生命安全，是日益受到重视的人体危害之一。

人们每天平均大约有 80% 以上的时间在室内度过。随着生产和生活方式的更加现代化，更多的工作和文娱体育活动都可在室内进行，购物也不必每天上街，合适的室内微小气候使人们不必经常到户外去调节热效应，这样，人们的室内活动时间就更多，甚至高达 93% 以上。因此，室内空气质量对人体健康的关系就显得更加密切更加重要。虽然，室内污染物的浓度往往较低，但由于接触时间很长，故其累积接触量很高。尤其是老、幼、病、残等体弱人群、机体抵抗力较低、户外活动机会更少，因此，室内空气质量的好坏与这些群体的关系尤为重要。

(2) 室内空气污染来源及危害 人们在室内进行生理代谢，进行日常生活、工作学习等活动，室内环境的空气状况与我们关系十分密切，通过对居室和办公室室内环境进行检测，结果发现产生室内空气污染的来源主要有以下几个方面：

1) 甲醛的来源及危害。甲醛主要来源于室内装饰装修使用的胶合板、细木工板、中密度纤维板和刨花板、木芯板等人造板材。其次是含有甲醛成分并有可能向外界散发的其他各类装饰材料，比如贴墙布、贴墙纸、化纤地毯、泡沫塑料、油漆和涂料等。

甲醛在空气中扩散对人眼、鼻、喉、皮肤产生明显的刺激作用，尤其是对眼睛内膜、咽喉、皮肤刺激作用大。甲醛可经呼吸道吸收，会引起流泪、咽喉疼痛、恶心、呕吐、咳嗽、胸闷、气喘甚至肺气肿，长期接触低剂量可引起慢性呼吸道疾病、女性月经紊乱、妊娠综合征、新生儿体质降低、染色体异常，甚至诱发鼻咽癌，高浓度时会侵害人的神经系统、肝脏等。

2) 苯及同系物来源及危害。苯及苯化合物主要来自于合成纤维、塑料、燃料、橡胶等，隐藏在油漆、各种涂料的添加剂及各种胶黏剂、防水材料中，还可来自燃料和烟叶的燃烧。

苯及同系物为无色具有特殊芳香味的液体，已经被世界卫生组织确定为强烈致癌物质，苯可引起白血病和再生障碍性贫血，也被医学界公认。人在短时间内吸入高浓度的甲苯或二甲苯，会出现中枢神经麻醉的症状，轻者头晕、恶心、胸闷、乏力，严重的会出现昏迷甚至因呼吸循环衰竭而死亡，慢性苯中毒会对皮肤、眼睛和上呼吸道有刺激作用，长期吸入苯能导致再生障碍性贫血，若造血功能完全破坏，可发生致命的颗粒性白细胞消失症，并引起白血病。苯对女性的危害比对男性更多些，育龄妇女长期吸入苯会导致月经失调，孕期的妇女接触苯时，妊娠并发症的发病率会显著增高，甚至会导致胎儿先天缺陷。

3) 油烟中的致病因素分析。潜伏在居室内的污染至少有香烟味、油烟味、新家具油漆味等等。

香烟污染。吸烟人士吐出的烟雾是室内污染的原因。

　小哲理

尼古丁，令人兴奋上瘾——越让你上瘾的东西对你的毒害越大。

炉灶引起的空气污染。无论使用天然气、煤炭还是柴草等作燃料，燃烧时均会产生一氧化碳、二氧化碳、二氧化硫、氮氧化物等有毒有害的气体。人体通过呼吸系统吸入体内，会损害人的心、肺和脑等重要器官。家庭用的燃气热水器燃烧时会产生大量的废气，污染室内的空气。因排气不良而引起中毒事件，人们已很清楚。而使用冷气机不当，室内空气不流通，有毒的物质也会不断地积聚，同样会使室内空气受到污染。

4）卧室中的另类致病因素分析。床上用品等都是棉花、鸭毛、羊毛等有机物，这些地方相对温暖潮湿，是螨虫和细菌滋生的地方，人的汗水、皮肤、毛发、建筑颗粒等又为它们提供了丰富的营养品，这些都是螨虫、细菌适宜生活的环境，螨虫会传播疾病，其排泄物还能引起人的过敏。

11.3　水体污染及其防治

地球表面，水的覆盖面积约占 3/4，其中海洋含水量占地球总水量的 97%，高山和极地的冰雪含水量占地球总水量的 2.14%，但与人类关系最密切又较易开发利用的淡水资源仅占地球总水量的 0.64%，而且这部分水在地球上分布极不平衡，一些国家和地区的淡水资源极度匮乏。人类年用水量接近 1 万亿立方米，而全球 60% 的陆地面积淡水供应不足，造成近 20 亿人饮用水短缺。目前，拥有世界人口 40% 的约 80 个国家正面临水源不足，其农业、工业和身体健康受到威胁。我国属于全球 13 个贫水大国之一，国土面积的 30%、人口面积的 60% 处于缺水状态。联合国早在 1977 年就向全世界发出警告：不久以后，水资源将成为继石油危机之后的另一个更为严重的全球性危机。因此，水、特别是淡水是人类社会极其宝贵的自然资源。

11.3.1　水体污染的概念和分类

水在环境体系中不断循环。在太阳辐射作用下，地球表面的大量水分蒸发至空中，被气流输送至各地；同时，水蒸气在空中冷凝成液体或固体而以雨、雪、冰雹等形式降落地球表面，汇集到江、河、湖泊和海洋中。水分的这种不断转移交替的现象叫做水循环。

由于水循环作用，各种可溶性物质或悬浮物质被带进自然界各种形态的水体中，影响水质。如果污染物的含量过大，超出了水体的自净能力，破坏了水体的生态平衡，使水体的物理、化学性质发生变化而降低水体的使用价值，就被称为水体污染。全世界 75% 的疾病都与水体污染有关，如常见的伤寒、霍乱、痢疾等疾病的发生与传播都和饮用水污染紧密相关。

水体污染根据污染性质分为化学性污染、物理性污染、放射性污染及生物性污染。其中化学性污染是指化学物质引起水体自身化学成分改变而出现的污染；物理性污染包括色度、浊度、温度等变化或泡沫状物质引起的污染；放射性污染主要是由于核燃料的开采及炼制、核反应堆的运转、核武器试验等引起的污染；生物性污染指水体中的微生物或病毒等引起的污染。

11.3.2　典型的水体污染现象

（1）重金属污染　重金属对水体的危害性非常大，如汞、镉、铬、铅、砷等，都具有较强的毒性，只需要少量便可污染大片水体。虽然水中的微生物对许多有毒物质有降解功能，但对于重金属，这些微生物无能为力，相反，部分重金属还可在微生物作用下转化为金属有机化合物，产生更大的毒性。更为严重的是，此类物质可通过食物链层层积累，最终通过食用水产品进入人体，使蛋白质、酶失去活性，导致中毒。

震惊世界的水俣病事件就是因为居民长期食用汞（以甲基汞形式存在）含量超标的水产品，其发病症状为智力障碍、运动失调、视野缩小、听力受损等；20世纪60年代发生的骨痛病事件是因为居民饮用水中镉含量超标。当饮用水中镉含量超过0.01mg/L，将积存在人体肝、肾等器官，最终造成肾脏再吸收能力不全，干扰免疫球蛋白的制造，降低机体的免疫能力并导致骨质疏松、骨质软化。铅及其化合物也会引发贫血、肝炎、神经系统疾病，表现为痉挛、反应迟钝、贫血等，严重时可引发铅性脑病。铬可引起皮肤溃烂、贫血、肾炎等，甚至可能引发癌症。砷的有毒形态主要是 As_2O_3（砒霜），人体中毒表现为呕吐、腹泻、神经炎、肾炎等，还可致癌。

（2）有机污染物　自从农药大量使用后，有毒合成有机物成了水体污染的一大来源，其中比较有代表性的有滴滴涕（DDT）、六六六和多氯联苯（PCB）等，这些农药性质稳定，难以降解，对水体危害大，危及面广。曾经有人在生长于南极的企鹅体内测出DDT，生长于北冰洋的鲸鱼中测出PCB。

除了上述有毒有机物外，还有一类有机物通过消耗水中溶解氧来改变水体性质，进而污染水体，这类有机物叫耗氧有机物。生活污水和工业废水中所含的碳氧化合物、蛋白质、脂肪等属于耗氧有机物，它们的存在对饮用水和水产养殖业危害甚大。

（3）无机污染物　无机污染物主要是指排入水体中的酸、碱、无机盐类及无机悬浮物质。酸、碱等污染物使水体 pH 值大幅度改变，消灭或抑制了细菌等微生物的生长，阻碍了水体的自净，且具有很高的腐蚀性。水中无机盐的增加，使水的渗透压加大，硬度提高，对生物、土壤都极为不利。

（4）水体富营养化　随着城市人口的不断增长，城市生活污水排放量急剧增加，加之工业废水、农田排水，造成湖泊、水库、河流中的污水含量迅速增大，这些污水中所含氮、磷等植物生长所必需的营养物质超标。由于营养物质的过剩，藻类及其他浮游生物迅速繁殖，一方面大量消耗水中的溶解氧，另一方面其覆盖于水面遮挡了阳光，导致鱼类和其他生物大量死亡与腐烂，水质恶化，这种现象称为水体富营养化。

富营养化污染若发生在海洋水体中，将使海洋中浮游生物暴发性增殖、聚集而引起水体变色，这种现象称为赤潮。我国近年来频发赤潮，给海洋资源、渔业带来巨大损失。富营养化污染若发生在淡水中，引起蓝藻、绿藻等藻类迅速生长，使水体呈蓝色和绿色，这种现象称为水华。太湖、滇池、巢湖、洪泽湖等都曾发生水华。

小哲理

水体富营养化——营养过多，适得其反。

（5）放射性污染和热污染　随着原子能工业的发展，放射性核素在医学、科研领域中的应用越来越多，放射性污染水显著增加。由于一些核素半衰期长，通过水和食物进入人体后，蓄积在某些器官内，引发白血病、骨癌、肺癌及甲状腺癌等。

热污染是指天然水体接受火力发电站、核电站、炼钢厂、炼油厂等使用的冷却水而造成的污染。由于热污染引起水温升高，使水中溶解氧降低，还将加速有机污染物的分解，增大耗氧作用。

11.4　土壤污染及其防治

土壤污染是全世界普遍关注和研究的三大环境问题之一。由于长期不合理的开发利用和大量"三废"的排放，我国已有相当面积的土壤遭到污染和破坏。据统计，1999 年全国受镉、砷、铬、铅等重金属污染的耕地面积有 2000 万平方千米，约占耕地总面积的 1/5，我国每年因重金属污染粮食减产 1000 多万吨，此外，每年有 1200 万吨粮食重金属超标，两者共计经济损失 200 亿元。可见，防治土壤污染，建立并保持良好的土壤生态环境，已成为当今环保工作中一项紧迫的任务。

11.4.1　土壤污染定义及其来源

（1）土壤污染的定义　土壤污染是指由于人类活动所产生的污染物，通过多种途径进入土壤，其数量和速度超过了土壤的容纳能力和净化速度，使土壤的性质、组成等发生变化，导致土壤的自然功能失调、土壤质量恶化的现象。

（2）土壤污染物

1）化学污染物。化学污染物包括无机污染物和有机污染物。前者如汞、镉、铅、砷等重金属，过量的氮、磷植物营养元素以及其氧化物、硫化物等；后者如各种化学农药、石油及其裂解产物以及其他各类有机合成产物等。

2）物理污染物。物理污染是指来自工厂、矿山的固体废弃物如尾矿、废石、粉煤灰和工业垃圾等。

3）生物污染物。生物污染物是指带有各种病菌的城市垃圾和由卫生设施（包括医院）排出的废水、废物以及畜禽养殖产生的厩肥等。这些污染物中含有大量致病细菌、病毒和寄生虫等病源微生物，如肠细菌、炭疽杆菌、蠕虫等。这些病源微生物大量繁殖后，可通过直接接触或间接接触把疾病传染给人和动物，并对生态系统产生不良影响。

4）放射性污染物。放射性污染物主要存在于核原料开采和大气层核爆炸地区，以锶和铯等在土壤中生存期长的放射性元素为主。

11.4.2　土壤污染来源

（1）污水灌溉对土壤的污染　生活污水和工业废水中，含有氮、磷、钾等许多植物所需要的养分，因此，合理地使用污水灌溉农田，一般有增产效果。但如果污水中含有重金属、酚、氰化物等有毒有害物质而没有经过必要的处理就直接用于农田灌溉，会将污水中的有毒有害物质带至农田，污染土壤。例如，冶炼、电镀、染料、汞化物等工业废水能引起镉、汞、铬、铜等重金属污染；石油化工、肥料、农药等工业废水会引起酚、三氯乙醛等有机物的污染。

（2）大气污染对土壤的污染　大气污染主要源于工业生产中排出的有毒气体，它的污染面大，会对土壤造成严重污染。工业废气的污染分为两类：一类是气体污染，如二氧化硫、氮氧化合物、碳氢化合物、氟化物等；另一类是气溶胶污染，如粉尘、烟尘等固体粒子及烟雾、雾气等液体粒子，它们通过沉降或降水进入土壤，造成污染。

（3）化肥、农药对土壤的污染　施用化肥、农药是农业增产的重要措施，但若不合理使用，也会引起土壤污染。例如，长期大量使用氮肥，会破坏土壤结构，造成土壤板结，生物学性质恶化，影响农作物的产量和质量。喷施于农作物上的农药，除部分被植物吸收或逸入大气外，约有一半左右散落于农田中，构成农田土壤中农药的基本来源，污染了土壤。

（4）固体废物对土壤的污染　固体废物主要指采矿废石、工业废物、城市生活垃圾、污泥等，它们在土壤表面堆积后，通过降水淋渗、大气扩散污染周围土壤。例如，有色金属冶炼厂附近的土壤，铅含量为正常土壤含量的 $10\sim40$ 倍，铜含量为 $5\sim200$ 倍，锌含量为 $5\sim50$ 倍。

11.4.3　土壤污染的特点

（1）土壤污染的隐蔽性和滞后性　大气污染、水污染和废弃物污染等问题一般都比较直观，通过感官就能发现。而土壤污染则不同，它往往需要通过对土壤样品进行分析化验和农作物的残留检测，甚至通过研究对人畜健康状况的影响才能确定，具有很强的隐蔽性。而且，土壤污染从产生污染到出现问题通常会滞后较长的时间。例如，日本的"痛痛病"经过了 $10\sim20$ 年的时间才被人们所认识。

（2）土壤污染的累积性和地域性　污染物质在大气和水体中，一般比较容易迁移，而其在土壤中并不像在大气和水体中那样容易扩散和稀释，因此污染物质容易在土壤中不断积累而超标，同时也使土壤污染具有很强的地域性。

（3）土壤污染的不可逆性　重金属对土壤的污染基本上是一个不可逆的过程，许多有机化学物质的污染也需要较长的时间才能降解，这给土壤污染的治理和恢复带来了较大的困难。例如，被汞、砷、铅、镉等重金属污染的土壤可能要经过 $100\sim200$ 年时间才能够恢复。

（4）土壤污染的难治理性　如果大气和水体受到污染，切断污染源之后通过稀释作用和自净作用可能使污染问题不断缓解，但积累在土壤中的难降解污染物则很难靠稀释作用和自净作用来消除。此外，土壤污染后，还可通过降水淋渗污染地下水，通过地面径流污染地表水，通过风蚀作用增加大气中污染物的含量，造成二次污染。

习题

一、选择题

1. 从污染物的来源分类一次和二次污染物，下列哪项不属于一次污染物？（　　）
A. SO_2　　　　　B. NO　　　　　C. 煤尘　　　　　D. 过氧乙酰硝酸酯

2. 大气中的某些微量物质会造成温室效应，下列哪项不属于温室气体？（　　）
A. 二氧化碳　　　B. 氯氟烃　　　C. H_2S　　　　D. 氮氧化物

3. 所谓酸雨是指 pH 值小于（　　）的降水。
A. 5.6　　　　　B. 6.5　　　　　C. 7.0　　　　　D. 4.5

4. 目前常说的室内空气污染物是（　　）。
A. 苯系物　　　　B. CO　　　　　C. 甲醛　　　　　D. 油烟

5. 在环境科学中，通常把这些自然环境要素形象地描绘为哪些圈层？（　　）
A. 大气圈　　　　B. 水圈　　　　C. 土圈　　　　　D. 生物圈

6. 土壤污染的特点有哪些？（　　）
A. 隐蔽性　　　　B. 累积性　　　C. 可逆性　　　　D. 难治理性

7. 积极调整能源结构，发展无污染的清洁能源，如（　　）。
A. 风能　　　　　B. 太阳能　　　C. 潮汐能　　　　D. 天然气

二、判断题

1. （　　）生活污染源具有分布广、排放量大等特点，是造成大气污染不可忽视的污染源。

2. （　　）富营养化污染若发生在海洋水体中，这种现象称为水华。

3. （　　）农业生产过程中对大气的污染主要来自农药和化肥的使用。

4. （　　）温室效应不会使温度带移动，也不会使降雨、降雪发生改变。

5. （　　）雾是一种自然现象，是空气中的水汽凝结成细微的水滴悬浮于空中，使地面水平的能见度下降的天气现象。

6. （　　）苯及同系物为白色具有特殊芳香味的气体，被世界卫生组织确定为强烈致癌物质。

7. （　　）生活污水中含有氮、磷、钾等许多植物所需要的养分有增产效果，不会污染土壤。

三、问答题

1. 何谓大气污染？主要污染源有哪几方面？有何危害？
2. 何谓温室效应？哪些污染物可产生温室效应？简述控制温室气体的措施。
3. 臭氧层耗减的主要原因是什么？
4. 我国防治酸雨的根本措施有哪些？
5. 光化学烟雾是由什么物质造成的？有何危害？
6. 什么是雾霾？有何危害？
7. 你周围的环境是否存在环境污染问题？你认为应该如何治理？

第 12 章
化学与材料

材料科学是以物理、化学为基础，根据生产生活对材料的需要，设计一定的工艺过程，把原料物质制备成可以实际应用的物品和元器件，使其具备规定的形态和形貌，同时具有指定的光、电、声、磁、热学、力学、化学等功能，甚至具备机敏性和智能性。目前传统材料有几十万种，而新合成的材料种类每年大约以 5% 的速度在增加。化学是材料发展的源泉，同时材料科学的发展也为化学研究开辟了一个新的领域。

12.1 材料科学发展

12.1.1 材料的发展过程

材料是人类文明的物质基础和先导，是直接推动社会发展的动力。材料科学技术的每一次重大突破，都会引起生产技术的革命，加速社会发展的进程。例如，19 世纪发展起来的现代钢铁材料，推动了机器制造工业的发展，为现代社会的物质文明奠定了基础；20 世纪 50 年代以锗、硅单晶材料为基础的半导体器件和集成电路的突破，对社会生产力的提高起了不可估量的推动作用。人类文明史可以被称为世界材料的发展史。从古至今，按材料的发展水平进行归纳，材料的发展可分为五代。

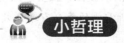 小哲理

材料发展史与人类文明史——物质基础决定上层建筑。

第一代：天然材料。石头是人类采用的第一种材料，人类历史的最早时期因此而被命名为"石器时代"。公元前 10 万年前，原始人采用天然的石、木、竹、骨等材料作为渔猎工具。由于生产技术水平很低，人类使用的材料只能是石头、树木、竹、草、甲骨、羽毛、兽皮、泥土等天然材料。

第二代：烧炼材料。公元前 6000 年，人类发现了火，火可以将天然黏土烧制成砖瓦和

陶器。在制造陶器的基础上进而又烧制出瓷器，在英文中"瓷器（china）"与中国（China）同为一词，中国是瓷器的故乡。玻璃的使用已有 4000 年历史。水泥由英国工程师 J. 斯米顿于 1756 年发明。陶器、瓷器、玻璃和水泥都属于烧结材料。早在三千多年前人类就开始使用铜，铜是人类社会最早出现的金属。人类利用高温加工技术从各种天然矿石中提炼出铜及其合金、青铜和铁等冶炼材料。铜的出现使人类社会从新石器时代转到青铜器时代。春秋战国时期，我国人民已经掌握了炼铁技术，比欧洲早 1800 年左右。用铁作为材料来制作农具，使农业生产力得到了空前的提高，促使奴隶社会解体，封建社会兴起。18 世纪人类发明了蒸汽机，爆发了产业革命，社会经济的发展促进了以钢铁为中心的金属材料大规模发展，有力地摧毁了封建社会的生产方式，萌发了资本主义社会。

第三代：合成材料。第二次世界大战后，各国致力于恢复经济、发展工农业生产，对材料提出质量轻、强度高、价格低等一系列新的要求。具有优异性能的工程塑料、合成纤维、合成橡胶应运而生，涂料和胶黏剂等合成材料都得到相应的发展和应用。

合成高分子材料的生产和应用，是材料发展中的重大突破。从此，以金属材料、陶瓷材料和合成高分子材料为主体，建立了完整的材料体系，形成了材料科学。随着对合成材料的深入研究，1970—1980 年工程塑料、塑钢、功能高分子材料大规模地生产和应用，使材料科学进一步发展。

第四代：设计型材料。20 世纪 80 年代，世界范围内高技术迅猛发展，国际上展开了激烈竞争，各国都想在生物技术、信息技术、空间技术、能源技术、海洋技术等领域占有一席之地，而发展高技术的关键往往与材料有关。因此，新材料的开发本身就成为一种高技术，可称为新材料技术，其标志是材料设计或分子设计。所谓设计型材料，即采用新的物理、化学方法，根据实际需要设计出具有特殊性能的材料。例如金属陶瓷、铝塑薄膜等高强度、高模量、耐高温、低密度的先进复合材料。

第五代：智能材料。近几十年来研究出的智能材料，其材料性能随着时间和空间条件的变化而变化。它能适应环境，接受外界环境的刺激，仅依靠材料自身的性质来实现自我调节、自我诊断、自我复原。例如变色镜、热敏陶瓷、加热电阻和形状记忆合金等都属于智能材料。

在材料发展过程中，上述各代材料，并非新旧交替，而是长期并存的，它们共同在生产、生活、科研的各个领域发挥着各自的作用，并不断发展。

小哲理

智能材料——只有想不到的，没有做不到的。

12.1.2 材料的分类

材料是指人类能用来制作有用物件的物质；新材料主要是指最近发展或正在发展中的比传统材料性能更为优异的一类材料。目前世界上传统材料已有几十万种，而新材料的品种正以每年大约 5% 的速度增长，每年以大于 25 万种的速度递增，其中相当一部分有发展成为新材料的潜力。随着新材料的发展，各学科相互渗透，使材料属性和分类变得模糊起来。一般是根据材料的化学属性将材料分类为金属材料、无机非金属材料、有机合成材料和复合材料四大类。

（1）金属材料　金属材料历史悠久，近几十年来发展十分迅速。传统的钢铁工业在冶炼、浇铸、加工和热处理方面不断出现新工艺，新型的金属材料如高温合金、贮氢合金、形状记忆合金、非晶态合金，以及纳米晶体等一系列从结构到物理力学性质均有特色的新材料相继出现，如图 12-1。此外，各种特殊形态的金属材料如薄膜、微粉和稀释合金等，在电性、磁性、强度、耐蚀性等方面都取得了很大进展，正在或即将获得广泛的应用。

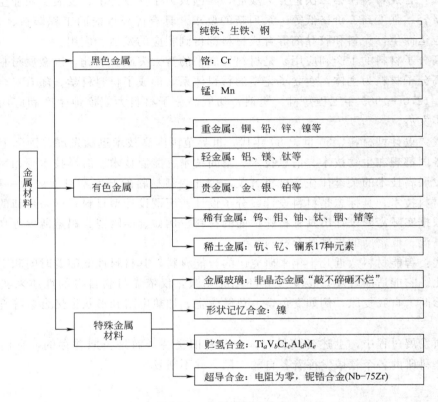

图 12-1　金属材料的分类

（2）无机非金属材料　无机非金属材料范围极广，包括诸如单晶硅（Si）或金刚石（C）等非金属单质，以及由金属和非金属元素组成的化合物（如矾土 Al_2O_3），经高温热处理工艺所合成的特种陶瓷。陶瓷材料是一种多晶结构的材料，通过对粉体原料的成型和烧结过程而得到，具有耐高温、耐腐蚀、高强度（抗压）、高硬度和电绝缘等良好的性能。近年来由于现代新兴科学技术发展的需要又出现了许多新型非金属材料，如硬度接近于金刚石的立方晶系的氮化硼，兼有金属韧性和陶瓷耐蚀性的金属陶瓷、耐骤冷和骤热的氮化硅陶瓷、高纯度石英玻璃纤维和碳化钛、碳化钨、碳化硅等新型陶瓷，如图 12-2。

（3）有机合成材料　有机合成材料与天然有机高分子材料的性能显著不同。有机合成材料主要指的是合成高分子材料，最主要是塑料、合成纤维、合成橡胶，还包括合成涂料和合

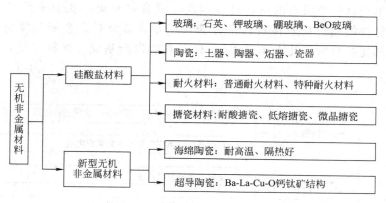

图 12-2 无机非金属材料的分类

成黏合剂等，见图 12-3。这类材料有优异的性能，如较高的强度、优良的塑性、耐腐蚀、绝缘等，发展速度较快，绝大部分已取代了天然高分子材料，部分取代了金属材料。新型高分子材料的发展方向主要是具有特殊性能的高性能高分子材料和功能高分子材料。

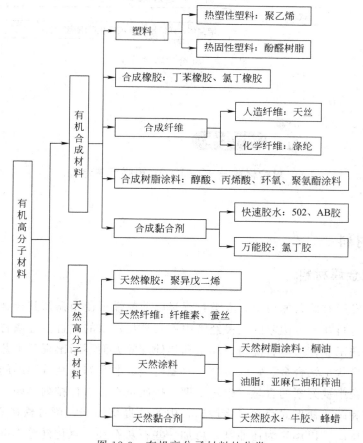

图 12-3 有机高分子材料的分类

（4）复合材料 复合材料是指由两种或两种以上的材料按一定方式组合而成的，具有单一材料所不具有的优良特性或功能的材料。复合不仅能使几种材料的性能互为补充，而且可能产生单一材料所没有的新特性。因此，复合材料是一类具有广阔发展前景的新型材料。复合材料的品种按基体材料来分为树脂基复合材料、金属基复合材料、陶瓷基复合材料和碳基复合材料等几大类（图 12-4），其中树脂基复合材料在复合材料中占主要地位。

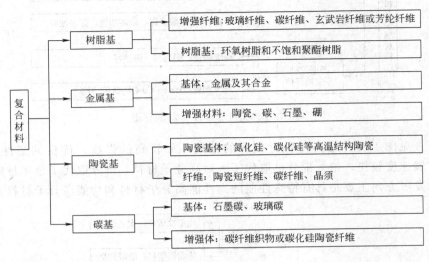

图 12-4　复合材料的分类

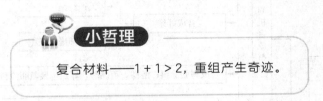

小哲理

复合材料——1+1>2，重组产生奇迹。

12.2　金属材料

12.2.1　传统金属材料

金属材料的发展有悠久的历史，人类在很早以前就懂得使用铜及其合金，后来发展到铁及其合金。金属材料在一个国家的国民经济中占有举足轻重的位置。金属材料自身还在不断发展，传统的钢铁工业在冶炼、浇铸、加工和热处理等方面不断出现新工艺。新型的金属材料如高温合金、形状记忆合金、贮氢合金、永磁合金、非晶态合金等相继问世。

（1）铁　地壳中铁元素的含量（也称丰度）按质量百分数计排列第四。地壳中铁主要以氧化物、硫化物和碳酸盐形式存在。将铁矿石中的铁提炼出来，可置铁矿石于高炉中冶炼，冶炼过程是还原反应，以焦炭为还原剂，再加一些石灰石和二氧化硅等作助熔剂。冶炼时先将处于高炉下层的焦炭点燃，使其生成 CO_2，CO_2 与灼热的焦炭发生发应生成 CO，CO 能将铁矿石中的铁还原出来：

$$Fe_2O_3 + 3CO \longrightarrow 2Fe + 3CO_2$$

由于炉中温度很高，还原出来的铁被熔化为铁水，铁水可从高炉中放出。因为在炉中铁水和碳接触，铁水中含碳量较高，约有 3%～4%，这种铁称为生铁。生铁中还含有硫、磷、硅、镁等其他杂质。生铁性脆，一般只能浇铸成型，又称铸铁。处于熔融状态的铁水，其中的碳以 Fe_3C 的形式存在，待铁水慢慢冷却，Fe_3C 则分解为铁和石墨，此时的铁的断口呈灰色，故称灰口铁。若将熔融的铁水快速冷却，Fe_3C 来不及分解而保留下来，此时铁的断口呈白色，称白口铁。白口铁质硬且脆，不宜加工，一般用来炼钢。灰口铁柔软，有韧性，可以切削加工或浇铸零件。

（2）铝　铝是自然界含量最多的金属元素，在地壳中以复硅酸盐形式存在。主要的含铝矿石有铝土矿（$Al_2O_3 \cdot nH_2O$）、黏土 $[H_2Al_2(SiO_4)_2 \cdot H_2O]$、长石（$KAlSi_3O_8$）、云母 $[H_2Kal(SiO_4)_3]$、冰晶石（Na_3AlF_6）等。

制备金属铝常用电解法。在矿石中铝和氧结合形成 Al_2O_3，它是非常稳定的化合物。在高温下对熔融的 Al_2O_3 进行电解，Al_2O_3 被还原为金属铝并在阴极上析出。

Al 是银白色金属，熔点为 659.8℃，沸点为 2270℃，密度为 2.702g/cm³，仅为铁的三分之一。铝的导电、导热性好，可代替铜做导线。金属铝表面与大气中的氧作用形成一层致密的氧化膜保护层，所以铝有很好的抗腐蚀性。由于铝具有质轻、导电导热性好、抗腐蚀、耐用、可塑性强等优点，在生产和生活中有着广泛的应用，铝合金门窗、铝塑板等建筑材料，铝合金轮毂、车架等，铝合金锅、碗、瓢、盆等炊具和铝塑包装袋等。

小哲理

传统金属材料——传统的也是最重要的。

12.2.2　首饰金属材料

（1）金　金（gold）是金黄色金属，热和电的良导体，纯金很柔软，其延展性比较：金＞银＞铜＞铝＞铁，可以用手任意改变形状，可制成 10nm 厚的金箔或拉成 0.5mg/m 的细线。金的密度很大，为 19.3g/cm³，熔点为 1064.43℃。

金的最主要特性是化学活性低，即使在空气中、潮湿的环境下，金也不起化学变化。在高温条件下，金不与氢、氮、硫和碳反应。金的化学性质极为稳定，在任何温度下，都不与空气或氧气反应，这就是俗语"真金不怕火炼"的科学根据。金也不与强碱或纯酸作用，但能溶于"王水"：

$$Au + 4H^+ + NO_3^- + 4Cl^- \longrightarrow [AuCl_4]^- + NO\uparrow + 2H_2O$$

金在氰化钾水溶液中会生成配合物氰化金酸钾 $K[Au(CN)_2]$，通常可以将金溶于 5% KCN 的水溶液中，制得无色的 $K[Au(CN)_2]$ 盐。首饰镀金需要这种溶液中金的沉淀。汞具有很强的捕金能力，在 10～30℃时，金在汞中的溶解度为 0.15%～0.20%（原子），利用这个原理可以实施火法镀金（又叫鎏金），即将黄金溶于汞中，为成浆糊状的金汞合金，用金汞合金均匀地涂到干净的金属器物表面，加热使汞挥发，黄金与金属表面固结，形成光亮的金黄色镀层。

小哲理

鎏金——人生也需要鎏金，既美观光亮，也防护耐久。

黄金的成色就是指金的纯度和含量。黄金成色有三种表示方法，即百分率法、成色法和"K"（Karat）法。

① 百分率法是以百分比（％）表示金的含量。例如，含金量为90％，则表示100份物质（金属或矿物质）中金含量占90份。

② 成色法是以千分比（‰）表示金的含量，具体使用时省去千分符号（‰）。例如，黄金首饰上标记的750金，则表示含金量为75％。

③ "K"法在24份物质中金所占的份额用"K"来表示。可以将此法中的1K金含量折算为百分率法的4.1666％。例如，9K、14K、18K和24K，则分别表示在24份物质中金的含量占9份、14份、18份和24份，若转换成百分比（％）表示金的含量即为37.5％、58.3％、75％和100％。市场上常常用24K表示纯金。18K或14K的金合金常用于镶嵌珠宝的金质首饰。

自然界中，常见的自然金成色一般在860‰～920‰之间，砂金的成色往往高于岩金。只有通过提纯才能提高金的含量，然而，无论怎样精炼提纯，金的含量都难达到100％。通常达到99.99％左右就算高纯度了，也就是俗称的四九金。

市场上有的金质首饰上压有印记，表明生产厂家、材质（如金的标记为"G"或"Gold"）和成色（"K"为英文"Karat"的缩写）信息，例如，"24KG"和"18KG"等。也有另一些首饰上压有其他辅助印记，如"18KP"表明是18K镀金的，又如"18KF"表明是仿制的18K仿金（如亚金等）。

（2）银　银（silver），银白色金属，质软，但比金硬，熔点为961.93℃，密度为10.5g/cm³，导电性依次是：银＞铜＞金＞铝＞铁，银是导电率和导热性最大的金属，延展性仅次于金。银的反光能力很强，经过抛光后能反射95％的可见光。真空玻璃内胆热水瓶的镀银层主要是用来反射热量（红外线），会延长保温时间约30％。

银是第一族的副族元素，化学性能稳定。一般不与氧起作用，不溶于盐酸和稀硫酸，能溶于硝酸和浓硫酸。在常温下能与硫或硫化氢反应生成黑色硫化银，这是银及银器变暗的原因之一。银与氢、氮和碳不会直接反应。像金一样，银不能在酸性环境中析出氢，对碱溶液也稳定，易与"王水"和饱和的盐酸起反应（生成氯化银沉淀，进而实行金银分离）。但银不同于金，它能溶于硝酸和热的浓硫酸，生成硝酸银和硫酸银。

银的成色就是指银的纯度和含量。银成色有两种表示方法，即百分率法和成色法。如印有中文的"纯银"则说明其银含量为100％，是纯银；"925银"表示含银为92.5％，是常用的首饰银。银的标记符号为"S"。"SF"表示镀银，即"silver fill"的缩写。

（3）铂　铂（platinum）又名白金，主要用作白金项链和白金戒指等首饰，因为稀少，所以价值比同质黄金饰品贵重。铂（Pt），晶体结构具有面心立方晶格，密度为21.35g/cm³，属于密度最大的金属之一。铂的熔点为1769.43℃，沸点为3800℃，硬度不高，延展性好，可以拉成直径 1μm 的细丝，还能压成 0.1127mm 的薄片，其硬度和延伸率在不同状态下（如热铸、冷加工、退火、电沉积）有比较明显的差别。

小哲理

贵金属铂——物以稀为贵，人以杰为尊。

铂具有优良的高温抗腐蚀性和高温抗氧化性。在冷态时铂不与盐酸、硫酸、硝酸以及有机酸起作用，加热时硫酸对铂略起作用。无论冷热，"王水"都能溶解铂。熔融碱和熔融氧化剂也能腐蚀铂。在氧化气氛下，温度达到 100℃ 时，各类氢卤酸或卤化物能起到络合剂的作用，使得铂被络合而溶解。

铂的成色与黄金成色的概念一样，同样是指铂的纯度和含量。主要采用成色法，亦可采用百分率法来表示，而不用"K"法。铂的标记有"P""Pt""Platinum"和"Plat"等，在其前或后标上表示成色（如千分含量）的数字。例如，铂金首饰上标记为 Pt950，则表示铂含量为 950‰。

12.2.3　稀土金属材料

元素周期表中镧系的 15 个元素以及与镧同族的钪和钇两个元素共 17 种元素，称为稀土元素，简称稀土。它们的名称和化学符号是钪（Sc）、钇（Y）、镧（La）、铈（Ce）、镨（Pr）、钕（Nd）、钷（Pm）、钐（Sm）、铕（Eu）、钆（Gd）、铽（Tb）、镝（Dy）、钬（Ho）、铒（Er）、铥（Tm）、镱（Yb）、镥（Lu）。它们的原子序数是 21（Sc）、39（Y）、57（La）到 71（Lu）。从 1794 年发现第一个稀土元素钇，到 1972 年发现自然界的稀土元素钷，历经 178 年，人们才把 17 种稀土元素全部在自然界中找到。稀土金属的光泽介于银和铁之间。稀土金属的化学活性很强。

稀土元素具有独特的物理性质和化学性质，常常在材料中掺入少量稀土元素来改变材料的性能。如在压电材料、电热材料、磁阻材料、发光材料、贮氢材料、光学玻璃、激光材料里加入少量镧，可获得质的飞跃；将铈应用到汽车尾气净化催化剂中，可有效防止大量汽车废气排到空气中；镨被广泛应用于建筑陶瓷和日用陶瓷，其与陶瓷釉混合制成色釉，也可单独作釉下颜料，制成的颜料呈淡黄色，色调纯正、淡雅。在镁或铝合金中添加 1.5% ～ 2.5% 钕，可提高合金的高温性能、气密性和耐腐蚀性，广泛用作航空航天材料。钷可作热源，为真空探测和人造卫星提供辅助能量等等。我国不仅稀土资源丰富，而且对稀土研究也居世界领先水平，是材料领域的一朵奇花。

12.3　合金材料

生活中常用的合金材料除了有铁合金、铜合金和铝合金，还有钛合金、镁合金及新型合金材料。

12.3.1 铁合金

钢是含碳质量分数为 0.02%～2.11% 的铁碳合金的总称。其特点是强度高、价格便宜、应用广泛，钢铁约占金属材料产量的 90%，是世界上产量最大的金属材料。其中含碳量大于 2.0% 的叫生铁，小于 0.02% 的叫纯铁，介于两者之间的叫钢。钢中含碳量小于 0.25% 的称低碳钢，介于 0.25%～0.60% 的称中碳钢，大于 0.60% 的称高碳钢。

在实际生产中，根据钢用途的不同，掺杂锰（Mn）、钨（W）、铬（Cr）、镍（Ni）、钒（V）等不同的合金元素。碳存在于所有的钢材，是最重要的硬化元素，有助于增加钢材的强度，通常希望刀具级别的钢材拥有 0.6% 以上的碳，也称为高碳钢。Cr 增加钢材的耐磨损性、硬度，最重要的是耐腐蚀性，含铬 13% 以上的钢称为不锈钢。但若保养不当，所有钢材仍然都会生锈。Mn 是钢材中重要的奥氏体稳定元素，有助于生成纹理结构，增加坚固性和强度及耐磨损性。锰钢主要用于刀剪钢材。钼（Mo）是钢材的碳化作用剂，防止钢材变脆，在高温时保持钢材的强度，如空气硬化钢（如 A-2，ATS-34）都含 1% 以上的钼元素。Ni 保持钢材的强度、抗腐蚀性和韧性。如在 L-6＼AUS-6 和 AUS-8 中，Si 有助于增强高材强度，W 增强钢材的抗磨损性。将 W、Cr、Mn 混合用于制造高速钢。高速钢成分为 C 0.67%、W 18.91%、Cr 5.47%、Mn 0.11%、V 0.29%，与后来的 $W_{18}Cr_4V$ 成分十分接近。高速钢的加工性能好，强度和韧性配合性好，主要用于制造复杂的薄刃、耐冲击的切削刀具、高温轴承等。V 增强钢材的抗磨损能力和延展性。在许多种钢材，如 M-2，Vascowear，CPM T440V 和 420VA 中都含有钒。

磷、硫是钢材的有害元素，能降低钢的塑性和韧性，出现冷脆性，其含量分别应限制在 0.05% 以下。

普通的钢材是铁和碳的合金，所以也叫碳素钢。碳素钢有一般碳素钢和优质碳素钢。前者含碳量在 0.4% 以下，用作铁丝、铆钉、钢筋等建筑材料，含碳量 0.4%～0.5% 的用作车轮、钢轨等，含碳量 0.5%～0.6% 的用来制造工具、弹簧等。优质碳素钢含硫、磷等杂质，其含碳量比一般碳素钢低，常用作机械零件，在机械制造业中应用最多。

12.3.2 铜合金

铜和铜合金性能优异，几乎所有的工业机器和设备还都会用到。铜合金耐磨损、易切削加工、成形性好，并能以精确的尺寸和公差进行铸造，因而它是制造齿轮、轴承、汽轮机叶片以及许多复杂形状产品的理想材料，应用极其广泛。

铜和铜合金具有优越的导电性能，并能在恶劣环境下工作，是制造热交换器不可缺少的材料。如空调器的冷凝管就是用铜合金制成的。据统计，每 1 万千瓦的锅炉容量约需 5 吨铜合金冷凝管。一个 60 万千瓦的大型发电厂就要用 300 吨铜合金管材。

耐腐蚀性好。铜和铜合金特别适合在海洋工程和化工设备中应用。各种暴露在海水中的容器和管道系统以及海上采油平台和海岸发电站中使用的设备和构件等，都要依靠它来抵抗腐蚀和海洋生物的污损。

铜和铜合金还有许多特殊的用途。例如，铜合金在低温下能保持良好的韧性，是低温工程中理想的结构材料；有些铜合金具有优良的弹性，是制造仪器仪表中弹性元件的重要材料。

12.3.3 铝合金

金属铝的强度较低，硬度和耐磨性较差，不适宜制造承受大载荷及强烈磨损的构件。为了提高铝的强度，常加入一些其他元素，如镁、铜、锌、锰、硅等。这些元素与铝形成铝合金后，不但提高了强度，而且还具有良好的塑性和压力加工性能。

铝合金中主要有坚铝和铝镁合金。坚铝含铝 95.5%、铜 3%、锰 1%、镁 0.5%，坚硬而轻，用于制造汽车和飞机。铝镁合金含铝 90%～94%、镁 6%～10%，可制作仪器及天平横梁。若把锂掺入铝中，就可生成铝锂合金。由于锂的密度比铝还低（0.535g/cm³），如果加入 1% 锂，可使合金密度下降 3%，强度提高 20%～24%，刚度提高 19%～30%。因此用铝锂合金制造飞机，可使飞机质量减轻，降低油耗和提高飞机性能。铝锂合金是很有发展前途的合金。随着加工工艺的改进，银白色的铝合金也在向彩色铝合金方向发展。

12.3.4 钛合金

钛及钛合金强度很高、耐腐蚀性很强，是世界各国大力发展的轻金属材料。钛具有不寻常的综合优点。它比钢轻得多（它的密度只有钢的 1/2），比铝和钢更加结实（以同等质量而论），能抗腐蚀，还能耐高温。钛现在已被用于飞机、轮船、导弹等。目前，钛合金已应用到民用工业和船舶工业，如蒸汽涡轮叶片、深海压力容器、电磁烹调器具、民用汽车、钟表、眼镜架等。专家估计，目前世界上钛及钛合金的生产能力已超过现有消费需求量的 2～2.5 倍，因而钛及钛合金市场竞争剧烈，各国都努力提高质量、降低成本，一些老的技术已被淘汰。如美国注重宇航用钛合金及其他方面的应用，同时开发新的领域，日本则注重发展非宇航领域用新型钛合金。

12.3.5 镁合金

镁是最轻的结构金属，常作铝合金中的合金元素，全世界约 300 多种铝合金中几乎都含有镁，因此，它们一起被广泛地用于航天、航空工业。另外，镁合金也越来越多地用于汽车、钢铁（球墨铸铁的球化剂和钢铁冶炼的脱硫剂等）、金属防腐、工具制造等。特别是在汽车市场，镁合金具有广阔的应用前景。统计表明，车重减轻 10%，耗油量减少 5%。轿车重量每下降 100kg，每升汽油可使汽车多行驶 5km。因此，减轻汽车重量具有节约能源和减少废气污染的双重功效，而镁合金在减轻汽车重量方面具有很大的发展潜力。

12.3.6 新型合金材料

新型合金材料种类繁多。工作温度随所受压力、环境介质和寿命要求的不同而具有不同的合金：如在 700～1200℃ 高温下能满意工作的合金被称为超耐热合金；针对低温（常温以下直至绝对零度）环境下适应的合金材料称为超低温合金；具有在一定的条件下变形后，又能恢复到变形前原始形状的能力的形状记忆合金；还有贮氢合金材料和金属陶瓷等新型合金材料。

高温合金：在高于 700℃ 的高温下工作的金属通称为超耐热合金，又称高温合金。高温材料要在高温下有优良的抗腐蚀性，较高的强度和韧性。航空航天技术大力发展喷气发动机，对优质耐高温合金需求日益增加，应用领域涉及舰艇、火车、汽车、火箭发动机、核反应堆、石油化工等。核动力火箭、光子火箭的研制，对超耐热合金的要求不断提高，有的甚至要求材料在高温下能连续工作几万小时以上。

形状记忆合金，主要有两大优异的性能：弯曲量大，塑性高；在记忆温度以上恢复以前形状。因此，也被誉为"神奇的功能材料"。形状记忆合金可分为三类：①单程记忆效应，形状记忆合金在较低的温度下变形，加热后可恢复变形前的形状，这种只在加热过程中存在的形状记忆现象称为单程记忆效应；②双程记忆效应，某些合金加热时恢复高温相形状，冷却时又能恢复低温相形状，称为双程记忆效应；③全程记忆效应，加热时恢复高温相形状，冷却时变为形状相同而取向相反的低温相形状，称为全程记忆效应。在航空航天工业中，火箭升空把人造卫星送到预定轨道后，只需加温，折叠的卫星天线因具有"记忆"功能而自然展开，恢复抛物面形状。在临床医疗中形状记忆合金也有广泛应用，例如在人造骨骼、伤骨固定加压器、牙科正畸器、各类腔内支架、栓塞器、心脏修补器、血栓过滤器、介入导丝和手术缝合线等。

12.4　无机非金属材料

无机非金属材料是人类最先应用的材料。这些材料绝大多数以二氧化硅或硅酸盐为主要成分，所以常把无机非金属材料称作"硅酸盐材料"。一般无机非金属材料具有耐高温、高硬度和抗腐蚀等优良工程性能，其主要缺点是抗拉强度低、韧性差。随着现代科学技术的发展，出现了氧化物陶瓷、氮化物陶瓷和碳化物陶瓷等许多具有特殊性能的新型材料，广泛应用于建筑、冶金、机械以及尖端科技领域。新型无机非金属材料还可以做成单晶、纤维、薄膜和粉末，具有强度高、耐高温、耐腐蚀，并可有声、电、光、热、磁等多方面的特殊功能，遍及现代科技的各个领域。

传统陶瓷材料的原料多来自自然界。自然界存在大量天然的硅酸盐，如岩石、砂子、黏土、土壤等，还有许多矿物如云母、滑石、石棉、高岭石、石英等，它们都属于天然的硅酸盐。表 12-1 为几种常见的玻璃的主要组成。人们为了满足生产和生活的需要也制造了大量硅酸盐，主要有玻璃、水泥、各种陶瓷、砖瓦、耐火砖、水玻璃以及某些分子筛等。硅酸盐制品性质稳定，熔点较高，难溶于水，有广泛的用途。陶瓷、玻璃和水泥统称为硅酸盐材料，硅酸盐制品一般都是以黏土（高岭土，$Al_2O_3 \cdot 2SiO_2 \cdot 2H_2O$）、石英（$SiO_2$）和长石（钾长石，$K_2O \cdot Al_2O_3 \cdot 6SiO_2$；钠长石，$Na_2O \cdot Al_2O_3 \cdot 6SiO_2$）为原料。

表 12-1　几种常见的玻璃

名称	主要原料	组成	用途
钠玻璃	SiO_2，$CaCO_3$，Na_2CO_3	$Na_2O \cdot CaO \cdot 6SiO_2$	窗玻璃
钾玻璃	SiO_2，$CaCO_3$，K_2CO_3	$K_2O \cdot CaO \cdot 6SiO_2$	化学仪器
铅玻璃	SiO_2，K_2CO_3，PbO	$K_2O \cdot PbO \cdot 6SiO_2$	光学仪器

12.4.1　新型陶瓷

新型陶瓷通常指具有高强、耐温、耐腐蚀性或具有各种敏感性的陶瓷材料。新型陶瓷不同的化学组成和显微结构，决定其不同于传统陶瓷的性能和功能，既具有传统陶瓷的耐高温、耐腐蚀等特性，又具有光电、压电、介电、半导体性、透光性、化学吸附性、生物适应性等优异性能，因此特种陶瓷已成为新材料的重要组成部分，其制作工艺、化学组成、显微结构及特性等方面已经突破了传统陶瓷的概念和范畴。

（1）结构陶瓷　结构陶瓷（structural ceramics）又叫工程陶瓷。因其具有耐高温、高硬度、耐磨损、耐腐蚀、低膨胀系数、不怕氧化和质轻等优点，被广泛应用于能源、空间技术、石油化工等领域。结构陶瓷材料主要包括氧化物、非氧化物及氧化物与非金属氧化物的复合系统。

氧化铝（Al_2O_3）陶瓷的硬度仅次于金刚石和碳化硅，常用作磨料、磨具、刀具；可耐1800℃高温，常用作高温耐火材料，例如制造反应管和坩埚等，也用于制造砂轮；高纯度致密 Al_2O_3 有良好的电绝缘性，易传热，可作为高级集成电路的绝缘基体或封装材料；纯度99％的氧化铝陶瓷呈半透明，可用作高压钠灯内管或微波窗口。氧化锆（ZrO_2）陶瓷是新近发展起来的仅次于氧化铝陶瓷的一种重要的结构陶瓷。氧化锆陶瓷具有密度大、硬度高、耐火度高、化学稳定性好的特点，尤其是其抗弯强度和断裂韧性等性能，在所有的陶瓷中更是首屈一指。高温结构陶瓷除了氧化铝和氧化锆陶瓷外，还有氮化硼（BN）、碳化硅（SiC）和赛隆（sialon）陶瓷（Si_3N_4）等。

（2）透明陶瓷　一般陶瓷不透明的原因是其内部存在有杂质和气孔，前者能吸收光，后者能令光产生散射，所以就不透明了。因此如果选用高纯原料，并通过工艺手段排除气孔就可能获得透明陶瓷。现已研究出如烧结白刚玉（Al_2O_3）、氧化镁（MgO）、氧化铍（BeO）、氧化钇（Y_2O_3）、氧化钇-二氧化锆等多种氧化物系列透明陶瓷。透明陶瓷可用于制造光学透镜、红外滤光镜、高温透光镜等光学元件。尖晶石透明陶瓷还可用作超高速飞机的挡风板，高级轿车防炸弹瞄准器、坦克观察窗等。又由于它能透过无线电微波，可用于导弹的雷达罩。透明陶瓷的透明度、强度、硬度都高于普通玻璃，它们耐磨损、耐划伤，用透明陶瓷可以制造防弹汽车的窗、坦克的观察窗、轰炸机的轰炸瞄准器和高级防护眼镜等。

（3）生物陶瓷　与生命科学、生物工程学相关的陶瓷称生物陶瓷（bioceramics）。这类陶瓷除要求硬度、强度、耐磨、耐疲劳外，在植入人体后，要经受人体内复杂的生理环境的长期考验。选用的材料要求生物相容性好，对机体无免疫排异反应；血液相容性好，无溶血、凝血反应；不会引起代谢作用异常现象，对人体无毒。生物陶瓷是惰性材料，耐腐蚀，通常比金属合金、高分子材料做成的人工器官更适合于植入体内。例如，生物陶瓷和骨组织的化学组成比较接近，如磷酸钙生物陶瓷、氧化硅生物玻璃、羟基磷灰石等人工骨无机材料，其生物兼容性和组织亲和性都较好，目前主要用于人体硬组织的修复。

（4）金属玻璃　金属玻璃（metallic glass）又称非晶态合金，金属玻璃是 1960 年被发明的新材料。它既有金属和玻璃的优点，又克服了它们各自的弊病．如玻璃易碎，没有延展性。金属玻璃的强度高于钢，硬度超过高硬工具钢，且具有一定的韧性和刚性，所以，人们赞扬金属玻璃为"敲不碎、砸不烂"的"玻璃之王"。金属玻璃不透明，拥有独特的机械和磁性特质，在变形后更容易弹回至它的初始形状，不易破碎，不易变形，是制造医疗器械、高尔夫球棒和引擎零件及军用武器的理想材料。如铂金属玻璃制造解剖刀等。

12.4.2　半导体材料

材料按其导电性能的大小通常分为导体、半导体和绝缘体三大类。半导体的导电性能介于导体和绝缘体之间。半导体的主要特点不仅表现在电阻率的数值上，而且反映在导体电阻变化的敏感性上。它的敏感性与所含杂质和晶格缺陷，以及外界条件，如热、光、磁、力等的作用有关。半导体中存在两种载流子——电子和空穴，电子导电的半导体称为 N 型（电子型）半导体，空穴导电的半导体称为 P 型（空穴型）半导体。半导体材料在目前的电子工业和微电子工业中主要用来制作晶体管、集成电路、固态激光器等器件。

目前电子工业中使用最多的半导体材料仍然是单晶硅。单晶硅是单质硅的一种形态。熔融的单质硅在凝固时，硅原子以金刚石晶格排列成许多晶核，如果这些晶核长成晶面取向相同的晶粒，则这些晶粒平行结合起来便结晶成单晶硅。

单晶硅具有准金属的性质，有较弱的导电性，且其电导率随温度的升高而增加，有显著的半导电性。超纯的单晶硅是本征半导体。在超纯的硅中掺入微量的硼等ⅢA族元素，可以提高其导电的程度而形成 P 型硅半导体；掺杂微量的磷或砷等ⅤA族元素，也可提高导电程度，形成 N 型半导体。单晶硅是单一的元素半导体，它的主要特征是：机械强度高，结晶性好，自然界中储量丰富，成本低，并且可以拉制出大尺寸的完整单晶。就目前而言，单晶硅是人工能获得的最纯、最完整的晶体材料。单晶硅是制造大规模集成电路的关键材料，它的纯度完整性以及直径尺寸是衡量单晶硅质量及可达到功能的指标。

除单晶硅半导体材料之外，还包括化合物半导体［如砷化镓（GaAs）］、超晶格半导体、非晶半导体材料等。立方氮化硼和金刚石薄膜以及有机半导体有芳香化合物和电荷移动络合物两大类，也受到广泛关注。

12.4.3 传感材料

传感材料即敏感材料，是传感器的关键材料。传感材料是具备敏锐地感受被测物体的某种物理量、化学量或生物量大小变化的信息，并能将其转变为电信号输出的特性材料。传感材料的种类很多，根据材料的化学属性可分为半导体传感材料、功能陶瓷传感材料、金属间化合物传感材料和有机高分子传感材料，其中半导体传感材料占有很大比例，这是因为半导体材料的电阻变化十分敏感，半导体的电阻随外界条件如光、热、磁、力、气、湿的变化而改变，而电阻的大小与电信号强弱成反比，故通过电信号可反映出外界条件的变化情况。传感材料按其功能可分为光敏、热敏、压敏、力敏、磁敏、湿敏、气敏、离子敏、生物敏等类型。

传感技术是信息技术的基础，它包括传感材料、传感器、附属电路及计算机的接口电路、传感器的应用等。传感器是重要的获取信息的装置，它是利用材料具有不同的物理、化学和生物效应制成的对光、声、磁、电力、温度、湿度、气体等敏感的器件，是获取信息、感知和转换有用信号所必须的元件，同时也是控制、遥感技术的关键。

12.5 高分子材料

高分子材料也称为聚合物材料，是以高分子化合物为基体，再配有其他助剂所构成的材料。高分子材料按功能特性分为橡胶、纤维、塑料、高分子胶黏剂、高分子涂料和高分子基复合材料等；按来源可分为天然高分子材料和合成高分子材料。同时，天然高分子也是生命存在的物质形式。

人类社会很早就利用天然高分子材料，如木材、棉麻、羊毛、蚕丝、皮革、淀粉等。随着生产力的发展，天然高分子逐渐不能满足人类要求。到 19 世纪 30 年代末期，人们开始利用化学方法来改变天然高分子物质的性质，使之满足使用的要求。例如，1839 年用硫黄将软的天然橡胶分子交联，使之坚韧又富于弹性，用于作轮胎。1907 年出现合成高分子酚醛树脂，标志着合成高分子材料应用的开始。目前，高分子材料正向高性能化、功能化和生物化方向发展，已与金属材料、无机非金属材料一起成为科学、技术、经济建设中的重要材料。

12.5.1 高分子概述

高分子化合物（macromolecular compound）又称为聚合物（polymer）或高聚物。由一种或者几种单体发生加成反应，结合成为高分子的聚合反应称为加成聚合反应，简称加聚反应。在工业上利用加成聚合反应生产的合成高分子约占合成高分子总量的 80%，最重要的有聚乙烯、聚氯乙烯、聚丙烯和聚苯乙烯等。含有双官能团或多官能团的单体分子，通过分子间官能团的缩合反应把单体分子聚合起来，同时生成水、醇、氨等小分子化合物，称为缩合聚合反应，简称缩聚反应。

高分子化合物的特点是分子量很大，并且具有多分散性。高分子化合物是由千百万个原子彼此以共价链连接起来的大分子，其分子量常常在几万至几百万。高分子化合物是用分子量、聚合度或分子链的长度来描述的。高分子化合物尽管分子量很大，但它往往是由许多简单的结构单元重复连接而成。例如作为建筑雨水管道的聚氯乙烯（PVC）材料就是由许多氯乙烯结构单元重复连接起来的。

$$n\text{H}_2\text{C}=\text{CH} \longrightarrow \text{wwwCH}-\text{CH}_2-\text{CH}-\text{CH}_2-\text{CHww} = \left[\begin{array}{c}\text{CH}_2-\text{CH}\\ | \\ \text{Cl}\end{array}\right]_n$$

其中，重复的结构单元—CH_2—CHCl—叫链节。下标 n 代表重复的结构单元数，称为聚合度。合成高分子化合物的低分子化合物称为单体。如氯乙烯是聚氯乙烯的单体。除分子量外，聚合度是描述高聚物分子大小的另一方式，它与高聚物分子量的关系：

$$n = M/M_0。$$

式中，M 为高聚物的分子量，M_0 为该高聚物的结构单元或链节的式量。

高分子化合物实质上是由同一化学组成，聚合度不同的混合物组成，这一特性通常称为高聚物分子量的多分散性。通常所说的高聚物的分子量实际上是指它的平均分子量。

高分子化合物的命名方式很多，习惯上对于加聚反应生成的高聚物在单体的名称前冠以"聚"字，如聚乙烯（PE）、聚甲基丙烯酸甲酯（PMMA）等大多数烯类单体的高聚物均按此命名。而缩聚反应生成的高聚物，则在其原料名后附"树脂"二字。如酚醛树脂（电木），醇酸树脂（油漆）等。有些高聚物则以结构特征命名，如聚酰胺、聚氨酯、聚醚、聚酯等。对于结构特别复杂的，则以商品名称命名，如涤纶（PET）、尼龙（nylon）等。

高分子化合物的结构大体有三种：线型长链状不带支链的、带支链的和体型网状的。线型高分子可呈蜷曲、弯折或呈螺旋状，加热可熔化，也可溶于有机溶剂，易于结晶，合成纤维和大多数塑料都是线型高分子。支链高分子在很多性能上与线型高分子相似，但支链的存在使高分子的密度减小，结晶能力降低。体型高分子具有不熔、耐热性高和刚性好的特点，常用作工程材料和结构材料。

按高分子化合物的热性质分类可分为热固性高聚物和热塑性高聚物。热固性高聚物是指受热变成永久固定形状的高聚物。当加热时，高聚物的线型链之间形成永久的交联，产生不可再流动的坚硬体型结构，继续加热、加压只能造成链的断裂，引起性质的严重破坏。例如，环氧树脂、酚醛树脂、不饱和聚酯树脂、有机硅树脂、聚氨酯等。热塑性高聚合物在熔融状态下可以塑化，冷却后定型，再加热又形成一个新的形状，如此重复若干次。从结构上看，热塑性高聚合物在加热过程没有分子链间的严重断裂，其性质不发生显著变化。例如，聚乙烯（PE）、聚氯乙烯（PVC）、聚苯乙烯（PS）、ABS 树脂、聚酰胺（PA）等都属于热塑性高聚物。

分子材料在加工、贮存、运输和使用过程中，由于受到热、氧、水、光、微生物、化学介质等环境因素的综合作用，高分子材料的化学组成和结构会发生一系列变化，物理性能也会相应变坏，如发硬、发黏、变脆、变色、失去强度等，这些变化和现象称为"老化"。高分子材料老化的本质是其物理结构或化学结构的改变，是一种不可逆变化。在老化过程中，高分子链可能发生断裂、交联或发生氧化、水解等化学变化。可以通过改变化学结构、改进成型加工工艺、对高分子化合物改性以及添加防老化剂等方法，延缓高分子化合物的老化。

高分子材料的用途非常广泛，传统的高分子材料主要用于制备塑料、橡胶、纤维以及高分子涂料和黏合剂等。

12.5.2　塑料

塑料属于合成高分子化合物，是利用单体原料以合成或缩合反应聚合而成，在加热、加压下塑制成型，而在常温、常压下能保持固定形状的高分子材料。塑料除含合成树脂外，还需要加入填充剂（可增加树脂的强度和硬度，并降低成本）、增塑剂（增加树脂的可塑性）、稳定剂（提高树脂对热、光及氧的稳定性）和着色剂（使树脂呈现所需要的颜色）等。

目前全世界投入一定规模生产的塑料品种近 300 余种。按性能和应用范围，塑料可分为通用塑料、工程塑料、特种塑料。通用塑料是指生产量大、货源广、价格低，适于大量应用的塑料。聚乙烯（PE）、聚氯乙烯（PVC）、聚苯乙烯（PS）、聚丙烯（PP）、酚醛塑料（PF）统称五大通用塑料。由通用塑料制成的塑料生活用品由于使用后被弃置成固体废物，从而造成"白色污染"。工程塑料广义指具有高性能又可能代替金属材料的塑料；狭义指比通用塑料的强度高、耐热性和尺寸稳定性更优异的高性能塑料。主要有聚酰胺（PA）、ABS、聚甲醛（POM）、聚碳酸酯（PC）、聚四氟乙烯（PTFE）、环氧树脂（PO）、聚甲基丙烯酸甲酯（PMMA）等。特种塑料又称功能塑料，是指具有某种特殊功能，适于某种特殊用途的塑料。如用于导电、压电、热电、导磁、感光、抗菌、缓释、防辐射等用途的塑料。

按受热时的表现又可将塑料分为热塑性塑料和热固性塑料两大类。

12.5.3　橡胶

橡胶在很宽的温度范围内都呈高弹态，在较小的负荷下能发生很大的形变，除去负荷后又能很快恢复到原来的状态。橡胶分天然橡胶和合成橡胶。天然橡胶主要来源于热带地区的橡胶树、橡胶草的乳胶，其主要成分是聚异戊二烯。割开橡胶树干，便有牛奶似的胶液从树皮里流出，经凝聚、洗涤、成型、干燥后制得半透明的橡胶块。

合成橡胶是由人工合成方法制得的。采用不同的原料（单体）可以合成出不同种类的橡胶。按用途分，橡胶可以分为两类：一类是通用合成橡胶，其性能与天然橡胶相近，主要用于制造各种轮胎、运输带、胶管、垫片、密封圈、电线电缆等，及日常生活用品（如胶鞋、热水袋等）和医疗卫生用品；另一类是具有耐寒、耐热、耐油、耐腐蚀、耐辐射、耐臭氧等某些特殊性能的特种合成橡胶。合成橡胶主要的品种包括丁苯橡胶（SBR）、顺丁橡胶、异戊橡胶、乙丙橡胶、氯丁橡胶和丁腈橡胶、丁基橡胶、氟橡胶。

12.5.4 纤维

纤维是指长度比直径大许多倍，具有一定柔韧性的纤细物质。纤维分为天然纤维和化学纤维两大类。棉、麻、丝、毛属天然纤维。化学纤维又可分为人造纤维和合成纤维。人造纤维是以天然高分子纤维素或蛋白质为原料，经过一系列的化学处理与机械加工而成，如黏胶纤维（viscose fibre，人造棉）、醋酸纤维（cellulose acetate，人造丝）、再生蛋白质纤维等。合成纤维是由合成高分子为原料，经一定的机械加工（牵引、拉伸、定型等）后形成细而柔软的纤维。合成纤维的品种很多，如涤纶、锦纶、腈纶、丙纶、维纶和氯纶等。在这些产品中最主要的是前三种，它们占世界合成纤维总产量的 90% 以上，其中涤纶占世界合成纤维总产量的首位。

化学纤维新品种日新月异，供纺织用的化纤新品种主要是异形纤维、中空纤维、复合纤维、超细纤维、高吸湿纤维等。此外，还有一些特种合成纤维，例如：阻燃合成纤维，耐腐蚀纤维，高强度、高模量碳纤维，玻璃纤维，等。

12.5.5 高分子涂料

涂料一般有三个主要组分，即成膜物（油料、树脂）、次要成膜物（颜料）和辅助成膜物质（溶剂），它们都是不挥发组分。此外还有可挥发组分，如苯、甲苯、松节油、醋酸乙酯、丙酮、乙醇等油性溶剂或水作溶剂。涂料涂于物体表面后，挥发组分挥发离去，不挥发组分干结成膜。涂料主要有装饰、保护、标志等作用。表 12-2 是几种常见涂料的性能和用途。

表 12-2 几种常见涂料的性能和用途

类别	性能	用途
酚醛树脂类（酚醛漆）F	漆膜具有一定的硬度和光泽，干得快，耐水，耐酸碱，电绝缘性较好。漆膜较脆，易粉化	木器、机械设备、机车、船舶、电器的腐蚀、防潮或绝缘
沥青涂料（沥青漆）L	漆膜光亮平滑，耐水性强，耐化学腐蚀，有较好的电绝缘性。色泽单调，对日光不稳定	防腐、金属底漆、船舶防污及电绝缘
氨基树脂类（聚氨酯）A	漆膜坚硬、耐磨、耐水、耐热、耐酸碱性较好；附着力强，光泽好，不易泛黄；电绝缘性好	用于交通工具、仪器仪表、五金零件和家具等的防护和装饰
丙烯酸酯类 B	漆膜光亮坚硬、附着力强，具有良好的保色、保光性能；耐热、耐化学腐蚀；防霉性突出。耐溶剂性差	有清漆和磁漆两种。适于温热地区车辆、机器、仪表、家电、家具等的保护性涂饰
醇酸树脂类 C	漆膜坚韧、附着力强，光泽较好，耐油、耐水、耐磨。耐碱性差，干燥较慢	机械、汽车、船舶、电器、仪表的涂饰
环氧树脂类 H	漆膜坚韧，附着力特强，稳定，电绝缘性好。户外耐候性差，与其他涂料不易结合	化工、机械设备及船舶、管道等的涂装，家具打底涂饰、电工器材的绝缘涂覆

12.5.6 高分子黏合剂

胶接与焊接、铆接相比具有许多优点，如接头光滑、质量轻、成本低等。黏合剂（胶黏剂）是一类有优良黏合性能，可以把两个相同或不同的固体材料牢固地连接在一起的物质，它包括合成树脂、合成橡胶和无机物中有黏接性能的物质。

骨胶、虫胶、糊精等都是天然黏合剂。常见合成黏合剂有环氧黏合剂、聚醋酸乙烯酯、改性酚醛树脂黏合剂、瞬间黏合剂等。在机械、电子、建筑、航空航天领域及日常生活中，黏合剂的应用都十分广泛。

　　黏合剂——人有时也要学会做黏合剂，把两个类别的事物紧密地联系在一起。

作为合成黏合剂，首先应能润湿被胶接物体的界面，而后在适当条件下固化。因此，黏合剂的基本成分（即黏料），一般应是在胶接条件下容易聚合的液态单体，或是在应用时具有活性基团的线型结构的液态低聚物，在黏接固化后能变成体型结构的聚合物。此外黏合剂还包括有固化剂（如胺类、咪唑、聚酰胺）、填料、增韧剂（如邻苯二甲酸二丁酯）、稀释剂、防老剂（如 N-苯基-α-萘胺）等组分。

黏合剂可以分为无机黏合剂和有机黏合剂两类，如图 12-5。

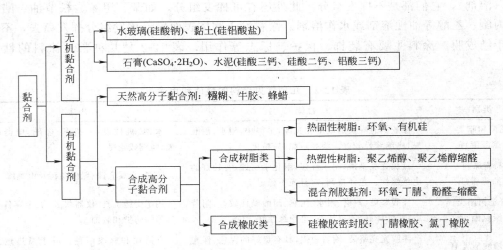

图 12-5　高分子黏合剂的分类

12.5.7　新型高分子材料

在现代工业和日常生活中，传统高分子材料已经占领了巨大的市场，但为了适应当前高技术的发展，高分子材料在现有高强度、高韧性基础上还要不断向高性能化和功能化方向发展。目前，高分子材料发展迅速，试验和已经生产的品种众多（图 12-6），形成了大量实用性较强的新型高分子材料。

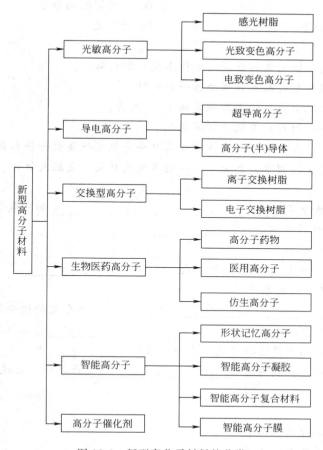

图 12-6 新型高分子材料的分类

除上述新型高分子材料之外，还有高分子液晶材料、高分子表面活性剂，高分子食品添加剂、高分子阻燃剂、高分子染料等。

 习 题

一、选择题

1. 下面哪种金属不属于首饰金属材料？（ ）

A. 金 B. 银 C. 铝 D. 铂

2. 下面哪种合金材料不属于新型合金材料？（ ）

A. 铝合金 B. 超耐热合金 C. 超低温合金 D. 形状记忆合金

3. 传统无机非金属材料不包括（ ）。

A. 陶瓷 B. 半导体材料 C. 玻璃 D. 水泥

4. 新型无机非金属材料不包括（ ）。

A. 新型陶瓷 B. 半导体材料 C. 玻璃 D. 感光材料

5. 下列不是新型高分子材料的是（ ）。

A. 高分子液晶　　　　　　　B. 形状记忆高分子

C. 光致变色高分子　　　　　D. 纤维素

二、判断题

1. （　　）地壳中铁元素的含量（也称丰度）排列第四。

2. （　　）烧炼材料是人类采用的第一种材料。

3. （　　）稀土元素指元素周期镧系的 15 个元素。

4. （　　）高分子材料的老化是可逆变化。

5. （　　）高分子化合物按其热性质分类可分为热固性高聚合物和热塑性高聚合物。

6. （　　）在老化过程中，高分子链一般不发生断裂、交联或氧化、水解等化学变化。

三、填空题

1. 水泥的基本成分是_____、_____、_____和三氧化二铁。

2. 传统高分子材料包括：_____、_____、_____、高分子涂料和高分子黏合剂。

3. 老化是指高分子聚合物受到热、电、_____、_____、_____等因素的作用，性能逐渐下降的现象。

4. 涂料主要由_____、_____和_____三个主要组分组成。

5. 五大通用塑料包括_____、_____、_____、聚丙烯、酚醛塑料。

6. 橡胶干胶制品的生产过程应包括素炼、混炼、_____和_____四个步骤。

7. 人造纤维是以天然高分子_____或_____为原料，经过一系列的化学处理与机械加工而成。

四、简答题

1. 水泥的主要成分有哪些？

2. 说明加聚和缩聚有何不同？

3. 如何快速鉴别高分子材料是热固性还是热塑性？

4. 金属材料、无机非金属和高分子材料这三大类材料的主要特点。

·第13章·
化学与能源

能源是指可以为人类提供能量的自然资源，是国民经济发展和人类生活所必需的重要物质基础。在进入 21 世纪的今天，能源、材料、信息被称为现代社会繁荣和发展的三大支柱，它们已成为人类文明进步的先决条件，国际上往往以能源的人均占有量、能源构成、能源使用效率和对环境的影响来衡量一个国家现代化的程度。世界各国除了在传统能源领域竞争激烈外，各种环保新能源的开发和高效利用方面成为科技发展的一大热点。无论是煤的充分燃烧和洁净技术，还是核反应的控制利用，无论是新型绿色化学电源的研制，还是生物能源的开发，都离不开化学这一基础学科。因此，20 世纪末，一个新的化学分支学科——能源化学应运而生。

13.1 能源概述

13.1.1 能源的分类

能源的品种繁多，根据能源的来源可将能源分为如表 13-1 所示的几种类型。

表 13-1　能源来源的分类

能源的来源	能源举例
太阳辐射	太阳
化学能	煤、石油、天然气、草、木
运动能	流水(包括瀑布、潮汐、风和人造水坝)
地热能	自然温泉、热泉、地下深部热水
核能	铀、钍、氘

根据能源的形式，可将能源分为一次能源（又称原生能源）和二次能源（又称次生能源）两大类，如表 13-2 所示。一次能源是指从自然界获取，可以直接利用而不必改变其基本形态的能源。二次能源则是由一次能源经过加工或转换成另一种形态的能源产品。在一次能源中，如风、流水、地热、日光等，不会随着它们的利用而减少，称为可再生能源，而化石燃料和核燃料等会随着它们的使用而减少，称为非再生能源。

表 13-2　能源形式的分类

一次能源（原生能源）	可再生能源	风、流水、海洋热能、潮汐能、直接的太阳辐射、地震、火山、地下热水、地热蒸汽（包括温泉）、热岩
	非再生能源	化石燃料（煤、石油、天然气、油页岩），核燃料（铀、钍、钚、氘等）
二次能源（次生能源）		电能、氢能、汽油、煤油、柴油、火药、酒精、余热等

随着能源危机的出现，又有了"新能源"的概念。所谓新能源是指以新技术和新材料为基础，使传统的可再生能源得到现代化的开发和利用，用之不尽、周而复始的可再生能源取代资源有限、对环境有污染的化石能源。目前，新能源的研究重点在于开发利用太阳能、风能、生物质能、海洋能、地热能和氢能等。例如，寻找有效的光合作用的模拟体系，进行人工栽培和生物能转换。利用太阳能使水分解为氢气和氧气以及直接将太阳能转变为电能等都是当今新能源开发的重要课题。

13.1.2　能源的利用与发展

近代世界能源结构经历了三次大的转变。18 世纪 60 年代，英国的产业革命促使全世界的能源结构发生了第一次大的转变，这是因为蒸汽机的推广、冶金工业的勃兴以及铁路和航运的发达，无一不需要大量的煤炭。以 1920 年为例，煤炭在当时世界商品能源构成中占到 87%。第二次世界大战以后，世界能源结构发生了第二次大的转变，几乎所有工业化国家都转向石油和天然气。一方面，同煤炭相比，石油和天然气热值高，加工、转化、运输、储存和使用方便，效率高，是理想的化工原料；另一方面，迅速提高的社会和政府部门的环境保护意识也推动了这一转变。1950 年，世界石油能源消费已近 5 亿吨。能源结构从单一的煤炭转向石油和天然气，标志着能源结构的进步，对社会经济的发展起到了重要作用。在 20 世纪 50 年代至 60 年代，西方一些发达国家正是依靠充足的石油供应，特别是廉价的中东石油，实现了经济的高速增长。70 年代初，中东战争引发了资本主义世界第一次石油危机。70 年代末，伊朗爆发伊斯兰革命，国际石油供应再度紧张。90 年代初，海湾战争爆发，又使世界能源市场受到巨大冲击。

以矿物燃料为主体的能源系统对全球环境污染严重，说明原有的能源体系不可能长久地维持下去。因此，20 世纪末，世界能源结构开始了第三次大转变，即从石油、天然气为主的能源系统转向以生物能、风能、太阳能等可再生能源为基础的可持续发展的能源系统，现今能源结构发展趋势如图 13-1 所示。未来世界能源供应和消费结构将向多元化、清洁化、高效化、全球化和市场化方向发展。《BP 2035 世界能源展望》中提到："到 2050 年，我们几乎可以完全依靠可再生能源，而仅使用极少的化石燃料和核能，便可满足电力、运输、工业及家庭的能源需求。"

13.1.3　我国能源消费现状及特点

我国进入 20 世纪 90 年代以后，能源的生产量略小于消费量（约 10% 以内），而能源消费总量增长的趋势更加明显，两者之间的差值有拉大的趋势。我国一次能源生产、消费情况如表 13-3、表 13-4 所示。

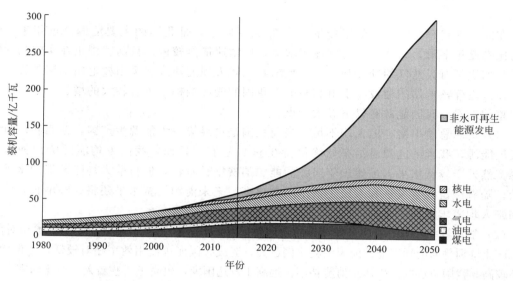

图 13-1　1980—2050 年不同能源发电的占比趋势图

表 13-3　2009—2018 年我国一次能源生产情况　　　　单位：万吨标准煤

年份	能源生产总量	原煤生产总量	原油生产总量	天然气生产总量	水电、核电、风电等生产总量
2009	286092	219719	26893	11444	28037
2010	31212S	237839	29028	12797	32461
2011	340178	264658	28915	13947	32657
2012	351041	267493	29838	14393	39317
2013	358784	270523	30138	15786	42336
2014	361866	266333	30397	17008	48128
2015	361476	260986	30725	17351	52414
2016	346037	240816	28372	18338	58474
2017	359000	246433.5	27143	19607	65816.5
2018	377000	257522	26979	21316	71185

表 13-4　2009—2019 年我国分品种能源占能源消费总量的比例　　　　单位：%

年份	煤炭	石油	天然气	水电、核电、风电等
2009	71.6	16.4	3.5	8.5
2010	69.2	17.4	4.0	9.4
2011	70.2	16.8	4.6	8.4
2012	68.5	17.0	4.8	9.7
2013	67.4	17.1	5.3	10.2
2014	65.6	17.4	5.7	11.3
2015	63.7	18.3	5.9	12.1
2016	62.0	18.3	6.4	13.3
2017	60.4	18.8	7.2	13.6
2018	59.0	18.9	8.0	14.1
2019	57.7	19.3	8.1	14.9

在能源消费总量中，煤的消费量一直在 50% 以上，是我国的主要能源。近年来，煤所占的比例逐年下滑，天然气的比例逐年增加，但增速依然较慢。目前我国正在实施的"西气东输"加快了对天然气的开发利用，而且随着三峡大坝的建成和秦山核电站二期工程及大亚湾、连云港等核电站的建设，水电和核电在我国的能源结构中也有较大的增长。

总的来看，我国能源有以下五大特点：

(1) 资源总量丰富，但人均不足　当前我国是世界第一大能源生产国，依靠我国自身力量发展能源，我国的能源自给率始终保持在 90% 左右。然而，我国人均能源资源拥有量在世界依然处于较低水平。虽然近年来我国能源消费增长较快，但目前人均能源消费水平还比较低。随着经济社会发展和人民生活水平的提高，未来能源消费水平还将大幅增长，将进一步加剧人均需求资源不足的问题。

(2) 能源效率较低　我国产业结构的合理性尚待调整，如能源密集型产业的技术相对落后，第二产业特别是高能耗工业的能源消耗比例过高，造成我国能源使用效率相对较低，单位增加值能耗较高。我国单位国内生产总值能耗不仅远高于发达国家，也高于一些新兴工业化国家。

(3) 环境形势严峻　我国的一次能源以煤为主，而煤炭的大规模开发利用，对生态环境造成严重影响。大量耕地被占用和破坏，水资源污染严重，CO_2、SO_2、氮氧化物和有害重金属排放量大，O_3 和细颗粒物（$PM_{2.5}$）的污染也在加剧。未来相当长时间内，化石能源特别是煤炭在我国的能源结构中仍占有重要地位，因此保护生态环境、应对气候变化的压力会日益增大，也迫切需要能源的绿色转型。

(4) 可再生资源丰富，但利用率不足　我国地域广阔，蕴藏着丰富的可再生资源，这有利于多元化能源的开发利用，但利用率尚未达到理想目标，具有较大的开发潜力。如我国可供开发利用的水能源居世界第一，但目前我国的水电开发程度尚远远不足。此外，我国可开发的太阳能、潮汐能、生物质能源均相当丰富，但如何充分利用这些可再生资源仍然是亟待解决的问题。

(5) 区域分布不均匀　我国北方主要是以煤为主，南方能源较短缺，长期以来一直北煤南运。我国南方有丰富的水资源，利用水力发电潜力较大，我国已在长江等大河流修建大型水电站，正逐步扭转北煤南运的局面。

我国能源的现状和特点是由国内生产力水平决定的，《能源中长期发展规划纲要（2004—2020 年）》提出我国能源产业结构的发展战略是：以煤炭为基础，以电力为中心，积极开发石油、天然气，适当发展核电，因地制宜开发新能源和可再生资源，走优质、高效、低耗的能源可持续发展之路。

小哲理

我国的能源特点——储量丰、人口多、人均少，节约能源，人人有责。

13.1.4　能量产生与转化的化学原理

众所周知，化学变化都伴随着能量的变化。在化学反应中，如果反应放出的能量大于吸收的能量，则此反应为放热反应。燃烧反应所放出的能量通常叫做燃烧热，化学上把它定义为 1mol 纯物质完全燃烧所放出的热量。理论上可以根据某种反应物已知的热力学常数计算出它的燃烧热（相关知识见第四章 4.2.6 节）。如甲烷燃烧反应的热力学方程式为：

$$CH_4(g) + O_2(g) \Longrightarrow CO_2(g) + H_2O(l) \quad \Delta_r H_m^\ominus = -890kJ/mol$$

对于工业上用的燃料，如煤和石油，由于它们不可能是纯物质，所以反应热值常常笼统地用发热量（热值）来表示。几种不同能源发热量的比较见表 13-5。从中可见常规能源的发热量大大低于新能源的发热量。裂变能和聚变能来源于核能的变化。目前，国际上能源统计中常用吨标准煤（即发热量为 29.26kJ/g 的煤）作为统计单位，其他不同类型的能源就按其热量值进行折算。

表 13-5　几种不同能源发热量的比较

能源类型	石油	煤炭	天然气	氢能	U 裂变	H 聚变
发热量值/(kJ·g^{-1})	48	30	56	143	8×10^7	6×10^7

各种能源形式都可以互相转化。在一次能源中，风、水、洋流和波浪等是以机械能（动能和重力势能）的形式提供的，可以利用各种风力机械（如风力机）和水力机械（如水轮机）将其转化为动力或电力。煤、石油和天然气等常规能源的燃烧可以将化学能转化为热能，热能可以直接利用，但多是将热能通过各种类型的热力机械（如内燃机、汽轮机和燃气轮机等）转换为动力，然后带动各类机械和交通运输工具工作；或是带动发电机送出电力，以满足人们生活和工农业生产的需要。

能量的转化和利用有两条基本的规律要遵循，那就是热力学第一定律和热力学第二定律。热力学第一定律即能量守恒及转化定律。依据这条定律，在体系和周围的环境之间发生能量交换时，总能量保持恒定不变。因此，不消耗外加能量而能够连续做功的永动机是不可能存在的。但是，在不违背第一定律的前提下，热量能否全部转化为功？或者说热量是否可以从低温热源不断地流向高温热源而制造出第二类永动机？科学家通过对热机效率的研究，发现热机的效率 η 是由以下关系所决定的。

$$\eta = \frac{T_2 - T_1}{T_2}$$

即热机工作时，为了使热能够自发地流动，从而使一部分热转化为功，必须要有温度不同的两个热源：一个温度较低（T_1），另一个温度较高（T_2）。从上式可知，若 $T_1 = T_2$，$\eta = 0$，因为在两个温度相同的热源间，不可能发生恒定的单方向的热传递过程。所以无法使热机工作，其效率为 0。若 $T_2 \neq 0K$，$T_1 = 0K$，则 $\eta = 1$。但绝对零度的热源在现实生活中是不能提供的，因此一般情况下，$\eta < 1$，这就是著名的"卡诺定理"。由此引出了热力学第二定律：一个自行工作的机器，不可能把热量自发从低温物体传递到高温物体，或者说，功可以全部转化为热，但任何循环工作的热机都不能从单一热源取出热能使之全部转化为有用功，而不产生其他影响。

 小哲理

永动机不存在——人也不能是永动机，必须休养生息，保重身体。

　　热电厂是利用热机发电的典型例子，热机的效率一般都低于40％，即燃料燃烧释放出的化学能只有不到40％被转化为电能，其余的能量则以不可避免的方式被损耗，如在活动部件之间摩擦所消耗或作为废热从烟囱和冷却塔上排出等。

小哲理

　　能量利用——人体的能量也是有限的，应最大限度利用能量去学习、工作，而尽量减少因做无用功所造成的能量损耗。

13.2　核能

　　20世纪人类在能源利用方面的一个重大突破是核能的释放和可控利用。在此领域中，首先是化学家居里夫妇从19世纪末到20世纪初，先后发现了放射性比铀强四百倍的钋和比铀强二百多万倍的镭，这一发现打开了20世纪原子物理学的大门从而获得1903年的诺贝尔物理学奖。此后，居里夫人继续专心于镭的研究和应用，测定了镭的原子量，建立了镭的放射性标准；同时积极提倡把镭用于医疗，使放射治疗得到了广泛应用，从而获得了1911年的诺贝尔化学奖。20世纪初，卢瑟福从事关于元素的衰变理论，研究了人工核反应从而获得1908年诺贝尔化学奖。之后，约里奥·居里夫妇第一次用人工方法创造出放射性元素，从而获1935年诺贝尔化学奖。在此基础上，费米用慢中子轰击各种元素获得了60种新的放射性核素，并发现了β衰变，使人工放射性元素的研究迅速成为当时的热点，从而获得了1938年的诺贝尔物理学奖。1939年哈恩发现的核裂变现象震撼了当时的科学界，成为原子能利用的基础，从而获得了1944年诺贝尔化学奖。

　　1939年，费里施在裂变现象中观察到伴随着碎片有巨大的能量，同时居里夫妇和费米都测定了铀裂变时还放出中子，这使链式反应成为可能。至此，释放原子能的前期基础研究已经完成。从放射性的发现开始，陆续发现了人工放射性、铀裂变伴随能量和中子的释放，以及核裂变的可控链式反应。于是，1942年，在费米领导下，在美国芝加哥大学成功地建造了人类第一座可控原子核裂变链式反应堆。核裂变和原子能的利用是20世纪初至中叶化学和物理学界具有里程碑意义的重大突破。

13.2.1　核反应与核能

　　19世纪末至20世纪初，从放射性到核裂变等一系列重大的发现以事实证明了原子核是可以发生变化的。

　　(1) 核能的利用　在费米的实验中，用中子轰击较重的原子核使之发生分裂，成为较轻的原子核，这就是核裂变反应。德国科学家迈特纳根据铀核裂变后的质量亏损和爱因斯坦的质能关系式 $E=mc^2$，计算出了1g铀完全裂变可释放出 8×10^7 kJ 的能量，相当于250万吨优质煤完全燃烧或2万吨左右的TNT炸药所放出的能量。这使原子核内蕴藏巨大能量的秘密被彻底地揭开，从此人类走向了核能的开发和利用之路。遗憾的是，原子能的研究成果不幸被最先用于战争。1945 年 8 月 6 日和 9 日在广岛、长崎两颗原子弹的爆炸给人类留下了一个永久深刻的教训：滥用威力巨大的核武器将直接导致人类自身的灾难甚至灭亡。幸运的是，今天人类已经掌握了控制核裂变的方法，利用核能发电来为自身造福。为了提高国防实力防御核威胁，我国老一辈科学工作者在条件极其落后的情况下从 20 世纪 50 年代开始研制原子弹，并于 60 年代先后制成原子弹和氢弹。中国政府向世界庄严宣布：我们不首先使用核武器，不向无核地区和国家使用核武器。

核能的和平利用始于 20 世纪 50 年代。1951 年，美国利用一座产钚的反应堆的余热试验发电，电功率仅为 200 千瓦。1954 年，苏联建成了世界上第一座核电站，电功率为 5000 千瓦。我国第一座自行设计建设的核电站是秦山核电站，第一期 30 万千瓦已于 1991 年并网发电，第二期工程两台 60 万千瓦级的压水堆核电机组于 2000 年底投入使用。我国从法国成套进口的广东大亚湾两台 90 万千瓦的核电机组也分别于 1993 年和 1994 年并网发电。我国连云港核电站也已投入使用。目前世界上正在运行发电的核电机组已有四百多座，世界能源结构中核能的比例正在逐渐增加。

（2）核反应堆的安全性　核电站的中心是核燃料和控制棒组成的反应堆，控制棒主要由镉（Cd）、硼（B）、铪（Hf）制成，它本身不会发生裂变且吸收中子的面积很大，但可通过控制裂变反应过程产生的中子数来控制裂变的链式反应。因为裂变产生的中子一部分被核裂变物质和反应堆内件吸收；另一部分中子留在堆内，有可能与其他重核再次产生裂变反应。留下的中子必须大于一定的比例，才能使反应继续成为链式反应。逸出的中子越多，链式反应越弱，以至于根本不能进行；反之，反应过强则会形成核爆炸。

原子弹爆炸就是利用这一原理。在核反应堆中，通过控制棒的控制使幸存中子平均恰为 1，这使链式反应可以经久不息地进行下去。在设计核反应堆时，大多采用低浓度核裂变物质作燃料。而且这些核燃料在反应堆芯被合理地分散隔开，因此在任何情况下都不可能达到爆炸式链式反应所需要的最低样品质量（临界质量），同时，反应堆内还装有控制铀裂变速率的减速剂，由此保证了反应堆在任何情况下都不会发生像原子弹那样的核爆炸。

人类历史上最严重的核灾难

苏联切尔诺贝利核电站事故是人类历史上最严重的核灾难之一。1986 年 4 月 26 日，切尔诺贝利核电站第 4 号机组在停机检测时发生事故，引起爆炸和大火，致使 8 吨多强辐射物泄漏，造成大面积的放射性物质的污染，甚至影响到周边国家。2000 年底，切尔诺贝利核电站被永久关闭，曾经风景如画的地方如今成了一座"核坟墓"。这一教训是惨痛的，因此在核能的开发方面，首先要保证安全第一，严防放射性物质的大量泄漏、采取必要的风险防范措施。今天核电站一般都设置了三道安全屏障，即燃料包壳、压力壳和安全壳，这使一切可能的事故被限制并消灭在安全壳内，同时核电站应能承受龙卷风、地震等自然灾害的袭击。切尔诺贝利核电站正是由于机组操作人员违章操作和反应堆设计上的缺陷才造成放射性物质大面积泄漏。

核反应堆运行过程带来的另一个问题是核废料的处理。因为 $^{235}_{92}U$ 裂变产生的核碎片都具有放射性。因此当核燃料更新后，卸下的放射性废料就存在一个如何处理、运输、掩埋的问题。目前，一般的处理方法是提取核废料中有用的放射性或非放射性物质之后，将放射性废料装入特制密封容器中，然后深埋在荒无人烟的岩石层或深海的海底。显然，从环境保护的角度看，核废料的处理还有许多难题需要化学家来解决。

小哲理

　　安全利用核能——一把双刃剑，既可以是人类的朋友，也可以毁灭人类。

13.2.2　核能开发利用的前景

　　目前世界上投入实际应用的核反应堆都属于热中子反应堆，即堆芯内有慢化剂，可以将中子慢化为热中子反应堆（热中子较易使${}^{235}_{92}$U 原子核分裂）。压水堆、沸水堆、重水堆、石墨堆都属于热中子反应堆。热中子反应堆的主要缺点是核燃料的利用率很低。在开采、精炼出来的铀中，包含 $0.0055\%{}^{234}_{92}$U、$0.72\%{}^{235}_{92}$U、$99.2745\%{}^{238}_{92}$U 的三种同位素，其中${}^{238}_{92}$U 不能直接用作核裂变燃料（称为贫铀），只有含量极少的${}^{235}_{92}$U 才能在热中子堆内裂变产生核能。

　　现代技术已开创了将${}^{238}_{92}$U 转变为${}^{239}_{94}$Pu 的技术，其核反应为：

$$^{238}_{92}\text{U}+^{1}_{0}\text{n}=^{239}_{94}\text{Pu}+2\,^{0}_{-1}\text{e}$$

${}^{239}_{94}$Pu 能进行核裂变反应。也就是说，在反应堆里，每个${}^{235}_{92}$U 或${}^{239}_{94}$Pu 裂变时放出的中子，除维持裂变反应外，还有少量可以使难裂变的${}^{238}_{92}$U 转变为易裂变的${}^{239}_{94}$Pu。这种反应堆称为快中子增殖堆，简称快堆。快堆在消耗裂变燃料以产生核能的同时，还能生成相当于消耗量 $1.2\sim1.6$ 倍的裂变燃料。因此，快堆的最大优点是可以充分利用${}^{238}_{92}$U，在克服了工艺上的困难之后，快堆会逐渐取代热堆，成为核能利用的主力堆型。

　　然而，地球上${}^{235}_{92}$U 的储量是十分有限的，那么是否有比核裂变能量更多的反应呢？人类从太阳那里找到了答案，这就是核聚变反应。它是由两个或多个轻原子聚合成一个较重原子的过程．也称热核聚变反应。如：

$$^{2}_{1}\text{H}+^{6}_{3}\text{H}=2\,^{4}_{2}\text{He}$$
$$^{2}_{1}\text{H}+^{1}_{1}\text{H}=^{4}_{2}\text{He}$$

　　据计算，后一反应每克重氢聚变可以得到 7×10^{8} J 的能量。根据海水中的氘、氚储量计算，它们可供人类使用几亿年。因此，如果能将可控聚变反应应用于发电，那么人类将不再为能源问题所困扰。

　　可控核聚变堆的实现将彻底解决人类的能源问题，如此诱人的前景吸引着众多科学家为之努力奋斗。然而，这一课题难度非常大。在地球上实现可控聚变的关键问题是要把氘、氚原子核加温到至少几千万摄氏度，并把它们约束在一起。目前主要研究通过磁约束、激光惯性约束和介质催化等途径实现可控核聚变，在向可控核聚变目标探索的过程中，虽然已露出胜利的曙光，但还处于基础研究阶段。有专家预测，2050 年能实现原型示范的可控核聚变堆，要发展到经济实用阶段还有一段艰辛的道路。

13.3　新型清洁能源

　　在 20 世纪，人类使用煤、石油和天然气等生物质矿物作为主要能源和有机化工原料，然而使用这些矿物资源不仅容易造成严重的环境污染，而且它们不可再生。因此，研究和开发清洁而又用之不竭的新能源将是 21 世纪能源发展的首要任务。

13.3.1 太阳能

太阳能是由太阳内部氢原子发生氢氦聚变释放出巨大核能而产生的辐射能量。人类所需能量的绝大部分都直接或间接地来自太阳。太阳能辐射到地球表面的能量，可谓"取之不尽，用之不竭"，地球表面每年从太阳获得的辐射能，相当于全世界年能耗量总和的 1 万倍以上。这巨大的能量致使太阳能的利用前景非常诱人。但是太阳能受日夜、季节、地理和气候的影响较大，它的能量密度又低，因此，如何有效地收集太阳能是太阳能利用中极为关键的问题。

对太阳能的收集和利用主要有三种方式：光-化学转换、光-热转换和光-电转换。其中，光-化学转换是将太阳能直接转换成化学能，绿色植物的光合作用就是一个光-化学转换过程。光-热转换则是通过集热器进行的，太阳能热水器就是一个非常实用的例子。目前太阳能热水器已经商品化，进入了千家万户，为人们提供生活用热水或用于取暖。光-电转换是利用光-电效应将太阳能直接转换成电能，即太阳能电池。太阳能电池虽被称为电池，但它与传统电池的储能功能不同，只是将太阳能转换为电能以供使用。太阳能电池的发电原理主要是利用光电材料吸收光能后发生的光电子转移反应而进行工作的，如图 13-2 所示。太阳能电池的制造工艺比较复杂，制造成本也较高，而且还受到半导体材料的限制。目前主要应用的有硅电池、CdS 电池和 GaAs 电池等。最近国际上推出了一种铜-铟-镓-硒合金（CIGS）的薄膜，其光-电转化效率达到 18%，每发 1kW·h 电所需的成本仅为 0.5 美元，而以往最好的晶体硅电池需要 3～4 美元。铜-铟-硒合金（CIS）光电池早在 20 世纪 70 年代就已开发出来，而如今把镓加入其中使得合金的能跟太阳辐射的光子能量更加匹配，从而大大提高了转化效率。

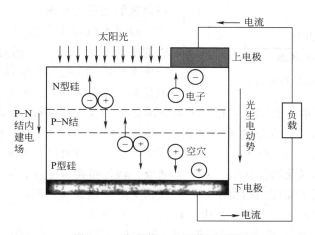

图 13-2　太阳能电池工作原理图

我国的太阳能发电技术已世界领先，已拥有的太阳能发电量超过世界上其他国家，总装机容量高达 130 亿瓦。如果所有的电场都能同时发电，那么发电量将是整个英国所用电力的几倍。中国拥有许多规模庞大的太阳能发电场，比如位于青藏高原的龙羊峡大坝（Longyangxia dam）发电场，总装机容量 850MW，共有 400 万块太阳能板。目前世界上最大的太阳能发电场位于中国的腾格里沙漠，发电量超过 1500MW。然而，目前尚存在长线运输过程中电力损耗严重和政府补贴减少后成本较高等问题，以及未来废旧太阳能电池板的回收等隐患。

小哲理

太阳能——心中有太阳，前途放光芒。

13.3.2　氢能

氢能指以氢作为燃料时释放出来的能量，是一种理想的、极有前途的二次能源。氢能有许多优点：氢的原料是水，资源不受限制；氢燃烧时反应速率快，单位质量的氢气完全燃烧所放出的热量是汽油的三倍多；燃烧的产物又是水，不会污染环境，是最干净的燃料。所以，氢能被人们视为理想的"绿色能源"。另外，氢能的应用范围广，适应性强。这种能源的开发利用有三个关键技术需要解决：一是如何制氢，二是如何贮氢，三是如何制造燃料电池。

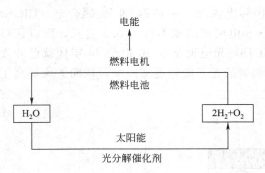

图 13-3　氢能的转化示意图

（1）氢的制取　目前工业上制取氢的方法主要是水煤气法和电解水法。由于这两种方法都要消耗能量，还是离不开矿物燃料，所以不理想。随着对太阳能开发利用的不断深入，科学家们已开始用阳光分解水来制取氢气，这种利用氢能的设想如图 13-3 所示。

通过光电解水制取氢气的关键技术在于解决催化剂问题。第一个通过光电化学电池本身分解水的报道是 1972 年日本研究人员提出的，但是其效率仅为 1%。因为电极材料 TiO_2 吸收不了太多的光能。目前，美国卡罗拉多国家能源再生实验室（NREL）的研究人员创造了一种光致电压-电化学结合的装置将水分解为氢和氧，效率达到 12.4%。它是磷化镓铟光化学电池与砷化镓光致电池的特殊组合。光致电压组件提供了有效电解水所需的电压。还有其他的一些物质，如金属氧化物催化剂、半导体电极、低等植物（蓝藻、绿藻）对光解也有一定效果，不过还未达到实际应用的要求。一旦找到了更有效的催化剂，水中取"火"——通过电解水来制取氢，就将成为日常生活中一件极为平常的事。

（2）氢的储存　氢气密度小，不利于贮存。在 15MPa 的压力下，40L 的钢瓶只能装 0.5kg 的氢气。若将氢气液化，则需耗费很大能量，且容器需绝热，很不安全，因此很难在一般的动力设备上推广使用。于是人们设想：如果能像海绵吸水那样将氢吸收起来并长期贮存，等到需要时再将氢释放出来，就可以解决氢的贮存、运输和使用问题了。但要实现这个过程需要有一种特殊功能的材料，即贮氢材料。科学家已经找到了这种材料，如镧镍合金 $LaNi_5$。1kg $LaNi_5$ 在室温和 250kPa 压力下能吸收 15kg 以上的氢气形成金属化合物

$LaNi_5H_6$，而当加热时 $LaNi_5H_6$ 又可以放出氢。除此之外，还有许多种合金能够储氢。目前正在研究的是如何进一步提高这些材料的贮氢性能，使其成为既安全、方便，又经济的贮氢工具。

（3）氢的利用　氢由于具有质量轻、发热值高等特点，用于航空航天等运输工具的高能燃料，可大大提高载荷能力。液态氢的冷却性能好，是一般喷气发动机燃料冷却性能的 30 倍，因而特别适合作火箭和远航飞机的燃料。

另一个具有巨大潜力的应用领域就是氢能汽车。1976 年，美国成功研制了世界上第一辆以氢气为动力的汽车。我国则于 1980 年成功地研制出第一辆氢能汽车。用氢作汽车燃料，即使在低温条件下也容易发动，不仅清洁，而且对发动机的腐蚀作用小，有利于延长发动机的寿命。由于氢气与空气能均匀混合，因此可以省去一般汽车上所使用的雾化器。另外，实践表明，如果在汽油中加入 4% 的氢作为汽车发动机的燃料，就能节油 40%，并且无需对汽车发动机做多大的改进。液态的氢既可以用作汽车、飞机的燃料，也可以用作火箭、导弹的燃料。美国发射的"阿波罗"宇宙飞船以及我国用来发射人造卫星的"长征"运载火箭，都是用液态氢作燃料的。

氢气燃料电池是将氢气燃烧的化学能直接转化为电能。氢气分子首先在电极催化剂作用下离子化，再与 O_2 起反应生成 H_2O，氢电池能量利用率可高达 80%，反应产物无污染。一种 $10\sim20kW$ 的碱性 $H_2\text{-}O_2$ 燃料电池已成功地用于航天飞机。但目前由于电极成本高、气体净化要求高，短期内还难以普及。

小哲理

氢能源——轻装简从，放下包袱，才能发挥最大的潜力。

13.3.3　生物质能

生物质能源包括植物及其加工品和粪肥等，是人类最早利用的能源。植物每年储存的能量相当于全球能源消耗量的十几倍。由于光合作用，各类植物程度不同地含有葡萄糖、脂类、淀粉和木质素等，并在它们的分子里储存能量。因此，利用生物质能就是间接地利用太阳能。生物质能除了可再生和储量大之外，发展生物质能本身就意味着要扩大地球上的绿化面积，而这样做不仅有利于改善环境，调节气温，还可以减少污染。

（1）生物质能的转化技术提高能源利用率　利用生物质能的传统方式是直接燃烧法。当生物质燃烧时，上述分子储存的能量即以热能的形式放出，与此同时，二氧化碳又被重新放到大气中。此法对于生物质能的利用效率很低，且造成温室效应加剧。因此，必须改变传统的用能方式，利用生物质的转化技术提高能源利用率。目前，利用生物质能源主要有以下几种方式。

① 用甘蔗、甜菜和玉米等制取甲醇、乙醇，用作汽车燃料。从"石油植物"中提取石油。世界之大，无奇不有，在植物乐园中也存在着石油资源。如巴西的橡胶树、美国的黄鼠草等。这些植物利用光合作用生成类似石油的物质，经简单加工即可制成汽油和柴油。种植

这些植物无异于增产石油。

② 用废木屑、农业废料及城市垃圾制造燃料油。首先，让生物废料如细木屑通过一个反应器——热解装置，变换成初级汽化物，再让汽化物通过沸石催化剂，此时约有 60% 转变成石油，同时还会生成一定量的木炭和 CO、CO_2 及水蒸气等气体。

③ 利用人畜粪便、工农业的有机废物或海藻等生产沼气。沼气是生物质在厌氧条件下通过微生物分解而成的一种可燃性气体，其主要组分为甲烷（约占 55%～65%）和二氧化碳（约占 25%～45%）。沼气是一种高效、廉价、清洁的能源。发酵的残余物还可以综合利用，作为肥料、饲料等。与发展中国家不同的是工业发达国家生产沼气主要与垃圾处理结合起来，而且规模较大。

（2）用新的技术分析手段研究生物化学过程的机理 绿色植物通过光合作用把二氧化碳和水转化成单糖，并把太阳能储存于其中，然后又把单糖聚合成多糖、淀粉、纤维和其他大分子物质。其中绝大多数的纤维构成了细胞壁的主体，它们的主要成分是纤维素、半纤维素和木质素等。纤维素是由葡萄糖基组成的线型大分子；半纤维素是一类复合聚糖的总称，植物种类不同，复合聚糖的组分也不同；木质素是自然界最复杂的天然聚合物之一，它的结构中重复单元间缺乏规则性和有序性。木质素的黏结力把纤维素凝聚在一起。它们都是极为有用的资源。例如纤维素可以转化为葡萄糖和酒精。木质素是可再生的植物纤维组分中蕴藏太阳能最高的，也是地球上含量最丰富的可再生资源，初步估计全世界每年产生 600 万亿吨，因此它可能是石油的最佳替代品。但是目前遇到的最大困难是，迄今还没有办法把木质素成分从植物的细胞壁中分离出来，其根本原因在于人们对这些生物大分子在植物细胞壁中的排列顺序和连接方式了解甚少，对自然界中广泛存在的酶降解等生物化学过程的机理仍不完全清楚。

近年来，化学家利用电子显微镜、隧道扫描电镜等先进技术来研究细胞壁内部的超分子结构信息，已经取得了初步成果。可以预期，随着对植物细胞壁的化学结构和交联方式的研究取得突破，化学家必将能为开发和利用生物质能源做出新的贡献。

13.3.4 废弃物的资源化利用

废弃物的资源化利用是指采取管理和工艺措施从废弃物中回收有价值的物质和能量，加速物质和能源的循环，创造经济价值的一种广泛技术方法。

废弃物的资源化主要包括以下三个途径：

① 物质回收——处理废弃物并从中回收指定的二次物质，如纸张、玻璃、金属等物质。物质回收不仅可以减少废弃物的总量，还会创造资源，特别是不可再生资源的二次利用价值。例如从家电、数码产品、汽车、电池等产品中可回收大量有价金属，并创造巨大的经济价值。

② 物质转换——利用废弃物制取新形态的物质，如利用玻璃和废橡胶生产铺路材料，利用高炉矿渣、粉煤灰等生产水泥和其他建筑材料，利用有机垃圾和污泥生产堆肥等，从而实现"变废为宝"。

③ 能量转换——从废物处理过程中回收能量，包括热能和电能。例如，通过有机废弃物的焚烧处理回收热量，还可进一步发电；利用垃圾或污泥的厌氧条件产生沼气。废物中回收的热能和电能均可作为能源向企业和居民供热或发电。现重点介绍垃圾发电。

垃圾发电是指通过对已经分类的垃圾进行焚烧而产生电能的技术，主要分为垃圾焚烧发电和垃圾填埋气发电两大类。垃圾发电起源于 19 世纪末，20 世纪 70 年代之后迅速发展，随着垃圾中可燃物的增加、工业技术水平不断提高，垃圾焚烧技术迅速发展，焚烧处理技术日趋成熟，过去在垃圾焚烧中产生的有毒气体释放等现象也已得到突破性解决。相比于传统的垃圾填埋和堆肥法，垃圾发电具有处理速度快、节省大量用地、实现资源综合利用等优点，随着垃圾焚烧技术的不断提高，现如今垃圾发电已经成为较为普遍的垃圾处理形式之一，其工艺流程如图 13-4 所示。

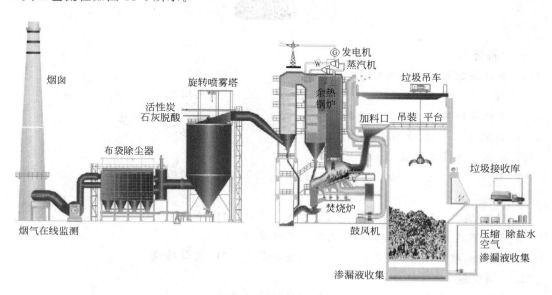

图 13-4　垃圾焚烧发电示意图

　　我国垃圾焚烧发电起步于 20 世纪 80 年代，至今已取得长足发展。1985 年，深圳市建成第一座日处理量 300 吨的生活垃圾焚烧厂。2002 年 7 月，中国第一座现代化千吨级垃圾焚烧厂——上海浦东生活垃圾焚烧厂正式运行。2010 年 3 月，国内第一座超大规模的焚烧厂——济南市生活垃圾焚烧发电项目开工，建成后，总处理规模为日处理垃圾 2000 吨，年处理 66.67 万吨。垃圾焚烧厂近年来更是在环保部门的大力督促下迅速发展。根据国家统计局数据显示，2019 年全国约有 600 个垃圾焚烧发电项目拔地而起，成为行业热点。以四川省为例，2018 年到 2020 年，新建和扩建生活垃圾焚烧发电项目 30 个，日处理能力 3.205 万吨，新增装机容量 65.9 万千瓦。生活垃圾焚烧发电设施处理能力达到无害化处理总能力的 65% 以上。

　小哲理

　　变废为宝——换个思路思考问题，看似没价值的或许是一个巨大的宝库。

　　除了上述几种不同类型能源的利用之外，世界上一些地理位置比较特殊的地方还可以不

同程度地利用风能、海洋能等可再生能源，这无疑可以进一步丰富世界能源的结构。因此，可以预见，未来能源的发展之路必将是一条在稳步发展和高效利用常规能源的基础上，综合化学、材料、物理等多学科的优势不断开发新技术、利用新能源、注重洁净能源和可再生能源的可持续发展之路。

 习题

一、选择题

1. 下列能源属于新能源的是（　　　）。

A. 煤　　　　B. 石油　　　　C. 天然气　　　D. 太阳能

2. 下列能源不属于再生能源的是（　　　）。

A. 地热能　　B. 太阳能　　　C. 核能　　　　D. 风能

3. 我国的主要能源是（　　　）。

A. 煤　　　　B. 石油　　　　C. 天然气　　　D. 太阳能

4. 下列不属于二次能源的是（　　　）。

A. 太阳能　　B. 氢能　　　　C. 电能　　　　D. 汽油

5. 下列不是废弃物资源化利用主要途径的是（　　　）。

A. 物质回收　B. 能量回收　　C. 物质转换　　D. 能量转换

二、填空题

1. 氢燃烧的产物是_____，是环保的清洁能源。

2. 利用生物质能就是间接地利用_____。

三、判断题

1. （　　）贮氢材料通过与氢产生金属氢化物来储存氢。

2. （　　）垃圾发电是一种通过物质转换实现的资源化利用方法。

3. （　　）核废料的处理是核能利用过程中的一大难题，需妥善安全科学地处置。

四、简答题

1. 什么是一次能源？什么是再生能源？

2. 能源的利用与能量守恒定律有何联系？

3. 2019 年我国掀起"垃圾分类"热潮，谈谈你对垃圾分类及废弃物资源化利用的看法。

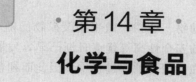

第14章
化学与食品

食品的色、香、味是引起人们食欲的三个重要的感观指标。决定食品独特的色、香、味的物质是什么？其分子结构又具有什么特点？这些物质是否对人体健康有危害？食用天然食品添加剂是否一定比人工合成添加剂安全？本章主要学习影响食品色、香、味的化学物质及健康饮食。

食品的色香味——人的外表是色、人的品格是香、人的能力是味。

14.1　食物的颜色

食物的颜色是构成食物感官质量的一个重要因素。食物丰富多彩的颜色能诱发人的食欲，因此保持或赋予食物良好的色泽是食物加工中的重要问题。食物的颜色来源于天然或人工合成色素，不同色素对光具有选择性吸收，从而呈现出不同颜色。通常将色素按来源作如图 14-1 的分类：

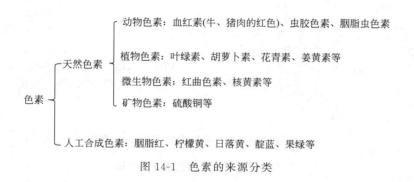

图 14-1　色素的来源分类

14.1.1 天然色素

食物中的天然色素主要来源于动物、植物、微生物及矿物。随着人们对食物崇尚自然、安全的心理需求的增强，天然色素的安全性高等优点日渐凸显，发展很快。但天然色素一般都对光、热、酸、碱等条件敏感，在加工、贮存过程中常因此而褪色或变色，还存在染色较弱，稳定性较差，使用剂量大等缺点。图 14-2 为几种常见的天然色素分子结构。

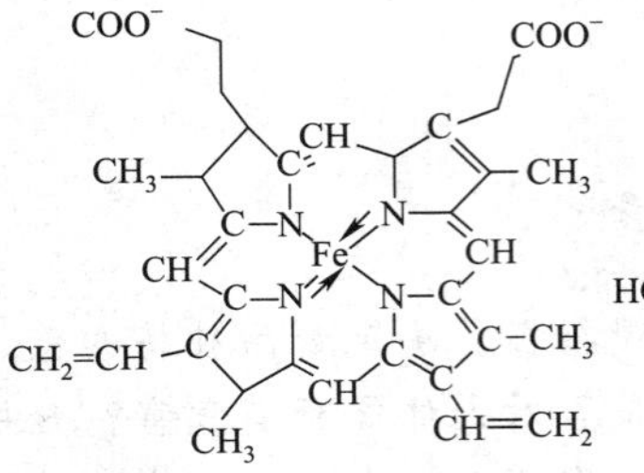

血红素 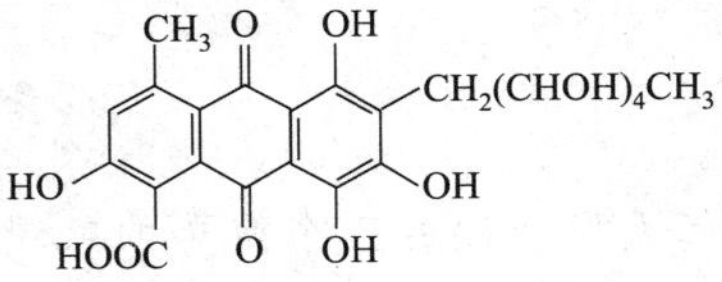　　　　　胭脂红酸 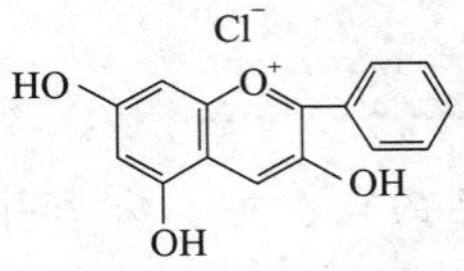　　　　　花青素的氯化物

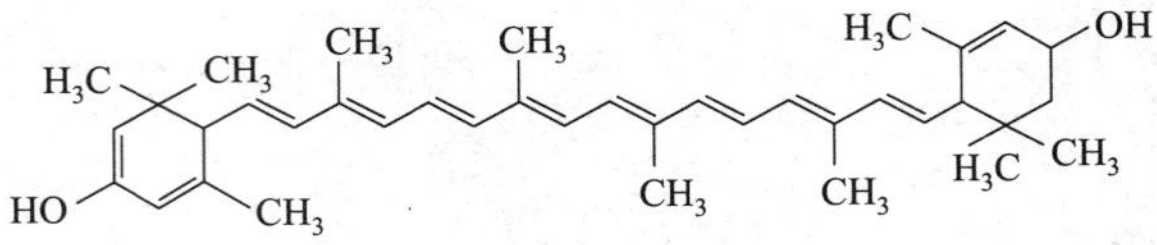

叶黄素

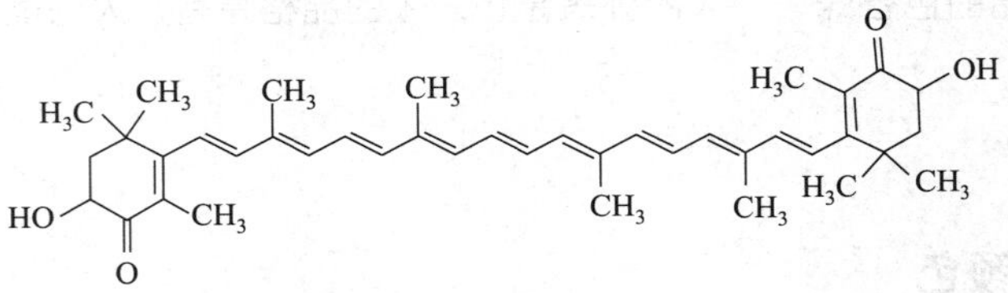

胡萝卜素

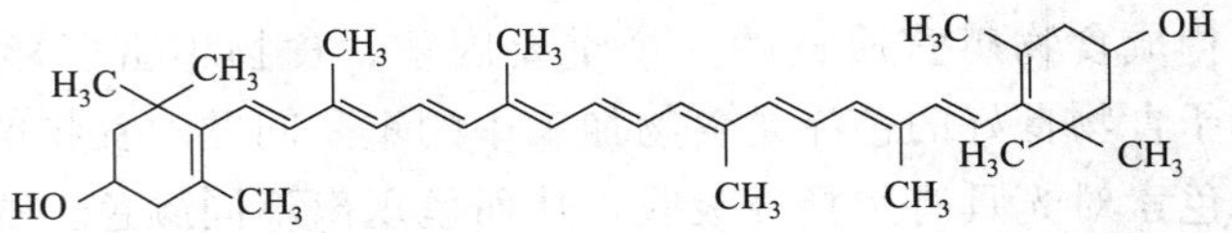

玉米黄素

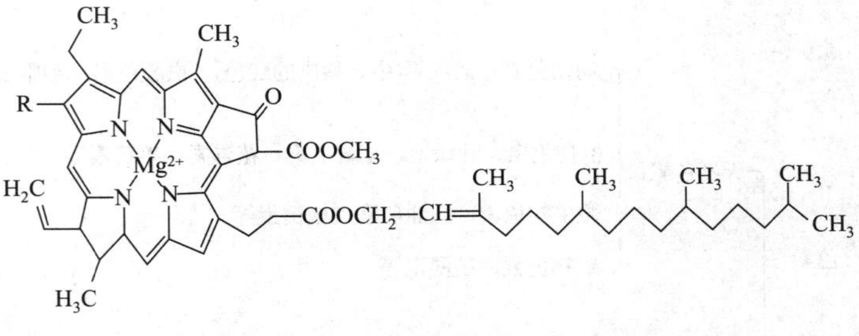

叶绿素(R=—CH₃为叶绿素a, R=—CHO为叶绿素b)

图 14-2　常见的天然色素分子结构

14.1.2　合成色素

在食物工业中，合成色素被广泛地使用，由于一些色素有不同程度的毒性，所以世界各国对人工合成食用色素的品种、质量及用量等都有严格限制。食物中只准有限度地使用六种人工合成色素：胭脂红（食用红色 1 号）、苋菜红（食用红色 2 号）、柠檬黄、靛蓝、日落黄、亮蓝。见表 14-1 所示。

表 14-1　常见的合成色素

色素名称	化学结构	性状	用途
苋菜红	（化学结构图）	紫红色粉末 溶于水呈玫瑰红 不溶于油脂 耐光、热、酸 微溶于乙醇	糕点 饮料 酒类 医药 化妆品
胭脂红	（化学结构图）	深红色粉末 溶于水呈红色 微溶于乙醇 不溶于油脂	糕点 饮料 红肠肠衣 豆奶
柠檬黄	（化学结构图）	橙黄色粉末 溶于水、甘油 微溶于乙醇 不溶于油脂 对光、热、酸有良好的耐受性	糕点 饮料 农产品
日落黄	（化学结构图）	橙色粉末 易溶于水 溶于甘油 难溶于乙醇 不溶于油脂 耐光、热、酸	糕点 饮料 农产品
靛蓝	（化学结构图）	蓝色粉末 可溶于水 难溶于乙醇/油脂 染色力好 耐光性差	糕点 饮料 农产品
亮蓝	（化学结构图）	具有金属光泽 紫红色粉末 溶于水/甘油/乙醇 耐光/酸性好	糕点 饮料 农产品

14.1.3　食物颜色变化

食物在加工、贮藏过程中，经常会发生变色现象，褐变就是一种最普遍的变色现象。在一些食物中，适当程度的褐变是有益的，如面包、糕点、咖啡等食物在熔烤过程中生成的焦黄色和由此引起的香气等；而在另一些食物中，特别是水果和蔬菜，褐变是有害的，它不仅影响外观，还影响风味，并降低营养价值，而且往往是食物腐败、不堪食用的标志。褐变按其发生机制可分为酶促褐变和非酶褐变两大类。

（1）酶促褐变　酶引起的褐变，即酶促褐变，多发生在浅色的水果和蔬菜中。例如苹果、香蕉和土豆等，当它们的组织被碰伤、切开、削皮就很容易发生褐变，这是因为它们的组织暴露在空气中，在多酚酶的催化下多酚类物质（一元酚或二元酚作底物）被氧化为邻醌，邻醌再进一步氧化聚合而形成褐色素（或黑色素、类黑精）。其反应比较复杂，最终产物黑色素的分子结构也还不十分清楚。

以水果的褐变为例，图 14-3 所示，水果中含有儿茶酚 **1**，在儿茶酚酶（多酚氧化酶）的催化下，首先氧化成邻苯醌 **2**，邻苯醌 **2** 具有较强的氧化能力，可将三羟基化合物 **3** 氧化成羟基醌 **4**，羟基醌 **4** 易聚合而生成黑色素 **5**。

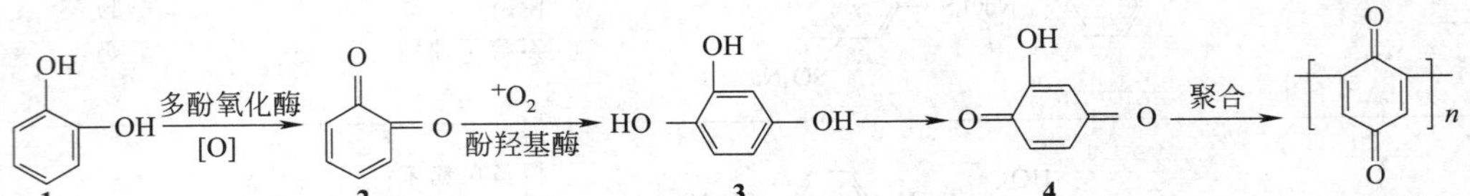

图 14-3　酶促褐变过程

（2）酶促褐变的抑制　食物要能发生酶促褐变，必须具备三个条件：多酚类物质、多酚氧化酶和氧，三个条件缺一不可。只要消除这三个条件中的任何一个，就可终止褐变过程。有些瓜果，如柠檬、橘子、香瓜、西瓜等由于不含多酚氧化酶，所以它们不发生酶褐变。抑制褐变的主要办法可以通过抑制多酚酶的活性或防止食物与 O_2 接触。常用的处理方法有：

① 钝化酶的活性（热烫、抑制剂等）。热处理是控制酶促褐变最普遍的方法，还可以加入多酚酶的抑制剂如 SO_2、抗坏血酸等。

② 改变酶作用的条件（pH、水分、活度等）。一般多酚酶作用的最适 pH 为 6～7，低于 3.0 时失活，故可以加酸来控制多酚酶的活力。

③ 隔绝 O_2。将去皮及切开的果蔬浸在盐水中，也可在其上浸涂抗坏血酸液，还可用真空渗入法把糖水或盐水渗入果蔬组织内部，驱除空气。

（3）非酶褐变　在食物贮藏及加工中，常发生与酶无关的褐变作用，这种褐变常伴随热加工及较长期的贮存而发生，非酶褐变主要有三种机制。

① 羰氨反应褐变作用——美拉德反应（Malliard reaction）。法国化学家美拉德于 1912 年发现，羰氨化合物（还原糖类）和氨基化合物（氨基酸和蛋白质）间的反应，经过复杂的历程最终生成褐色甚至是黑色的大分子物质（也称类黑精或称拟黑素），以后这种反应就被称为美拉德反应。该反应除产生类黑精外，还会生成还原酮、醛和杂环化合物，这些物质是食物色泽和风味的主要来源。

② 焦糖化褐变作用。糖类在没有氨基化合物存在的情况下加热到其熔点以上时，也会变成黑褐色的物质（焦糖或酱色），它是糖的脱水产物，此外还有一些裂解产物（挥发性的醛、酮等）。在焙烤、油炸食物中，焦糖化作用控制得当，可以使产品得到悦人的色泽及风味。

③ 抗坏血酸褐变作用。柑橘类果汁含有抗坏血酸，自动氧化分解为糠醛和 CO_2，而糠醛与氨基化合物又可发生羰氨反应。因此柑橘类果汁贮藏过程中色泽往往容易变暗。

食物的褐变往往不是以一种方式进行的。非酶褐变一般可用降温、加 SO_2、改变 pH、降低成品浓度、使用较不易发生褐变的糖类（蔗糖）等方法加以延缓及抑制。

14.2　食品的香气

食品的香气会增加人们的愉快感，引起人们的食欲，间接地增加人体对营养成分的消化和吸收，所以食品的香气被人们极为重视。食品的香气是由多种清香的挥发性物质所组成的。食品中呈香物质种类繁多，但含量极微。其中大多数属于非营养性物质，而且热稳定性很差，它们的香气与其分子结构有高度特异性。绝大多数食品均含有多种不同的呈香物质。任何一种食品的香气都是多种呈香物质综合的反映。因此，食品的某种香气阈值会受到其他呈香物质的影响，当它们配合恰当时，便能发出诱人的香气。

如果配合不当，会使食品的香气感到不协调，甚至会出现异常的气味。同样，食品中呈香物质的相对浓度，只能反映食品香气的强弱，并不能完全地、真实地反映食品香气的优劣程度。因此，科学技术发展到今天，虽然有了能分析极微量成分和高度精密的检测仪器设备，但鉴定食品的香气仍离不开人们的嗅觉。

判断一种呈香物质在食品香气中起作用的数值称为香气值（发香值）。

$$香气值 = \frac{香味物质的浓度}{香气阈值}$$

一般当香气值低于 1，嗅感器官不会对这种呈香物质产生感觉。

小哲理

食品的香气——车过留痕，人过留香。

14.2.1　蔬菜的香气

除少数外，蔬菜的总体香气较弱但气味却多种多样。百合科蔬菜（葱、蒜、洋葱、韭菜、芦笋等）具有刺鼻的芳香；十字花科蔬菜（卷心菜、芥菜、萝卜、花椰菜）具有辣气味；伞形花科蔬菜（胡萝卜、芹菜、香菜等）具有微刺鼻的特殊芳香与清香；葫芦科和茄科中的黄瓜、青椒和番茄等具有显著的青鲜气味。

百合科蔬菜最重要的风味物是含硫化合物。例如：二丙烯基二硫醚物（洋葱气味）、二烯丙基二硫醚（大蒜气味）、2-丙烯基亚砜（催泪而刺激的气味）和硫醇（韭菜中的特征气味物）。

十字花科蔬菜最重要的气味物也是含硫化合物。例如：卷心菜以硫醚、硫醇和异硫氰酸酯及不饱和醇与醛为主体风味物，萝卜、芥菜和花椰菜中的异硫氰酸酯是主要的特征风味物。

伞形花科的胡萝卜和芹菜的风味物中，萜烯类气味物和醇类及羰基化合物共同组成主要气味贡献物，形成扑鼻的清香。

黄瓜和番茄具有清香气味，有关的特征气味物是 C_6 或 C_9 的不饱和醇和醛。例如青叶醇和黄瓜醛。青椒、莴笋（菊科）和马铃薯也具有青鲜气味，有关特征气味物包括吡嗪类。

青豌豆的主要香气成分是一些醇、醛和吡嗪类，罐装青刀豆的主要香气成分是 2-甲基四氢呋喃、邻甲基茴香醚和吡嗪类化合物。

鲜蘑菇中的主要香味物质以 3-辛烯-1 醇或庚烯醇为主，香菇中香菇精是最主要的气味物。

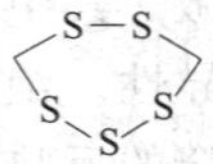

香菇精

14.2.2 水果的香气

水果香气浓郁，基本是清香与芳香的综合。香蕉、苹果、梨、杏、芒果、菠萝和桃子在充分成熟时芳香气味浓而突出，草莓、葡萄、荔枝、樱桃在果实保持完整时气味并不浓，但打浆后气味也很浓，清香味突出。水果香气物质主要包括萜、醇、醛和酯类。

柑橘果实中萜、醇、醛和酯皆较多，但萜类最突出。甜橙中的巴伦西亚橘烯，红橘中的麝香草酚（百里香酚）、长叶烯、薄荷二烯酮，柠檬中的 β-甜没药烯、石竹烯和 α-萜品烯等。

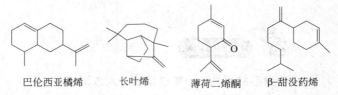

巴伦西亚橘烯　　　长叶烯　　　薄荷二烯酮　　　β-甜没药烯

苹果中的主要香气成分包括醇、醛和酯类。异戊酸乙酯、乙醛和反-2-己烯醛为苹果的特征气味物。

香蕉中的主要气味物包括酯、醇、芳香族化合物及羰基化合物。以乙酸异戊酯为代表的乙、丙、丁酸与（C_4～C_6 醇构成的酯）是香蕉的特征风味物。芳香族化合物有丁香酚、丁香酚甲醚、橄榄香素和黄樟脑。

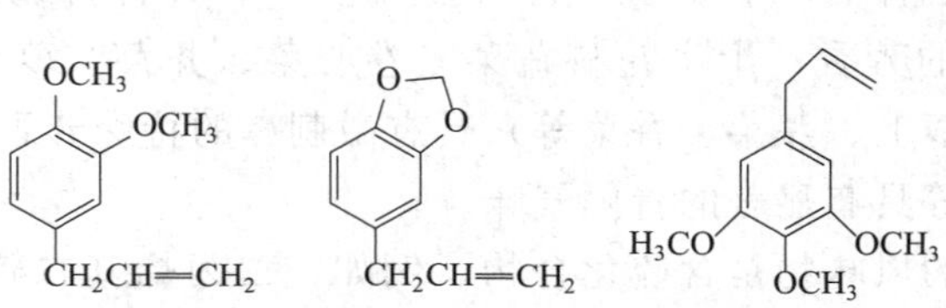

丁香酚甲醚　　　黄樟脑　　　橄榄香素

桃子中酯、醇、醛和萜烯为主要香气成分，其内酯含量较高，桃醛和苯甲醛为其特征风味物。

葡萄因品种不同，香气差别较大，而醇、醛和酯类是各种葡萄中的共有香气物类别。葡萄中特有的香气物是邻氨基苯甲酸甲酯。

菠萝中酯类气味物十分丰富，己酸甲酯和己酸乙酯是其特征风味物。

草莓因易质变，虽然已先后检测出 300 多种挥发性物质，并且已知头香成分主要是醛、酯和醇类，但哪些为特征香气成分尚未搞清楚。

西瓜、甜瓜等葫芦科果实的气味由两大类气味物支配，一是顺式烯醇和烯醛，二是酯类。

14.2.3 肉的香气

生肉的风味是清淡的，但经过加工，熟肉的香气十足。肉香具有种属差异，如牛、羊、猪和鱼肉的香气各具特色。种属差异主要由不同种肉中脂类成分不同而引起的。不同加工方式得到的熟肉香气也存在一定差别，如煮、炒、烤、炸、熏和腌肉的风味各不相同。

各种熟肉中共同的三大风味成分为硫化物、呋喃类和含氮化合物，另外还有羰化物、脂肪醇、内酯、芳香族化合物等。

牛肉香　　　　鸡肉香　　　　猪肉香

新鲜鱼有淡淡的清鲜气味。这是鱼体内含量较高的多不饱和脂肪酸受内源酶作用产生的中等碳链长度不饱和羰基化物而发出的气味。例如 1,5-辛二烯-3-酮就是这类成分之一。商品鱼会散发越来越浓的腥气，这是因为鱼死后，在腐败菌和酶的作用下，体内固有的氧化三甲胺转变为三甲胺，ω-3 不饱和脂肪酸转化为 2,4-癸二烯醛和 2,4,7-癸三烯醛，赖氨酸和鸟氨酸转化为六氢吡啶及 δ-氨基戊醛的结果。

14.2.4 乳品的香气

乳制食品种类较多，如鲜奶、稀奶油、黄油、奶粉、发酵黄油、酸奶和干酪。鲜奶、稀奶油和黄油的香气物质大多是乳中固有的挥发成分，它们的差异主要来自于特定分离时鲜乳中的风味物按不同分配比进入不同产品。鲜奶经离心分离时，脂溶性成分更多地随稀奶油而分出，由稀奶油转化为黄油时，被排出的水又把少量的水溶性风味物带去。因此，中长链脂肪酸、羰化物（特别是甲基酮和烯醛）在稀奶油和黄油中就比在鲜奶中含量高。

奶粉和炼乳中固有的一些香气物质在加热过程会挥发而部分损失，同时又产生了一些新的香味物质。甲基酮和烯醛等气味成分也在奶粉与炼乳中增加。在加热过程中产生这些香味物质的反应主要包括美拉德反应、脂肪氧化等。

14.2.5 发酵食品的香气

由于微生物作用于蛋白质、糖、脂肪及其他物质而使发酵食品出现香味，主要成分包括醇、醛、酮、酸、酯类等化合物。微生物的种类繁多、各种香味物质成分比例各异，从而使食品的风味各有特色。常见的发酵食品包括酒类、酱类、食醋、发酵乳品等。

我国酿酒历史悠久，名酒极多。如茅台酒、五粮液、泸州大曲等。中国食品发酵工业研究所对名酒进行气相色谱分析，发现泸州大曲的主要呈香物质为己酸乙酯及乳酸乙酯，而茅台酒的主要香味物质是乙酸乙酯及乳酸乙酯，见表14-2。

表14-2　大曲酒与茅台酒的挥发成分　　　　　单位：mg/100mL

成分	大曲	茅台	成分	大曲	茅台
乙醇	0.036	0.049	β-苯乙醇	痕量	0.003
丙酮	0.003	0.004	甲酸乙酯	痕量	痕量
3-羟基丁酮	0.006	0.008	乙酸乙酯	0.054	0.139
甲醇	0.003	0.003	正丁酸乙酯	痕量	痕量
正丙醇	0.009	0.075	异戊酸乙酯	痕量	痕量
正丁醇	0.005	0.006	己酸己酯	0.172	0.017
异丁醇	0.008	0.012	乳酸乙酯	0.104	0.080
仲丁醇	0.001	0.004	壬酸乙酯	0.007	0.014
叔丁醇	痕量	痕量	癸酸乙酯	0.015	0.003
正戊醇	痕量	痕量	丙二酸乙酯	痕量	痕量
异戊醇	0.034	0.048	琥珀酸乙酯	痕量	痕量
仲戊醇	0.002	0.001	月桂酸乙酯	痕量	痕量
叔戊醇	痕量	痕量	肉桂酸戊酯	痕量	痕量
正己醇	0.002	痕量	醋酸异戊酯	0.050	0.053
			醋酸异丁酯	—	0.004

在各种白酒中已鉴定出300多种挥发成分，包括醇、酯、酸、羰基化合物、缩醛，含氮化合物、含硫化合物、酚、醚等。其中乙醇和挥发性的直链或支链饱和醇是最突出的醇，乙酸乙酯、乳酸乙酯和己酸乙酯是主要的酯，乙酸、乳酸和己酸是主要的酸，乙缩醛、乙醛、丙醛、糠醛、丁二酮是主要的羰基化合物。

啤酒中也分析得出含有300种以上的挥发成分，但总体含量很低，主要的香气物质是醇、酯、羰化物、酸和硫化物。

发酵葡萄酒中香气物质多达350种以上，除了醇、酯、羰化物外，萜类和芳香族类化合物的含量比较丰富。

酱油的香气物质包括醇、酯、酸、羰化物、硫化物和酚类。食醋中酸、醇和羰基化合物较多，其中乙酸含量高达4％左右。

14.2.6　烘烤的香气

人们熟悉飘荡在熔烤或烘烤食品中的愉快的香气，如：面包皮风味、爆玉米花气味、焦糖风味、坚果风味等都是这类风味。通常，当食品色泽从浅黄变为金黄时，这种风味达到最佳，当继续加热使色泽变褐时就出现了焦烟气味和苦辛滋味。焙烤或烘烤香气也是综合特征类香气。在吡嗪类、吡咯类、呋喃类和噻唑类中都发现有多种具有焙烤或烘烤类香气的物质，而且它们的结构有明显的共同点。

| 麦芽酚
（焦糖气味） | 异麦芽酚
（焦糖气味） | 2,5-二甲基-3(2H)-呋喃酮
（烤面包气味） | 2-乙酰吡咯
（焙烤气味） | 2-巯基吡嗪
（烤肉气味） |

| 2-乙酰吡嗪
（爆米花气味） | 2-乙酰-1,4,5,6-4H-吡啶
（爆米花，面包气味） | 2,5-二甲基-4-羟基-3-呋喃酮
（焙炒杏仁气味） |

任何一种焙烤或烘烤而制成的食品中都发现了非常多的香气成分，因此还没有依据说明实际的焙烤或烘烤食品的主要香气贡献成分是由哪几种挥发物组成。虽然不同焙烤或烘烤食品中气味物的种类各不相同，但从大的类别看它们却多有相似之处，比如多富含呋喃类、羰化物、吡嗪类、吡咯类及含硫的噻吩、噻唑等。

14.3 食物的味

味感是食物在人的口腔内对味觉器官的刺激而产生的一种感觉，世界各国对味感的分类并不一致。日本将味感分成甜、苦、酸、咸、辣五类；欧美各国则再加上金属味，共分为六类；印度的分类中没有金属味，却有淡味、涩味、不正常味，加上日本的五类，共分成八类；我国通常分为甜、苦、酸、咸、辣、鲜、涩。但从生理学的角度看，只有甜、苦、酸、咸四种基本味感。辣味仅是刺激口腔黏膜、鼻腔黏膜、皮肤而引起的一种痛觉；涩味则是舌头黏膜受到刺激所产生的一种收敛的感觉。这两种味感与上述四种刺激味蕾的基本味感有所不同，但就食品的调味而言，也可看作是两种独立的味感。欧洲各国都将鲜味物质列为风味增效剂或风味强化剂，而不将鲜味看作是一种独立的味感。但我国在食品调味的长期实践中，鲜味已形成了一种独特的风味，故在我国仍作为一种单独味感列出。

小哲理

食物的酸甜苦辣咸——人生也是五味俱全。

14.3.1 味感的生理基础

食物的滋味虽然多种多样，但它使人们产生味感的基本途径却很相似，首先是呈味物质容易刺激口腔内的味感受体，然后通过一个收集和传递信息的神经感觉系统传导到大脑的味觉中枢，最后通过大脑的综合神经中枢系统的分析，从而产生味感。人的味感从刺激味蕾到感受到滋味，仅需 1.5～4.0ms，比人的视觉（13～15ms）、听觉（1.27～21.5ms）或触觉（2.4～8.9ms）都快得多。味觉通过神经传递几乎达到了神经传递的极限速度，而视觉、听觉则由于通过声波或一系列次级化学反应来传递，速度较慢。

口腔内的味感受体主要是味蕾，其次是自由神经末梢。味蕾通常由 40～60 个味细胞所组成，大约 10～14 天更新一次，味蕾的味孔口与口腔相通。不同年龄的人味蕾数目差别较大，婴儿约有 10000 个味蕾，一般成年人只有数千个。

不同的味感物质在味细胞的受体上与不同的组分作用，如甜味物质的受体是蛋白质，苦味和咸味物质的受体则主要是脂类。不同的味感物质在味蕾上有不同的结合部位，尤其是甜味、苦味和鲜味物质的分子结构有严格的空间专一性要求。这反映在舌头上不同的部位会有不同的敏感性。一般来说，人的舌前部对甜味最敏感，舌头和边缘对咸味较为敏感，而靠腮两边对酸味敏感，舌根部则对苦味最为敏感。但这些感觉不绝对，也会因人而异。

14.3.2　甜味

甜味剂是对能够赋予食品甜味的物质的总称。一般来说，甜味剂可分为营养型甜味剂和非营养型甜味剂。前者与蔗糖甜度相同时的重量，产生的热量高于蔗糖产生热量的 2%，它主要包括各种糖类和糖醇类，如葡萄糖、果糖、异构糖、麦芽糖醇等。非营养型甜味剂与蔗糖甜度相同时的重量，产生的热量低于蔗糖产生热量的 2%，它包括甘草、甜叶菊、罗汉果等天然甜味剂和糖精钠、甜蜜素、安赛蜜、甜味素等人工合成甜味剂。由于人工合成甜味剂产生的热量少，对肥胖、高血压、糖尿病、龋齿等患者有益，加之又具有高效、经济等优点，因此在食品特别是软饮料工业中被广泛应用。

（1）甜味的呈味机理　在甜味学说提出之前，一般认为甜味与羟基有关，因为糖分子中含有羟基，可是这种观点不久就被否定，因为多羟基化合物的甜味相差很大，再者，许多氨基酸、某些金属盐和不含羟基的化合物，例如氯仿和糖精也有甜味。1967 年，夏伦贝格尔（Shallen Berger），提出了有关甜味"构-性关系"的 AH/B 生甜团学说。夏氏认为，甜味物分子和口腔中的甜味感受器都具有一对质子给予体（AH）和质子受体（B），在 AH 基和 B 基的距离各 0.35nm 和 0.55nm 处的交点上有一疏水基（γ）。当甜味物质的 AH、B 和 γ 基与甜味感受器的 B、AH 和 γ 基相互配对而作用时就产生甜感，如图 14-4 所示。疏水部位似乎是通过促进某些分子与味感受体的接触面起作用，并因此影响到所感受的甜味强度，它或许是甜味物间甜味质量差别的一个重要原因。

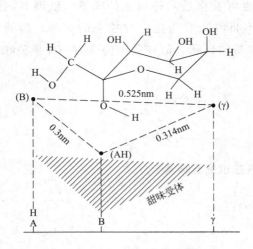

图 14-4　β-D-吡喃果糖甜味单元中
AH-B 与 γ 之间关系示意图

（2）甜味物质分类　食品中的甜味物质很多（表 14-3），一般分为以下几大类：

① 糖类甜味成分，如葡萄糖、蔗糖、果糖、麦芽糖、木糖、果葡糖浆等；

② 糖醇类甜味物质，如山梨醇、木糖醇、麦芽糖醇；

③ 非糖天然甜味物质，如甜叶菊和甜叶菊苷、甘草和甘草苷、甘茶素、非洲竹芋甜素、氨基酸等；

④ 天然衍生物甜味物质，如天门冬氨酰二肽衍生物、二氢查耳酮衍生物等；

⑤ 人工合成甜味物质，如糖精、糖精钠、甜蜜素等。

表 14-3　甜味物质的相对甜度

名称	甜度（与蔗糖比较）	名称	甜度（与蔗糖比较）
蔗糖	100	糖精钠	30000
果糖	120～180	糖精	50000～70000
乳糖	27	安赛蜜（乙酰磺胺酸钾）	15000～20000
半乳糖	60	甜蜜素（环己基氨基磺酸钠）	3000～5000
木糖醇	100～140	三氯蔗糖	50000～60000
山梨糖醇	70	甘草甜素二钠	300000～500000
葡萄糖	70	甜叶菊糖	15000～25000
木糖	40～70	阿斯巴甜（甜味素）	100000～200000
麦芽糖醇	80～90	阿力甜	200000

安赛蜜　　阿斯巴甜　　糖精钠　　木糖醇

目前，我国糖精使用量比国际水平高约 14 倍。每年超限量内销糖精 7220 吨。但长期过量摄入，也会有危害：短时间内食用大量糖精，引起血小板减少会导致急性大出血等恶性事件。青少年长期食用加入糖精的饮料，会导致营养不良、厌食等。

14.3.3　苦味

苦味是最易感知的一种，与甜、咸、酸相比，它的呈味阈值最小，甜的呈味阈值是 0.5%，咸 0.25%，酸 0.007%，苦 0.0016%。苦味在生理上对味感器官有着强烈有力的刺激作用，对消化有障碍、味觉出现衰退或减弱有重要的调节功能。单纯的苦味并不令人愉快，但当它与甜、酸或其他味感恰当组合时，能形成特殊的风味，例如苦瓜、白果、茶、咖啡等，受到人们的广泛喜爱，同时苦味剂大多有药理作用。

无机苦味物质，例如 Ca^{2+}、Mg^{2+} 和 NH_4^+ 等阳离子。一般来说，凡质量与半径比值大的无机离子都有苦味，如做豆腐的盐卤等。

有机苦味物质，有氨基酸类，如常见 L-氨基酸中，除甘氨酸、丙氨酸、丝氨酸、苏氨酸、谷氨酸和谷氨酰胺外，其余的都具有苦味；苦味肽类，蛋白质水解后生成的小肽有许多也具有苦味，如精氨酸与脯氨酸形成的二肽和甘氨酸与苯丙氨酸形成的二肽；生物碱类，著名的苦味物如马钱子碱、奎宁和石榴皮碱等；糖苷类，如柚皮苷和新橙皮苷；尿素类和硝基化合物类强苦物，如苯基硫脲和苦味酸；大环内酯类，如秦皮素、异茴香芹内酯及银杏内酯等；葫芦素类，如苦瓜、黄瓜、丝瓜及甜瓜中的呈苦物质，而苦瓜中的奎宁可能对苦味贡献更大；多酚类，如绿原酸、单宁、芦丁等多酚也具有一定苦味，此外，还有来自于动物的胆汁成分，如胆酸、鹅胆酸及脱氧胆酸等。

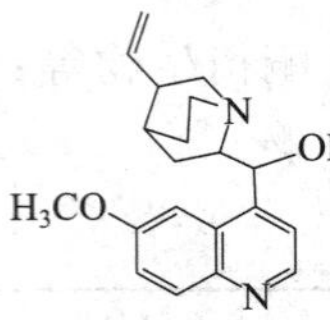

奎宁 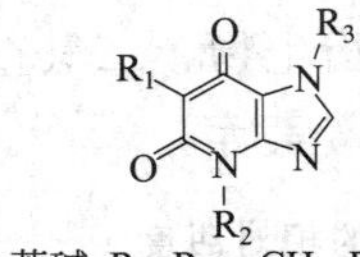　　茶碱：R₁=R₂=—CH₃, R₃=H　可可碱：R₁=H, R₂=R₃=—CH₃　咖啡碱：R₁=R₂=R₃=—CH₃　蛇麻酮类 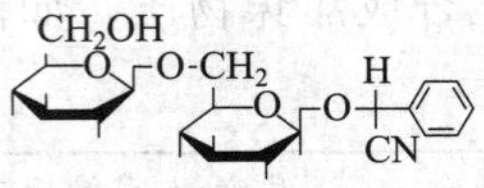　苦杏仁苷

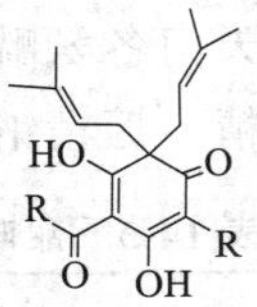

小哲理

苦味——吃得苦中苦，方为人上人；苦尽甘来。

14.3.4　酸味

　　酸味是动物进化最早的一种化学味感，许多动物对酸味剂刺激都很敏感。人类由于早已适应酸性食物，如柠檬酸、乳酸、苹果酸、酒石酸、醋酸等。适当的酸味能给人以爽快的感觉，并促进食欲。一般而言，酸味是氢离子的性质，但是酸的浓度与酸味强度并非简单的相关关系，酸感与酸根种类、pH、缓冲效应、可滴定酸度及其他物质尤其是与糖的存在有关。乙醇和糖可减弱酸味，pH 在 6～6.5 无酸味感，pH 在 3 以下则难适口。

柠檬酸 　　D-乳酸 　　L-苹果酸　　酒石酸

14.3.5　咸味

　　咸味在食品调味中颇为重要，是许多中性盐所显示的味感。食品中最重要的咸味物质是食盐——氯化钠（NaCl）。一个健康成年人每天要摄入 6～15g 食盐，其需要量之大，在食品调味料中居首位。NaCl 咸味纯正，其他物质来模拟这种咸味是不容易的，如溴化钾、碘化钾除具有咸味外，还带有苦味。一般情况，盐的阳离子和阴离子的原子量越大，越有增大苦味的倾向。咸味是由解离后离子所决定的。咸味的产生虽与阳离子和阴离子互相依存有关，但阳离子易被味觉感受器的蛋白质中的羧基或磷酸吸附而呈咸味，因此，咸味与盐解离出阳离子关系更为密切，而阴离子则影响咸味的强弱和副味。咸味强弱与味神经对各种阴离子感应的相对大小有关。苹果酸盐及葡萄糖酸盐亦有食盐一样的咸味，可用作无盐酱油的成味料，供肾脏疾病患者作限制摄取食盐的调味料。表 14-4 为几种盐

的味感特点。

表 14-4　几种盐的味感特点

味感	盐的种类
咸味	$NaCl$、KCl、NH_4Cl、$NaBr$、$NaNO_3$、KNO_3
咸苦味	$NaBr$、NH_4I
苦味	$MgCl_2$、$MgSO_4$、KI、$CsBr$
不愉快味兼苦味	$CaCl_2$、$Ca(NO_3)_2$、

14.3.6　鲜味

食品的鲜味是一种复杂的综合味感，当酸、甜、苦、咸四种基本味感以及香气等协调时，可以感觉到可口的鲜味。呈味成分有核苷酸、氨基酸、肽、有机酸等类物质。如肉类中含有较多的 5-肌苷酸，海带中含有较多的谷氨酸钠，蔬菜中含有一定量的氨基酸、酰胺和肽，贝类中含有较多的氨基酸、酰胺、肽及琥珀酸钠等。鲜味的通用结构式可表示为：$-O-(C)_n-O$，$n=3\sim9$。也即鲜味分子需要有一条 $3\sim9$ 个碳原子长的脂链，而且两端都带有负电荷。脂链不限于直链，也可为脂环的一部分，当 $n=4\sim6$ 时鲜味最强，其中 C 还可被 O、N、S、P 等取代。保持分子两端的负电荷对鲜味至关重要，若将羧基经过酯化、酰胺化，或加热脱水形成内酯、内酰胺后，均将降低鲜味。目前出于经济效益、副作用和安全性等方面的原因，作为商品的鲜味剂主要是谷氨酸型和核苷酸型。

L-谷氨酸钠　　　5′-肌苷酸二钠

14.3.7　辣味

辣味是辛香料中的一些成分所引起的味感，是尖利的刺痛感和特殊的灼烧感的总和。它不但刺激舌和口腔的触觉神经，同时也会机械刺激鼻腔，有时甚至对皮肤也产生灼烧感。适当的辣味有增进食欲、促进消化液分泌的功能，在食品调味中已被广泛应用。具有辣味的物质主要有辣椒、姜、葱、蒜等，其中的主要辣味物质有辣椒素、胡椒酰胺、姜醇、姜酮、烯丙基二硫醚等。

（1）热辣（火辣）味物质　热辣味物质是一种无芳香的辣味，在口中能引起灼热感觉。主要有：①辣椒，它的主要辣味成分为类辣椒素；②胡椒，主要是胡椒碱，是一种酰胺化合物；③花椒，主要辣味成分为花椒素，也是一种酰胺化合物。辣椒、胡椒和花椒，除辣味成分外都含有一些挥发性香味成分。

辣椒素

（2）辛辣（芳香辣）味物质　辛辣味物质是一类除辣味外还伴随有较强烈的挥发性芳香味物质，是具有味感和嗅感双重作用的成分。

（3）刺激辣味物质　刺激辣味物质是一类除能刺激舌和口腔黏膜外，还能刺激鼻腔和眼睛，具有味感、嗅感和催泪性的物质。主要有：①蒜、葱、韭菜的主要辣味成分为蒜素、二烯丙基二硫化物、丙基烯丙基二硫化物三种，其中蒜素的生理活性最大。大葱、洋葱的主要辣味成分则是二丙基二硫化物、甲基丙基二硫化物等，韭菜中也含有少量上述二硫化物。这些二硫化物在受热时都会分解生成相应的硫醇，所以蒜、葱等在煮熟后辛辣味减弱，产生甜味。②芥末、萝卜主要辣味成分为异硫氰酸酯类化合物。其中的异硫氰酸丙酯也叫芥子油，刺激性辣味较为强烈，受热时水解，辣味减弱。

14.4　食品添加剂的作用与危害

民以食为天。随着生活水平的提高，人们更加关注健康饮食。食品添加剂是指用于改善食品品质、延长食品保存期、便于食品加工和增加食品营养成分的一类化学合成或天然物质。食品添加剂是为改善食品色、香、味等品质，以及因防腐和加工工艺的需要而加入食品中的化合物质或者天然物质，在食品行业有重要的作用。同时也存在一些问题，食品添加剂大都有一定的毒性，所以使用时要严格控制使用量。

常用的食品色素包括天然色素与人工合成色素两类。合成色素与天然色素相比较，具有色泽鲜艳、着色力强、性质稳定和价格便宜等优点。大量的研究报告指出，几乎所有的合成色素都不能向人体提供营养物质，某些合成色素甚至会危害人体健康。

食用香精是为了提高食品嗜好性而添加的香味物质，由可安全食用的挥发性芳香物质、溶剂、载体及某些食品添加剂所组成的具有一定香型的混合体。在食品配料中所占的比例虽然很小，但却对食品风味起着辅助、稳定、补充、赋香、矫味等作用。食用香精的危害通常在食品制作过程，食用香精用量较小，一般对健康危害不大。大部分香精的危害要经过长期的积累才能表现出来，这些物质常常危害人类的生殖系统，同时多数具有潜在的致癌性。如丙烯酰胺、氯丙醇等对人体的生殖毒性、致癌性等。如果含有其他的非法化学成分，长期过量摄取食用香精，可能造成人体中毒，造成肝脏损伤，影响肝脏解毒功能。

其他的添加剂如防腐剂，如果过量不仅能破坏维生素 B_1，还能使钙形成不溶性物质，影响人体对钙的吸收，同时对人的胃肠有刺激作用，过量食用还可引发癌症。过氧化苯甲酰过量使用会使面粉中的营养物质受到破坏，还会产生苯甲酸，对肝脏功能会有不同程度的损害。酱卤类制品、灌肠类制品、肉干制品、五彩糖等若使用色素过量，长期食用后，人体健康会受到影响，尤其对儿童的健康发育会有一定的危害。磷酸三钠、三聚磷酸钠、磷酸二氢钠、六偏磷酸钠、焦磷酸钠是品质改良剂，通过保水、黏结、增塑、稠化和改善流变性能等作用而改进食品外观或触感的一种食品添加剂，过量不仅会破坏食品中的各种营养元素，而且会严重危害人体健康，在人体内长期积累将会诱发各种疾病，如肿瘤病变、牙龈出血、口角炎、神经炎以及影响到后代畸形和遗传突变等，甚至对人的肝脏功能造成伤害。常表现为记忆减退，视觉与运动协调失灵等。

 习题

一、选择题

1. 从生理学的角度看，哪一种味感不是基本味感？（　　）

A. 甜　　　　　　　B. 苦　　　　　　　C. 酸　　　　　　D. 辣

2. 抑制酶促褐变的方法不包括（　　）。

A. 钝化酶活性　　　B. 改变酶作用条件　　C. 隔绝 O_2　　　D. 涂抹醋酸

3. 下面哪类物质是蔬菜的主要香味物质？（　　）

A. 含硫化合物　　　B. 呋喃类　　　　　　C. 脂肪酸　　　D. 脂类

4. 各种熟肉中共同的三大风味成分不包括（　　）。

A. 含硫化物　　　　B. 呋喃类　　　　　　C. 含氮化合物　　D. 脂类

5. 茅台酒的主要香味物质是（　　）。

A. 含硫化合物　　　B. 呋喃类　　　　　　C. 脂肪酸　　　D. 脂类

6. 哪种味感对消化有障碍、味觉出现衰退或减弱有重要的调节功能？（　　）

A. 酸　　　　　　　B. 甜　　　　　　　C. 苦　　　　　　D. 辣

7. 哪种味感可以促进食欲，促进消化，具有杀菌作用？（　　）

A. 酸　　　　　　　B. 甜　　　　　　　C. 苦　　　　　　D. 辣

8. 哪种味感对食物 pH 值有关？（　　）

A. 酸　　　　　　　B. 甜　　　　　　　C. 苦　　　　　　D. 辣

二、判断题

1. （　　）通常将色素按来源，分为天然色素和合成色素。

2. （　　）天然色素一般都对光、热、酸、碱等条件敏感。

3. （　　）我国通常将食物的味道分为酸、甜、苦、咸、麻、辣。

4. （　　）合成色素毒性较低，不需要对用量进行严格限制。

5. （　　）褐变按其发生机制可分为酶促褐变和非酶褐变两大类。

6. （　　）呈香物质的相对浓度，能完全地、真实地反映食品香气的优劣程度。

7. （　　）人的舌前部对甜味最为敏感。

8. （　　）人的舌头和边缘对咸味较为敏感，而靠腮两边对酸味敏感。

9. （　　）人的舌根部则对苦味最为敏感。

三、填空题

1. 食物要能发生酶促褐变的三个条件：_____、_____和_____，三个条件缺一不可。

2. 抑制酶促褐变的方法包括：_____、_____、_____。

3. 一般当香气值低于_____，嗅感器官对这种呈香物质不会引起感觉。

4. 茅台酒的主要香味物质是_____及_____。

5. _____对消化有障碍、味觉出现衰退或减弱有重要的调节功能。

6. _____反应产生的类黑精、还原酮、醛和杂环化合物是食物色泽和风味的主要

来源。

7. 出于经济效益、安全性等方面的原因，商品的鲜味剂主要是_____型和_____型。

8. 辣味物质主要可分为_____物质、_____物质和_____物质。

四、简答题

1. 解释食品褐变的原因及抑制的方法。

2. 香气阈值的定义是什么？

3. 写出三种非糖甜味剂的名称及结构式。

4. 辣味物质可分为哪几种类型？

第15章
日用化学品

日用化学品种类繁多，涉及洗涤用品、美容化妆品、文化体育用品等。它给人们带来了方便、洁净、卫生和美丽。但是，日用化学品的不恰当使用，也会污染环境、危害健康。如何科学使用日用化学品，做到既美丽又健康？本章主要学习常用日用化学品的主要成分；介绍如何科学合理使用日用化学品。

15.1 洗涤用品

洗涤剂是指以去污为目的而设计配合的制品，由必需的活性成分和辅助成分构成。用洗涤剂洗涤物品时，能改变水的表面活性、提高去污效果。作为活性组分的是表面活性剂；作为辅助组分的有抗沉淀剂、酶、填充剂等，其作用是增强和提高洗涤剂的各种效能。

15.1.1 表面张力

表面张力、界面张力的实质是分子间作用力，即范德瓦耳斯力。由于环境不同，处于界面的分子与处于相体内部的分子所受力通常也不同。在本体内的分子所受的力是对称的、平衡的。如图15-1，在水内部的一个水分子受到周围水分子的作用力的合力为零。但在表面

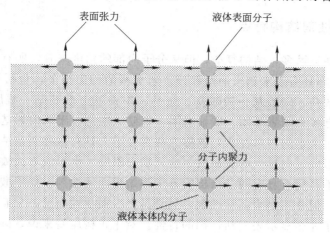

图 15-1 表面张力示意图

的一个水分子却因为上层空间气相分子对它的吸引力小于内部液相分子对它的吸引力，所以该分子所受合力不等于零，其合力方向垂直指向液体内部，结果导致液体表面具有自动缩小的趋势，使这种不平衡的状态趋向平衡状态，这种收缩力称为表面张力。可根据分子间的相互吸引力来解释某些现象，比如露水总是尽可能地呈球形。

15.1.2　表面活性与表面活性剂

表面活性剂通常是指能够改变（多指降低）两相间表面张力的物质。

日常生活中，在水中加入少许洗涤剂或肥皂，使水的表面化学性质发生明显改变，显著降低水的表面张力，增加润湿性能、乳化性能、起泡性能、洗涤性能。而糖、食盐等则无此功能。实验证明，各种物质水溶液的表面张力与浓度存在如下关系：

第一类，非表面活性剂，如 NaCl、KNO_3、NaOH 等无机物质，将其加入水中，溶液的表面张力随物质浓度的增加缓慢增加。

第二类，在水溶液中加入醇、醚、酯、酸等物质，溶液的表面张力随物质浓度增加而降低。一般浓度小时降幅较大，浓度大时降幅缓慢。

第三类，表面活性剂，在水溶液中加入洗涤剂或肥皂物质，溶液的表面张力在物质较稀时随浓度急剧下降，但到一定浓度时降幅变化不大。

第二、三类物质具有表面活性作用。但两者又有不同：前者在水溶液中不发生缔合作用或缔合作用较小；而后者在水溶液中会发生缔合作用，形成胶束等缔合物，除具有较高的表面活性作用外，还具有显著的润湿、乳化、起泡、洗涤作用，通常称这类表面活性物质为表面活性剂。

小哲理

表面活性剂——人也要做表面活性剂，既可以亲水，也可以亲油。

15.1.3　表面活性剂结构特点

表面活性剂的种类繁多，结构复杂，但从分子内部的角度来看，所有的表面活性剂又非常"相似"，其结构都具有亲水和亲油两部分。亲水基的种类很多，包括极性和离子性亲水基团，如羧基、硫酸基、磺酸基、磷酸基、胺基、季铵基、吡啶基、酰胺基、聚氧乙烯基等。疏水基则主要有各种碳氢基团、碳氟基团、聚硅氧烷链、聚氧丙烯基等。因此，表面活性剂分子具有亲油、亲水的两亲性质，被称为两亲分子。具有这种两亲结构的分子在水溶液中会富集于表面并形成定向排列的表面层，这就是吸附层。水溶液表面被疏水基覆盖，因而表面张力降低。并不是所有具有两亲结构的分子都是表面活性剂。如甲酸、乙酸、丙酸、丁酸都具有两亲结构，但并不是表面活性剂，只是具有表面活性而已。只有分子中疏水基疏水性足够强的两亲分子才会显示表面活性剂的特性。对于正构烷基来说，碳链长度需在 8 个碳原子以上。但如果疏水基过大，溶解度会变小，应用受限制。通过十二烷基苯磺酸钠的火柴模型可以表示表面活性剂的分子结构特点，如图 15-2 所示。

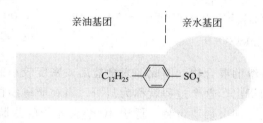

亲油基团　亲水基团

$C_{12}H_{25}$ ——◯—— SO_3^-

图 15-2　表面活性剂结构的火柴模型

15.1.4　表面活性剂结构与分类

表面活性剂的亲水基和亲油基均有许多类型。亲水基可以带电荷，也可以是中性，可以是小基团，也可以是聚合链。亲油基可以是单链的，也可以是双链的、直链的或者是支链的烷基烃类，也可以是氟碳化合物、硅氧烷或芳香烃。

因为通常是亲水基通过离子间的相互作用或氢键作用而溶于水，所以最简单的是基于表面活性剂亲水基的分类。按照亲水基所带电荷可作如下分类。

阴离子和阳离子型表面活性剂，它们溶解在水中成为两种带相反电荷的离子（表面活性剂离子和它的反离子），如高级脂肪酸盐 $[(RCOO{-})_n M^{n+}]$、高级脂肪醇硫酸酯（$R{-}O{-}SO_3^- M^+$）、脂肪族磺酸化物（$R{-}SO_3^- M^+$）、铵盐型 $[(R{-}NH_3^+)X^-$、$(R_2{-}NH_2^+)X^-]$、季铵盐型 $[(R_1 R_2{-}N^+{-}R_3 R_4)X^-]$。

非离子型表面活性剂，含有不带电荷的极性部分，如脂肪酸甘油酯、斯盘（Span，失水山梨醇脂肪酸酯）、吐温（Tween，聚山梨酯）、聚氧乙烯脂肪酸酯、聚氧乙烯脂肪醇醚等。

两性离子型表面活性剂，同时含有阳离子基团和阴离子基团，如氨基酸型（$RN^+ H_2 CH_2 CH_2 COO^-$）、甜菜碱型 $[RN^+(CH_3)_2 CH_2 COO^-]$。

在不断改善表面活性剂性能的过程中，还发现各种新型结构的表面活性剂，它们具有优异的协同作用以及更好的界面和聚集性质，包括阴阳离子混合型、Bola 型（有两个亲水极性基团）、双子型（烷基链-头基-连接基-头基-烷基链）、聚合物型表面活性剂等。

另外，按表面活性剂的应用功能还可分为：乳化剂、洗涤剂、起泡剂、润湿剂、分散剂、铺展剂、渗透剂、加溶剂等。按表面活性剂的溶解性能可分为：水溶性表面活性剂、油溶性表面活性剂。还有普通和特种表面活性剂、合成和天然表面活性剂、生物表面活性剂等分类方法。

15.1.5　肥皂

肥皂是一种典型的羧酸盐（一般是脂肪酸钠盐，即钠皂；钾盐则为钾皂），是最古老的表面活性剂，现仍大量应用于日常生活及生产中。肥皂比较容易制造，物理性质优良，适于制成皂块。

肥皂是油脂（脂肪酸甘油酯）在碱溶液中水解反应得到的脂肪酸钠，这就是著名的皂化反应，反应式如下：

$$
\begin{array}{l}
C_{17}H_{35}COOCH_2 \\
C_{17}H_{35}COOCH + 3NaOH \longrightarrow 3C_{17}H_{35}COONa + \begin{array}{l} CH_2-OH \\ CH-OH \\ CH_2-OH \end{array} \\
C_{17}H_{35}COOCH_2
\end{array}
$$

由于生成的产物是互溶的混合物，因此加入食盐后，密度较小的、在盐溶液中溶解度较小的肥皂就会浮出水面而析出，这个过程就称为盐析。再在肥皂中掺入一定量的香料和着色剂进行调和，冷却后成型，即可切块包装。低于 10 个碳原子的脂肪酸钠亲水性过强，表面活性较低，不适于实际应用；高于 18 个碳原子的则溶解度太小，也不利于应用。羧酸盐一般在 pH<7 的水溶液中易生成不溶于水的酸而失去表面活性。高价金属盐，如钙皂、镁皂、铝皂、铁皂等不溶于水。故肥皂不适宜在酸性溶液、硬水及海水中使用。制造肥皂的原料，传统上是以天然动、植物油脂加碱皂化得到的。石油化工业大发展以后，以石油为原料合成脂肪酸，产物经纯化、分离后可以得到合乎要求的脂肪酸。肥皂中除高级脂肪酸钠盐外还有各种填料，以增加肥皂的性能，如泡花碱、碳酸钠、钛白粉、香料、着色剂、钙皂分散剂、滑石粉等。

15.1.6　合成洗涤剂

合成洗涤剂起源于表面活性剂的开发，是指以（合成）表面活性剂为活性组分的洗涤剂。通常合成洗涤剂的洗涤性能比肥皂好，在硬水环境下也不会产生沉淀，在水中不易水解，不产生游离碱，不会损伤丝、毛织物。合成洗涤剂可在碱性、中性、酸性溶液中使用，溶解方便，使用时省时、省力，用量又少，有些还可在低温下使用，同时又可节省大量食用油脂。

合成洗涤产品如果按照产品的性状区分，有粉状洗涤剂、液体洗涤剂和洗衣膏等，而粉状洗涤剂中又有普通粉状洗涤剂和浓缩洗涤剂之分，其中浓缩洗衣粉代表着当今世界洗衣粉发展的潮流；对于液体洗涤剂，如果按照洗涤的对象和用途的不同，又有衣料洗涤剂（包括普通洗涤剂、丝毛洗涤剂、漂白剂、柔软剂等）、餐具洗涤剂（有手洗餐具洗涤剂、机用餐具洗涤剂）、个人卫生用洗涤剂（如洗手液、沐浴露、洗发液）等。

合成洗涤剂的种类很多，但其重要成分主要有：活性物（即表面活性剂）和洗涤助剂。目前表面活性剂中用量最广的是烷基苯磺酸钠。现在市售的洗衣粉的主要成分就是烷基苯磺酸钠，其含量为 10%～30%，其他的合成洗涤剂还有脂肪酸盐、烷基醇酰胺、脂肪醇硫酸酯、脂肪醇酸聚氧乙酰醚（又称平平加）等。洗涤助剂种类也很多，按照其功效可以分为增溶剂、增泡剂、增稠剂、柔软剂、乳化剂、消毒剂、杀菌剂、抗氧化剂、除臭剂、色素、缓冲剂、整合剂、紫外线吸收剂、保湿剂、酶制剂、摩擦剂、抗污垢再沉积剂、漂白剂、珠光剂、荧光增白剂等。

15.1.7　洗涤去污原理

根据要求将污垢从不同物品上洗脱下来达到清洁目的的过程叫洗涤。洗涤按所用的溶剂不同，又分水洗和干洗。

衣物的污垢来自空气的传播、人体分泌物和工作场所接触物三个方面。污垢分为油质污垢（油脂、矿物油、脂肪酸、脂肪醇等）、固体污垢（尘埃、烟灰、泥土、皮屑、矿物质等）

和水溶性污垢（无机盐、糖类、有机酸等）。污垢和织物间的结合有机械附着（固体污垢散落在织物纤维表面或纤维间）、分子间相互吸引（当污垢带电荷时更容易聚积在织物表面）、化学结合及化学吸附（墨水、血污、铁锈、蛋白质等）三种情况。棉织物容易吸附极性污垢，毛织物容易吸附油质污垢，合成纤维因带静电容易吸尘。

污垢与衣物产生的结合力使其难以自动去除，这时就需要用洗涤的方法将其除去。洗涤整个过程通常是在介质中进行的，最常用的介质是水。附着污垢的衣物和洗涤剂一起投入介质中，洗涤剂溶解在介质中洗涤液将物品润湿，进而将污垢溶解，使污垢与衣物表面的结合变为污垢与洗涤剂的结合，从而使污垢脱离衣物表面而悬浮于介质中。分散、悬浮于介质中的污垢经漂洗后，随水一起除去，得到洁净的物品，这是洗涤的主过程。

肥皂和洗涤剂在洗涤过程中有多种作用。一是润湿作用，洗涤剂溶液很容易润湿织物纤维，并浸入纤维的微孔中。二是乳化作用，洗涤剂的亲油基溶入油滴，亲水基留在水中，能降低油水两相的表面张力，搅拌后能帮助油乳化。三是分散作用，洗涤剂分子能钻进固体粒子的缝隙，减弱固体粒子的内聚力，使粒子破裂成微小质点而分散在水中。四是起泡作用，就是使气液两相间表面张力降低而产生大量泡沫。五是增溶作用，就是活性剂把油溶解在胶束的亲油基内，使油性物质的溶解度增大。肥皂和合成洗涤剂能去污，是润湿、乳化、分散、起泡和增溶等作用的综合表现。生活中常会碰到用一般的洗涤剂难以清洗的污迹，这时需要配合使用乳化、氧化还原、酸碱中和、相似相溶等化学或物理方法予以清除。

干洗是指使用化学洗涤剂，如四氯乙烯、汽油、三氯乙烯等，经过清洗、漂洗、脱洗、烘干、脱臭、冷却等工艺流程，从而去除污垢脏渍的洗涤方法。之所以称之为干洗是因为洗涤所用的溶剂中不含或只含有少量水。相比于水洗，干洗的优势在于可以高效地去除衣服上的油脂类污物。干洗对除去天然纤维织物（如羊毛衫及真丝服装）的污垢的效果非常好，而这类织物送去水洗则可能会发生缩水、起皱、掉色等。合成纤维织物如聚酯纤维上的油性污物较难用水洗去除，而干洗效果却很好。只要洗衣店预先采取了防止衣物缩水、掉色及纤维变形等一系列措施，干洗就可帮助织物恢复成"平整如新"的状态。

干洗店主要采用四氯乙烯作为溶剂，通常称之为"干洗油"。这种溶剂相对其他干洗溶剂来说更加实用，并且能被有效地回收再循环使用。但四氯乙烯具有一定的挥发性和毒性，如果使用不当将对干洗店周围的居民健康造成影响。因此，洗衣房应使用封闭性能好的干洗机，要安装合格的通风设备，以保护洗衣人员身体健康。从干洗店取回的衣物不要立即收藏或使用，最好在通风处晾挂一段时间，保证有害物质挥发完全。此外，贴身衣物最好不要干洗，以免衣物上残留的干洗剂对人体皮肤造成刺激等其他不良影响。

15.2 化妆用品

爱美之心，人皆有之。护肤、美容、护发已成为人们的习惯，随着生活水平的日益提高，各种各样的化妆用品已进入千家万户。化妆品是指以涂擦、喷洒或者其他类似的方法，散布于人体表面任何部位（如皮肤、毛发、指甲、口唇等），以达到清洁、消除不良气味、护肤、美容、修饰等目的的日用化学品。化妆品用得适当，不仅能够美化人的容貌，焕发青春，而且还能够保护皮肤，增进健康。然而化妆品并非白璧无瑕，如果不了解自己皮肤的特点和化妆品的性质、类型、作用和使用方法，缺乏识别劣质化妆品的能力，则不但达不到美容的目的，还会事与愿违，甚至给身心健康造成危害，如劣质化妆品会引起人体过敏、中毒等不良反应。

15.2.1　化妆品的作用

化妆品能清洁皮肤和毛发的污垢，保持人体皮肤和毛发的柔滑滋润，抵抗恶劣环境的侵蚀，美化皮肤和毛发等。化妆品的原料种类繁多，有的可能含有对人体有害的化学物质。例如，面膜能有效地清除面部死亡的表皮和毛孔分泌的污垢，但它会刺激皮肤细胞分裂过快，使角质层变厚而老化。许多染发剂或多或少的含有对人体健康不利的化合物，如苯胺类有机化合物易引起皮肤发痒、过敏。常用香粉搽面会吸收油脂和水分，久之会使皱纹加深。因此在发挥化妆品积极作用的同时还得注意防止它的消极作用。此外，在生产或保存过程中可能受到化学或细菌污染，储存不当、消毒不良均有利于微生物的生长繁殖等，可能对人体健康造成不良影响。

15.2.2　化妆品的成分

化妆品的成分分为基质原料和配合原料两大部分。基质原料是主要成分，包括油脂和蜡类原料（如椰子油、蓖麻油）、粉末类原料（如滑石粉、钛白粉）和溶剂部分（如酒精、丙酮、甘油）。配合原料起辅助作用，如使化妆品成型或赋予特定的颜色和香味等。

基质原料主要起到滋润、柔滑、护肤、护发等作用。通常，在常温下呈液态的称为油；呈半固态或软性固体的称为脂；呈固态的称为蜡。

（1）油脂　主要成分是由各种高级脂肪酸与甘油构成的脂肪酸三甘油酯（简称三酰甘油），在化妆品使用中主要起以下作用：

①防护作用。在皮肤表面形成疏水性薄膜，使皮肤柔软细嫩、润滑和具有光泽性，同时，防止外部有害物质的侵入和防御来自自然界因素的侵袭，并免除外界不良因素对皮肤的刺激；②防水作用。抑制表皮水分的蒸发，防止皮肤粗糙干裂；③清洁作用。通过其油溶性溶剂作用而使皮肤表面清洁；④促进吸收作用。作为特殊成分的溶剂，利用其与皮脂膜相似相溶的原理，促进皮肤对药物或有效活性成分吸收；⑤辅助作用。补充皮肤必要的脂肪，起到保护皮肤的作用。按摩皮肤时，起润滑、减少摩擦的作用；⑥美化作用。赋予毛发以柔软和光泽。

（2）蜡类　主要成分是高级脂肪酸和高级脂肪醇结合而成的酯，其在化妆品使用中所起的主要作用如下：

①作为固化剂，提高制品的性能和稳定性等；②赋予产品摇变性，改善使用感觉；③提高液态油的熔点，赋予产品触变性，改善对皮肤的柔软效果；④由于分子中具有疏水性较强的长链，因而可增强在皮肤表面形成的疏水薄膜；⑤赋予产品光泽，提高其商品价值；⑥改善成型机能，便于加工操作。

（3）粉类　组成香粉、爽身粉、牙膏、胭脂等粉饰类化妆品的基本原料，用量可高达 $30\%\sim80\%$。美容化妆品使用的粉体种类很多，性能各异，但均具有以下一些特点：

①遮盖力。可以遮盖皮肤表面的瑕疵、疤痕、大毛孔、色素沉着、色斑和因油脂分泌过旺产生的过度的光泽。如氧化钛、氧化锌等白色颜料具有此作用；②柔滑性。能在皮肤表面平滑地延展，有润滑性感觉。具有柔滑性作用的粉体有滑石粉、淀粉、金属皂等，但以滑石

粉效果最佳;③吸收性。可吸收皮肤分泌物、汗液、皮脂,具有抑制皮肤油脂造成的油光光的感觉;此类粉体有高岭土、碳酸钙、碳酸镁、淀粉等;④附着性。易黏附于皮肤上,使妆体不易脱落。可通过加入淀粉、金属皂(如硬脂酸锌、硬脂酸镁等)达到目的;⑤绒膜性。在皮肤表面形成像天鹅绒般的细微粒子外层。

(4)溶剂 膏状、浆状及液状化妆品中不可缺少的起溶解作用的成分。溶剂原料在化妆品中的作用如下:

①溶解作用;②与配方中的其他成分互相配合,使制品保持稳定的物理性能,便于使用;③在许多固体化妆品的生产过程中,起胶黏作用,如制粉饼成颗粒的时候,就需要一些溶剂黏合;④化妆品中的香料及颜料的加入,需借助溶剂,以达到均匀分布的目的;⑤溶剂本身的一些其他特性,如挥发、润湿、润滑、增塑、保香、防冻及收敛作用等;⑥营养化妆品中的活性成分,无论是脂溶性,还是水溶性物质,均需溶剂溶解。化妆品中常用的溶剂为水及有机溶剂。

配合原料常用的有表面活性剂(如硬脂酸钠、甲壳素)、色素(如天然色素和合成色素)、防腐剂(如苯甲酸酯、乙醇)、黏合剂(如果胶、阿拉伯树胶)、滋润剂(如甘油、山梨醇)、发泡剂(如烷基苯磺酸钠)、收敛剂(如碱式氯化铝)和香精(如天然香精、人工合成香精)等。

按化妆品对人体的作用,可以分为很多类型。

15.2.3 护肤化妆品

(1)雪花膏 因为涂在皮肤上像雪花一样立即消失而得名。能防止皮肤干燥、干裂。基本配方:硬脂酸 20%、多元醇 15%~18%、水 60%~70%、氢氧化钾 1%、香精 1%等。

(2)冷霜 冷霜的最初产品涂在皮肤上会有水分离出来,水分蒸发,带走热量,使皮肤有清凉感而得名。现在改进了配方,乳化体的稳定性大大提高,使用后在皮肤上能留下一层油性薄膜,起滋润作用,尤其适宜于冬天使用。常用蜂蜡、硼砂和水为原料,制成水-油型乳化体冷霜。基本配方:液体石蜡 50%、蜂蜡 5%、硼砂 1%、水 34%,适量香精和防腐剂。

(3)营养霜 在冷霜或润肤霜中加入对皮肤有营养的物质,通常就叫营养霜,它能滋补皮肤。常加入的营养性物质有维生素 A、维生素 E、珍珠水解液,人参浸出液,蜂王浆,雌激素等。

(4)爽身粉 爽身粉主要起润肤、吸汗、消毒等作用。基本配方:滑石粉 75%、碳酸镁 8%、氧化锌 3%、高岭土 8%、硼酸 3%、香精 1%。

(5)按摩油 它是按摩时的用品。基本配方是:无水羊毛脂 5%、硬化豚脂 28%、凡士林 60%、液体石蜡 6%、香精和防腐剂适量。

(6)清洁霜 清洁霜常用于使用化妆品后的化妆皮肤和油脂过多的皮肤清洁。清洁霜通过原料中油性组分和水分的溶解作用,将油污分散到清洁霜内,擦去清洁霜时将油溶性污物和水溶性污物同时除去。可分为无水油型清洁霜、乳化型清洁霜等,乳化型清洁霜又分为 W/O 型和 O/W 型。应根据需要选择合适的乳化型清洁霜,如浓妆多为油性化妆品,卸妆时则选用 W/O 型,对于一般淡妆,则选用去油污能力弱、感觉更爽快的 O/W 型。W/O 型清洁霜配方:蜂蜡 8%,硬脂酸 4%,白油 25%,凡士林 8%,石蜡 28%,硼砂 2%,三乙醇胺 0.5%,水 24.5%,香精、防腐剂适量。O/W 型清洁霜配方:硬脂酸 15%、羊毛脂

4%、矿物油 25%、三乙醇胺 1.9%、甘油 5%、水 49.1%、香精、防腐剂适量。

（7）洗面奶　洗面奶可清除皮肤上的油脂污物、皮屑、粉底霜等，还可以用于卸妆，其同类产品有洁面乳、洁面露、洁面啫喱、洁面凝胶、洁面摩丝（也称洁面泡沫）等。洗面奶清洁乳液使用方便，有利于皮肤的柔软、润滑和生成保护膜，尤其适用于中性皮肤。洗面奶轻工行业标准的 pH 值为 4.5~8.5。一般洗面奶为中性或弱酸性。洗面奶产品种类繁多，按适用皮肤类型可分为干性皮肤用洗面奶、中性皮肤用洗面奶、油性皮肤用洗面奶等；按功能可分为美白洗面奶、保湿洗面奶、祛斑洗面奶、暗疮洗面奶等。O/W 型洗面奶配方：白油 25%、硬脂酸 5%、蜂蜡 2%、聚丙烯酸树脂 0.1%、三乙醇胺 2.5%、水 65.4%、香精、防腐剂适量。

15.2.4　护发化妆品

护发化妆品是指具有滋润头发，使头发亮泽的日用化学制品，主要作用是补充头发油分和水分的不足，赋予头发自然、光泽、健康和美观的外表，同时还可减轻或消除头发或头皮的不正常现象（如头皮屑过多等），达到滋润和保护头发、修饰和固定发型的目的。

（1）摩丝　泡沫状定发型的化妆品。它能使头发乌黑光亮，手感光滑，容易梳理，主要成分是水溶性高分子化合物，作用是在头发表面形成很薄的高分子膜，增加头发的刚性，使发型富有立体感不易变形。这层高分子保护膜能溶于水，可以用水洗去。基本配方：聚乙烯吡咯烷酮 0.5%~4%、羟乙基纤维素和羟丙基三甲胺苯胺盐共聚物 0.5%、乙醇 15%、去离子水 60%~65%、喷射剂 15%、香精和适量防腐剂。摩丝中含有液化正丁烷，属易燃物品。

（2）香波　主要成分是表面活性剂，它能高效地除去头发上的污垢和发屑，还能使头发光亮、美观柔顺。常用的配方是：橄榄油 3%、椰子油 21%、氢氧化钾 3.5%、氢氧化钠 1.8%、酒精 15%、三聚磷酸钠 3%、水 52.2%、香精和色素 0.5%。

15.2.5　美容化妆品

美容化妆品是指赋予各种鲜明的色彩、修饰和美化容貌的化妆品，如香粉、胭脂、唇膏、香水、指甲油、眉笔等。

（1）香粉　主要用于面部化妆，敷在脸上能使皮肤透出正常的光泽，发出令人悦和的幽香。粉末粒度以在 $10~30\mu m$、手感滑软为好。常用的配方是：滑石粉 40%、高岭土 15%、碳酸钙 9%、碳酸镁 16%、氧化锌 15%、硬脂酸钾 5%、香精和色素 1%。

（2）香水　通常用香精和溶剂混合制成，香气芬芳、浓郁持久，喷洒在衣裳、手帕和头发等处。香水中约含香精 15%~25%，配制用的酒精浓度约为 95%，一般要经过精制和去除杂味。香水种类繁多。古龙水配方：香柠檬油 1.2%、迷迭香油 0.1%、苦橙花油 0.5%、薰衣草油 0.05%、柠檬油 0.6%、唇形花油 0.05%、3%龙涎香酊 0.5%、橙花水 5%、95%的酒精 92%。花露水配方：香柠檬油 3.10%、苦橙花油 0.6%、薰衣草油 0.6%、丁香油 0.2%、肉桂油 0.5%、玫瑰油 0.6%，95%的酒精 94.6%。

（3）唇膏　把色素溶解，让它悬浮在脂蜡基内，就制成唇膏。唇膏涂抹在嘴唇上，使嘴唇有红润健康色彩，达到美容效果。好的唇膏涂敷容易，油腻不重，色彩保留时间长，色泽均匀，不出油、不碎裂。唇膏的常见配方：洛巴蜡 4.5%、蜂蜡 21%、单硬脂酸甘油酯

10%、蓖麻油 44%、无水羊毛脂 1%、鲸蜡醇 2%、棕榈酸异丙酯 2.5%、溴酸红 2.0%、色淀 10%、香精和适量的防氧化剂。变色唇膏主要使用曙红色素，在 pH 为 3 时呈淡咖啡色，当曙红色素搽到 pH 为 6（接近中性）的唇部时，就变成了红色。

（4）指甲油　专门增进指甲美观的化妆品，主要成分有成膜物、树脂、增塑剂、溶剂和颜料等。通常的配方是：硝酸纤维素 11.5%、磷酸三甲酚酯 8.5%、邻苯二甲酸二丁酯 13%、乙酸乙酯 31.6%、乙酸丁酯 30%、乙醇 5%、颜料 0.4%。

（5）牙膏　口腔卫生用品，用牙膏刷牙可使牙齿表面洁白光亮，保护牙龈，防止龋蛀和口臭。牙膏通常由摩擦剂（如碳酸钙、磷酸氢钙）、保湿剂（如木糖醇、聚乙二醇）、表面活性剂（如十二醇硫酸钠、2-酰氧基苯磺酸钠）、增稠剂（如羧甲基纤维素、鹿角果胶）、甜味剂（如甘油、环己胺磺酸钠）、防腐剂（如山梨酸钾盐和苯甲酸钠）、活性添加物（如叶绿素、氟化物），以及色素、香精等混合而成。

添加有特殊物质，具有特殊性质的牙膏称为特种牙膏。如含氟牙膏加有活性物氟化钠、氟化亚锡，对防止龋齿有效；叶绿素牙膏里加入叶绿素，对阻止牙龈出血、防止口臭有特效；在牙膏中添加其他药物，还有治疗口腔疾病的功效。如草珊瑚牙膏对牙根红肿、口臭、牙质过敏症等有明显的减缓和治疗作用。

15.2.6　特种化妆品

特种化妆品是指一类具有特种功能的化妆品。

（1）染发剂　头发中的黑色素可被某些氧化剂氧化而使颜色被破坏，生成新的无色物质。利用这个反应可以漂白头发。常用的氧化剂为过氧化氢。为迅速而有效地漂白头发，可以加入氨水作为催化剂，并通过热风或热蒸汽加速黑色素的氧化过程，如图 15-3。

图 15-3　黑色头发漂白流程图

黑色头发漂白脱色后，再用合适的染料可将头发染成需要的颜色。按染发色泽的持续时间长短，染发剂又可分为暂时性、半持久性和持久性三类。持久性染发剂染料能有效地渗入头发的毛髓内部，发生化学反应使其着色，新生成的有色物质在水中的溶解度很小，因而能持久地附着在头发上。永久性染料通常是对苯二胺的衍生物，对苯二胺可将头发染成黑色，淡黄色染发剂则可用对氨基二苯胺磺酸或对苯二胺磺酸配制。通常的配方为：还原液对苯二胺 4.3%、甲醛 3.0%、95% 的亚硫酸氢钠 4.4%、羟甲基纤维素 10%、水 77.7%，氧化显色剂通常用 3%～6% 的过氧化氢溶液，也可使用硼酸钠 94.7%、柠檬酸 2.1%、葡萄糖内酯 3.2% 的混合液。

（2）脱毛剂　毛发的角朊蛋白质中含有较多的胱氨酸，胱氨酸中有 S—S 键存在。化学脱毛的原理是用碱金属或碱土金属硫化物拆开 S—S 键，软化并切断毛发。用作脱毛剂的化学药品有硫化钠、硫化钙和硫化锶等，它们可水解成氢硫化合物和氢氧化合物，从而迅速地软化毛发。硫化锶的水解反应方程式如下：

$$2SrS + 2H_2O \longrightarrow Sr(SH)_2 + Sr(OH)_2$$

巯基醋酸钙 $[Ca(HSCH_2COO)_2]$ 是冷烫卷发时用来打断蛋白质链间 S—S 键的钙盐，也被用于制备脱毛剂。经典的脱毛乳剂中含有巯基醋酸钙（7.5%）、碳酸钙（填充剂，

20%)、氢氧化钙（使溶液呈碱性，1.5%）、十六烷醇（皮肤调理剂[$CH_3(CH_2)_{15}OH$]，6%）、硫酸十二酯钠（洗涤剂，0.5%）和水（64.5%）。脱毛剂配方中的硫化物由于水解产生硫化氢，因此配方中加入氢氧化钙可以吸附生成的硫化氢，控制臭味。由于皮肤比毛发对化学侵蚀更敏感，使用脱毛剂时应该避免对皮肤的侵蚀。

（3）面膜　面膜是敷在面部皮肤上的薄层物质，作用是使皮肤跟外界空气隔绝，让皮肤的温度上升。在面膜中常掺入维生素等营养物质。这些物质渗入皮肤，能改善皮肤的机能。经过一段时间后除去面膜，皮肤上的皮屑随之除去，皮肤就整洁一新。面膜种类很多，常见的成分有羧甲基纤维素、聚乙烯吡咯烷酮[图15-4(a)]、聚乙烯醇[图15-4(b)]、甘油、蒸馏水、香精、色素和适量防腐剂等。

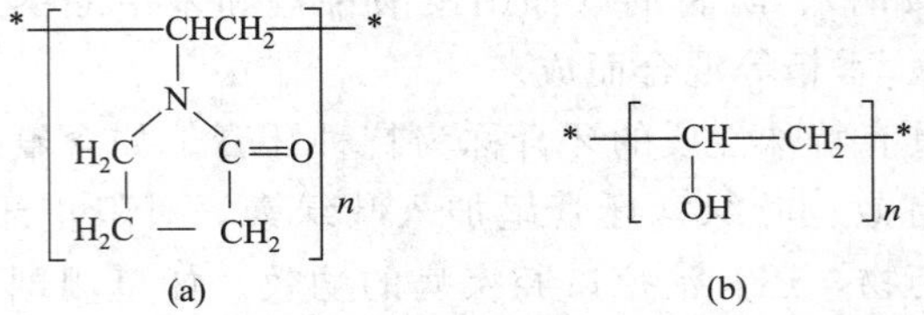

图15-4　聚乙烯吡咯烷酮（a）和聚乙烯醇（b）的结构式

（4）防晒化妆品　中波紫外线（UVB）对皮肤机体的危害很大，较低剂量即可产生红斑，长波紫外线（UVA）容易引起皮肤的衰老和肿瘤发生。目前国际上防晒化妆品的品种增加最为明显，人们积极寻找既可防UVB又可防UVA的新型、高效和安全的防晒剂。在各种化妆品中也开始添加防晒剂成分，出现了防晒口红、防晒粉底等。防晒化妆品中的主要成分是防晒剂，根据对紫外线的作用，防晒剂可分为两类：一类是紫外线屏蔽剂，能对紫外线起到反射或散射作用的物质如钛白粉和氧化锌；另一类是紫外线吸收剂，能吸收紫外光的物质。常用的紫外线吸收剂有以下几种：①对氨基苯甲酸及其酯类，这类物质应用较早，其吸收紫外光的能力因使用的溶剂不同而有所变化，一般用量为5%～10%，价格较贵；②对氨基二羟丙基苯甲酸乙酯，价格适中，是一种常用的防晒添加剂；③对二甲氨基苯甲酸辛酯，稳定性好，可与各种化妆品配伍，耐汗性优良，是目前应用最广的防晒添加剂；④二苯甲酮类，可以单独使用，也可复配成防晒化妆品。此外，尚有肉桂酸酯及盐类、水杨酸酯类、维生素A等防晒化妆品。

15.3　日化产品的危害

15.3.1　表面活性剂的健康危害

随着表面活性剂的广泛应用，它与人类的联系越来越紧密。如食品业的乳化剂、洗涤剂等的关键组分。表面活性剂的毒性与其进入体内的途径密切相关。正常情况下活性剂进入人体内的途径有：口服和皮肤渗透。表面活性剂作为食品的乳化剂，大量存在于面类、鱼肉类、糖果类、奶油类等食品中，因此进入人体内的表面活性剂大多是口服进入的。通过口服进入人体内的表面活性剂，对人体的消化系统产生作用，影响人的消化和吸收功能。如果不慎发生了误饮大量高浓度表面活性剂事故后，一般有如下症状：口、咽喉部立即有灼热性疼痛感，血压降低，休克，烦躁不安，肌肉无力，严重者发生痉挛、紫绀，于2h内死亡。如果是经皮肤渗透进入，各种洗涤剂护肤美容产品中的关键组分都是表面活性剂，在平时生活和工作中表面活性剂会对人的皮肤产生或多或少的影响,然而实际上通过此渠道进入人体内表面活性剂的量是很少的。

15.3.2 化妆品的健康危害

化妆品都是化学合成品,虽然有对人体保护和美化的功能,但多少也会挥发出各种有害物质,对人体皮肤产生刺激作用,有些甚至引起皮肤水肿、瘙痒、斑疹等"化妆品皮炎"。无论多么昂贵的化妆品,或是号称纯天然的护肤品,都含或多或少的人工化学成分,都会影响皮肤正常的生态系统。矿物油脂、香料、表面活性剂、防腐剂、乳化剂、焦油系列色素、避光剂等,有的具有直接刺激性;有的是致敏源,能引起接触过敏性皮炎;有的含有类固醇激素,导致皮肤色素改变;有的内含重金属(如铅、砷、汞等),会引起慢性中毒。

概括而言,化妆品对人体的健康危害主要有以下几个方面:产生过敏反应;引起皮肤细菌感染;引起皮炎;有毒物质被吸收入体内引起慢性中毒;劣质化妆品在阳光的照射下产生"光毒性"反应。

小哲理

化妆品的危害——爱美之心人皆有之,但健康与安全是前提。

习题

一、选择题

1. 下面哪种物质具有表面活性?(　　)

A. NaCl　　　　　　B. KNO_3　　　　　　C. NaOH　　　　　　D. 十二烷基苯磺酸钠

2. 十二烷基苯磺酸钠属于哪种类型的表面活性剂?(　　)

A. 阴离子型　　　B. 阳离子型　　　C. 非离子型　　　D. 两性离子型

3. 聚氧乙烯脂肪酸酯属于哪种类型的表面活性剂?(　　)

A. 阴离子型　　　B. 阳离子型　　　C. 非离子型　　　D. 两性离子型

4. 氨基酸型表面活性剂属于哪种类型的表面活性剂?(　　)

A. 阴离子型　　　B. 阳离子型　　　C. 非离子型　　　D. 两性离子型

5. 甜菜碱型表面活性剂属于哪种类型的表面活性剂?(　　)

A. 阴离子型　　　B. 阳离子型　　　C. 非离子型　　　D. 两性离子型

6. 季铵盐型表面活性剂属于哪种类型的表面活性剂?(　　)

A. 阴离子型　　　B. 阳离子型　　　C. 非离子型　　　D. 两性离子型

二、判断题

1. (　　)醇、醚、酯、酸等物质,溶液的表面张力随物质浓度增加而降低。因此它们也是表面活性剂。

2.（　　）能够降低两相间表面张力的物质都是表面活性物质。

3.（　　）表面活性剂的结构都具有亲水和亲油两部分。

4.（　　）表面活性剂的亲水基既可以是小分子基团，也可以是大分子聚合链。

5.（　　）表面活性剂分子中疏水基烷基，碳链长度一般须在 8 个碳原子以上。

6.（　　）化妆品中油脂的主要成分是脂肪酸三甘油酯。

7.（　　）漂白色头发，是因为头发的黑色素可被还原剂还原，生成新的无色物质。

8.（　　）钛白粉和氧化锌作为防晒化妆品的防晒剂，主要是因为它们能吸收紫外线。

9.（　　）对二甲氨基苯甲酸辛酯为防晒化妆品的防晒剂，主要是因为它们能屏蔽紫外线。

三、填空题

1. 处于界面的分子所受合力不等于零，导致液体表面具有自动缩小的趋势，这种具有自动缩小的趋势的力称为＿＿＿＿＿＿＿＿＿＿。

2. 表面活性剂按照亲水基所带电荷，可分为＿＿＿＿＿＿＿＿和＿＿＿＿＿＿＿型表面活性剂。

3. 肥皂是油脂（脂肪酸甘油酯）在碱溶液中水解反应得到的＿＿＿＿＿＿＿＿＿。

4. 根据要求将污垢从不同物品上洗脱下来达到清洁目的过程叫＿＿＿＿＿＿＿＿。

5. 按照洗涤所用的溶剂，可以将洗涤分为＿＿＿＿＿＿＿和＿＿＿＿＿＿＿。

6. 两性离子型表面活性剂，同时含有＿＿＿＿＿＿＿基团和＿＿＿＿＿＿＿基团。

7. 化妆品的成分分为＿＿＿＿＿＿＿和＿＿＿＿＿＿＿两大部分。

8. 根据对紫外线的作用，防晒化妆品中的防晒剂可分为＿＿＿＿＿＿＿和＿＿＿＿＿＿＿两类。

四、简答题

1. 解释表面张力的意义，在生活中有哪些应用？

2. 表面活性剂分为哪几个种类。

3. 水洗和干洗各有什么优缺点？

4. 简述洗涤剂在水洗过程中的多种作用。

5. 化妆品可分为哪些类型？

第 16 章

危险化学品

世界历史上最严重的一起人为危险化学品灾难，当属 1984 年发生在印度的博帕尔化学品爆炸事件。众所周知，氰化物是世界上最毒的化合物之一，极低剂量（致死量为 1mg/kg 体重）即可让人当场丧命，而博帕尔危险化学品爆炸事件则是一起氰化物大规模泄漏事件，这种氰化物被称为异氰酸甲酯，而造成这次大规模泄漏事故的企业，不是印度工厂，而是一家美国农药厂。当时生产农药需要异氰酸甲酯作原料，异氰酸甲酯是一种剧毒化学物质，遇水产生激烈的反应。在此，有多达 40 余吨重的剧毒化工原料异氰酸甲酯被放在不锈钢储藏罐里。在 1984 年的 12 月 3 日凌晨，这家农药厂突然传来一声巨响，异氰酸甲酯储藏罐爆炸了，大量异氰酸甲酯毒气直冲天空，向四周扩散，借助北风，毒气向博帕尔市区蔓延。当地的大部分市民都在熟睡当中，当他们闻到这股刺鼻的气味时，毒气已透过门窗扩散到了自己的房间，慌乱的人们都不知道如何防护。人们接触到有毒气体之后，眼睛不断流泪，在夜色中，人们不知道往哪逃生，然而，当时印度的医生却束手无策、无药可救，医院里人满为患，有的死在病床上，有的则痛苦挣扎。当闻到微量的异氰酸甲酯之后，应立刻用湿毛巾捂住嘴巴和鼻子，并擦拭眼睛，可有助于减轻伤亡。可是，当时的绝大多数的印度老百姓并不知道这些安全措施，他们在慌乱之中四处奔跑，许多人在逃跑途中倒下而死亡。直接致死人数 2.5 万，间接致死人数 55 万。异氰酸甲酯储藏罐为什么会发生爆炸呢？原因就是储藏罐里进了水，异氰酸甲酯遇到水之后产生了激烈的反应，爆炸而泄漏。博帕尔事件所造成的灾难之所以如此严重，并不单单是化学品爆炸本身，更要命的是爆炸后产生的毒气泄漏。

小哲理

印度博帕尔化学品爆炸事件——盲目逃生丧命，科学防护救己。

16.1 危险化学品概述

危险化学品是指具有毒害、腐蚀、爆炸、燃烧、助燃等性质，对人体、设施、环境具有危害的剧毒化学品和其他化学品，如氰化钾、异氰酸酯、重金属等。我国危化品目录包括了2828种/类危化品，其中剧毒化学品148种/类，见附表8。常见危险化学品包装标志如图16-1。

图 16-1　9 种化学品危险象形图及作业防护标识

　　危险化学品的品种依据化学品分类和标签国家标准，从物理危险、健康危害和环境危害特性类别中确定。

16.1.1　物理危险

　　易燃易爆易氧化、可自燃的，且主要是因其温度、压力等对环境造成破坏的危险化学品具有物理危险，可以发生物理危险的化学品包括以下类别：（1）不稳定爆炸物，如高氯酸、双氧水等；（2）易燃气体：如氢气、甲烷、氨气、氯气；（3）气溶胶（或称气雾剂）：就是悬浮在气体介质中的固态或液态颗粒所组成的气态分散系统；　（4）氧化性气体：臭氧；（5）加压气体：压缩气体、液化气体、冷冻液化气体、溶解气体；（6）易燃液体：乙醇、丙酮；（7）易燃固体：氢化钠、四氢铝锂；（8）自燃液体：二乙基锌；（9）自燃固体：白磷；（10）自热物质和混合物：碱石灰、氧化钠、氧化钙；（11）遇水放出易燃气体的物质和混合物：异氰酸酯、四氢铝锂、硼氢化钠、氢化钠、氢化钙；　（12）氧化性液体：双氧水；（13）氧化性固体：过氧化钾、过氧化钠；（14）有机过氧化物：过氧乙醚、过氧苯甲酰；（15）金属腐蚀物：钙、钠、钾；（16）压力下气体：高压气体在压力等于或大于 $200kPa$（表压）下装入贮器的气体，或是液化气体或冷冻液化气体。压力下气体包括压缩气体、液化气体、溶解液体、冷冻液化气体。

16.1.2　健康危害

健康危害主要是指急性中毒、眼刺激、致癌、致畸、致突变、生殖毒性、吸入危害等。急性毒性：如敌敌畏等烈性农药。皮肤腐蚀/刺激：如浓酸浓碱。严重眼损伤/眼刺激：三聚氯氰。生殖细胞致突变性：甲醛。致癌性：二噁英、苯等。生殖毒性：二噁英、苯并芘。吸入危害：雾化农药。

16.1.3　环境危害

环境危害主要包括急性和慢性水生环境危害以及臭氧层破坏。急性水生环境危害：有机农药、重金属等；长期水生环境危害：磷、氮元素富营养化

16.1.4　常见的危险化学品

（1）单质类：包括金属钡、钠、钾、钙、镓、铊、锂及其合金，卤素单质、氘、硒、砷、铅、汞等。

（2）无机化合物类：一般都是易溶于水或易溶于稀盐酸或乙醇等溶剂的重金属化合物，如 $BaCl_2$、$Hg(NO_3)_2$、$Tl_2(SO_4)_3$。无机酸类：氢氟酸、亚硫酸、发烟硫酸、发烟硝酸等。重金属类：含钡、砷、镉、铬、铅、汞的盐，氧化物，氢氧化物等，还有卤酸、卤酸盐、高卤酸及高卤酸盐等，以及磷化物、硫化物、氢化物、砷化物、叠氮化物。

（3）有机化合物类：数量众多，一般都具有易燃易爆、致癌、致畸、致突变的化合物，主要包括苯胺类、有机重金属盐、氰基化合物、苯及稠环芳香烃、苯酚类、有机脲、肼、胺或亚胺、吡啶、酯类、酸酐、联苯衍生物和氟氯溴碘的有机物。

16.1.5　易制毒化学品

易制毒化学品是指国家规定管制的可用于制造毒品的前体、原料和化学助剂等物质。一类易制毒化学品包括：麻黄素、3,4-亚甲基二氧苯基-2-丙酮、1-苯基-2-丙酮、胡椒醛、黄樟脑、异黄樟脑、邻氯苯基环戊酮等。易制毒化学品就是指国家规定管制的可用于制造麻醉药品和精神药品的原料和配剂，这些化学品既广泛应用于工农业生产和群众日常生活，流入非法渠道，又可用于制造毒品。我国列管了三类 32 种物料，第一类主要是用于制造毒品的原料，第二类、第三类主要是用于制造毒品的配剂。

16.1.6　易制爆危险化学品

易制爆是指化学品可以作为原料或辅料而制成爆炸品的性质。易制爆化学品通常包括：

强氧化剂、可/易燃物、强还原剂、部分有机物。

根据《易制爆危险化学品名录》2017 年版，分为酸、硝酸盐、氯酸盐、高氯酸盐、重铬酸盐、过氧化物和超氧化物、易燃物还原剂、硝基化合物和其他等 9 类，共 76 种易制爆危险化学品。

酸类，属于氧化性液体，包括硝酸、发烟硝酸、高氯酸 3 种。

硝酸盐类，属于氧化性固体，包括硝酸钠、钾、铯、镁、钙、锶、钡、镍、银、锌、铅 11 种。

氯酸盐类，属于氧化性固体/液体，包括氯酸钠、氯酸钾及其相应的溶液，还有不稳定爆炸物氯酸铵 5 种。

高氯酸盐类，属于氧化性固体，高氯酸锂、钠、钾、爆炸物高氯酸铵 4 种。

重铬酸盐类，属于氧化性固体，包括重铬酸锂、钠、钾、铵 4 种。

过氧化物和超氧化物类，属氧化性液体的是：双氧水（过氧化氢含量＞8％）；属氧化性固体的有：过氧化锂、过氧化钠、过氧化钾、过氧化镁、过氧化钙、过氧化锶、过氧化钡、过氧化锌、过氧化脲、超氧化钠、超氧化钾；属有机过氧化物的有：过氧乙酸、过氧化二异丙苯、过氧化氢苯甲酰。该类共 15 种。

易燃物还原剂类，遇水放出易燃气体的物质和混合物的有：锂、钠、钾、钙、锶、钡、镁铝粉、铝粉、镁、硅铝粉、锌尘、锌粉、锌灰、金属锆粉、硼氢化锂、硼氢化钠、硼氢化钾、四氢铝锂；易燃固体包含金属锆、六亚甲基四胺（乌洛托品）；易燃液体，1,2-乙二胺；易燃气体/液体，一甲胺/一甲胺溶液。该类共 16 种。

硝基化合物类，易燃液体包含硝基甲烷、硝基乙烷、2,4-二硝基甲苯、2,6-二硝基甲苯；易燃固体，1,5-二硝基萘、1,8-二硝基萘、2,4-二硝基苯酚、2,5-二硝基苯酚、2,6-二硝基苯酚；爆炸物，二硝基苯酚、2,4-二硝基苯酚钠。该类共 11 种。

另外还有其他类，如爆炸物：硝化纤维素（硝化棉）、4,6-二硝基-2-氨基苯酚钠；氧化性固体：高锰酸钾、高锰酸钠、硝酸胍、水合肼、季戊四醇（四羟甲基甲烷）。该类共 7 种。

16.2　剧毒化学品的定义和判定界限

剧毒化学品是指具有剧烈急性毒性危害的化学品，包括人工合成的化学品及其混合物和天然毒素，还包括具有急性毒性易造成公共安全危害的化学品。

剧烈急性毒性判定界限：急性毒性。即满足下列条件之一：大鼠实验，经口 $LD_{50} \leqslant 5mg \cdot kg^{-1}$，经皮 $LD_{50} \leqslant 50mg \cdot kg^{-1}$，吸入（4h）$LC_{50} \leqslant 100mL \cdot m^{-3}$（气体）或 $0.5mg \cdot L^{-1}$（蒸汽）或 $0.05mg \cdot L^{-1}$（尘、雾）。经皮 LD_{50} 的实验数据也可使用兔实验数据。

常见的剧毒化学品，包括卤素单质；可溶于水的重金属汞盐、铊盐、砷盐，多种含氟有机物，二噁英，苯并芘，多种亚胺，含磷、含硫或含氯气农药；氰化物、异氰酸酯类物质等、148 种，见附表 8。

16.3　危险化学品防灾应急方法

发现被遗弃的化学品，特别是危险化学品，千万不要捡拾，应立即拨打报警电话，说清具体位置、包装标志、大致数量以及是否有气味等情况；并立即在事发地点周围设置警告标志，不要在周围逗留；严禁吸烟，以防发生火灾或爆炸。

遇到危险化学品运输车辆发生事故，应尽快离开事故现场，撤离到上风口位置，不围观，并立即拨打报警电话。

居民小区施工过程中挖掘出有异味的土壤时，应立即拨打当地区（县）政府值班电话说明情况，同时在其周围拉上警戒线或竖立警示标志。在异味土壤清走之前，周围居民和单位不要开窗通风。

严禁携带危险化学品乘坐公交车、地铁、火车、汽车、轮船、飞机等交通工具。

一旦闻到刺激难闻的气味，或者发现有毒气体发生泄漏，马上采取措施："一撤二切三禁四就医"。撤：及时撤离现场，并马上通知其他人员，用湿毛巾捂住口鼻，然后报警；切：堵截一切火源，不开灯，不要动电器，以免产生导致爆炸的火花；熄灭火种，关阀断气，迅速疏散受火势威胁的物资；禁：有关单位要禁止无关人员进入现场。化学品火灾的扑救应由专业消防队来进行。就医：受到危险化学品伤害时，应立即到医院救治，不要拖延。

16.4　预防危险化学品发生事故的方法

（1）寻找和使用安全化学品替代危险化学品。控制、预防化学品危害最理想的方法是不使用有毒有害和易燃、易爆的化学品，但这很难做到，通常的做法是选用无毒或低毒的化学品替代有毒有害的化学品，选用可燃化学品替代易燃化学品。例如，甲苯替代喷漆和除漆用的苯，用脂肪族烃替代黏合剂中的芳烃等。

（2）变更工艺。虽然替代是控制化学品危害的首选方案，但是可供选择的替代品很有限，特别是因技术和经济方面的原因，不可避免地要生产、使用有害化学品。这时可通过变更工艺，消除或降低化学品危害。如以往从乙炔制乙醛，采用汞做催化剂，直到发展为用乙烯为原料，通过氧化或氯化制乙醛，不需用汞做催化剂。通过变更工艺，彻底消除了汞害。

（3）隔离。隔离就是通过封闭、设置屏障等措施，避免作业人员直接暴露于有害环境中。最常用的隔离方法是将生产或使用的设备完全封闭起来，使工人在操作中不接触化学品。

隔离操作是另一种常用的隔离方法，简单地说，就是把生产设备与操作室隔离开。最简单形式就是把生产设备的管线阀门、电控开关放在与生产地点完全隔开的操作室内。

（4）通风。通风是控制作业场所中有害气体、蒸汽或粉尘最有效的措施。借助于有效的通风，使作业场所空气中有害气体、蒸汽或粉尘的浓度低于安全浓度，保证工人的身体健康，防止火灾、爆炸事故的发生。通风分局部排风和全面通风两种。局部排风是把污染源罩起来，抽出污染空气，所需风量小，经济有效，并便于净化回收。全面通风亦称稀释通风，其原理是向作业场所提供新鲜空气，抽出污染空气，降低有害气体、蒸汽或粉尘在作业场所中的浓度。全面通风所需风量大，不能净化回收。

对于点式扩散源，可使用局部排风。使用局部排风时，应使污染源处于通风罩控制范围内。为了确保通风系统的高效率，通风系统设计的合理性十分重要。对于已安装的通风系统，要经常加以维护和保养，使其有效地发挥作用。

对于面式扩散源，要使用全面通风。采用全面通风时，在厂房设计阶段就要考虑空气流向等因素。因为全面通风的目的不是消除污染物，而是将污染物分散稀释，所以全面通风仅适合于低毒性作业场所，不适合于腐蚀性、污染物量大的作业场所。实验室中的通风橱、焊接室或喷漆室可移动的通风管和导管都是局部排风设备。在冶金厂，熔化的物质从一端流向另一端时散发出有毒的烟和气，需要两种通风系统都使用。

（5）个体防护。当作业场所中有害化学品的浓度超标时，工人就必须使用合适的个体防护用品。个体防护用品既不能降低作业场所中有害化学品的浓度，也不能消除作业场所的有害化学品，而只是一道阻止有害物进入人体的屏障。防护用品本身的失效就意味着保护屏障的消失，因此个体防护不能被视为控制危害的主要手段，而只能作为一种辅助性措施。防护用品主要有头部防护器具、呼吸防护器具、眼防护器具、身体防护用品、手足防护用品等。

（6）保持卫生。一是保持作业场所清洁，经常清洗和清理作业场所，对废物、溢出物加以适当处置，保持作业场所清洁，也能有效地预防和控制化学品危害。二是作业人员的个人卫生，作业人员应养成良好的卫生习惯，防止有害物附着在皮肤上，防止有害物通过皮肤渗入体内。

16.5　危险化学品引发的火灾、爆炸事故的预防措施

火灾是指在时间和空间上失去控制的燃烧造成的灾害。燃烧是可燃物与氧化剂发生的一种氧化放热反应，通常伴有光、烟或火焰。燃烧的三要素：可燃物、助燃物、着火源。对于有焰燃烧一定存在自由基的链式反应这一要素。灭火的主要措施就是：控制可燃物、减少氧气、降低着火点、化学抑制（针对链式反应）。

防止燃烧、爆炸系统的形成。寻找替代品；密闭防止扩散和泄露；用惰性气体保护或稀释；通风换气，控制在爆炸极限范围以外；安全监测及联防联控。

消除点火源。消除能引发事故的火源有明火、高温表面、冲击、摩擦、自燃、发热、电气、静电火花、化学反应热、光线照射等。具体做法有：①控制明火和高温表面；②防止摩擦和撞击产生火花；③火灾爆炸危险场所采用防爆电气设备避免电气火花。

限制火灾、爆炸蔓延扩散的措施。限制火灾爆炸蔓延扩散的措施包括阻火装置、阻火设施、防爆泄压装置及防火防爆分隔等。

16.6　灭火措施

火灾的危害众所周知，火灾防不胜防。火灾的引燃过程一般都是由小火或阴燃（非明火）、阴燃扩散、热量聚集温度升高、轰燃，从而发生明火火灾。轰燃是指火在可燃物内部突发性的引起全面燃烧的现象，即当室内大火燃烧形成的充满室内各个房间的可燃气体和没充分燃烧的气体达到一定浓度时，形成的爆燃。轰燃发生在 $1\sim2s$ 内，火场的可燃物自动点燃，全场起火，火海一片，极为致命。一般从火中到轰然有 $3\sim15min$，这是发现火灾、灭火的最佳时机，但是这个过程一般不宜被发现。而一旦发生轰燃，逃生就非常困难了，而且灭火难度就很大了。

因此，灭火措施有以下几点：

（1）第一时间出动，以快制快。要根据化学危险品的理化性质调动相应的足够灭火或抢险救援力量，统一指挥部署，迅速展开战斗行动，及时排除险情和有效地扑灭火灾。地震、火灾等灾害留给人们的逃生时间是有限的，一般是 $2min$ 左右，应急疏散演练应明确最终的时间目标，原则上中小学生 $2\sim3min$ 以内完成逃离现场。

（2）正确选用灭火剂。大多数易燃可燃液体都能用泡沫扑救，其中水溶性的有机溶剂则应用抗溶性泡沫。可燃气体火灾可用二氧化碳、干粉、卤代烷（1211）等灭火剂扑救。有毒气体、酸碱液可用喷雾或开花水流稀释。遇火燃烧的物质及金属火灾，不能用水扑救，也不能用二氧化碳、卤代烷（1211）等灭火剂，宜用干粉或沙土覆盖扑救。轻金属火灾可采用7150 轻金属灭火剂。

（3）堵截火势，防止蔓延。当燃烧物品部分燃烧，且可以用水或泡沫扑救的，应立即布置水枪或泡沫管枪等堵截火势，冷却受火焰烘烤的容器，要防止容器破裂，导致火势蔓延。如果燃烧物是不能用水扑救的化学物品，则应采取相应的灭火剂，或用沙土、石棉被等覆盖，及时扑灭火灾。

（4）重点突破，排除险情。火场如有爆炸危险品、剧毒品、放射性物品等受火势威胁时，必须采取重点突破，排除爆炸、毒害危险品。要用强大的水流和灭火剂，消灭正在引起爆炸和其他物品燃烧的火源，同时冷却尚未爆炸和破坏的物品，控制火势对其威胁。组织突击力量，设法掩护疏散爆炸毒害危险品，为顺利灭火和成功排险创造条件。

（5）加强掩护，确保安全。在灭火战斗中，要做好防爆炸、防火烧、防毒气和防腐蚀工作。灭火人员要着隔热服或防毒衣，佩戴防毒面具或口罩、湿毛巾等物品，并尽量利用有利于灭火、排险的安全的地形地物。在较大的事故现场，应划出一定的"危险区"，未经允许，不准随便进入。

（6）清理现场，防止复燃。化学危险物品事故成功处置后，要注意清理现场，防止某些物品没有清除干净而再次复燃。扑救某些剧毒、腐蚀性物品火灾或泄漏事故后，要对灭火用具、战斗服装进行清洗消毒，参加灭火或抢险的人员要到医院进行体格检查。

 习题

一、判断题

1. （　　）为保证爆炸品储存和运输的安全，必须根据各种爆炸品的性能或敏感程度严格分类，专库储存、专人保管、专车运输。

2. （　　）把可燃或易燃，会放出氧气引起或促使其他物质燃烧的液体称作氧化性液体。

3. （　　）个人不得购买剧毒化学品。

4. （　　）爆炸极限的范围越宽，爆炸下限越小，则此物质越危险。

5. （　　）一般来讲，物质越易燃，其火灾危险性就越小。

6. （　　）有毒物品应贮存在阴凉、通风、干燥的场所，不得露天存放和接近酸类物质；腐蚀性物品不允许泄漏，严禁与液化气体和其他物品共存。

7. （　　）储存危险化学品的建筑通排风系统应设有导除静电的接地装置。

8. （　　）严重缺水时，如果立即上水就可能导致锅炉事故。

9. （　　）非药品类易制毒化学品分类和品种目录中所列物质可能存在的盐类，不列入管制。

10. （　　）浓度为 20.5% 的盐酸属于皮肤腐蚀类危险化学品。

11. （　　）氧化性物质的危险性是通过与其他物质作用或自身发生化学变化的结果表

现出来的。

12.（　）通风情况是划分爆炸危险区域的重要因素，它分为一般机械通风和局部机械通风两种类型。

13.（　）樟脑不属于易燃物。

14.（　）加油站从业人员上岗时应穿防静电工作服。

15.（　）有机过氧化物不是危险化学品。

16.（　）《气瓶安全监察规程》规定，气瓶充装前，充装单位应有专人对气瓶逐只进行检查，确认瓶内气体并做好记录。

17.（　）遇湿易燃物品库房必须干燥，严防漏水或雨雪浸入，但可以在防水较好的露天存放。

18.（　）制造压力容器受压元件的材料要求具有较好的塑性。

19.（　）易燃品闪点在 35℃ 以下，气温高于 35℃ 时应在夜间运输。

20.（　）禁止用叉车、翻斗车、铲车搬运易燃和易爆危险物品。

21.（　）有毒品经过皮肤破裂的地方侵入人体，会随血液蔓延全身，加快中毒速度。因此，在皮肤破裂时，应停止或避免有毒品的作业。

22.（　）《常用化学危险品储存通则》中储存场所要求是：储存危险化学品建筑物不得有地下室或者其他地下建筑物，其耐火等级、层数、占地面积安全疏散和防火间距，应符合国家有关规定。

23.（　）储存毒害品仓库应远离居民区和水源。

24.（　）易燃蒸汽与空气的混合浓度不在爆炸极限之内，遇火源就不会发生燃烧和爆炸。

25.（　）化学毒物引起的中毒往往是多器官、多系统的损害。

26.（　）爆炸品不包括以爆炸物质为原料制成的成品。

27.（　）在采取措施的情况下，可以利用内河以及其他封闭水域等航运渠道运输剧毒化学品。

二、选择题

1. 遇水放出易燃气体的物质除遇水能反应外，遇到（　　）也能发生反应，而且比遇到水反应更加剧烈，危险性更大。

A. 油　　　　　　　　B. 盐　　　　　　　　C. 酸

2. 汽油、苯、乙醇属于（　　）。

A. 压缩气体　　　　　B. 氧化剂　　　　　　C. 易燃液体

3. 储存易燃易爆商品的仓库，应冬暖夏凉、干燥、（　　）、密封和避光。

A. 易于照明　　　　　B. 易于晾晒　　　　　C. 易于通风

4. 下列不属于安全生产投入形式的有（　　）。

A. 火灾报警器更新　　B. 加工机床的维修　　C. 防尘口罩的配备

5. 按照应急预案层次，危险化学品预案是（　　）

A、综合预案　　　　　B. 专项预案　　　　　C. 现场预案

6. 国家标准《毒害性商品储存养护技术条件》（GB 17916—2013）规定，毒害性商品货垛下应有防潮设施，垛底距地面距离不小于（　　）cm。

A.15　　　　　　　　B. 5　　　　　　　　C. 50

7. 通常的爆炸极限是在常温、常压的标准条件下测定出来的，它随（　　）的变化而变化。

A. 压力、容积　　　　　　　B. 温度、容积　　　　C. 压力、温度

8. 高压下存放的乙烯、乙炔发生的爆炸属于（　　）。

A. 简单分解爆炸　　　　　　B. 物理爆炸　　　　　C. 气体混合爆炸

9. 爆炸物品（　　）单独隔离限量储存。

A. 不准　　　　　　　　　　B. 必须　　　　　　　C. 根据具体情况而定

10. 静电最为严重的危险是（　　）。

A. 妨碍生产　　　　　　　　B. 静电电击　　　　　C. 引起爆炸和火灾

11. 装卸危险化学品使用的工具应能防止（　　）。

A. 锈蚀　　　　　　　　　　B. 产生火花　　　　　C. 折断

12. 金属燃烧属于（　　）燃烧。

A. 扩散　　　　　　　　　　B. 分解　　　　　　　C. 表面

13. 《气瓶安全技术监察规程》（TSGR 0006—2014）第 7411 条规定，盛装惰性气体的气瓶，每（　　）年检验一次。

A. 1　　　　　　　　　　　B. 3　　　　　　　　　C. 5

14. 根据国标《化学品分类和标签规范　第 27 部分：吸入危害》（GB 30000.27—2013），具有吸入危害的是（　　）。

A. 汽油　　　　　　　　　　B. 丙三醇　　　　　　C. 盐酸

15. 在可燃物质（气体、蒸气、粉尘）可能泄漏的区域设（　　），是监测空气中易爆物质含量的重要措施。

A. 报警仪　　　　　　　　　B. 监督岗　　　　　　C. 巡检人员

16. 若经口食入的固体 LD50≤（　　）mg/kg 即为有毒品。

A. 300　　　　　　　　　　B. 400　　　　　　　　C. 500

17. 评估急性经皮 LD50 的试验数据，可参考（　　）的试验数据。

A. 豚鼠　　　　　　　　　　B. 兔　　　　　　　　C. 小鼠

18. 一般情况下杂质会（　　）静电的趋势。

A. 增加　　　　　　　　　　B. 降低　　　　　　　C. 不影响

19. 防雷装置包括（　　）、引下线、接地装置三部分。

A. 接零线　　　　　　　　　B. 避雷器　　　　　　C. 接闪器

20. 在可燃性环境中使用金属检尺、测温和采样设备时，应该用不产生火花的材料制成，通常都采用（　　）工具。

A. 铁质　　　　　　　　　　B. 塑料　　　　　　　C. 铜质

21. 阻火器的原理是阻止火焰的（　　）。

A. 扩大　　　　　　　　　　B. 传播　　　　　　　C. 温度

22. 安全距离是指有关规程明确规定的、必须保持的带电部位与地面、建筑物、人体、其他设备之间的（　　）电气安全空间距离。

A. 最小　　　　　　　　　　B. 最大　　　　　　　C. 最安全

23. 按照爆炸产生的原因和性质，爆炸可分为（　　）。

A. 物理爆炸、化学爆炸和核爆炸

B. 物理爆炸、化学爆炸和分解爆炸

C. 炸药爆炸、化学爆炸和分解爆炸

24. 下列（　　）属于易燃气体。

A. 二氧化碳　　　　　　B. 乙炔　　　　　　C. 氧

25. 下列（　　）属于物理爆炸。

A. 锅炉爆炸　　　　　　B. 面粉爆炸　　　　C. 乙炔爆炸

26. 存放爆炸物的仓库应采用（　　）照明设备。

A. 白炽灯　　　　　　　B. 日光灯　　　　　C. 防爆型灯具

27. 下列物质爆炸危险性最高的是（　　）。

A. 汽油　　　　　　　　B. 乙炔　　　　　　C. 苯

28. 下列（　　）灭火器不适于扑灭电气火灾。

A. 二氧化碳　　　　　　B. 干粉　　　　　　C. 泡沫

29. 金属钠应储存于（　　）。

A. 空气中　　　　　　　B. 煤油中　　　　　C. 水中

30. 不属于炸药爆炸的三要素是（　　）。

A. 反应过程的放热性　　B. 反应过程的高速性　　C. 反应过程的燃烧性

31. 下列能在常温下自燃的物质是（　　）。

A. 白磷　　　　　　　　B. 煤　　　　　　　C. 柴油

32. 阻火器的原理是阻止火焰的（　　）。

A. 扩大　　　　　　　　B. 传播　　　　　　C. 温度

三、简答题

1. 什么是危险化学品？危险化学品如何分类？

2. 剧毒化学品的管理要求有哪些？

3. 危险化学品引起的火灾，灭火措施有哪些？

第17章
人体元素化学

　　人体本身是一个复杂的生物化学反应系统，有些元素是构成人体组织的重要材料，并通过复杂的化学变化转化为人体的各个组成部分。人体和地球一样，都是由各种化学元素组成的，存在于地壳表层的 60 多种元素均可在人体组织中找到。人体中含量较多的元素有 11 种，如 O、C、H、N、Ca、P、K、S、Na、Cl、Mg 元素，约占人体质量的 99% 以上。而且人体血液中与地壳岩石中元素含量显著正相关（图 17-1）。其中在人体中含量超过 0.01% 的元素，称为常量元素。含量在 0.01% 以下的元素，称为微量元素。一些微量元素在人体中的含量虽然很小，却是维持正常生命活动所必需的。在人体中含量较多的四种元素是 C、H、O、N，其余元素主要以无机盐的形式存在于水溶液中，它们有些是构成人体组织的重要材料，能够调节人体的新陈代谢，促进身体健康。

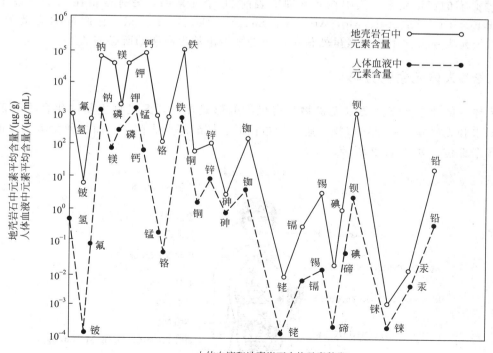

图 17-1　人体血液中与地壳中元素含量的相关性

小哲理

人体元素与地壳岩石元素相关性——赖以生存的环境决定着人体的物质基础。

17.1 人体元素概述

人体元素是指组成人体的化学元素。人体是由化学元素组成的，它与生活所在地的自然环境本底相适应，大体包括三类：常量元素、微量元素和年龄元素。

17.1.1 人体元素的含量

人体中含量较多的元素有11种，人体含氧65％、碳18％、氢10％、氮3％、钙1.5％、磷1％、钾0.35％、硫0.25％、钠0.15％、氯0.15％、镁0.05％，约占人体质量的99％以上，它们被称为人体常量元素。其中 C、H、O、N、P 和 S 对生命起着很重要的作用，大部分有机物是由这 6 种元素构成的。其中 Ca、Na、K、Mg、C、H、O、S、N、P、Cl 等11 种属必需的定量元素，集中在元素周期表前 20 个元素内，另有含量在 0.01％以下的元素，如 Fe、Cu、Zn、Co、Mo、Mn、V、Sn、Si、Se、I、F、Ni，它们被称为微量元素。一些微量元素在人体中的含量虽然很小，却是维持正常生命活动所必需的。

17.1.2 人体元素的分布

人体中的化学元素主要以无机物和有机物的形式存在，无机物主要以化合物的形式存在，如水和无机盐，有机物以糖、脂类、蛋白质、核酸等形式存在。而每种元素又分布在人体的各个部位，如图 17-2 所示。

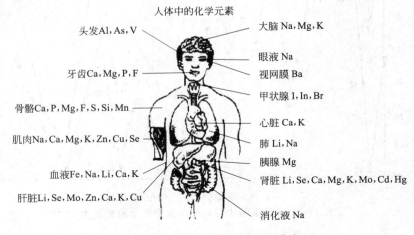

图 17-2 元素在人体中的主要分布

元素 Ca、P、Mg、F、S、Si、Mn 等元素主要分布在骨骼中，是构成骨骼的主要元素，其含量及比值大小对骨骼的生长、发育有重要的影响。而 Be、Pb、Cd、Au、Li、Ge、Sb、Te、Hg、Ga、In、As、Sr、Ba、U 等元素与骨骼有较强的亲合性，这些元素在骨中过量的蓄积会产生不同程度、不同性质的损害。

牙齿多由 Ca、Mg、P、F 等元素组成；Al、As、V 较多地集中在头发中；Na、Ca、Mg、K、Zn、Cu、Se 等元素易蓄积在肌肉中；当肌肉缺少 Mg、K 时，可导致肌无力、肌麻痹、肌萎缩等症状。

V、Hg、Cr、Nb、Sn 等元素易蓄积在脂肪中，其中 V、Cr 对脂肪代谢和降低胆固醇有重要作用，Hg 尤其是甲基汞易在脂肪和大脑中蓄积，不易排出体外，容易引起汞中毒。Fe、Co、Mo、Cu、V 等元素是血液中的主要微量元素，铁在血液中的含量可占人体总铁的 70%。

维持大脑功能的主要元素有 P、V，而 Li、Rb、Pb、Al、Cd、F、Br、Cu、Si 等元素也易在大脑中蓄积，但它们大多是有害的。Hg 还可以穿过大脑屏障使细胞产生永久损伤。随着年龄的增长，Al 在大脑中富集，铝主要集中于神经元细胞内，可导致神经微纤维缠结性病变。过量的铅可引起神经系统疾病，如神经疼痛、急性脑炎等。过量的 F、Br 等对脑神经有麻痹作用。甲状腺中蓄积了大量的 I。

在动脉壁上沉积了较多的 Si。适量的 SiO_2 对于保持动脉血管的通透壁和弹性是必要的，但过量的 SiO_2 可导致高血压。

元素 Sb、Sn、Se、Cr、Al、Si、Fe 等易聚集在肺中，这可能是通过粉尘吸收的。肺癌的产生与上述元素过量的吸入有关。

元素 Cd、Hg、Zn、Bi、Pb、Be、As、Si 较易蓄积在肾中，当含量较高时，肾组织就会受到损伤。

元素 Se、Cu、Zn、Fe、As、C、Mo、V、I 等元素易在肝中蓄积，适量的 Se、Cu、Zn、Fe 等元素对维持肝组织的正常功能是必要的。

在淋巴系统中易富集 Si、U、Te、Sr、Mn、Pb、Li 等元素。

适量的 Se、Mo、Mg、Ca、K、Cu、Fe、Cr 等元素有益于心肌代谢，而 Cd、Pb、Cr 等元素在心肌中过量聚集会影响心肌代谢，甚至导致心肌坏死。

17.1.3　人体元素的年龄变化

人体中的化学元素的分布随着年龄的增加，在肺、肾和肝中钙、铜、铁、锰、锌、钼、镍、钛等元素富集，在骨骼中锶、氟、硅明显增加，钙反而减少，在动脉壁和淋巴系统中 SiO_2 积累，在大脑中铝明显积累而铷却减少，因此人体中元素的这些变化是衰老的象征。就人类的衰老过程而言，表现为 Al、As、Ba、Be、Cd、Cr、Au、Ni、Pb、Se、Si、Ag 等元素的积累，Ca、Zn、Rb 减少。

17.2　常量元素

17.2.1　构成碳水化合物的元素——碳、氢、氧

碳水化合物（carbohydrate）是由碳、氢和氧三种元素组成的，是自然界中存在最多、

具有广谱化学结构和生物功能的有机化合物，用通式 $C_m(H_2O)_n$ 来表示。由于它所含的氢氧的比例为 2：1，和水一样，故称为碳水化合物。

碳水化合物可以为人体提供热能，食物中的碳水化合物分成两类：人可以吸收利用的有效碳水化合物和人不能消化的无效碳水化合物。其中常见的碳水化合物就是糖类化合物，因此糖类化合物也称为碳水化合物。糖类是一切生物体维持生命活动所需能量的主要来源。它不仅是营养物质，而且有些还具有特殊的生理活性。糖类是自然界中广泛分布的一类重要的有机化合物。日常食用的蔗糖、粮食中的淀粉、植物体中的纤维素、人体血液中的葡萄糖等均属糖类。糖类在生命活动过程中起着重要的作用，是一切生命体维持生命活动所需能量的主要来源。植物中最重要的糖是淀粉和纤维素，动物细胞中最重要的多糖是糖原。

糖类是绿色植物光合作用的产物，有 C、H、O 元素组成，常用通式 $C_m(H_2O)_n$ 表示。糖类根据水解后的产物分为单糖、二糖、多糖。不能再水解成更简单的糖是单糖，例如：葡萄糖、果糖。1mol 糖水解产生 2mol 单糖的是二糖，例如：麦芽糖、蔗糖。1mol 糖能水解产生多摩尔单糖的是多糖，例如：淀粉、纤维素。

（1）葡萄糖　葡萄糖（glucose）分子式为 $C_6H_{12}O_6$，是自然界分布最广且最为重要的一种单糖，它是一种多羟基醛。纯净的葡萄糖为无色晶体，有甜味但甜味不如蔗糖，易溶于水，微溶于乙醇，不溶于乙醚。葡萄糖中含五个羟基，一个醛基，具有多元醇和醛的性质，其主要的化学性质如下：

① 分子中有多个羟基，能与酸发生酯化反应；

② 分子中的醛基，有还原性：醛基还能被还原为己六醇；与新制氢氧化铜反应：

$CH_2OH(CHOH)_4CHO + 2Cu(OH)_2 \Longrightarrow CH_2OH(CHOH)_4COOH + Cu_2O \downarrow + 2H_2O$，该反应可以用于临床上检测糖尿病；

③ 人体内氧化反应——人体能量主要来源：

$$C_6H_{12}O_6(s) + 6O_2(g) \Longrightarrow 6CO_2(g) + 12H_2O(l) \qquad \Delta H = -2804.6 kJ/mol$$

人体中的葡萄糖主要来源是食物中的糖类物质经消化吸收进入血中；其次肝储存的糖原分解成葡萄糖入血，这是空腹时血糖的直接来源；在禁食情况下，以甘油、某些有机酸及生糖氨基酸为主的非糖物质，通过糖异生作用转变成葡萄糖，以补充血糖。葡萄糖缺乏主要是低血糖症的症状，低血糖症经常导致食欲不振、头发稀疏、贫血、抵抗力差、四肢无力、身体细胞缺乏能量来产生维持代谢性眩晕的能量。葡萄糖含量过高主要是高血糖症的症状，会给人体健康带来伤害，例如引起糖尿病等并发症。

（2）淀粉　淀粉（starch）是高分子碳水化合物，是由葡萄糖分子聚合而成的，因此淀粉分子式可写成 $(C_6H_{10}O_5)_n$，分子量从几万到几十万，属于天然高分子有机化合物。淀粉白色、无气味、无味道，不溶于冷水，能部分溶于热水，主要存在于植物的种子或块根中，例如大米中淀粉约占到了 80%，小麦约为 60%，马铃薯约为 20%。淀粉的主要化学性质如下：

① 淀粉通常不显还原性；

② 遇碘变蓝色；

③ 淀粉在催化剂（如酸）存在和加热下可以逐步水解，生成一系列比淀粉分子小的化合物，最终生成还原性糖——葡萄糖。$(C_6H_{10}O_5)_n + nH_2O \longrightarrow nC_6H_{12}O_6$。

淀粉主要是通过食物摄入人体，主要被分解成了糖原，用于机体的供能，通常情况下，日常饮食如馒头、土豆、大米中就含有丰富的淀粉，所以只要正常食用，就不会供应不足。

但是长期食用淀粉类食物会增加淀粉的摄入量，换言之就是增加了糖的摄入量，而糖的摄入增加超过了机体所能食用的量时就会转变成脂肪，这就是为什么有些人为了减肥只吃大米，不会减下去反而会胖的原因。

（3）纤维素　纤维素（cellulose）是由葡萄糖组成的大分子多糖，是植物细胞壁的主要成分。纤维素是自然界中分布最广、含量最多的一种多糖，占植物界碳含量的 50％ 以上。纤维素是一种复杂的多糖，分子中含有几千个单糖单元，分子量从几十万到几百万，也属于天然高分子有机化合物。淀粉是白色、无气味、无味道，具有纤维状结构物质，不溶于水，也不溶于一般有机溶剂。

人类膳食中的纤维素主要含于蔬菜和粗加工的谷类中，虽然不能被消化吸收，但有促进肠道蠕动，利于粪便排出等功能。粗粮、麸子、蔬菜、豆类等食物中含大量纤维素，因此糖尿病患者可适当多食用豆类和新鲜蔬菜等富含纤维素的食物。

17.2.2　脂肪

脂肪是油、脂肪、类脂的总称。食物中的油性物质主要是油和脂肪，一般把常温下是液体的称作油，而把常温下是固体的称作脂肪。脂肪也是由 C、H、O 三种元素组成的。脂肪可溶于多数有机溶剂，但不溶解于水。脂肪是细胞内良好的储能物质，主要提供热能；保护内脏，维持体温；协助脂溶性维生素的吸收；参与机体各方面的代谢活动。

脂肪主要是通过食物摄入人体内，坚果类（花生、芝麻、开心果、核桃、松仁等等），还有动物类皮肉（肥猪肉、猪油、黄油、酥油、植物油等等），还有些油炸食品、面食、点心、蛋糕等等食物中含有高含量的脂肪。脂肪参与人体代谢活动，脂肪总摄入量不足时，很容易造成能量营养不良，代谢能力降低，缺乏维生素等症状。而人体摄入脂肪过多，会引起肥胖，带来脂肪肝、高脂血、高血压、高血糖等疾病。

17.2.3　构成蛋白质的元素——氮、磷、硫

蛋白质（protein）是组成人体一切细胞、组织的重要成分。机体所有重要的组成部分都需要有蛋白质的参与。一般说，蛋白质约占人体全部质量的 16％～20％，它与生命及与各种形式的生命活动紧密联系在一起。

人体的蛋白质是由 20 多种氨基酸（如丙氨酸、甘氨酸等）构成的极为复杂的化合物，它的分子量从几千到几百万。构成蛋白质的元素有 C、H、O、N、S、P、Fe、Zn 等。蛋白质的主要作用有：

① 构成生物体内基本物质，为生长及维持生命所必需。蛋白质是一切生命的物质基础，是机体细胞的重要组成部分，是人体组织更新和修补的主要原料。例如：毛发、皮肤、肌肉、骨骼、内脏、大脑、血液、神经、内分泌等都是由蛋白质组成的。

② 载体的运输。维持肌体正常的新陈代谢和各类物质在体内的输送。载体蛋白对维持人体的正常生命活动至关重要。例如血红蛋白——输送氧；脂蛋白——输送脂肪、细胞膜上的受体还有转运蛋白等。

③ 部分蛋白质可作为生物催化剂——酶和激素。

④蛋白质还可以作为能源物质，提供生命活动的能量。

每天的饮食中，蛋白质主要存在于瘦肉、蛋类、豆类及鱼类中。蛋白质如果摄取过量的

话也会在体内转化成脂肪，造成脂肪堆积。蛋白质的缺乏常见症状是代谢率下降，抵抗力下降，易患病等。常见的是儿童的生长发育迟缓、营养不良、体质量下降、贫血以及干瘦病或水肿，并因为易感染而继发疾病。

17.2.4 构成人体电解质的元素——钠、钾、氯

水是人体中含量最多的成分，体内的水和溶解在其中的物质构成了体液。体液中各种无机盐、低分子有机化合物和蛋白质都是以离子状态存在的，称为电解质。人体的新陈代谢是在体液中进行的，体液的含量、分布、渗透压、pH及电解质含量必须维持正常，才能保证生命活动的正常进行。人的体液中 2/3 是细胞内液，1/3 是细胞外液（血浆和组织间液）。电解质是体液中最重要的组成成分，主要是盐类物质溶于水形成的。

对于构成人体电解质的元素——钠、钾、氯，其含量和主要分布位置为：正常人钾含量约为 $45mmol \cdot kg^{-1}$ 体重，98%在细胞内，2%在细胞外；正常人钠含量约为 $45 \sim 50mmol \cdot kg^{-1}$ 体重，45%分布于细胞外液，40%～45%分布于骨组织，其余分布于细胞内液；氯主要分布于外液。

(1) 钾元素的功能　钾是细胞内液的主要阳离子，也是血液的重要成分。钾不仅维持细胞内液的渗透压和酸碱平衡，而且还参与蛋白质、糖及能量代谢过程。钾的来源主要靠食物摄入，如水果蔬菜，正常人每天需摄入约为 2.5g，钾含量摄入过低，可引发低钾血症，其主要症状为心律絮乱、软弱无力、感觉异常等。

(2) 钠、氯元素的功能　钠是细胞外液的主要阳离子，在维持细胞外液的渗透压和酸碱平衡中起着重要作用，并对细胞的水分、渗透压、应激性、分泌和排泄等具有调节功能。氯是细胞外液的主要阴离子，对维持细胞外液的渗透压和酸碱平衡同样有很重要的作用，而且是合成胃酸的原料，也是唾液淀粉酶的激活剂，能够促进唾液的分泌，增进食欲。

钠和氯主要是来自食盐，成人每天需要摄入 3～6g，天热、运动、严重腹泻时，可用低浓度的盐水直接补充。钠含量摄入过低，可引发低钠血症，其主要症状为头痛、乏力、反应迟钝等。低氯则可引起疲倦，恶心，食欲减退，头痛等症状。

17.2.5 金属常量元素——钙、镁

(1) 钙元素　钙是人体内含量最高的金属元素，是构成人体的重要元素。成人体内约含钙 1.2kg，其中 99%存在于骨骼和牙齿中，主要以羟基磷酸钙 $[Ca_{10}(PO_4)_6(OH)_6]$ 晶体的形式存在，它使得骨骼和牙齿具有坚硬的结构支架。

人体中钙的摄入主要是通过食物，例如鱼类、虾、奶制品、动物骨和维生素含量很高的物质。幼儿及青少年缺钙会患佝偻病和发育不良，老年人缺钙会发生骨质疏松，容易骨折。因此人体每天要补充 0.6～1.0g。

(2) 镁元素　镁主要分布在细胞内，其含量仅次于钾，且大部分在线粒体内，参与代谢有关的酶催化活动，是机体存活的必要元素之一。镁的生理功能主要表现在：①以磷酸盐和碳酸盐存在于骨骼与牙齿中。②可使很多酶系统激活活化，也是氧化、磷酸化、体温调节、肌肉收缩和神经兴奋的辅助因子。③维持神经肌肉正常兴奋性，维持心肌正常的结构与功能。

富含镁的食物有很多，例如：紫菜、花生、香蕉、黄豆、牛肉、鸡肉等，尤其是紫菜中

镁含量最高，成人每天需摄入镁含量200～300mg。体内缺镁时，临床上会出现神经兴奋性增强、抽搐、惊厥等症状。体内镁过多时，神经肌肉兴奋性降低而受到抑制，出现呼吸衰竭等。

17.3 人体微量元素

17.3.1 锌元素

锌是人体必需的微量元素之一，在人体生长发育、生殖遗传、免疫、内分泌等重要生理过程中起着极其重要的作用，被人们冠以"生命之花""智力之源""婚姻和谐素"的美称。锌存在于众多的酶系中，如碳酸酐酶、呼吸酶、乳酸脱氢酸、超氧化物歧化酶、碱性磷酸酶、DNA和RNA聚中酶等，是核酸、蛋白质、碳水化合物的合成和维生素A利用的必需物质。具有促进生长发育，改善味觉的作用。

锌缺乏容易引起食欲不振、味觉减退、嗅觉异常、生长迟缓、侏儒症，智力低下、溃疡、皮节炎、脑腺萎缩、免疫功能下降、生殖系统功能受损，创伤愈合缓慢，容易感冒、流产、早产、生殖无能、头发早白、脱发、视神经萎缩、近视、白内障、老年黄斑变性、老年人加速衰老、缺血症、毒血症、肝硬化。

含锌较多的食物，如海产品、动物的肝脏和胰脏、鱼类、奶类、蛋类、麸皮等，零食如核桃、瓜子等。补锌食物有瘦肉、猪肝、鱼类、蛋黄等，其中牡蛎含锌最高。据化验，动物性食品含锌量普遍较多，每100g动物性食品中大约含锌3～5mg，并且动物性蛋白质分解后所产生的氨基酸还能促进锌的吸收。植物性食品中锌较少，每100g植物性食品中大约含锌1mg。各种植物性食物中含锌量比较高的有豆类、花生、小米、萝卜、大白菜等。

17.3.2 铁元素

铁是人体含量的必需微量元素，人体内铁的总量约4～5g，是血红蛋白的重要部分，人全身都需要它，这种矿物质存在于向肌肉供给氧气的红细胞中，还是许多酶和免疫系统化合物的成分。铁对人体的功能表现在许多方面，铁是血红蛋白的组成成分，参与氧的运输和储存。铁还可以促进发育；增加对疾病的抵抗力；调节组织呼吸，防止疲劳；构成血红素，预防和治疗因缺铁而引起的贫血；使皮肤恢复良好的血色。

缺铁会引起贫血，不只是表现为贫血（血红蛋白低于正常），而且是属于全身性的营养缺乏病。此外铁缺乏，使体内含铁酶活性降低，因而造成许多组织细胞代谢紊乱。有时还发生食道异物感、紧缩感或吞咽困难等自觉症状。

铁的丰富来源有牛肾、鱼子酱、鸡内脏、鱼粉、肝脏、土豆、精白米、黄豆粉、麦糠、麦胚和小麦黄豆混合粉。此外牛肉、红糖、蛤肉、干果、蛋黄、猪和羊肾脏也含有大量的铁。常见的芦笋、豆类、鸡、强化面包、鱼、羊肉、扁豆类、花生类、豌豆类、菠菜和全蛋也含有铁。

17.3.3 铜元素

铜与人体健康息息相关，是人体健康不可缺少的微量营养素，是人体内血蓝蛋白的组成元素，对于血液、中枢神经和免疫系统，头发、皮肤和骨骼组织以及大脑和肝、心等内脏的发育和功能都有重要影响。含铜的酶有酪氨酸酶、单胺氧化酶、超氧化酶、超氧化物歧化酶、血浆铜蓝蛋白等。铜对血红蛋白的形成起活化作用，促进铁的吸收和利用，在传递电子、弹性蛋白的合成、结缔组织的代谢、嘌呤代谢、磷脂及神经组织形成方面有重要意义。

铜缺乏会导致贫血。一般最常见的临床表现为头晕、乏力、易倦、耳鸣、眼花。皮肤黏膜及指甲等颜色苍白，体力活动后感觉气促、心悸。缺铜会使神经系统的抑制过程失调，使神经系统处于兴奋状态而导致失眠，久而久之可发生神经衰弱。此外，缺铜还会导致骨骼改变、骨质疏松、易发生骨折，还会导致冠心病、白癜风，女性缺铜会导致不孕症。

人体缺铜可适量增加摄入含铜较高的食物，如鱼、虾、蟹、玉米、豆制品等。世界卫生组织建议，为了维持健康，成人每千克体重每天应摄入 0.03mg 铜。孕妇和婴幼儿应加倍。

17.3.4　锰元素

锰（Mn）是几种酶系统包括锰特异性的糖基转移酶和磷酸烯醇丙酮酸羧激酶的组成成分，也是构成正常骨骼时所必要的物质，并有着多方面的作用，但目前尚不十分明确，它也可能与维持正常脑部机能息息相关，能消除疲劳，帮助消化；预防骨质疏松症；增强记忆力。此微量元素的通常摄入量为每天 2～5mg，吸收率为 5%～10%。当正常人出现体重减轻、性功能低下、头发早白可怀疑锰摄入不足。

锰摄入量差别很大，主要取决于是否食入含量丰富的食品如非精制的谷类食物、绿叶蔬菜和茶。食物中茶叶、坚果、粗粮、干豆含锰最多，蔬菜和干鲜果中锰的含量略高于肉、乳和水产品，鱼肝、鸡肝含锰量比其肉多。一般荤素混杂的膳食，每日可供给 5mg 锰，基本可以满足需要。

17.3.5　碘元素

碘是人体的必需微量元素之一，能够维持机体能量代谢和产热，促进体格发育。健康成人体内的碘的总量为 30mg（20～50mg），国家规定在食盐中添加碘的标准为 20～30mg·kg^{-1}。碘缺乏或过量均会导致甲状腺肿大。

碘可以促进甲状腺激素的分泌。甲状腺激素调控生长发育期儿童的骨发育、性发育、肌肉发育及身高体重。碘缺乏引起的甲状腺激素合成减少，甲状腺激素的缺乏会导致体格发育落后、性发育落后、身体矮小、肌肉无力等发育落后的症状和体征，会导致基本生命活动受损和体能下降。此外，碘可促进脑发育。在胎儿或婴幼儿脑发育的一定时期内必须依赖甲状腺激素，它的缺乏会导致不同程度的脑发育落后，出生后会有不同程度的智力障碍。

食物中碘主要来自土壤和水中碘，以海产品如海带、紫菜、贝类、海鱼含碘量最高，其次为蛋、乳、肉类，粮食、蔬菜、水果含碘量最低。

17.3.6　锶元素

锶是人体不可缺少的一种微量元素，人体所有的组织内都含有锶。首先，它是人体骨骼和牙齿的正常组成部分，对人体的功能主要是与骨骼的形成密切相关。其次，它与血管的功能及构造也有关系，锶可以帮助人体减少对钠的吸收，增加钠的排泄。过多的钠赋存在体内，易引起高血压、心血管疾病，锶起到了预防作用。再次，由于锶的一些同位素具有放射性，因此，锶在疼痛治疗中也发挥着重要作用。

人体主要通过食物及饮水摄取锶，我国饮用水中锶水平甚微，不少矿泉水中都含有丰富的锶，锶含量在 0.2～0.4mg/L 时为天然饮用矿泉水。另外，叶菜类中锶水平较高，而畜禽肉蛋类中较低。

17.3.7　铬元素

铬是人体必需的微量元素。三价的铬对人体有益，而六价铬是有毒的。人体对无机铬的吸收利用率极低，不到 1%；而人体对有机铬的利用率可达 10%～25%。铬是体内葡萄糖耐量因子（glucose tolerance factor，GTF）的重要组成成分，它能增强胰岛素的生物学作用，可通过活化葡萄糖磷酸变位酶而加快体内葡萄糖的利用，并促使葡萄糖转化为脂肪。铬能抑制胆固醇的生物合成，降低血清总胆固醇和三酰甘油含量以及升高高密度脂蛋白胆固醇含量。老年人缺铬时易患糖尿病和动脉粥样硬化。铬能够促进蛋白质代谢和生长发育，铬在核蛋白中含量较高，研究发现它能促进 RNA 的合成，铬还影响氨基酸在体内的转运。铬摄入不足时，实验动物可出现生长迟缓。

铬在天然食品中的含量较低，均以三价的形式存在。啤酒酵母、废糖蜜、干酪、蛋、肝、苹果皮、香蕉、牛肉、面粉、鸡以及马铃薯等为铬的主要来源。

17.3.8　硒元素

硒是动物和人体中一些抗氧化酶（谷胱甘肽过氧化物酶）和硒-P 蛋白的重要组成部分，在体内起着平衡氧化还原氛围的作用。研究证明硒具有提高动物免疫力的作用，在国际上硒对于免疫力影响和癌症预防的研究是该领域的热点问题，因此，硒可作为动物饲料微量添加剂；也常在植物肥料中添加微量元素肥，提高农副产品含硒量。作为人体必需的微量元素，硒参与构成很多酶类，特别是谷胱甘肽过氧化酶，可以保护细胞和组织，维持其正常功能。硒还有解毒功效，因为硒和金属有很好的亲和性。硒有很强的抗氧化性，具有保护心血管和抗肿瘤的作用；对甲状腺激素有调节作用；维持正常免疫功能；抗艾滋病作用；维持正常生育功能。

中国营养学会推荐的成人摄入量为每日 50～250μg，而中国 2/3 地区硒摄入量低于最低推荐值，因此，中国是一个既有丰富硒资源，又存在大面积硒缺乏地区，据统计，全世界 42 个国家和地区缺硒，中国有 72% 的地区处于缺硒和低硒生态环境之中。缺硒会直接导致人体免疫能力下降，临床医学证明，威胁人类健康和生命的四十多种疾病都与人体缺硒有关，如癌症、心血管病、肝病、白内障、胰脏疾病、糖尿病、生殖系统疾病等等。缺乏硒会导致未老先衰，严重缺乏硒会引发心肌病及心肌衰竭、精神萎靡不振、精子活力下降、易患感冒。硒过量会使指甲变厚、毛发脱落，肢端麻木，偏瘫。

一些食品中含硒较高，如海产品、食用菌、肉类、禽蛋、西兰花、紫薯、大蒜等食物。营养学家也提倡通过硒营养强化食物补充有机硒，如富硒大米、富硒鸡蛋、富硒蘑菇、富硒茶叶、富硒麦芽、硒酸酯多糖、硒酵母等。

小哲理

人体微量元素——量小作用大、人小志向高。

17.4 合理膳食与健康

民以食为天，人每天都要进食。饮食为人类生存提供了物质基础，同时饮食也无时不在影响着我们的身体健康，对许多疾病而言，饮食因素在其发生、发展和预后等方面往往起着很大的作用。合理膳食是根据人体对热能和营养素的需要及各类食物的营养价值，通过合理的食物调配，供给人体营养素种类齐全、数量充足和比例适当的膳食，从而使人体的营养需要与膳食供给之间建立平衡关系，达到合理营养。目前已经证实心、脑血管疾病，肥胖，糖尿病及肿瘤与饮食有密切的关系，因此饮食的合理性问题已越来越多地受到人们的关注。合理的膳食对人体有保健作用，而不合理的膳食则对健康有消极的影响。

成年人每日的食谱应包括奶类、肉类、蔬菜水果和五谷等四大类。奶类含钙、蛋白质等，可强健骨骼和牙齿。肉类、家禽、水产类、蛋类、豆及豆制品等，含丰富的蛋白。蔬菜、水果类含丰富的矿物质、维生素和纤维素，增强人体抵抗力，畅通肠胃。米、面等谷物主要含淀粉，即糖类物质主要为人体提供热能，满足日常活动所需。

合理膳食，可促进人体新陈代谢，增强抵抗力。不合理的饮食，营养过度或不足，都会给健康带来不同程度的危害。饮食过度会因为营养过剩导致肥胖症、糖尿病、胆石症、高脂血症、高血压等多种疾病，甚至诱发肿瘤，如乳腺癌、结肠癌症等。不仅严重影响健康，而且会缩短寿命。饮食中长期营养元素不足，可导致营养不良、贫血，多种元素、维生素缺乏，会影响儿童智力生长发育，人体抗病能力及劳动、工作、学习能力下降。

各种食物中所含的营养成分不完全相同，任何一种天然食物都不能提供人体所需要的全部营养素。只有食物多样，才能满足人体的各种营养需求，达到营养平衡，身体健康的目的。

一、选择题

1. 在人体含量最多的化学元素是（　　）。

A. 碳　　　　　　　B. 氢　　　　　　　C. 氧　　　　　　　D. 钙

2. 化学与我们的生活密切相关，下列有关说法不正确的是（　　）。

A. 霉变食物中大多含有黄曲霉素，绝对不能使用

B. 食用酒精和工业酒精的主要成分相同，都可以饮用

C. 使用含氟牙膏可预防龋齿

D. 蔬菜、水果能为人体提供和补充多种维生素

3. 硒在人体内有防癌抗癌的作用，硒是人体必需的（　　）。

A. 蛋白质　　　　　B. 微量元素　　　　C. 惰性气体　　　　D. 维生素

4. 科学合理膳食，是人体中各元素形成"收支平衡"，以保障健康。下列属于人体中常量元素的是（　　）。

A. 铁　　　　　　　B. 钙　　　　　　　C. 锌　　　　　　　D. 碘

5. 下列元素均为人体必需的金属元素。儿童摄入不足会导致发育停滞、智力低下

的是（　　）。

  A. 铁   B. 钾   C. 钙   D. 锌

  6. 关注健康，预防疾病，下列说法正确的是（　　）。

  A. 铝、钡、钛是人体非必需的微量元素

  B. 患甲状腺肿大，要多补充些含铁的食物

  C. 人体缺氟，会出现骨质疏松症

  D. 缺乏维生素 A 会引起坏血病

  7. 膳食中不搭配蔬菜、水果会造成身体缺乏（　　）。

  A. 淀粉和蛋白质   B. 蛋白质和脂肪   C. 脂肪和维生素   D. 维生素和无机盐

二、填空题

  1. 人体中含量较多的四种元素是_____，其余元素主要以_____的形式存在于水溶液中。

  2. 人体中的钙存在于_____和_____中，幼儿正处于生长发育阶段，如果缺钙会患_____，老年人缺乏则会患_____。

  3. 人体的微量元素中，有些是必需元素，如_____等；有些是非必需元素，如_____等；有些是有害元素，如_____等。对于必需元素，必须合理摄入，摄入过量或摄入不足均不利于人体健康。

  4. 小明同学到了傍晚就看不见东西，患了夜盲症，可能的原因之一是他体内缺乏_____；小王同学近期感到精神不振、疲劳、头晕、面色苍白，医生说他患了贫血症，此时他应该多补充蛋白质和含_____丰富的无机盐。

  5. 人体不可缺少的营养物质有六大类，包括_____、_____、_____、_____、水和无机盐，此外人体需要的"第七类营养素"是_____。

附　录

附表1　常见单质和无机物的热力学函数值

物质化学式或名称	标准摩尔生成焓	标准摩尔生成吉布斯能	标准摩尔熵	摩尔热容
	$\Delta_f H_m^{\ominus}/(kJ \cdot mol^{-1})$	$\Delta_f G_m^{\ominus}/(kJ \cdot mol^{-1})$	$S_m^{\ominus}/(J \cdot K^{-1} mol^{-1})$	$C_{p,m}/(J \cdot K^{-1} \cdot mol^{-1})$
Ag(s)	0	0	42.712	25.48
$Ag_2CO_3(s)$	−506.14	−437.09	167.36	
$Ag_2O(s)$	−30.56	−10.82	121.71	65.57
Al(s)	0	0	28.315	24.35
Al(g)	313.80	273.2	164.553	
Al_2O_3-α	−1669.8	−2213.16	0.986	79.0
$Al_2(SO_4)_3(s)$	−3434.98	−3728.53	239.3	259.4
$Br_2(g)$	30.71	3.109	245.455	35.99
$Br_2(l)$	0	0	152.3	35.6
C(g)	718.384	672.942	158.101	
C(金刚石)	1.896	2.866	2.439	6.07
C(石墨)	0	0	5.694	8.66
CO(g)	−110.525	−137.285	198.016	29.142
$CO_2(g)$	−393.511	−394.38	213.76	37.120
Ca(s)	0	0	41.63	26.27
$CaC_2(s)$	−62.8	−67.8	70.2	62.34
$CaCO_3$(方解石)	−1206.87	−1128.70	92.8	81.83
$CaCl_2(s)$	−795.0	−750.2	113.8	72.63
CaO(s)	−635.6	−604.2	39.7	48.53
$Ca(OH)_2(s)$	−986.5	−896.89	76.1	84.5
$CaSO_4$(硬石膏)	−1432.68	−1320.24	106.7	97.65
Cl(aq)	−167.456	−131.168	55.10	
$Cl_2(g)$	0	0	222.948	33.9

续表

物质化学式或名称	标准摩尔生成焓 $\Delta_f H_m^{\ominus}/(kJ \cdot mol^{-1})$	标准摩尔生成吉布斯能 $\Delta_f G_m^{\ominus}/(kJ \cdot mol^{-1})$	标准摩尔熵 $S_m^{\ominus}/(J \cdot K^{-1} mol^{-1})$	摩尔热容 $C_{p,m}/(J \cdot K^{-1} \cdot mol^{-1})$
$Cu(s)$	0	0	33.32	24.47
$CuO(s)$	−155.2	−127.1	43.51	44.4
$Cu_2O\text{-}\alpha$	−166.69	−146.33	100.8	69.8
$F_2(g)$	0	0	203.5	31.46
$Fe\text{-}\alpha$	0	0	27.15	25.23
$FeCO_3(s)$	−747.68	−673.84	92.8	82.13
$FeO(s)$	−266.52	−244.3	54.0	51.1
$Fe_2O_3(s)$	−822.1	−741.0	90.0	104.6
$Fe_3O_4(s)$	−117.1	−1014.1	146.4	143.42
$H(g)$	217.94	203.122	114.724	20.80
$H_2(g)$	0	0	130.695	28.83
$D_2(g)$	0	0	144.884	29.20
$HBr(g)$	−36.24	−53.22	198.60	29.12
$HBr(aq)$	−120.92	−102.80	80.71	
$HCl(g)$	−92.311	−95.265	186.786	29.12
$HCl(aq)$	−167.44	−131.17	55.10	
$H_2CO_3(aq)$	−698.7	−623.37	191.2	
$HI(g)$	−25.94	−1.32	206.42	29.12
$H_2O(g)$	−241.825	−228.577	188.823	33.571
$H_2O(l)$	−285.838	−237.142	69.940	75.296
$H_2O(s)$	−291.850	−234.03	39.4	
$H_2O_2(l)$	−187.61	−118.04	102.26	82.29
$H_2S(g)$	−20.146	−33.040	205.75	33.97
$H_2SO_4(l)$	−811.35	−866.4	156.85	137.57
$H_2SO_4(aq)$	−811.32			
$HSO_4(aq)$	−885.75	−752.99	126.86	
$I_2(s)$	0	0	116.7	55.97
$I_2(g)$	62.242	19.34	260.60	36.87
$N_2(g)$	0	0	191.598	29.12
$NH_3(g)$	−46.19	−16.603	192.61	35.65
$NO(g)$	89.860	90.37	210.309	29.861
$NO_2(g)$	33.85	51.86	240.57	37.90
$N_2O(g)$	81.55	103.62	220.10	38.70
$N_2O_4(g)$	9.660	98.39	304.42	79.0

续表

物质化学式或名称	标准摩尔生成焓 $\Delta_f H_m^{\ominus}/(\text{kJ} \cdot \text{mol}^{-1})$	标准摩尔生成吉布斯能 $\Delta_f G_m^{\ominus}/(\text{kJ} \cdot \text{mol}^{-1})$	标准摩尔熵 $S_m^{\ominus}/(\text{J} \cdot \text{K}^{-1}\text{mol}^{-1})$	摩尔热容 $C_{p,m}/(\text{J} \cdot \text{K}^{-1} \cdot \text{mol}^{-1})$
$N_2O_5(g)$	2.51	110.5	342.4	108.0
$O(g)$	247.521	230.095	161.063	21.93
$O_2(g)$	0	0	205.138	29.37
$O_3(g)$	142.3	163.45	237.7	38.15
$OH^-(aq)$	−229.940	−157.297	−10.539	
S(单斜)	0.29	0.096	32.55	23.64

注：$T=273.15\text{K}$，$P=101325\text{Pa}$。

附表 2　常见有机物的热力学函数值

有机化合物	标准摩尔生成焓 $\Delta_f H_m^{\ominus}$ $/(\text{kJ} \cdot \text{mol}^{-1})$	标准摩尔生成吉布斯能 $\Delta_f G_m^{\ominus}$ $/(\text{kJ} \cdot \text{mol}^{-1})$	标准摩尔熵 $S_m^{\ominus}$ $/(\text{J} \cdot \text{K}^{-1}\text{mol}^{-1})$	标准摩尔燃烧焓 $\Delta_c H_m^{\ominus}$ $/(\text{kJ} \cdot \text{mol}^{-1})$	摩尔热容 $C_{p,m}$ $/(\text{J} \cdot \text{K}^{-1} \cdot \text{mol}^{-1})$
$CH_4(g)$	−74.81	−50.72	186.26	−890	35.31
$C_2H_2(g)$	226.73	209.20	200.94	−1300	43.93
$C_2H_4(g)$	52.26	68.15	219.56	−1411	43.56
$C_2H_6(g)$	−84.68	−32.82	229.60	−1560	52.63
$C_3H_8(g)$	−103.85	−23.49	269.91	−2220	73.5
$C_4H_{10}(g)$	−126.15	−17.03	310.23	−2878	97.45
$C_6H_6(g)$	49.0	124.3	173.3	−3268	136.1
$C_6H_6(l)$	82.93	129.72	269.31	−3302	81.67
$CH_3OH(l)$	−238.66	−166.27	126.8	−726	81.6
$CH_3OH(g)$	−200.66	−161.96	239.81	−764	43.89
$C_2H_5OH(l)$	−277.69	−174.78	160.7	−1368	111.46
$C_2H_5OH(g)$	−235.10	−168.49	282.70	−1409	65.44
$C_6H_5OH(s)$	−165.0	−50.9	146	−3054	
$HCOOH(l)$	−424.72	−361.35	128.95	−255	99.04
$CH_3COOH(l)$	−484.5	−389.9	159.8	−875	124.3
$CH_3COOH(g)$	−432.25	−374.0	282.5		66.5
$C_6H_5COOH(s)$	−385.1	−245.3	167.6	−3227	146.8
$CH_3COOC_2H_5(s)$	−479.0	−332.7	259.4	−2331	170.1
$HCHO(g)$	−108.57	−102.53	218.77	−571	35.1
$CH_3CHO(l)$	−192.30	−128.12	160.2	−1166	
$CH_3CHO(g)$	−166.19	−128.86	250.3	−1199	57.3
$CH_3COCH_3(l)$	−248.1	−155.4	200.4	−1790	124.7

续表

有机化合物	标准摩尔生成焓 $\Delta_f H_m^{\ominus}$ /(kJ·mol^{-1})	标准摩尔生成吉布斯能 $\Delta_f G_m^{\ominus}$ /(kJ·mol^{-1})	标准摩尔熵 $S_m^{\ominus}$ /(J·K^{-1}mol^{-1})	标准摩尔燃烧焓 $\Delta_c H_m^{\ominus}$ /(kJ·mol^{-1})	摩尔热容 $C_{p,m}$ /(J·K^{-1}·mol^{-1})
$C_6H_{12}O_6(s,\alpha)$	−1274			−2802	
$C_6H_{12}O_6(s,\beta)$	−1268	−910	212	−2808	
$C_{12}H_{22}O_{11}(s)$	−2222	−1543	360.2	−5645	
$CO(NH_2)_2(s)$	−333.51	−197.33	104.60	−632	93.14
$CH_3NH_2(g)$	−22.97	32.16	243.41	−1085	53.1
$C_6H_5NH_2(l)$	−31.1			−3393	

注：$T = 273.15K$，$P = 101325Pa$。

附表3 常见弱电解质的解离常数

名称	化学式	解离常数,K（温度298K）	pK
醋酸	HAc	1.76×10^{-5}	4.75
碳酸	H_2CO_3	$K_1=4.3\times10^{-7}$ $K_2=5.61\times10^{-11}$	6.37 10.25
草酸	$H_2C_2O_4$	$K_1=5.9\times10^{-2}$ $K_2=6.4\times10^{-5}$	1.23 4.19
亚硝酸	HNO_2	$4.6\times10^{-4}(285.5K)$	3.37
磷酸	H_3PO_4	$K_1=7.52\times10^{-3}$ $K_2=6.23\times10^{-8}$ $K_3=2.2\times10^{-13}(291K)$	2.12 7.21 12.67
亚硫酸	H_2SO_3	$K_1=1.54\times10^{-2}(291K)$ $K_2=1.02\times10^{-7}$	1.81 6.91
硫化氢	H_2S	$K_1=9.1\times10^{-8}(291K)$ $K_2=1.1\times10^{-12}$	7.04 11.96
氢氰酸	HCN	4.93×10^{-10}	9.31
硼酸	H_3BO_3	5.8×10^{-10}	9.24
氢氟酸	HF	3.53×10^{-4}	3.45
氨水	$NH_3\cdot H_2O$	1.79×10^{-5}	4.75
氢氧化铝	$Al(OH)_3$	5.01×10^{-9}	8.3
	$Al(OH)_2^+$	1.99×10^{-10}	9.7
甲酸	HCOOH	$1.77\times10^{-4}(293K)$	3.75
氯乙酸	$ClCH_2COOH$	1.4×10^{-3}	2.85
氨基乙酸	NH_2CH_2COOH	1.67×10^{-10}	9.78
邻苯二甲酸	$C_6H_4(COOH)_2$	$K_1=1.12\times10^{-3}$ $K_2=3.91\times10^{-6}$	2.95 5.41

名称	化学式	解离常数,K（温度298K）	pK
柠檬酸	$(HOOCCH_2)_2C(OH)COOH$	$K_1=7.1\times10^{-4}$	3.14
		$K_2=1.68\times10^{-5}$（293K）	4.77
		$K_3=4.1\times10^{-7}$	6.39
苯酚	C_6H_5OH	1.28×10^{-10}（293K）	9.89

附表4　金属-无机/有机配位体配合物的稳定常数

络合反应的平衡常数用配合物稳定常数 K_n 表示，又称配合物形成常数。此常数值越大，说明形成的配合物越稳定。其倒数用来表示配合物的解离程度，称为配合物的不稳定常数。β_n 表示累积稳定常数。

配位体（ligand）	金属离子（metal ion）	配位体数目 n	$\lg\beta_n$
NH₃	Ag^+	1,2	3.24,7.05
	Au^{3+}	4	10.3
	Cd^{2+}	1,2,3,4,5,6	2.65,4.75,6.19,7.12,6.80,5.14
	Co^{2+}	1,2,3,4,5,6	2.11,3.74,4.79,5.55,5.73,5.11
	Co^{3+}	1,2,3,4,5,6	6.7,14.0,20.1,25.7,30.8,35.2
	Cu^+	1,2	5.93,10.86
	Cu^{2+}	1,2,3,4,5	4.31,7.98,11.02,13.32,12.86
	Fe^{2+}	1,2	1.4,2.2
	Hg^{2+}	1,2,3,4	8.8,17.5,18.5,19.28
	Mn^{2+}	1,2	0.8,1.3
	Ni^{2+}	1,2,3,4,5,6	2.80,5.04,6.77,7.96,8.71,8.74
	Pd^{2+}	1,2,3,4	9.6,18.5,26.0,32.8
	Pt^{2+}	6	35.3
	Zn^{2+}	1,2,3,4	2.37,4.81,7.31,9.46
CN⁻	Ag^+	2,3,4	21.1,21.7,20.6
	Au^+	2	38.3
	Cd^{2+}	1,2,3,4	5.48,10.60,15.23,18.78
	Cu^+	2,3,4	24.0,28.59,30.30
	Fe^{2+}	6	35
	Fe^{3+}	6	42
	Hg^{2+}	4	41.4
	Ni^{2+}	4	31.3
	Zn^{2+}	1,2,3,4	5.3,11.70,16.70,21.60

配位体(ligand)	金属离子(metal ion)	配位体数目 n	$\lg\beta_n$
F$^-$	Al^{3+}	1,2,3,4,5,6	6.11,11.12,15.00,18.00,19.40,19.80
	Be^{2+}	1,2,3,4	4.99,8.80,11.60,13.10
	Bi^{3+}	1	1.42
	Co^{2+}	1	0.4
	Cr^{3+}	1,2,3	4.36,8.70,11.20
	Cu^{2+}	1	0.9
	Fe^{2+}	1	0.8
	Fe^{3+}	1,2,3,5	5.28,9.30,12.06,15.77
	Hg^{2+}	1	1.03
	Mg^{2+}	1	1.3
	Mn^{2+}	1	5.48
	Ni^{2+}	1	0.5
	Pb^{2+}	1,2	1.44,2.54
	Sb^{3+}	1,2,3,4	3.0,5.7,8.3,10.9
	Sn^{2+}	1,2,3	4.08,6.68,9.50
	Zn^{2+}	1	0.78
	Zr^{4+}	1,2,3,4,5,6	9.4,17.2,23.7,29.5,33.5,38.3
OH$^-$	Ag$^+$	1,2	2.0,3.99
	Al^{3+}	1,4	9.27,33.03
	As^{3+}	1,2,3,4	14.33,18.73,20.60,21.20
	Be^{2+}	1,2,3	9.7,14.0,15.2
	Bi^{3+}	1,2,4	12.7,15.8,35.2
	Ca^{2+}	1	1.3
	Cd^{2+}	1,2,3,4	4.17,8.33,9.02,8.62
	Ce^{3+}	1	4.6
	Ce^{4+}	1,2	13.28,26.46
	Co^{2+}	1,2,3,4	4.3,8.4,9.7,10.2
	Cr^{3+}	1,2,4	10.1,17.8,29.9
	Cu^{2+}	1,2,3,4	7.0,13.68,17.00,18.5
	Fe^{2+}	1,2,3,4	5.56,9.77,9.67,8.58
	Fe^{3+}	1,2,3	11.87,21.17,29.67
	Hg^{2+}	1,2,3	10.6,21.8,20.9
	In^{3+}	1,2,3,4	10.0,20.2,29.6,38.9
	Mg^{2+}	1	2.58
	Mn^{2+}	1,3	3.9,8.3
	Ni^{2+}	1,2,3	4.97,8.55,11.33
	Pa^{4+}	1,2,3,4	14.04,27.84,40.7,51.4

续表

配位体(ligand)	金属离子(metal ion)	配位体数目 n	$\lg\beta_n$
OH$^-$	Pb^{2+}	1,2,3	7.82,10.85,14.58
	Pd^{2+}	1,2	13.0,25.8
	Sb^{3+}	2,3,4	24.3,36.7,38.3
	Sc^{3+}	1	8.9
	Sn^{2+}	1	10.4
	Th^{3+}	1,2	12.86,25.37
	Ti^{3+}	1	12.71
	Zn^{2+}	1,2,3,4	4.40,11.30,14.14,17.66
	Zr^{4+}	1,2,3,4	14.3,28.3,41.9,55.3
SCN$^-$	Ag$^+$	1,2,3,4	4.6,7.57,9.08,10.08
	Bi^{3+}	1,2,3,4,5,6	1.67,3.00,4.00,4.80,5.50,6.10
	Cd^{2+}	1,2,3,4	1.39,1.98,2.58,3.6
	Cr^{3+}	1,2	1.87,2.98
	Cu$^+$	1,2	12.11,5.18
	Cu^{2+}	1,2	1.90,3.00
	Fe^{3+}	1,2,3,4,5,6	2.21,3.64,5.00,6.30,6.20,6.10
	Hg^{2+}	1,2,3,4	9.08,16.86,19.70,21.70
	Ni^{2+}	1,2,3	1.18,1.64,1.81
	Pb^{2+}	1,2,3	0.78,0.99,1.00
	Sn^{2+}	1,2,3	1.17,1.77,1.74
	Th^{4+}	1,2	1.08,1.78
	Zn^{2+}	1,2,3,4	1.33,1.91,2.00,1.60
S$_2$O$_3^{2-}$	Ag$^+$	1,2	8.82,13.46
	Cd^{2+}	1,2	3.92,6.44
	Cu$^+$	1,2,3	10.27,12.22,13.84
	Fe^{3+}	1	2.1
	Hg^{2+}	2,3,4	29.44,31.90,33.24
	Pb^{2+}	2,3	5.13,6.35
乙二胺四乙酸 (EDTA) $[(HOOCCH_2)_2NCH_2]_2$	Ag$^+$	1	7.32
	Al^{3+}	1	16.11
	Ba^{2+}	1	7.78
	Be^{2+}	1	9.3
	Bi^{3+}	1	22.8
	Ca^{2+}	1	11
	Cd^{2+}	1	16.4
	Co^{2+}	1	16.31
	Co^{3+}	1	36
	Cr^{3+}	1	23

续表

配位体(ligand)	金属离子(metal ion)	配位体数目 n	$\lg\beta_n$
乙二胺四乙酸 (EDTA) $[(HOOCCH_2)_2NCH_2]_2$	Cu^{2+}	1	18.7
	Fe^{2+}	1	14.83
	Fe^{3+}	1	24.23
	Ga^{3+}	1	20.25
	Hg^{2+}	1	21.8
	In^{3+}	1	24.95
	Li^+	1	2.79
	Mg^{2+}	1	8.64
	Mn^{2+}	1	13.8
	$Mo(V)$	1	6.36
	Na^+	1	1.66
	Ni^{2+}	1	18.56
	Pb^{2+}	1	18.3
	Pd^{2+}	1	18.5
	Sc^{2+}	1	23.1
	Sn^{2+}	1	22.1
	Sr^{2+}	1	8.8
	TiO^{2+}	1	17.3
	Tl^{3+}	1	22.5
	U^{4+}	1	17.5
	VO^{2+}	1	18
	Zn^{2+}	1	16.4
	Zr^{4+}	1	19.4
草酸 (oxalicacid) HOOC-COOH	Ag^+	1	2.41
	Al^{3+}	1,2,3	7.26,13.0,16.3
	Ba^{2+}	1	2.31
	Ca^{2+}	1	3
	Cd^{2+}	1,2	3.52,5.77
	Co^{2+}	1,2,3	4.79,6.7,9.7
	Cu^{2+}	1,2	6.23,10.27
	Fe^{2+}	1,2,3	2.9,4.52,5.22
	Fe^{3+}	1,2,3	9.4,16.2,20.2
	Hg^{2+}	1	9.66
	Hg_2^{2+}	2	6.98
	Mg^{2+}	1,2	3.43,4.38
	Mn^{2+}	1,2	3.97,5.80
	Mn^{3+}	1,2,3	9.98,16.57,19.42

续表

配位体（ligand）	金属离子（metal ion）	配位体数目 n	$\lg\beta_n$
草酸 （oxalicacid） HOOC-COOH	Ni^{2+}	1,2,3	5.3,7.64,~8.5
	Pb^{2+}	1,2	4.91,6.76
	Sc^{3+}	1,2,3,4	6.86,11.31,14.32,16.70
	Th^{4+}	4	24.48
	Zn^{2+}	1,2,3	4.89,7.60,8.15
	Zr^{4+}	1,2,3,4	9.80,17.14,20.86,21.15
乙二胺 （ethyoenediamine） $H_2NCH_2CH_2NH_2$	Ag^+	1,2	4.70,7.70
	Cd^{2+}（20℃）	1,2,3	5.47,10.09,12.09
	Co^{2+}	1,2,3	5.91,10.64,13.94
	Co^{3+}	1,2,3	18.7,34.9,48.69
	Cr^{2+}	1,2	5.15,9.19
	Cu^+	2	10.8
	Cu^{2+}	1,2,3	10.67,20.0,21.0
	Fe^{2+}	1,2,3	4.34,7.65,9.70
	Hg^{2+}	1,2	14.3,23.3
	Mg^{2+}	1	0.37
	Mn^{2+}	1,2,3	2.73,4.79,5.67
	Ni^{2+}	1,2,3	7.52,13.84,18.33
	Pd^{2+}	2	26.9
	Zn^{2+}	1,2,3	5.77,10.83,14.11

附表 5　不同 pH 值下 EDTA 的 $\lg\alpha_{Y(H)}$ 值

pH	$\lg\alpha_{Y(H)}$	pH	$\lg\alpha_{Y(H)}$	pH	$\lg\alpha_{Y(H)}$	pH	$\lg\alpha_{Y(H)}$	pH	$\lg\alpha_{Y(H)}$
0.0	23.64	1.2	16.98	2.4	12.19	3.6	9.27	4.8	6.84
0.1	23.06	1.3	16.49	2.5	11.90	3.7	9.06	4.9	6.65
0.2	22.47	1.4	16.02	2.6	11.62	3.8	8.85	5.0	6.45
0.3	21.89	1.5	15.55	2.7	11.35	3.9	8.65	5.1	6.26
0.4	21.32	1.6	15.11	2.8	11.09	4.0	8.44	5.2	6.07
0.5	20.75	1.7	14.68	2.9	10.84	4.1	8.24	5.3	5.88
0.6	20.18	1.8	14.27	3.0	10.60	4.2	8.04	5.4	5.69
0.7	19.62	1.9	13.88	3.1	10.37	4.3	7.84	5.5	5.51
0.8	19.08	2.0	13.51	3.2	10.14	4.4	7.64	5.6	5.33
0.9	18.54	2.1	13.16	3.3	9.92	4.5	7.44	5.7	5.15
1.0	18.01	2.2	12.82	3.4	9.70	4.6	7.24	5.8	4.98
1.1	17.49	2.3	12.50	3.5	9.48	4.7	7.04	5.9	4.81

pH	lg$\alpha_{Y(H)}$	pH	lg$\alpha_{Y(H)}$	pH	lg$\alpha_{Y(H)}$	pH	lg$\alpha_{Y(H)}$	pH	lg$\alpha_{Y(H)}$
6.0	4.65	7.3	2.99	8.6	1.67	9.9	0.52	11.2	0.05
6.1	4.49	7.4	2.88	8.7	1.57	10.0	0.45	11.3	0.04
6.2	4.34	7.5	2.78	8.8	1.48	10.1	0.39	11.4	0.03
6.3	4.20	7.6	2.68	8.9	1.38	10.2	0.33	11.5	0.02
6.4	4.06	7.7	2.57	9.0	1.28	10.3	0.28	11.6	0.02
6.5	3.92	7.8	2.47	9.1	1.19	10.4	0.24	11.7	0.02
6.6	3.79	7.9	2.37	9.2	1.10	10.5	0.20	11.8	0.01
6.7	3.67	8.0	2.27	9.3	1.01	10.6	0.16	11.9	0.01
6.8	3.55	8.1	2.17	9.4	0.92	10.7	0.13	12.0	0.01
6.9	3.43	8.2	2.07	9.5	0.83	10.8	0.11	12.1	0.01
7.0	3.32	8.3	1.97	9.6	0.75	10.9	0.09	12.2	0.005
7.1	3.21	8.4	1.87	9.7	0.67	11.0	0.07	13.0	0.0008
7.2	3.10	8.5	1.77	9.8	0.59	11.1	0.06	13.9	0.0001

附表6 标准电极电势表

1. 在酸性溶液中(298K)		
电对	方程式	E/V
Li(Ⅰ)—(0)	$Li^+ + e^- = Li$	−3.0401
Cs(Ⅰ)—(0)	$Cs^+ + e^- = Cs$	−3.026
Rb(Ⅰ)—(0)	$Rb^+ + e^- = Rb$	−2.98
K(Ⅰ)—(0)	$K^+ + e^- = K$	−2.931
Ba(Ⅱ)—(0)	$Ba^{2+} + 2e^- = Ba$	−2.912
Sr(Ⅱ)—(0)	$Sr^{2+} + 2e^- = Sr$	−2.89
Ca(Ⅱ)—(0)	$Ca^{2+} + 2e^- = Ca$	−2.868
Na(Ⅰ)—(0)	$Na^+ + e^- = Na$	−2.71
La(Ⅲ)—(0)	$La^{3+} + 3e^- = La$	−2.379
Mg(Ⅱ)—(0)	$Mg^{2+} + 2e^- = Mg$	−2.372
Ce(Ⅲ)—(0)	$Ce^{3+} + 3e^- = Ce$	−2.336
H(0)—(−Ⅰ)	$H_2(g) + 2e^- = 2H^-$	−2.23
Al(Ⅲ)—(0)	$AlF_6^{3-} + 3e^- = Al + 6F^-$	−2.069
Th(Ⅳ)—(0)	$Th^{4+} + 4e^- = Th$	−1.899
Be(Ⅱ)—(0)	$Be^{2+} + 2e^- = Be$	−1.847
U(Ⅲ)—(0)	$U^{3+} + 3e^- = U$	−1.798
Hf(Ⅳ)—(0)	$HfO^{2+} + 2H^+ + 4e^- = Hf + H_2O$	−1.724
Al(Ⅲ)—(0)	$Al^{3+} + 3e^- = Al$	−1.662

续表

电对	方程式	E/V
Ti(Ⅱ)−(0)	$Ti^{2+}+2e^-\longrightarrow Ti$	−1.630
Zr(Ⅳ)−(0)	$ZrO_2+4H^++4e^-\longrightarrow Zr+2H_2O$	−1.553
Si(Ⅳ)−(0)	$[SiF_6]^{2-}+4e^-\longrightarrow Si+6F^-$	−1.24
Mn(Ⅱ)−(0)	$Mn^{2+}+2e^-\longrightarrow Mn$	−1.185
Cr(Ⅱ)−(0)	$Cr^{2+}+2e^-\longrightarrow Cr$	−0.913
Ti(Ⅲ)−(Ⅱ)	$Ti^{3+}+e^-\longrightarrow Ti^{2+}$	−0.9
B(Ⅲ)−(0)	$H_3BO_3+3H^++3e^-\longrightarrow B+3H_2O$	−0.8698
Ti(Ⅳ)−(0)	$TiO_2+4H^++4e^-\longrightarrow Ti+2H_2O$	−0.86
Te(0)−(−Ⅱ)	$Te+2H^++2e^-\longrightarrow H_2Te$	−0.793
Zn(Ⅱ)−(0)	$Zn^{2+}+2e^-\longrightarrow Zn$	−0.7618
Ta(Ⅴ)−(0)	$Ta_2O_5+10H^++10e^-\longrightarrow 2Ta+5H_2O$	−0.750
Cr(Ⅲ)−(0)	$Cr^{3+}+3e^-\longrightarrow Cr$	−0.744
Nb(Ⅴ)−(0)	$Nb_2O_5+10H^++10e^-\longrightarrow 2Nb+5H_2O$	−0.644
As(0)−(−Ⅲ)	$As+3H^++3e^-\longrightarrow AsH_3$	−0.608
U(Ⅳ)−(Ⅲ)	$U^{4+}+e^-\longrightarrow U^{3+}$	−0.607
Ga(Ⅲ)−(0)	$Ga^{3+}+3e^-\longrightarrow Ga$	−0.549
P(Ⅰ)−(0)	$H_3PO_2+H^++e^-\longrightarrow P+2H_2O$	−0.508
P(Ⅲ)−(Ⅰ)	$H_3PO_3+2H^++2e^-\longrightarrow H_3PO_2+H_2O$	−0.499
C(Ⅳ)−(Ⅲ)	$2CO_2+2H^++2e^-\longrightarrow H_2C_2O_4$	−0.49
Fe(Ⅱ)−(0)	$Fe^{2+}+2e^-\longrightarrow Fe$	−0.447
Cr(Ⅲ)−(Ⅱ)	$Cr^{3+}+e^-\longrightarrow Cr^{2+}$	−0.407
Cd(Ⅱ)−(0)	$Cd^{2+}+2e^-\longrightarrow Cd$	−0.4030
Se(0)−(−Ⅱ)	$Se+2H^++2e^-\longrightarrow H_2Se(aq)$	−0.399
Pb(Ⅱ)−(0)	$PbI_2+2e^-\longrightarrow Pb+2I^-$	−0.365
Eu(Ⅲ)−(Ⅱ)	$Eu^{3+}+e^-\longrightarrow Eu^{2+}$	−0.36
Pb(Ⅱ)−(0)	$PbSO_4+2e^-\longrightarrow Pb+SO4^{2-}$	−0.3588
In(Ⅲ)−(0)	$In^{3+}+3e^-\longrightarrow In$	−0.3382
Tl(Ⅰ)−(0)	$Tl^++e^-\longrightarrow Tl$	−0.336
Co(Ⅱ)−(0)	$Co^{2+}+2e^-\longrightarrow Co$	−0.28
P(Ⅴ)−(Ⅲ)	$H_3PO_4+2H^++2e^-\longrightarrow H_3PO_3+H_2O$	−0.276
Pb(Ⅱ)−(0)	$PbCl_2+2e^-\longrightarrow Pb+2Cl^-$	−0.2675
Ni(Ⅱ)−(0)	$Ni^{2+}+2e^-\longrightarrow Ni$	−0.257
V(Ⅲ)−(Ⅱ)	$V^{3+}+e^-\longrightarrow V^{2+}$	−0.255
Ge(Ⅳ)−(0)	$H_2GeO_3+4H^++4e^-\longrightarrow Ge+3H_2O$	−0.182
Ag(Ⅰ)−(0)	$AgI+e^-\longrightarrow Ag+I^-$	−0.15224
Sn(Ⅱ)−(0)	$Sn^{2+}+2e^-\longrightarrow Sn$	−0.1375

续表

电对	方程式	E/V
Pb(Ⅱ)-(0)	$Pb^{2+}+2e^-{=\!=}Pb$	-0.1262
C(Ⅳ)-(Ⅱ)	$CO_2(g)+2H^++2e^-{=\!=}CO+H_2O$	-0.12
P(0)-(-Ⅲ)	$P(白)+3H^++3e^-{=\!=}PH_3(g)$	-0.063
Hg(Ⅰ)-(0)	$Hg_2I_2+2e^-{=\!=}2Hg+2I^-$	-0.0405
Fe(Ⅲ)-(0)	$Fe^{3+}+3e^-{=\!=}Fe$	-0.037
H(Ⅰ)-(0)	$2H^++2e^-{=\!=}H_2$	0.0000
Ag(Ⅰ)-(0)	$AgBr+e^-{=\!=}Ag+Br^-$	0.07133
S(Ⅱ.Ⅴ)-(Ⅱ)	$S_4O_6^{2-}+2e^-{=\!=}2S_2O_3^{2-}$	0.08
Ti(Ⅳ)-(Ⅲ)	$TiO^{2+}+2H^++e^-{=\!=}Ti^{3+}+H_2O$	0.1
S(0)-(-Ⅱ)	$S+2H^++2e^-{=\!=}H_2S(aq)$	0.142
Sn(Ⅳ)-(Ⅱ)	$Sn^{4+}+2e^-{=\!=}Sn^{2+}$	0.151
Sb(Ⅲ)-(0)	$Sb_2O_3+6H^++6e^-{=\!=}2Sb+3H_2O$	0.152
Cu(Ⅱ)-(Ⅰ)	$Cu^{2+}+e^-{=\!=}Cu^+$	0.153
Bi(Ⅲ)-(0)	$BiOCl+2H^++3e^-{=\!=}Bi+Cl^-+H_2O$	0.1583
S(Ⅴ)-(Ⅳ)	$SO_4^{2-}+4H^++2e^-{=\!=}H_2SO_3+H_2O$	0.172
Sb(Ⅲ)-(0)	$SbO^++2H^++3e^-{=\!=}Sb+H_2O$	0.212
Ag(Ⅰ)-(0)	$AgCl+e^-{=\!=}Ag+Cl^-$	0.22233
As(Ⅲ)-(0)	$HAsO_2+3H^++3e^-{=\!=}As+2H_2O$	0.248
Hg(Ⅰ)-(0)	$Hg_2Cl_2+2e^-{=\!=}2Hg+2Cl^-$（饱和 KCl）	0.26808
Bi(Ⅲ)-(0)	$BiO^++2H^++3e^-{=\!=}Bi+H_2O$	0.320
U(Ⅵ)-(Ⅳ)	$UO_2^{2+}+4H^++2e^-{=\!=}U^{4+}+2H_2O$	0.327
C(Ⅳ)-(Ⅲ)	$2HCNO+2H^++2e^-{=\!=}(CN)_2+2H_2O$	0.330
V(Ⅳ)-(Ⅲ)	$VO^{2+}+2H^++e^-{=\!=}V^{3+}+H_2O$	0.337
Cu(Ⅱ)-(0)	$Cu^{2+}+2e^-{=\!=}Cu$	0.3419
Re(Ⅶ)-(0)	$ReO_4^-+8H^++7e^-{=\!=}Re+4H_2O$	0.368
Ag(Ⅰ)-(0)	$Ag_2CrO_4+2e^-{=\!=}2Ag+CrO_4^{2-}$	0.4470
S(Ⅳ)-(0)	$H_2SO_3+4H^++4e^-{=\!=}S+3H_2O$	0.449
Cu(Ⅰ)-(0)	$Cu^++e^-{=\!=}Cu$	0.521
I(0)-(-Ⅰ)	$I_2+2e^-{=\!=}2I^-$	0.5355
I(0)-(-Ⅰ)	$I_3^-+2e^-{=\!=}3I^-$	0.536
As(Ⅴ)-(Ⅲ)	$H_3AsO_4+2H^++2e^-{=\!=}HAsO_2+2H_2O$	0.560
Sb(Ⅴ)-(Ⅲ)	$Sb_2O_5+6H^++4e^-{=\!=}2SbO^++3H_2O$	0.581
Te(Ⅳ)-(0)	$TeO_2+4H^++4e^-{=\!=}Te+2H_2O$	0.593
U(Ⅴ)-(Ⅳ)	$UO_2^++4H^++e^-{=\!=}U^{4+}+2H_2O$	0.612
Hg(Ⅱ)-(Ⅰ)	$2HgCl_2+2e^-{=\!=}Hg_2Cl_2+2Cl^-$	0.63

电对	方程式	E/V
Pt(IV)-(II)	$[PtCl_6]^{2-}+2e^-\Longrightarrow[PtCl_4]^{2-}+2Cl^-$	0.68
O(0)-(-I)	$O_2+2H^++2e^-\Longrightarrow H_2O_2$	0.695
Pt(II)-(0)	$[PtCl_4]^{2-}+2e^-\Longrightarrow Pt+4Cl^-$	0.755
Fe(III)-(II)	$Fe^{3+}+e^-\Longrightarrow Fe^{2+}$	0.771
Hg(I)-(0)	$Hg_2^{2+}+2e^-\Longrightarrow 2Hg$	0.7973
Ag(I)-(0)	$Ag^++e^-\Longrightarrow Ag$	0.7996
Os(VIII)-(0)	$OsO_4+8H^++8e^-\Longrightarrow Os+4H_2O$	0.8
N(V)-(IV)	$2NO_3^-+4H^++2e^-\Longrightarrow N_2O_4+2H_2O$	0.803
Hg(II)-(0)	$Hg^{2+}+2e^-\Longrightarrow Hg$	0.851
Si(IV)-(0)	$(石英)SiO_2+4H^++4e^-\Longrightarrow Si+2H_2O$	0.857
Cu(II)-(I)	$Cu^{2+}+I^-+e^-\Longrightarrow CuI$	0.86
N(III)-(I)	$2HNO_2+4H^++4e^-\Longrightarrow H_2N_2O_2+2H_2O$	0.86
Hg(II)-(I)	$2Hg^{2+}+2e^-\Longrightarrow Hg_2^{2+}$	0.920
N(V)-(III)	$NO_3^-+3H^++2e^-\Longrightarrow HNO_2+H_2O$	0.934
Pd(II)-(0)	$Pd^{2+}+2e^-\Longrightarrow Pd$	0.951
N(V)-(II)	$NO_3^-+4H^++3e^-\Longrightarrow NO+2H_2O$	0.957
N(III)-(II)	$HNO_2+H^++e^-\Longrightarrow NO+H_2O$	0.983
I(I)-(-I)	$HIO+H^++2e^-\Longrightarrow I^-+H_2O$	0.987
V(V)-(IV)	$VO_2^++2H^++e^-\Longrightarrow VO^{2+}+H_2O$	0.991
V(V)-(IV)	$V(OH)_4^++2H^++e^-\Longrightarrow VO^{2+}+3H_2O$	1.00
Au(III)-(0)	$[AuCl_4]^-+3e^-\Longrightarrow Au+4Cl^-$	1.002
Te(VI)-(IV)	$H_6TeO_6+2H^++2e^-\Longrightarrow TeO_2+4H_2O$	1.02
N(IV)-(II)	$N_2O_4+4H^++4e^-\Longrightarrow 2NO+2H_2O$	1.035
N(IV)-(III)	$N_2O_4+2H^++2e^-\Longrightarrow 2HNO_2$	1.065
I(V)-(-I)	$IO_3^-+6H^++6e^-\Longrightarrow I^-+3H_2O$	1.085
Br(0)-(-I)	$Br_2(aq)+2e^-\Longrightarrow 2Br^-$	1.0873
Se(VI)-(IV)	$SeO_4^{2-}+4H^++2e^-\Longrightarrow H_2SeO_3+H_2O$	1.151
Cl(V)-(IV)	$ClO_3^-+2H^++e^-\Longrightarrow ClO_2+H_2O$	1.152
Pt(II)-(0)	$Pt^{2+}+2e^-\Longrightarrow Pt$	1.18
Cl(VII)-(V)	$ClO_4^-+2H^++2e^-\Longrightarrow ClO_3^-+H_2O$	1.189
I(V)-(0)	$2IO_3^-+12H^++10e^-\Longrightarrow I_2+6H_2O$	1.195
Cl(V)-(III)	$ClO_3^-+3H^++2e^-\Longrightarrow HClO_2+H_2O$	1.214
Mn(IV)-(II)	$MnO_2+4H^++2e^-\Longrightarrow Mn^{2+}+2H_2O$	1.224
O(0)-(-II)	$O_2+4H^++4e^-\Longrightarrow 2H_2O$	1.229
Tl(III)-(I)	$Tl^{3+}+2e^-\Longrightarrow Tl^+$	1.252

续表

电对	方程式	E/V
Cl(Ⅳ)−(Ⅲ)	$ClO_2 + H^+ + e^- \longrightarrow HClO_2$	1.277
N(Ⅲ)−(Ⅰ)	$2HNO_2 + 4H^+ + 4e^- \longrightarrow N_2O + 3H_2O$	1.297
Cr(Ⅳ)−(Ⅲ)	$Cr_2O_7^{2-} + 14H^+ + 6e^- \longrightarrow 2Cr^{3+} + 7H_2O$	1.33
Br(Ⅰ)−(−Ⅰ)	$HBrO + H^+ + 2e^- \longrightarrow Br^- + H_2O$	1.331
Cr(Ⅳ)−(Ⅲ)	$HCrO_4^- + 7H^+ + 3e^- \longrightarrow Cr^{3+} + 4H_2O$	1.350
Cl(0)−(−Ⅰ)	$Cl_2(g) + 2e^- \longrightarrow 2Cl^-$	1.35827
Cl(Ⅶ)−(−Ⅰ)	$ClO_4^- + 8H^+ + 8e^- \longrightarrow Cl^- + 4H_2O$	1.389
Cl(Ⅶ)−(0)	$ClO_4^- + 8H^+ + 7e^- \longrightarrow 1/2Cl_2 + 4H_2O$	1.39
Au(Ⅲ)−(Ⅰ)	$Au^{3+} + 2e^- \longrightarrow Au^+$	1.401
Br(Ⅴ)−(−Ⅰ)	$BrO_3^- + 6H^+ + 6e^- \longrightarrow Br^- + 3H_2O$	1.423
I(Ⅰ)−(0)	$2HIO + 2H^+ + 2e^- \longrightarrow I_2 + 2H_2O$	1.439
Cl(Ⅴ)−(−Ⅰ)	$ClO_3^- + 6H^+ + 6e^- \longrightarrow Cl^- + 3H_2O$	1.451
Pb(Ⅳ)−(Ⅱ)	$PbO_2 + 4H^+ + 2e^- \longrightarrow Pb^{2+} + 2H_2O$	1.455
Cl(Ⅴ)−(0)	$ClO_3^- + 6H^+ + 5e^- \longrightarrow 1/2Cl_2 + 3H_2O$	1.47
Cl(Ⅰ)−(−Ⅰ)	$HClO + H^+ + 2e^- \longrightarrow Cl^- + H_2O$	1.482
Br(Ⅴ)−(0)	$BrO_3^- + 6H^+ + 5e^- \longrightarrow 1/2Br_2 + 3H_2O$	1.482
Au(Ⅲ)−(0)	$Au^{3+} + 3e^- \longrightarrow Au$	1.498
Mn(Ⅶ)−(Ⅱ)	$MnO_4^- + 8H^+ + 5e^- \longrightarrow Mn^{2+} + 4H_2O$	1.507
Mn(Ⅲ)−(Ⅱ)	$Mn^{3+} + e^- \longrightarrow Mn^{2+}$	1.5415
Cl(Ⅲ)−(−Ⅰ)	$HClO_2 + 3H^+ + 4e^- \longrightarrow Cl^- + 2H_2O$	1.570
Br(Ⅰ)−(0)	$HBrO + H^+ + e^- \longrightarrow 1/2Br_2(aq) + H_2O$	1.574
N(Ⅱ)−(Ⅰ)	$2NO + 2H^+ + 2e^- \longrightarrow N_2O + H_2O$	1.591
I(Ⅶ)−(Ⅴ)	$H_5IO_6 + H^+ + 2e^- \longrightarrow IO_3^- + 3H_2O$	1.601
Cl(Ⅰ)−(0)	$HClO + H^+ + e^- \longrightarrow 1/2Cl_2 + H_2O$	1.611
Cl(Ⅲ)−(Ⅰ)	$HClO_2 + 2H^+ + 2e^- \longrightarrow HClO + H_2O$	1.645
Ni(Ⅳ)−(Ⅱ)	$NiO_2 + 4H^+ + 2e^- \longrightarrow Ni^{2+} + 2H_2O$	1.678
Mn(Ⅶ)−(Ⅳ)	$MnO_4^- + 4H^+ + 3e^- \longrightarrow MnO_2 + 2H_2O$	1.679
Pb(Ⅳ)−(Ⅱ)	$PbO_2 + SO_4^{2-} + 4H^+ + 2e^- \longrightarrow PbSO_4 + 2H_2O$	1.6913
Au(Ⅰ)−(0)	$Au^+ + e^- \longrightarrow Au$	1.692
Ce(Ⅳ)−(Ⅲ)	$Ce^{4+} + e^- \longrightarrow Ce^{3+}$	1.72
N(Ⅰ)−(0)	$N_2O + 2H^+ + 2e^- \longrightarrow N_2 + H_2O$	1.766
O(−Ⅰ)−(−Ⅱ)	$H_2O_2 + 2H^+ + 2e^- \longrightarrow 2H_2O$	1.776
Co(Ⅲ)−(Ⅱ)	$Co^{3+} + e^- \longrightarrow Co^{2+}$ (2mol·L^{-1} H$_2$SO$_4$)	1.83
Ag(Ⅱ)−(Ⅰ)	$Ag^{2+} + e^- \longrightarrow Ag^+$	1.980
S(Ⅶ)−(Ⅳ)	$S_2O_8^{2-} + 2e^- \longrightarrow 2SO_4^{2-}$	2.010

续表

电对	方程式	E/V
O(0)−(−Ⅱ)	$O_3+2H^++2e^-\Longrightarrow O_2+H_2O$	2.076
O(Ⅱ)−(−Ⅱ)	$F_2O+2H^++4e^-\Longrightarrow H_2O+2F^-$	2.153
Fe(Ⅳ)−(Ⅲ)	$FeO_4^{2-}+8H^++3e^-\Longrightarrow Fe^{3+}+4H_2O$	2.20
O(0)−(−Ⅱ)	$O(g)+2H^++2e^-\Longrightarrow H_2O$	2.421
F(0)−(−Ⅰ)	$F_2+2e^-\Longrightarrow 2F^-$	2.866
F(0)−(−Ⅰ)	$F_2+2H^++2e^-\Longrightarrow 2HF$	3.053

2. 在碱性溶液中(298K)

电对	方程式	E/V
Ca(Ⅱ)−(0)	$Ca(OH)_2+2e^-\Longrightarrow Ca+2OH^-$	−3.02
Ba(Ⅱ)−(0)	$Ba(OH)_2+2e^-\Longrightarrow Ba+2OH^-$	−2.99
La(Ⅲ)−(0)	$La(OH)_3+3e^-\Longrightarrow La+3OH^-$	−2.90
Sr(Ⅱ)−(0)	$Sr(OH)_2\cdot 8H_2O+2e^-\Longrightarrow Sr+2OH^-+8H_2O$	−2.88
Mg(Ⅱ)−(0)	$Mg(OH)_2+2e^-\Longrightarrow Mg+2OH^-$	−2.690
Be(Ⅱ)−(0)	$Be_2O_3^{2-}+3H_2O+4e^-\Longrightarrow 2Be+6OH^-$	−2.63
Hf(Ⅳ)−(0)	$HfO(OH)_2+H_2O+4e^-\Longrightarrow Hf+4OH^-$	−2.50
Zr(Ⅳ)−(0)	$H_2ZrO_3+H_2O+4e^-\Longrightarrow Zr+4OH^-$	−2.36
Al(Ⅲ)−(0)	$H_2AlO_3^-+H_2O+3e^-\Longrightarrow Al+OH^-$	−2.33
P(Ⅰ)−(0)	$H_2PO_2^-+e^-\Longrightarrow P+2OH^-$	−1.82
B(Ⅲ)−(0)	$H_2BO_3^-+H_2O+3e^-\Longrightarrow B+4OH^-$	−1.79
P(Ⅲ)−(0)	$HPO_3^{2-}+2H_2O+3e^-\Longrightarrow P+5OH^-$	−1.71
Si(Ⅳ)−(0)	$SiO_3^{2-}+3H_2O+4e^-\Longrightarrow Si+6OH^-$	−1.697
P(Ⅲ)−(Ⅰ)	$HPO_3^{2-}+2H_2O+2e^-\Longrightarrow H_2PO_2^-+3OH^-$	−1.65
Mn(Ⅱ)−(0)	$Mn(OH)_2+2e^-\Longrightarrow Mn+2OH^-$	−1.56
Cr(Ⅲ)−(0)	$Cr(OH)_3+3e^-\Longrightarrow Cr+3OH^-$	−1.48
Zn(Ⅱ)−(0)	$[Zn(CN)_4]^{2-}+2e^-\Longrightarrow Zn+4CN^-$	−1.26
Ga(Ⅲ)−(0)	$H_2GaO_3^-+H_2O+2e^-\Longrightarrow Ga+4OH^-$	−1.219
Zn(Ⅱ)−(0)	$ZnO_2^{2-}+2H_2O+2e^-\Longrightarrow Zn+4OH^-$	−1.215
Cr(Ⅲ)−(0)	$CrO_2^-+2H_2O+3e^-\Longrightarrow Cr+4OH^-$	−1.2
Te(0)−(−Ⅰ)	$Te+2e^-\Longrightarrow Te^{2-}$	−1.143
P(Ⅴ)−(Ⅲ)	$PO_4^{3-}+2H_2O+2e^-\Longrightarrow HPO_3^{2-}+3OH^-$	−1.05
Zn(Ⅱ)−(0)	$[Zn(NH_3)_4]^{2+}+2e^-\Longrightarrow Zn+4NH_3$	−1.04
W(Ⅳ)−(0)	$WO_4^{2-}+4H_2O+6e^-\Longrightarrow W+8OH^-$	−1.01
Ge(Ⅳ)−(0)	$HGeO_3^-+2H_2O+4e^-\Longrightarrow Ge+5OH^-$	−1.0
Sn(Ⅳ)−(Ⅱ)	$[Sn(OH)_6]^{2-}+2e^-\Longrightarrow HSnO_2^-+H_2O+3OH$	−0.93
S(Ⅳ)−(Ⅳ)	$SO_4^{2-}+H_2O+2e^-\Longrightarrow SO_3^{2-}+2OH^-$	−0.93
Se(0)−(−Ⅱ)	$Se+2e^-\Longrightarrow Se^{2-}$	−0.924
Sn(Ⅱ)−(0)	$HSnO_2^-+H_2O+2e^-\Longrightarrow Sn+3OH^-$	−0.909

续表

电对	方程式	E/V
P(0)—(−Ⅲ)	$P+3H_2O+3e^- = PH_3(g)+3OH^-$	−0.87
N(Ⅴ)—(Ⅳ)	$2NO_3^-+2H_2O+2e^- = N_2O_4+4OH^-$	−0.85
H(Ⅰ)—(0)	$2H_2O+2e^- = H_2+2OH^-$	−0.8277
Cd(Ⅱ)—(0)	$Cd(OH)_2+2e^- = Cd(Hg)+2OH^-$	−0.809
Co(Ⅱ)—(0)	$Co(OH)_2+2e^- = Co+2OH^-$	−0.73
Ni(Ⅱ)—(0)	$Ni(OH)_2+2e^- = Ni+2OH^-$	−0.72
As(Ⅴ)—(Ⅲ)	$AsO_4^{3-}+2H_2O+2e^- = AsO_2^-+4OH^-$	−0.71
Ag(Ⅰ)—(0)	$Ag_2S+2e^- = 2Ag+S^{2-}$	−0.691
As(Ⅲ)—(0)	$AsO_2^-+2H_2O+3e^- = As+4OH^-$	−0.68
Sb(Ⅲ)—(0)	$SbO_2^-+2H_2O+3e^- = Sb+4OH^-$	−0.66
Re(Ⅶ)—(Ⅳ)	$ReO_4^-+2H_2O+3e^- = ReO_2+4OH^-$	−0.59
Sb(Ⅴ)—(Ⅲ)	$SbO_3^-+H_2O+2e^- = SbO_2^-+2OH^-$	−0.59
Re(Ⅶ)—(0)	$ReO_4^-+4H_2O+7e^- = Re+8OH^-$	−0.584
Te(Ⅳ)—(0)	$TeO_3^{2-}+3H_2O+4e^- = Te+6OH^-$	−0.57
Fe(Ⅲ)—(Ⅱ)	$Fe(OH)_3+e^- = Fe(OH)_2+OH^-$	−0.56
S(0)—(−Ⅱ)	$S+2e^- = S^{2-}$	−0.47627
Bi(Ⅲ)—(0)	$Bi_2O_3+3H_2O+6e^- = 2Bi+6OH^-$	−0.46
N(Ⅲ)—(Ⅱ)	$NO_2^-+H_2O+e^- = NO+2OH^-$	−0.46
*Co(Ⅱ)—C(0)	$[Co(NH_3)_6]^{2+}+2e^- = Co+6NH_3$	−0.422
Se(Ⅳ)—(0)	$SeO_3^{2-}+3H_2O+4e^- = Se+6OH^-$	−0.366
Cu(Ⅰ)—(0)	$Cu_2O+H_2O+2e^- = 2Cu+2OH^-$	−0.360
Tl(Ⅰ)—(0)	$Tl(OH)+e^- = Tl+OH^-$	−0.34
Ag(Ⅰ)—(0)	$[Ag(CN)_2]^-+e^- = Ag+2CN^-$	−0.31
Cu(Ⅱ)—(0)	$Cu(OH)_2+2e^- = Cu+2OH^-$	−0.222
Cr(Ⅳ)—(Ⅲ)	$CrO_4^{2-}+4H_2O+3e^- = Cr(OH)_3+5OH^-$	−0.13
*Cu(Ⅰ)—(0)	$[Cu(NH_3)_2]^++e^- = Cu+2NH_3$	−0.12
O(0)—(−Ⅰ)	$O_2+H_2O+2e^- = HO_2^-+OH^-$	−0.076
Ag(Ⅰ)—(0)	$AgCN+e^- = Ag+CN^-$	−0.017
N(Ⅴ)—(Ⅲ)	$NO_3^-+H_2O+2e^- = NO_2^-+2OH^-$	0.01
Se(Ⅵ)—(Ⅳ)	$SeO_4^{2-}+H_2O+2e^- = SeO_3^{2-}+2OH^-$	0.05
Pd(Ⅱ)—(0)	$Pd(OH)_2+2e^- = Pd+2OH^-$	0.07
S(Ⅱ,Ⅴ)—(Ⅱ)	$S_4O_6^{2-}+2e^- = 2S_2O_3^{2-}$	0.08
Hg(Ⅱ)—(0)	$HgO+H_2O+2e^- = Hg+2OH^-$	0.0977
Co(Ⅲ)—(Ⅱ)	$[Co(NH_3)_6]^{3+}+e^- = [Co(NH_3)_6]^{2+}$	0.108
Pt(Ⅱ)—(0)	$Pt(OH)_2+2e^- = Pt+2OH^-$	0.14
Co(Ⅲ)—(Ⅱ)	$Co(OH)_3+e^- = Co(OH)_2+OH^-$	0.17

续表

电对	方程式	E/V
Pb(Ⅳ)-(Ⅱ)	$PbO_2 + H_2O + 2e^- \Longrightarrow PbO + 2OH^-$	0.247
I(Ⅴ)-(-Ⅰ)	$IO_3^- + 3H_2O + 6e^- \Longrightarrow I^- + 6OH^-$	0.26
Cl(Ⅴ)-(Ⅲ)	$ClO_3^- + H_2O + 2e^- \Longrightarrow ClO_2^- + 2OH^-$	0.33
Ag(Ⅰ)-(0)	$Ag_2O + H_2O + 2e^- \Longrightarrow 2Ag + 2OH^-$	0.342
Fe(Ⅲ)-(Ⅱ)	$[Fe(CN)_6]^{3-} + e^- \Longrightarrow [Fe(CN)_6]^{4-}$	0.358
Cl(Ⅶ)-(Ⅴ)	$ClO_4^- + H_2O + 2e^- \Longrightarrow ClO_3^- + 2OH^-$	0.36
O(0)-(-Ⅱ)	$O_2 + 2H_2O + 4e^- \Longrightarrow 4OH^-$	0.401
I(Ⅰ)-(-Ⅰ)	$IO^- + H_2O + 2e^- \Longrightarrow I^- + 2OH^-$	0.485
Mn(Ⅶ)-(Ⅵ)	$MnO_4^- + e^- \Longrightarrow MnO_4^{2-}$	0.558
Mn(Ⅶ)-(Ⅳ)	$MnO_4^- + 2H_2O + 3e^- \Longrightarrow MnO_2 + 4OH^-$	0.595
Mn(Ⅵ)-(Ⅳ)	$MnO_4^{2-} + 2H_2O + 2e^- \Longrightarrow MnO_2 + 4OH^-$	0.60
Ag(Ⅱ)-(Ⅰ)	$2AgO + H_2O + 2e^- \Longrightarrow Ag_2O + 2OH^-$	0.607
Br(Ⅴ)-(-Ⅰ)	$BrO_3^- + 3H_2O + 6e^- \Longrightarrow Br^- + 6OH^-$	0.61
Cl(Ⅴ)-(-Ⅰ)	$ClO_3^- + 3H_2O + 6e^- \Longrightarrow Cl^- + 6OH^-$	0.62
Cl(Ⅲ)-(Ⅰ)	$ClO_2^- + H_2O + 2e^- \Longrightarrow ClO^- + 2OH^-$	0.66
I(Ⅶ)-(Ⅴ)	$H_3IO_6^{2-} + 2e^- \Longrightarrow IO_3^- + 3OH^-$	0.7
Cl(Ⅲ)-(-Ⅰ)	$ClO_2^- + 2H_2O + 4e^- \Longrightarrow Cl^- + 4OH^-$	0.76
Br(Ⅰ)-(-Ⅰ)	$BrO^- + H_2O + 2e^- \Longrightarrow Br^- + 2OH^-$	0.761
Cl(Ⅰ)-(-Ⅰ)	$ClO^- + H_2O + 2e^- \Longrightarrow Cl^- + 2OH^-$	0.841
O(0)-(-Ⅱ)	$O_3 + H_2O + 2e^- \Longrightarrow O_2 + 2OH^-$	1.24

附表7 难溶电解质的标准溶度积常数

难溶电解质		溶度积	难溶电解质		溶度积
名称	化学式	(18~25℃)	名称	化学式	(18~25℃)
氟化钙	CaF_2	5.3×10^{-9}	二溴化铅	$PbBr_2$	4.0×10^{-5}
氟化锶	SrF_2	2.5×10^{-9}	碘化银	AgI	8.3×10^{-17}
氟化钡	BaF_2	1.0×10^{-6}	碘化亚铜	CuI	1.1×10^{-12}
二氯化铅	$PbCl_2$	1.6×10^{-5}	碘化亚汞	Hg_2I_2	4.5×10^{-29}
氯化亚铜	$CuCl$	1.2×10^{-6}	硫化铅	PbS	8.0×10^{-28}
氯化银	$AgCl$	1.8×10^{-10}	硫化亚锡	SnS	1.0×10^{-25}
氯化亚汞	Hg_2Cl_2	1.3×10^{-18}	三硫化二砷	$As_2S_3^2$	2.1×10^{-22}
二碘化铅	PbI_2	7.1×10^{-9}	三硫化二锑	$Sb_2S_3^2$	1.5×10^{-93}
溴化亚铜	$CuBr$	5.3×10^{-9}	三硫化二铋	$Bi_2S_3^2$	1×10^{-97}
溴化银	$AgBr$	5.0×10^{-13}	硫化亚铜	Cu_2S	2.5×10^{-48}
溴化亚汞	Hg_2Br_2	5.6×10^{-23}	硫化铜	CuS	6.3×10^{-36}

难溶电解质		溶度积	难溶电解质		溶度积
名称	化学式	$(18\sim25℃)$	名称	化学式	$(18\sim25℃)$
硫化银	Ag_2S	6.3×10^{-50}	铬酸银	Ag_2CrO_4	1.1×10^{-12}
硫化锌	$\alpha\text{-}ZnS$	1.6×10^{-24}	重铬酸银	$Ag_2Cr_2O_7$	2.0×10^{-7}
	$\beta\text{-}ZnS$	2.5×10^{-22}	硫化亚锰	MnS	1.4×10^{-15}
硫化镉	CdS	8.0×10^{-27}	氢氧化钴	$Co(OH)_3$	1.6×10^{-44}
硫化汞	$HgS(红)$	4.0×10^{-53}	氢氧化亚钴	$Co(OH)(红)$	2×10^{-16}
	$HgS(黑)$	1.6×10^{-52}		$Co(OH)_2$ 新↓	1.6×10^{-15}
硫化亚铁	FeS	6.3×10^{-18}	氯化氧铋	$BiOCl$	1.8×10^{-31}
硫化钴	$\alpha\text{-}CoS$	4.0×10^{-21}	碱式氯化铅	$PbOHCl$	2.0×10^{-14}
	$\beta\text{-}CoS$	2.0×10^{-25}	氢氧化镍	$Ni(OH)_2$	2.0×10^{-15}
硫化镍	$\alpha\text{-}NiS$	3.2×10^{-19}	硫酸钙	$CaSO_4$	9.1×10^{-6}
	$\beta\text{-}NiS$	1.0×10^{-24}	硫酸锶	$SrSO_4$	4.0×10^{-8}
	$\gamma\text{-}NiS$	2.0×10^{-25}	硫酸钡	$BaSO_4$	1.1×10^{-10}
氢氧化铝	$Al(OH)_3$（无定形）	1.3×10^{-33}	硫酸铅	$PbSO_4$	1.6×10^{-8}
氢氧化镁	$Mg(OH)_2$	1.8×10^{-11}	硫酸银	Ag_2SO_4	1.4×10^{-5}
氢氧化钙	$Ca(OH)_2$	5.5×10^{-6}	亚硫酸银	Ag_2SO_3	1.5×10^{-14}
氢氧化亚铜	$CuOH$	1.0×10^{-14}	硫酸亚汞	Hg_2SO_4	7.4×10^{-7}
氢氧化铜	$Cu(OH)_2$	2.2×10^{-20}	碳酸镁	$MgCO_3$	3.5×10^{-8}
氢氧化银	$AgOH$	2.0×10^{-8}	碳酸钙	$CaCO_3$	2.8×10^{-9}
氢氧化锌	$Zn(OH)_2$	1.2×10^{-17}	碳酸锶	$SrCO_3$	1.1×10^{-10}
氢氧化镉	$Cd(OH)_2$ 新↓	2.5×10^{-14}	草酸镁	MgC_2O_4	8.6×10^{-5}
氢氧化铬	$Cr(OH)_3$	6.3×10^{-31}	草酸钙	$CaC_2O_4\cdot H_2O$	2.6×10^{-9}
氢氧化亚锰	$Mn(OH)_2$	1.9×10^{-13}	草酸钡	BaC_2O_4	1.6×10^{-7}
氢氧化亚铁	$Fe(OH)_2$	1.8×10^{-16}	草酸锶	$SrC_2O_4\cdot H_2O$	2.2×10^{-5}
氢氧化铁	$Fe(OH)_3$	4×10^{-38}	草酸亚铁	$FeC_2O_4\cdot2H_2O$	3.2×10^{-7}
碳酸钡	$BaCO_3$	5.4×10^{-9}	草酸铅	PbC_2O_4	4.8×10^{-10}
铬酸钙	$CaCrO_4$	7.1×10^{-4}	六氰合铁(Ⅱ)酸铁	$Fe_4[Fe(CN)_6]_3$	3.3×10^{-41}
铬酸锶	$SrCrO_4$	2.2×10^{-5}	六氰合铁(Ⅱ)酸铜	$Cu_2[Fe(CN)_6]$	1.3×10^{-16}
铬酸钡	$BaCrO_4^2$	1.6×10^{-10}	碘酸铜	$Cu(IO_3)_2$	7.4×10^{-8}
铬酸铅	$PbCrO_4$	2.8×10^{-13}			

资料来源：数据摘自 Dean.，Lange's Handbook of Chemistry，14thed.，New York：McGraw Hill，1992。

附表8 剧毒化学品一览表

序号	名称或别名	序号	名称或别名
1	威菌磷	34	2-氯乙基二乙胺
2	烯丙胺	35	硫环磷
3	全氟异丁烯	36	地胺磷
4	八甲磷	37	丁硫环磷
5	八氯六氢亚甲基苯并呋喃;碳氯灵	38	内吸磷
6	苯硫酚;巯基苯;硫代苯酚	39	扑杀磷
7	二氯化苯胂;二氯苯胂	40	对氧磷
8	灭鼠优	41	对硫磷
9	乙基氰	42	毒虫畏
10	丙炔醇;炔丙醇	43	虫线磷
11	丙酮合氰化氢;氰丙醇	44	乙拌磷
12	烯丙醇;蒜醇;乙烯甲醇	45	丰索磷
13	2-甲基氮丙啶;丙撑亚胺	46	盐酸依米丁
14	三氮化钠	47	甲拌磷
15	甲基乙烯基酮;丁烯酮	48	发硫磷
16	毒鼠硅;氯硅宁;硅灭鼠	49	氯甲硫磷
17	敌鼠	50	特丁硫磷
18	鼠甘伏;甘氟	51	二乙汞
19	一氧化二氟	52	氟
20	速灭磷	53	氟醋酸
21	甲硫磷	54	氟乙酸甲酯
22	百治磷	55	氟醋酸钠
23	久效磷	56	氟乙酰胺
24	2-(二甲氨基)乙腈	57	十硼烷;十硼氢
25	甲基对氧磷	58	4-己烯-1-炔-3-醇
26	二甲基肼[不对称];N,N-二甲基肼	59	硫酸化烟碱
27	二甲基肼[对称]	60	二硝酚
28	二甲基硫代磷酰氯	61	甲胺磷
29	双甲脒;马钱子碱	62	涕灭威
30	番木鳖碱	63	久效威
31	克百威	64	烟碱;尼古丁
32	毒鼠强	65	氯化硫酰甲烷;甲烷磺酰氯
33	胺吸磷	66	一甲肼;甲基联氨

续表

序号	名称或别名	序号	名称或别名
67	甲磺氟酰;甲基磺酰氟	102	白砒;砒霜;亚砷酸酐
68	石房蛤毒素(盐酸盐)	103	三丁胺
69	抗霉素 A	104	砷化三氢;胂
70	镰刀菌酮 X	105	二异丙基氟磷酸酯;丙氟磷
71	磷化三氢;膦	106	氮芥;双(氯乙基)甲胺
72	三氯化硫磷;三氯硫磷	107	尿嘧啶芳芥;嘧啶苯芥
73	硫酸三乙基锡	108	毒鼠磷
74	硫酸亚铊	109	甲氟磷
75	2,3-二氯六氟-2-丁烯	110	二噁英;四氯二苯二噁英
76	狄氏剂	111	杀鼠醚
77	异狄氏剂	112	四硝基甲烷
78	异艾氏剂	113	治螟磷
79	艾氏剂	114	氯鼠酮
80	全氯环戊二烯	115	特普
81	液氯;氯气	116	发动机燃料抗爆混合物
82	锇酸酐	117	光气
83	氯化磷酸二乙酯	118	四羰基镍;四碳酰镍
84	氯化高汞;二氯化汞;升汞	119	附子精
85	氰化氯;氯甲腈	120	五氟化氯
86	甲基氯甲醚;氯二甲醚	121	五氯酚
87	氯碳酸甲酯	122	2,3,4,7,8-五氯二苯并呋喃
88	氯碳酸乙酯	123	过氯化锑;氯化锑
89	乙撑氯醇;氯乙醇	124	羰基铁
90	乳腈	125	砷酸酐;五氧化砷;氧化砷
91	乙醇腈	126	五硼烷
92	羟甲唑啉	127	硒酸钠
93	氯甲汞胍	128	枣红色基 GP
94	氰化镉	129	溴鼠灵
95	氰化钾	130	溴敌隆
96	氰化钠	131	亚砷酸钙
97	无水氢氰酸	132	重亚硒酸钠
98	银氰化钾	133	硫代磷酸-O,O-二乙基-S-(4-硝基苯基)酯
99	三氯硫氯甲烷;过氯甲硫醇	134	一氧化汞;黄降汞;红降汞
100	乳酸苯汞三乙醇铵	135	一氟乙酸对溴苯胺
101	氯化苦;硝基三氯甲烷	136	苯硫膦

续表

序号	名称或别名	序号	名称或别名
137	地虫硫膦	143	二乙烯砜
138	二硼烷	144	N-乙烯基氮丙环
139	乙酸高汞;醋酸汞	145	异索威
140	醋酸甲氧基乙基汞	146	苯基异氰酸酯
141	醋酸三甲基锡	147	甲基异氰酸酯
142	三乙基乙酸锡	148	吖丙啶;氮丙啶

[1]　A·J伊德，陈小慧．二十世纪物理化学几个领域的发展［J］．科学史译丛，1989（1）：42-50.

[2]　王智民，韩基新．第一门边缘学科物理化学的形成及学科特点——兼介物理化学之父奥斯特瓦尔德生平片断［J］．黑龙江大学自然科学学报，1992（03）：102-109.

[3]　王立斌，袁园，李俊昆．21世纪物理化学的发展趋势展望［J］．通化师范学院学报，2007（12）：70-73.

[4]　吴菊珍，熊平．大学化学［M］．重庆：重庆大学出版社，2016.

[5]　傅献彩．大学化学［M］．北京：高等教育出版社，1999.

[6]　傅献彩．物理化学［M］.5版．上、下册，北京：高等教育出版社，2005.

[7]　甘孟瑜，张云怀．大学化学［M］．北京：科学出版社，2017.

[8]　胡常伟，周歌．大学化学［M］．北京：化学工业出版社，2009.

[9]　李强林，黄方千，肖秀婵．化学与人生哲理［M］．重庆：重庆大学出版社，2020.

[10]　Dean J A. Lange's. Handbook of Chemistry［M］. 14th ed. , New York: McGraw Hill, 1992.

[11]　日本化学会．化学便览-基础编（Ⅱ）［M］．东京：丸善株式会社，1957.

[12]　Lide D R. Handbook of Chemistry and Physics, 78th. edition, 1997-1998.

[13]　J. A. Dean. Lange's Handbook of Chemistry, 13th. edition, 1985.

[14]　孙树侠．食物风味的奥秘［M］．北京：中国食品出版社，1987.

[15]　武汉大学．分析化学［M］．北京：高等教育出版社，2015.

[16]　何晓春．化学与生活［M］．北京：化学工业出版社，2008.

[17]　曾兆华，杨建文．材料化学［M］．北京：化学工业出版社，2008.

[18]　任仁，于志辉，陈莎．化学与环境［M］.3版．北京：化学工业出版社，2012.

[19]　王凯雄，徐冬梅，胡勤海．环境化学［M］.2版．北京：化学工业出版社，2018.

[20]　崔宝秋．环境与健康［M］．北京：化学工业出版社，2013.

[21]　国务院工业和信息化、公安部．危险化学品目录［M］.2015.